# PROFESSIONAL AUDIO ESSENTIALS

# 專業音響實務秘笈

陳榮貴 著

# 自序

專業音響實務秘笈已出版十年，更新到第六版了，心底既高興又感動，希望實務秘笈已經不再是秘笈。初學者如果有了正確的專業音響基本常識以及前人的經驗，想要再進一步深入更專門的領域，相信是會比較容易一些的。前三版的實務秘笈內容偏向ＰＡ擴聲音響，其實專業音響的學問既寬且廣，在網際網路世界有數不盡的資訊，應用上又日新月異，所以在第四版我刪除了各廠牌網址明細表，加入數位錄音、室內聲學、聽覺感知以及聲音品質概論等新的內容，第六版加入屏蔽電纜、**Dante**系統、音場、線陣列喇叭的簡介，為初學者提供更多與專業音響有關的知識，讓秘笈更加多元化，讓有興趣的讀者先得到基本的概念，今後還要繼續靠大家不吝的指正，使專業音響實務秘笈更盡善盡美！

20180501

## 經歷

- 吉他老師
- 台北市市場管理處技士
- 艾迪亞餐廳節目部經理
- 艾迪亞合唱團團長
- 台北青年樂團秘書
- 金吉他音樂月刊編輯顧問
- 福茂國際股份有限公司副理
- 台灣高空企業有限公司負責人
- 滾石唱片歌手蔡淳唱片製作人
- 廣範實業有限公司顧問
- Time Capsule 團員
- Time Travellers 團員
- Bossa Antiqua 團員
- 國立台灣戲曲學院兼任講師
- 敬業音樂製作股份有限公司 Acoustic音樂專業經理
- 全域股份有限公司（Phonic）顧問
- Sharon & Friends 團員
- B.B.B 團員

## 翻譯及著作

- 民謠、吉他、六線譜
- 民謠吉他技巧
- 專業音響入門
- 現場成音混音入門
- Behringer PATCHBAY 中文說明書
- Behringer EURORACK 中文說明書
- Behringer MDX1400 中文說明書
- Beyer Opus500 中文說明書
- DENON DN-C630 中文說明書
- DENON DN-T620 中文說明書
- DENON DN-X800 中文說明書
- DENON DN-2600F 中文說明書
- Spirit F1 中文說明書
- Spirit Folio 中文說明書
- Spirit Folio Lite 中文說明書
- Spirit Folio 4 中文說明書
- Spirit Fx 系列 中文說明書
- Spirit Live 3 MK II 中文說明書
- Spirit PowerStation 系列中文說明書
- Spirit Sx 中文說明書
- Spirit 8 中文說明書
- Spirit Studio 中文說明書
- Lexicon Alex 效果器中文說明書
- Lexicon Mpx-1 中文說明書
- EMT 938 中文說明書
- YAMAHA AW4416 中文說明書
- Schoeps 麥克風中文說明書
- Phonic MM系列，MR系列，Impact II系列
- Powerpod系列混音機，中、英文使用手冊 Ev PowerMixer Spx 系列中文說明書
- 專業音響X檔案
- 室內隔音建築與聲學
- 數位音響製作人

# 目錄

contents......


## 第一章 PA成音系統概論 ............ 10

1. 基本系統概念
2. PA系統器材

## 第二章 混音機MIXER簡介 ............ 20

1. MONO聲道
2. STEREO身歷聲道
3. 群組輸出GROUP OUTPUT
4. MASTER主要輸出
5. 接線CONNECTION
6. 如何選擇PA混音機HOW TO CHOOSE A PA MIXER
7. 混音機的擺設位置LOCATION OF MIXER
8. 設定增益GAIN
9. 設定輸入增益的程式GAINSETTING
10. 眼觀四面耳聽八方
11. 回授的去除FEEDBACK TERMINATOR
12. 設定PA的混音INITIAL SETUP
13. 現場成音混音秘訣TIPS OF MIX DOWN
14. 現場錄音LIVE RECORDING
15. 視聽A/V成音製作
16. 副控混音SUB-MIX
17. 多軌錄音MULTI-TRACK RECORDING
18. 多軌錄音混音秘訣

第三章 喇叭SPEAKER功率處理的能耐 ................ 62
1. 喇叭是怎麼發聲的？
2. 擴大機是怎麼摧毀喇叭的？
3. 過熱和機械故障的關係？
4. 額定功率的遊戲
5. 測試訊號
6. 有意義的測試
7. 效率VS最大功率或只要買一個承受400瓦的喇叭？
8. 到底要用多大的擴大機來推我的喇叭？
9. 多音路系統
10. 單音路系統
11. 音樂樂器喇叭
12. PA喇叭系統
13. BI-AMP雙擴大機和TRI-AMP參擴大機多音路喇叭系統
14. 使喇叭延長生命的威而剛
15. 高音驅動器介紹
16. 喇叭震膜
17. 相位栓
18. 高頻率輸出衰退現象
19. 如何選擇高性能驅動器
20. 號角簡介
21. 號角的基本形式
22. 如何選擇適用的號角

第四章 等化器EQUALIZER ................ 78
1. 簡介
2. 頻率
3. 八度音
4. 基音與泛音
5. 音響的頻率範圍
6. 等化器特
（1）曲柄型等化
（2）峰值型等化器
7. 基本型等化器及其功能
（1）音色調整
（2）二段式等化
（3）三段式等化
（4）四段式等化
8. 圖形等化器
（1）ISO中心頻率
（2）八度音圖形等化器
（3）1/3八度音圖形等化器
（4）2/3八度音圖形等化器
（5）可選擇中心頻率等化器
9. 參數式等化器
10. 參數圖形式等化器
11. 使用等化器的基本原則
12. 一些有用的EQ設定

第五章 效果器EFFECT及聲音處理器PROCESSOR ........ 97
1. 延遲器/迴音器DELAY/ECHO
2. 殘響機REVERB
3. 壓縮器COMPRESSOR&限幅器LIMITER
4. 雜音閘NOISE GATE
5. 擴展器EXPANDER
6. 範例APPLICATION
7. 寬波段選擇性高頻壓縮DE-ESSER

第六章 麥克風MICROPHONE .............................. 119
一、 轉換能量的型式
二、 麥克風的種類
1. 平面式麥克風PRESSURE ZONE MIC
2. 晶體及陶瓷式麥克風CRYSTAL& CERAMIC MIC
3. 碳粒式麥克風CARBON MIC
4. 圈式麥克風DYNAMIC MIC
5. 電容式麥克風CAPACITOR（CONDENSER）MIC
6. 無線麥克風WIRELESS MIC
7. 其他麥克風
（1）領夾式麥克風LAVITORY
（2）頭戴式麥克風HEAD-SET

三、 指向性麥克風概論
1.全指向性麥克風OMNI-DIRECTION
2.雙指向性麥克風BI-DIRECTION
3.單指向性麥克風UNI-DIRECTION
CARDIOID心形麥克風的種類
（1）單收音口麥克風SINGLE-ENTRY
（2）三收音口麥克風THREE-ENTRY

（3）多重收音口麥克MULTIPLE-ENTRY
（4）長槍式麥克風SHOT GUN
（5）拋物球面反射式麥克風PARABOLIC
（6）廣心形單指向麥克風WIDE CARDIOID
（7）心形超指向麥克風SUPER CARDIOID
（8）心形超高指向麥克風HYPER CARDIOID

四、 立體錄音麥克風擺設的方法STEREO MICKING
1. 同位麥克風COINCIDENT
2. XY立體麥克風XY STEREO
3. M/S立體麥克風M/S STEREO
4. KFM 6立體麥克風
5. MSTC 64＃〝ORTF-立體〞麥克風
6. KFM360環繞麥克風
7. A-B立體錄音A-B STEREO

五、 麥克風靈敏度MICROPHONE SENSITIVITIVE

六、 麥克風實際應用MIC APPLICATION
1. 位置PLACEMENT
2. 接地GROUNDING
3. 極性POLARITY
4. 平衡或非平衡式BALANCED OR UNBALANCED
5. 阻抗IMPEDENCE

七、 麥克風附屬品MICROPHONE ACCESSORY
1. 防風罩及口水罩（爆裂聲濾波器）
WIND SCREEN＆POPFILTERS
2. 麥克風架、避震器及吊桿架
STAND, SHOCK MOU AND BOOM

第七章 大部分PA系統的毛病 ........................ 148
1. 低效率喇叭系統
2. 擴大機功率不足
3. 頻率響應不良
4. 半數的觀衆聽不到高頻
5. 反平方定律
6. 室內空間殘響蓋住了直接主音

第八章 系統設計的入門 ........................ 158
THE BASIC OF SYSTEM DESIGN
A加權平均音壓表
小型空間
中型空間
大型空間

第九章 接線CONNECTION ........................ 170
1. 平衡式和非平衡式麥克風輸入
2. 插入點
3. 接線範例

第十章 類比和數位錄音的基本原理 第四版新增 ........................ 178

第十一章 專業名詞解釋GLOSSARY ........................ 186

# 附錄

appendix......

附錄 I 現代錄音入門 ........ 218
附錄 II 硬碟錄音入門 第三版更新 ........ 223
附錄 III 數位混音機 ........ 230
附錄 IV 故障排除 ........ 233
附錄 V 麥克風與情感之間 ........ 242
附錄 VI 恆壓式喇叭系統 ........ 254
附錄 VII DJ混音機 第三版更新 ........ 265
附錄 VIII 相關圖表 ........ 269
附錄 IX 線材簡介 第六版更新 ........ 272
附錄 X Intercom 對講機 第三版更新 ........ 278
附錄 XI SHOUTGUN 干涉管麥克風 第三版更新 ........ 293
附錄 XII 聲音是什麼 第四版新增 ........ 296
附錄 XIII 聽覺感官 第四版新增 ........ 307
附錄 XIV 音響品質的評鑑 第四版新增 ........ 314
附錄 XV Digital Snake 數位多軌聲訊傳輸系統 第四版新增 ........ 323
附錄 XVI Dante系統 第六版新增 ........ 326
附錄 XVII 音場 第六版新增 ........ 329
附錄 XVIII 線陣列喇叭LINE ARRAY 第六版新增 ........ 335
附錄 XIX 參考書籍 ........ 346

Professional Audio Essentials

# 第一章 PA成音系統概論

## 1. 基本系統概念

任何現場表演（即使只是發表演講）都需要PA（PUBLIC ADDRESS）公共廣播系統，一個中小型的PA系統包含了幾百瓦功率的擴大機和喇叭系統，混音機是這個系統的心臟。所有成音是經由混音機來控制，PA用的混音機一定要具備多項功能、容易使用、聲音高品質及堅固耐用的條件。

普通混音機產生的背景噪音將會被PA系統放大而變得極端惱人，設計不好的混音機更會製造出非常困難或根本不可能解決的哼聲（HUM）問題。利用平衡式及接地補償電路設計，可以使哼聲降到最小。

再者，混音機所能提供不失真容許範圍（餘裕HEADROOM）的多寡更重要，有些混音機於輸出音量表顯示超過0dB時就產生削峰失真。容許範圍太小是無法應付現場表演動態響應變化多端的狀況，如果成音系統表現不佳，而沒辦法讓客戶滿意，是不可能帶來更多生意的。

接下來是一些典型的PA及錄音的接線模式，並附註解，讓讀者了解PA基本概念，以便將來可以依照現場需求應變。

（圖一）基本卡拉OK PA系統

（圖二）小型合唱團現場表演

（圖三）會議系統PA

（圖四）現場DJ實況轉播

（圖五）多媒體硬碟錄音系統

（ 圖六 ）多區域廣播安裝工程
（ 圖七 ）錄音系統的接法

我們以混音機MIXER為心臟，把訊號分為輸入及輸出兩類就容易理解，MIXER主要功能就是把所有輸入的訊號個別處理之後，一起經由喇叭播放給觀眾欣賞或舞台表演者監聽。

## 圖一 卡拉OK PA系統

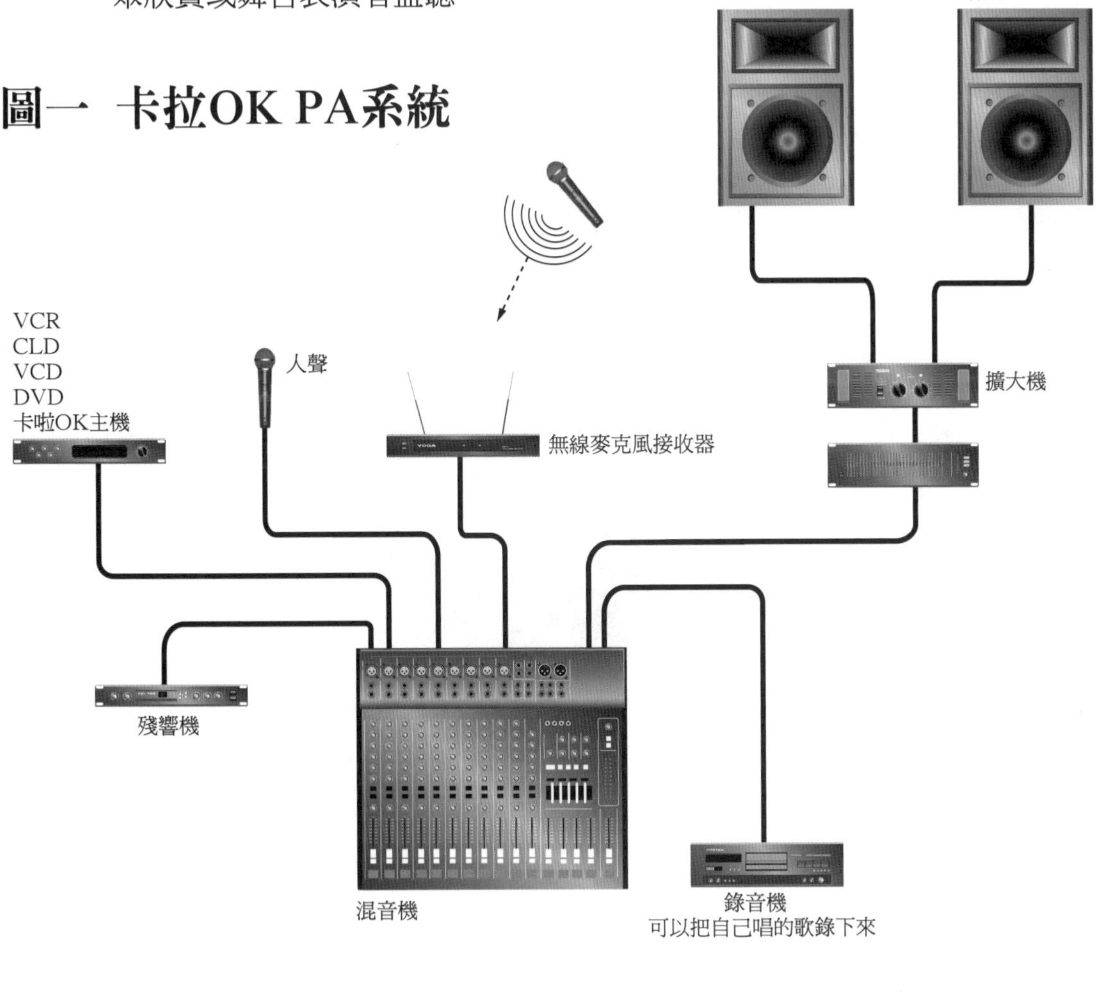

# 圖二 小型合唱團

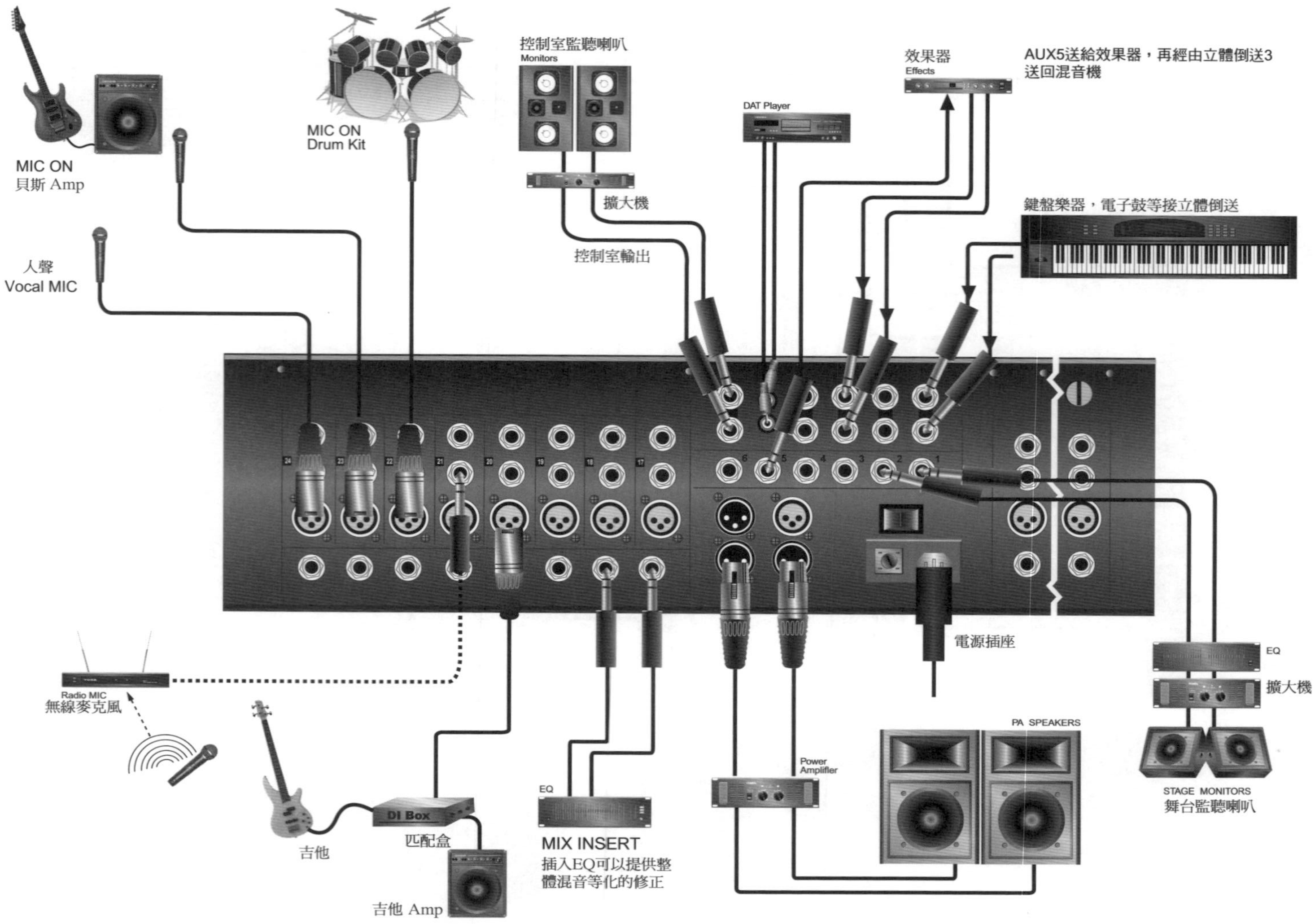
MIC ON
貝斯 Amp
MIC ON
Drum Kit
控制室監聽喇叭
Monitors
擴大機
控制室輸出
DAT Player
效果器
Effects
AUX5送給效果器，再經由立體倒送3
送回混音機
鍵盤樂器，電子鼓等接立體倒送
人聲
Vocal MIC
Radio MIC
無線麥克風
吉他
DI Box
匹配盒
吉他 Amp
EQ
MIX INSERT
插入EQ可以提供整
體混音等化的修正
Power
Amplifier
PA SPEAKERS
電源插座
EQ
擴大機
STAGE MONITORS
舞台監聽喇叭

# 圖三 會議系統PA

① 會議系統PA大多數使用電容式麥克風收音，記得將幻象電源打開。

② 送往群組插入點的壓縮限幅器，可以針對某一群組做壓縮限幅的調整。

③ 送往混音插入點的等化器，可以針對整體混音做等化的補償修正。

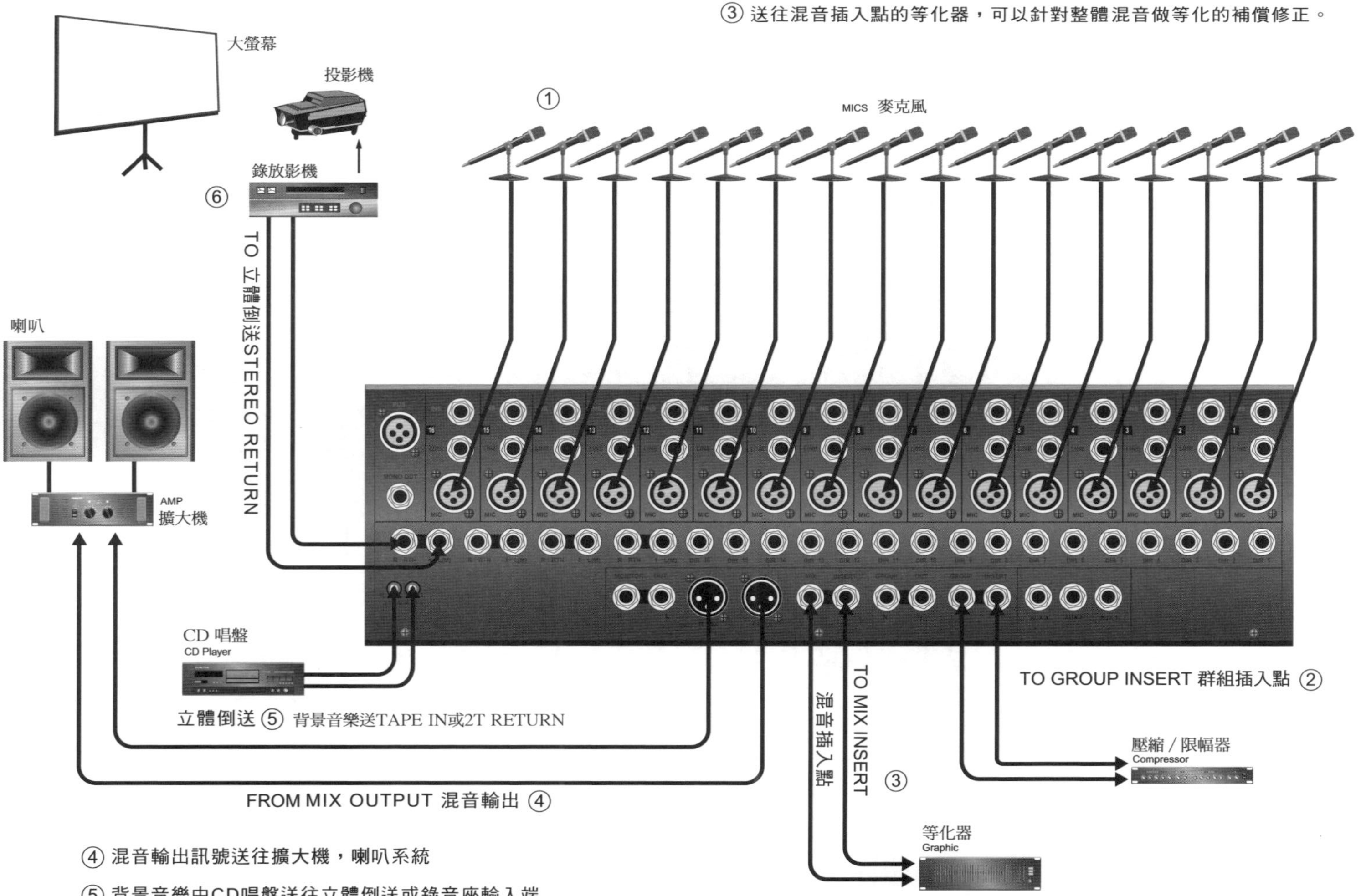


④ 混音輸出訊號送往擴大機，喇叭系統

⑤ 背景音樂由CD唱盤送往立體倒送或錄音座輸入端

⑥ 錄放影機VIDEO輸出送往投影機，AUDIO輸出送往立體倒送

# 圖四 現場DJ實況轉播

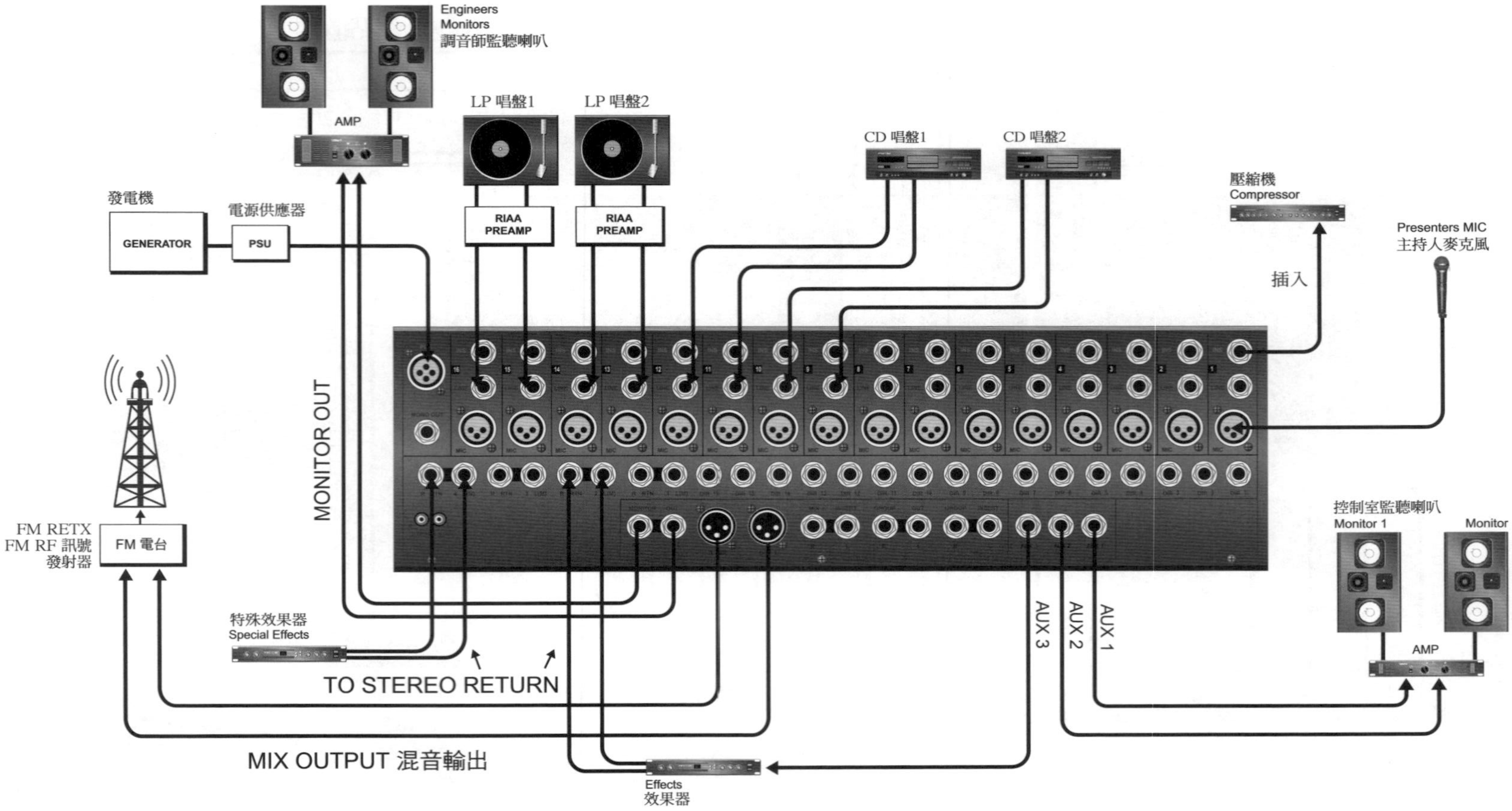
Engineers
Monitors
調音師監聽喇叭
AMP
LP 唱盤1
LP 唱盤2
CD 唱盤1
CD 唱盤2
發電機
GENERATOR
電源供應器
PSU
RIAA
PREAMP
RIAA
PREAMP
壓縮機
Compressor
Presenters MIC
主持人麥克風
插入
MONITOR OUT
FM RETX
FM RF 訊號
發射器
FM 電台
特殊效果器
Special Effects
TO STEREO RETURN
MIX OUTPUT 混音輸出
Effects
效果器
AUX 3
AUX 2
AUX 1
控制室監聽喇叭
Monitor 1
Monitor
AMP

# 圖五 多媒體硬碟錄音系統

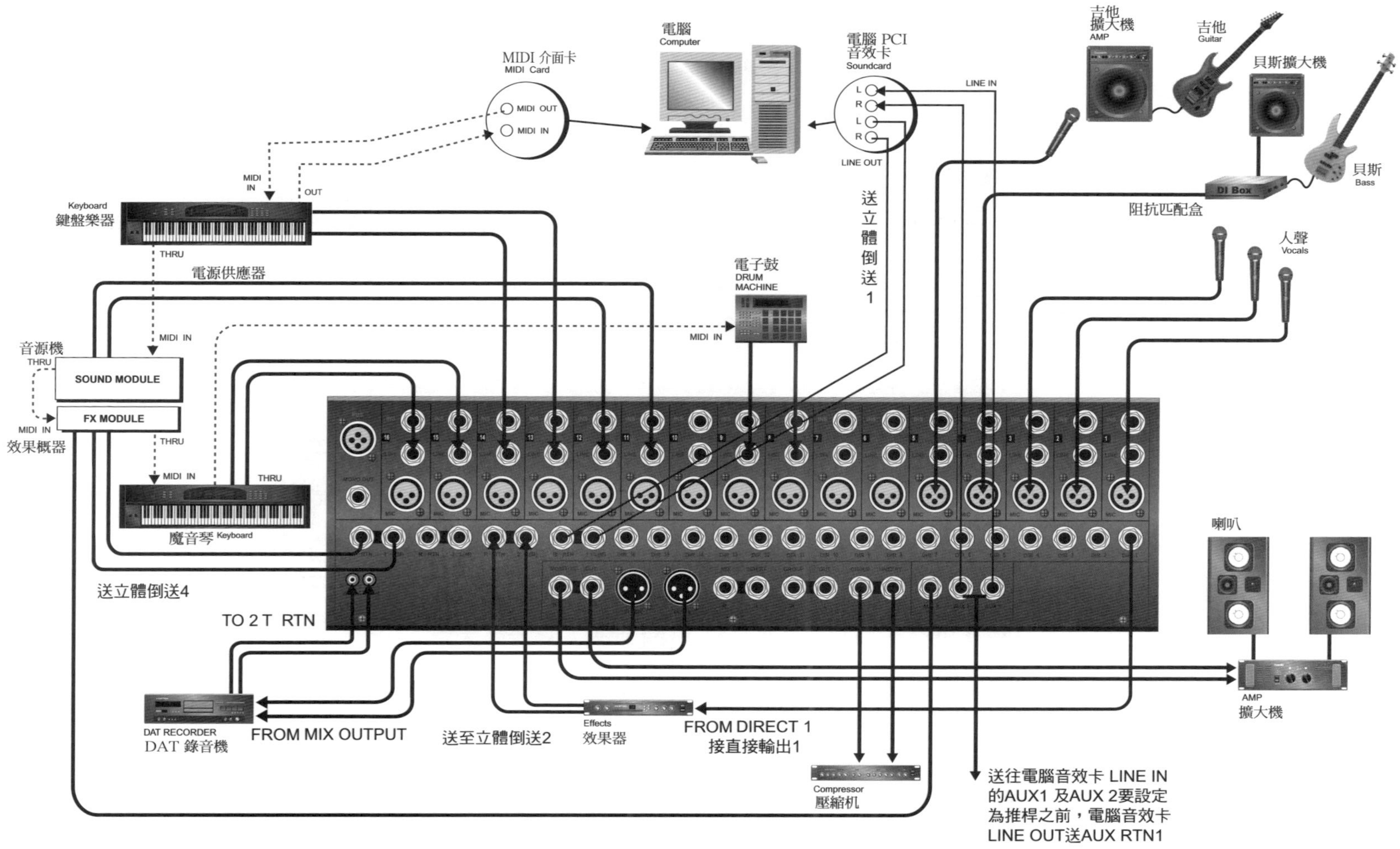

# 圖六 多區域廣播安裝工程（恆壓式喇叭系統）

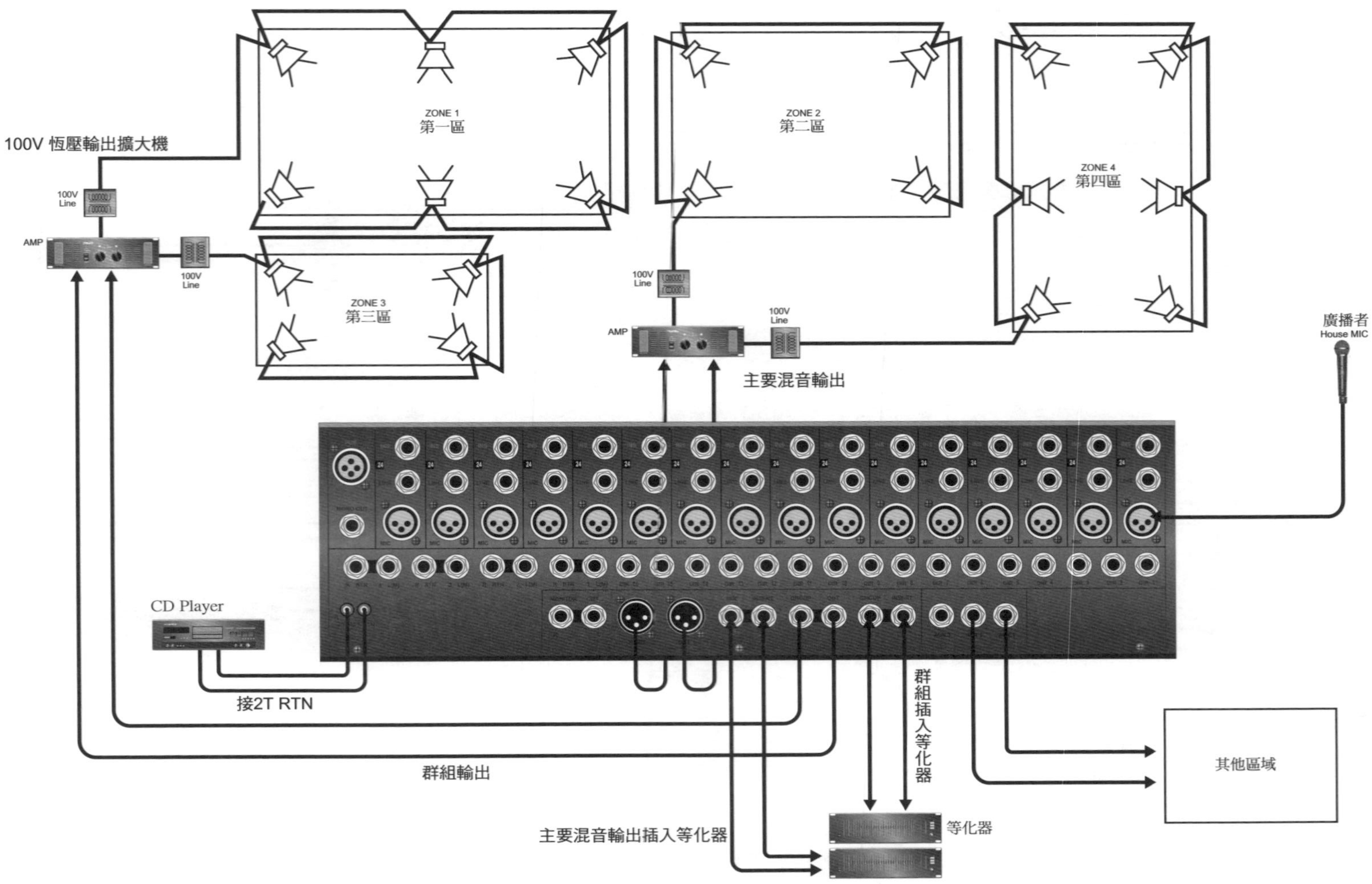

# 圖七 錄音系統

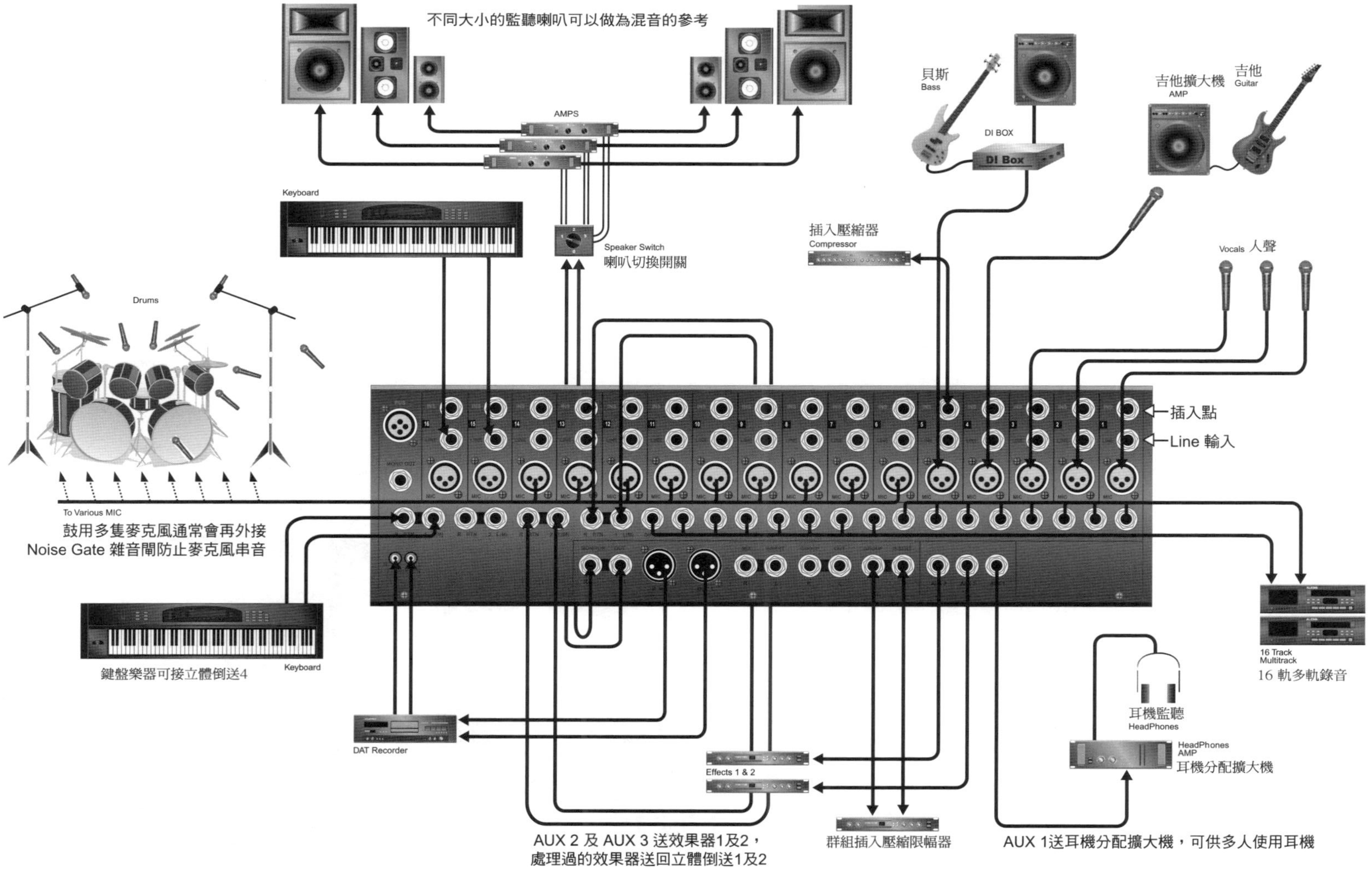

不同大小的監聽喇叭可以做為混音的參考
AMPS
Keyboard
Speaker Switch
喇叭切換開關
貝斯
Bass
DI BOX
DI Box
吉他擴大機
AMP
吉他
Guitar
插入壓縮器
Compressor
Vocals 人聲
Drums
To Various MIC
鼓用多隻麥克風通常會再外接
Noise Gate 雜音閘防止麥克風串音
插入點
Line 輸入
Keyboard
鍵盤樂器可接立體倒送4
DAT Recorder
Effects 1 & 2
16 Track
Multitrack
16 軌多軌錄音
耳機監聽
HeadPhones
HeadPhones
AMP
耳機分配擴大機
AUX 2 及 AUX 3 送效果器1及2，
處理過的效果器送回立體倒送1及2
群組插入壓縮限幅器
AUX 1送耳機分配擴大機，可供多人使用耳機

## ☞ 2. PA系統器材

**混音機**

**(1) 輸入：**

A. 麥克風音源：人聲，樂器，環境聲。

B. 立體音源：DVD、CD、錄放音機、MD、MP3、錄影機、電子鼓、魔音琴、DAT、音效卡輸出、ADAT、藍光機、點歌機。

C. MONO高電平音源：節拍器、無線麥克風LINE OUT、多軌錄音機。

D. 阻抗匹配盒(直接盒)DI BOX、吉他、貝斯，魔音琴。

電子鼓

**(2) 輸入與輸出之間：**

A. 效果器、延遲器、殘響機。

B. 聲音處理器、擴展器、壓縮/限幅器。

C. 圖形等化器、參數式等化器。

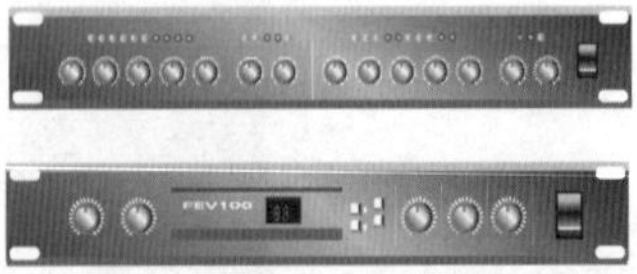

參數等化器

**(3) 輸出：**

A. 分音器：兩音路，三音路，四音路，超低音。

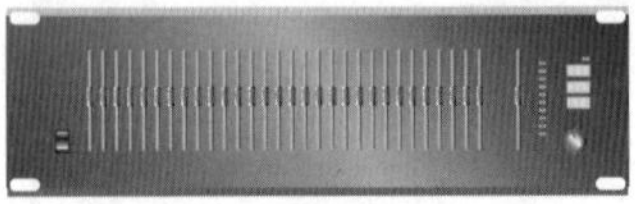

圖形等化器

B. 擴大機：主場擴大機FOH（FRONT OF HOUSE）。監聽擴大機MONITOR、恆壓式擴大機。

C. 喇叭：主場喇叭FOH（FRONT OFHOUSE）。監聽喇叭MONITOR。

D. 錄音座。

E. 訊號分配擴大機。

F. 監聽混音機MONITOR MIXER。

G. 轉播副控混音機OB SUB MIXER。

H. 多軌錄音座MULTI-TRACK RECORDER。

I. 耳機 、耳機分配器。

**（4）附屬產品**

麥克風線、喇叭線、訊號線、光纖線、同軸線、SPDIF線、電源線、AES/EBU線、訊號線。

所有的PA器材都必須學會如何使用、設定、接線、組裝、統合，是一門又有趣又簡單又深奧的學問，PA組合發出聲音太容易了，任何人都會做，因此某些觀念可能積非成是而不自知，本書提供一些基本常識並以拋磚引玉之心情，期待會有更多前輩能將寶貴的經驗及個人修行與PA人共享。

# 第二章 混音機MIXER簡介

CREAST AUDIO 混音機

## 混音機功能簡介

所有音響器材裡只有混音機上的開關、旋鈕、按鍵、插座、LED、及推桿FADER等零件最多，面板最花俏，操控最複雜，功能最強大，式樣最繁多，令人不知如何下手，本章就是要說明混音機上每一個零件的功能及相關知識，了解之後，使用混音機就可得心應手。

混音機依使用目的約可分為下列五種：

a. 廣播用

b. 錄音用

c. 現場成音用

d. 會議系統用

e. 舞台監聽用

每一種混音機都大同小異，只是因應各種工作場所做功能上的變更以適應各種工作不同的需求，本書討論的混音機偏向於使用最多的現場成音及舞台監聽方面。

混音機可分為：

1. MONO聲道
2. 立體聲道
3. 群組輸出GROUP OUTPUT
4. MASTER主要輸出
5. 接線等五部分，下列舉的聲道細

節係以複雜功能的機種為藍本，6～18節為混音機相關的使用與調整說明，請您多了解，以便將來添購新機可提早上手。

## ☞ 1. MONO聲道

**1. 麥克風輸入 MIC INPUT**

麥克風輸入經由XLR母座，可接受平衡式或非平衡式低電平訊號，使用專業動圈式、電容式或絲帶式低阻抗麥克風，使用非平衡式麥克風請盡量使用愈短愈好的麥克風線，以避免電波噪音的干擾。

**2. 高電平輸入 LINE INPUT**

高電平輸入通常經由TRS 1/4″立體PHONE JACK或TRS 1/4″ MONO PHONE JACK送入，麥克風音源以外的訊號都可經由高電平輸入至混音機，立體PHONE JACK的輸入是平衡式的，相同於XLR的方式，但是如果一定要用非平衡式器材時，可用MONO PHONE JACK，其接線不能太長（4.5m以內）接線細節請參考第九章接線部分。

▼圖2-1

▼圖2-2

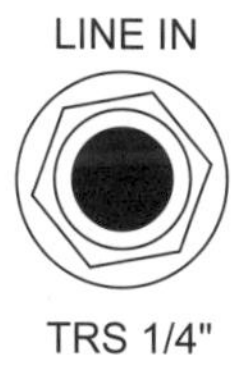


▼圖2-3

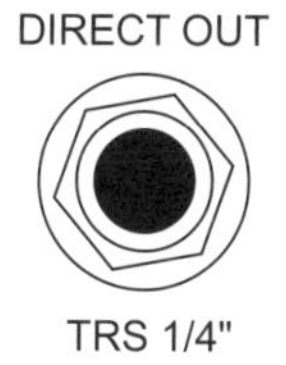


▼圖2-4

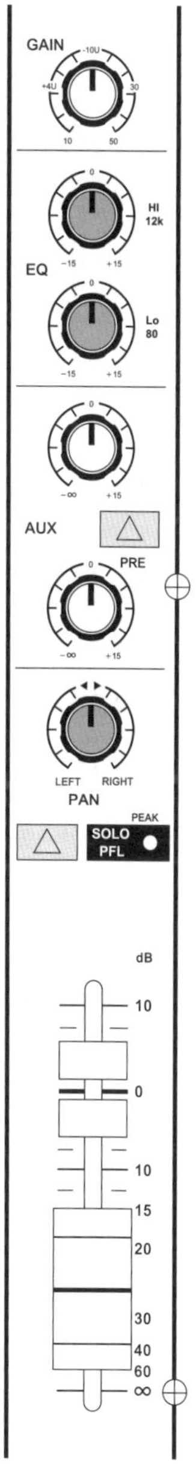

### 3. 直接輸出 DIRECT OUT

平衡式直接輸出端，將推桿FADER之前（或者之後依混音器設計不同而不同）的訊號輸出，不受訊號派送開關或音場控制鈕PAN控制，適合外接處理器，可將訊號送回立體輸入聲道或是立體倒送端子，或直接送往多軌錄音機。

▼圖2-5

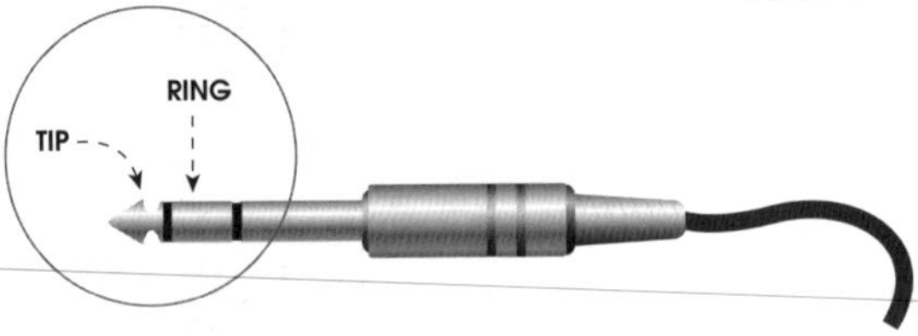


### 4. 插入點 INSERT POINT

大多為非平衡式，EQ之前的插入點是輸入聲道的一個切斷點，可以經由它將訊號半途自混音機內取出，送至外部的設備，如限幅器、壓縮器、等化器，處理過後再送回混音機繼續走完原本要走的路徑。此插入插座為一個1/4″的立體PHONE型插座，插頭插入時訊號在聲道EQ控制之前被切斷。訊號可從接頭的TIP腳送出，經RING腳送回去混音機。儘量使用短的信號線，以避免雜訊干擾。

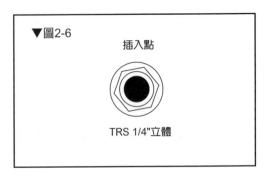

▼圖2-6

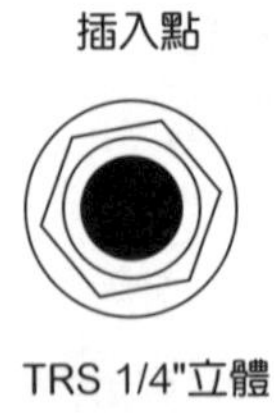


### 5. +48V 幻象電源 PHANTOM POWER

專業電容式的麥克風和許多晶體式麥克風通常需要外接電源工作，專業界已有一個標準的電源系統叫做幻象電源。它利用麥克風訊號線傳送48伏特直流電壓到麥克風，通過一個總開關，或者各聲道獨立的開關控制送電與否。

幻象電源一定只能提供給平衡式麥克風，或需要幻象電源的樂器用匹配盒DI BOX，非平衡式麥克風絕不可插入有幻象電源的插座上。動圈式麥克風不需要幻象電源，如果它是平衡式麥克風，插入具有幻象電源的插座沒有關係。

【注意】麥克風插上去之後才可以切換幻象電源總開關，同時請注意某些不標準的麥克風會耗掉非常大的電流（超過4mA），會使電源供應器超載而造成不能工作，此時就需要用獨立的電源供應器提供工作電壓。

▼圖2-7

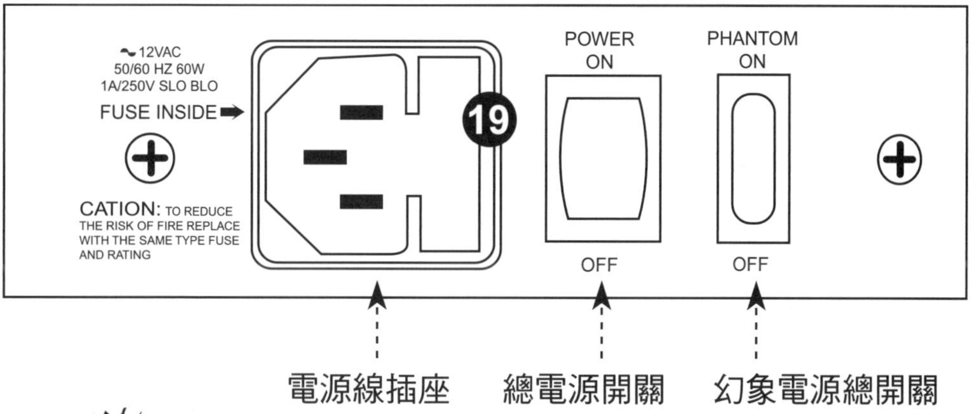

## 6. 相位切換開關 PHASE SWITCH

相位切換開關可以顛倒輸入訊號的相位，以防止麥克風擺設位置錯誤或輸入電線接頭接錯。正常狀況，不要按下去。

## 7. 輸入靈敏度（增益）INPUT SENSITVITY（GAIN ）

本旋鈕控制本聲道送混音器其他部位電平的大小，增益太高訊號會失真，使得聲道負荷過載，太低則背景噪音太明顯，可能也無法獲得足夠的訊號電平提供混音輸出。使用高電平輸入時請將增益轉小。

## 8. 高通濾波器 HI-PASS FLITER （低頻衰減器 LOW CUT）

按下此鍵時，輸入放大器之後會在訊號路徑中串接一個低頻衰減器，其衰減率約從75、80或是100Hz以下開始，以每八度音減少18dB的方式衰減，稱為低頻衰減器（或是稱為高通濾波器）。收人聲的時候，最好加上這個濾波器（即使是收男聲）。當然，此濾波器也可以用來濾掉〝哼〞聲。

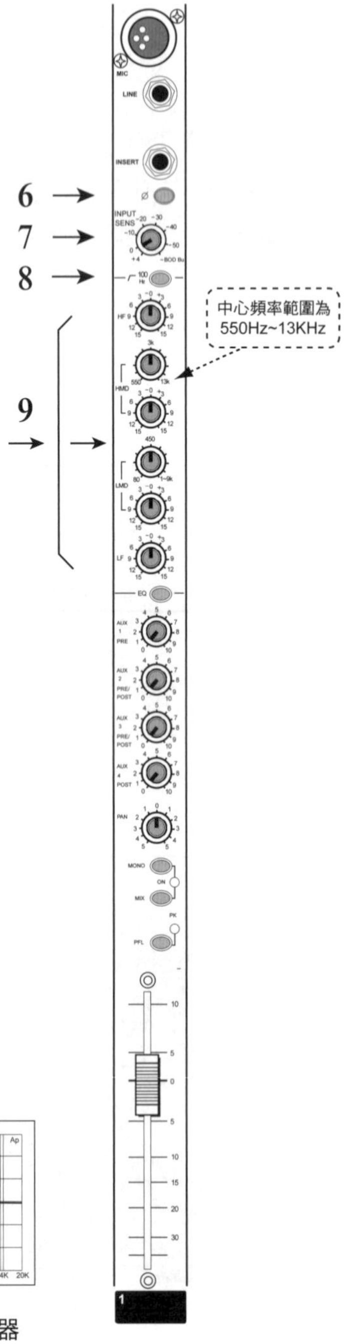


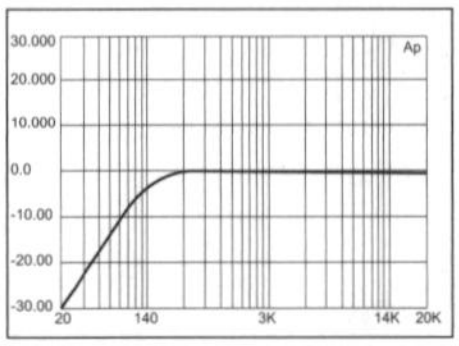


▲圖2-8 高通濾波器

## 9. 等化器 EQUALIZER

等化器 EQUALIZER（縮寫EQ）常見三段以及四段型式，四段包含了四個部分。最上面的旋鈕為控制高頻（高音）增強或衰減，控制範圍約為±15dB，最下面的旋鈕為控制低頻增強或衰減，其控制範圍約為±15dB。

但是中間兩對HI MID與LO MID旋鈕（即可變中頻等化控制），其等化控制的中心頻率能改變。它比傳統的等化器控制功能強的地方就是被等化的中心頻率約在80Hz～13KHz間變化。此選擇頻率依各廠牌不同而異，HI MID以及LO MID都是由兩個旋鈕組成，一個為選擇中心頻率旋鈕，另一個為增益或衰減控制，中頻控制收人聲時尤其有用，可以非常準確的修飾演出者的聲音。

### 可變中頻等化控制SWEEP MID EQUALIZER

可變中頻等化控制和高、低頻等化控制一樣，可增強或衰減，但是它厲害的地方就是可以找出需要處理的特定頻率，同樣地，使用衰減要比使用增強較實際一些，當首次調整中頻時，我們將其增強至最大，因此，選擇中心頻率時，我們可以感覺得非常明顯，最好的例子就是在舞台上使用麥克風收空心木吉他演奏。

▼圖2-9
四段式EQ，中高頻及中低頻可選擇中心頻率

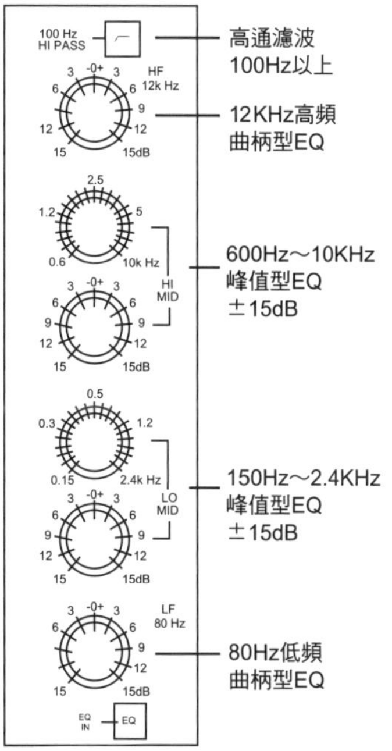


### 如何運用中頻選擇等化調整

使用麥克風拾取木頭空心吉他的聲音時，我們寧可不要太靠近吉他音孔，因為這個位置產生大的音量，

也誇張了吉他琴身的共鳴，甚至產生轟鳴聲使箱音太重，要改善這種點，那麼可變中頻選擇等化控制就是最好的幫手，如何進行呢？首先我們得找出禍首-就是查出頻譜上那一個區域發生轟鳴聲，將中頻增益開到最大，再旋轉頻率選擇鈕，當我們找到〝禍首頻率〞時，就有明顯的感受，以空心木吉他為例子，〝禍首頻率〞可能在中頻選擇範圍的較低頻段落，找到禍首頻率後，再將增益鈕衰減下來，確實衰減多少，可以在調整程序中由耳朵來決定，如果我們找到正確的頻率，即使我們衰減一點點，也會得到令人意想不到的效果。

事實上，有些聲音可能只要在某個頻段上增強一點點就可以得到很好的效果，例如：電吉他，在成音混音的時候常常需要激昂的效果，同樣的，我們將中頻增益控制鈕開到最大，利用頻率選擇鈕找出需要修正的頻率，然後再將增益控制鈕降低至適當的增強量，利用耳朵監聽作最後的調整。

▼圖2-10 四段式EQ（中心頻率固定）

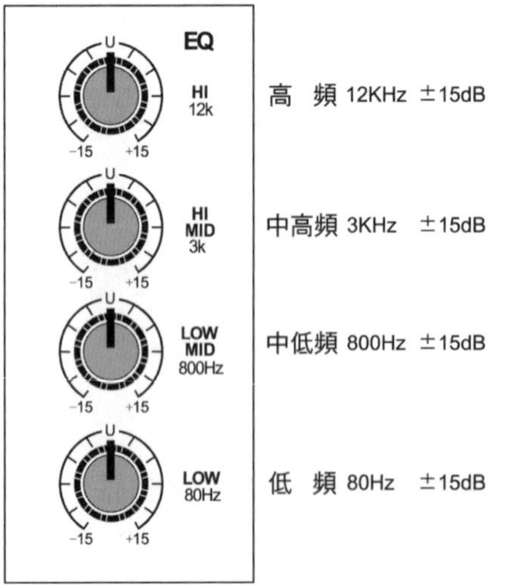


▼圖2-11

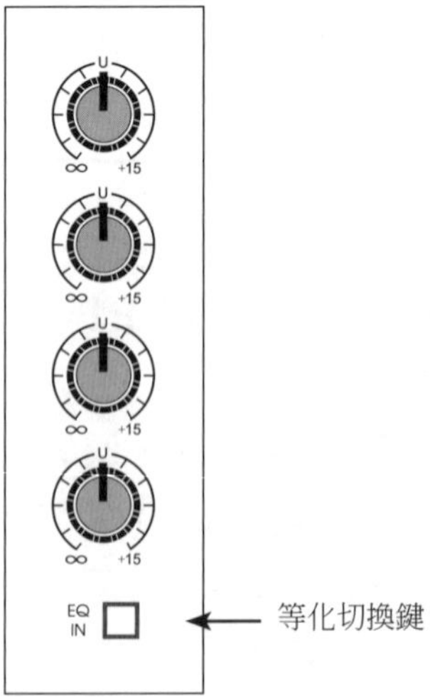

▼圖2-12

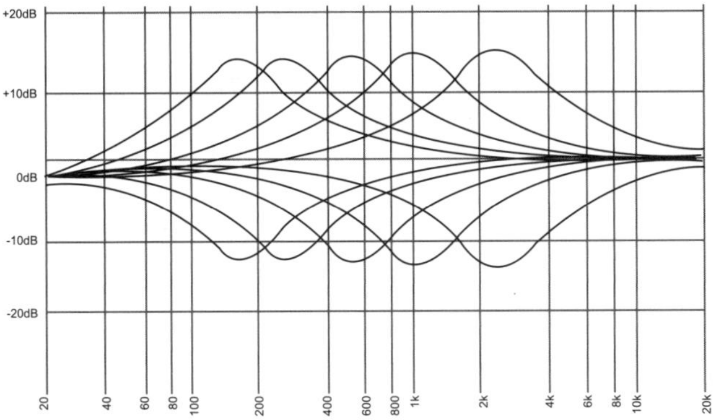


中高音峰值型等化器，中心頻率調整範圍為150Hz～2.4 KHz，本圖形係以最大增益和最大衰減表示

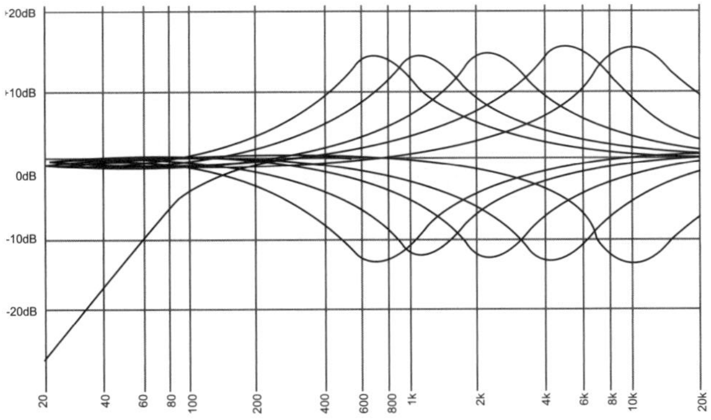


中低音峰值型等化器，中心頻率調整範圍為600Hz～10 KHz，左下角為100Hz高通濾波器的圖形，依圖示大約為每八度音衰減12dB左右（100到50為一個八度）

▼圖2-13

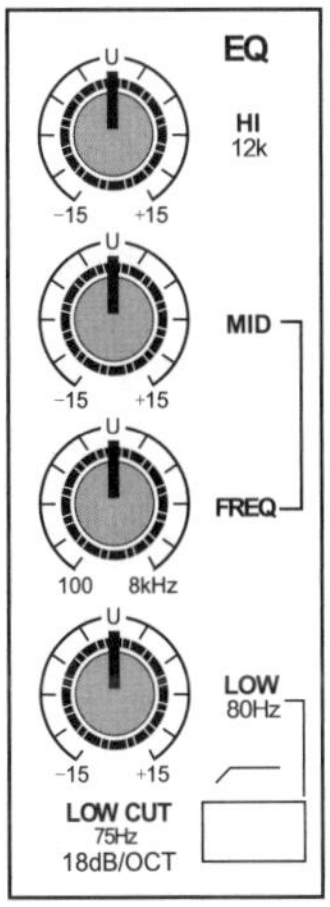


廣告詞是這麼寫的：
三段式EQ圖中頻可選擇中心頻率，其範圍從100Hz~8KHz，高通濾波器將75Hz以下以每八度音做18dB衰減

### 10. 等化切換開關 EQ SWITCH

按下等化切換鍵即可輕易的比較等化前後的差異。

### 11. 輔助輸出 AUX SEND

AUX這些旋鈕用來控制MONO及立體聲道的訊號分送至輔助輸出的電平大小，但它們的控制並不會影響主輸出。所以這些輔助輸出可用來當演出者的監聽，或外接迴音機。

AUX 1和2的訊號，通常在EQ之後，推桿之前，因此不被推桿控制，適合接舞台監聽或控制室監聽喇叭等需要獨立調整的系統。

AUX 3和4的訊號，通常在EQ及推桿之後，但也可以按下PRE（PRE FADER SEND）鍵切換成推桿前，請參照右圖。

AUX 5和6的訊號在EQ和推桿之後，因此將被推桿控制，通常用來接效果器。按下靜音鍵時，所有推桿之後的AUX輔助輸出也隨之靜音。

註：有的機種可以在混音機內利用跳線將AUX5及AUX6變更為推桿之前。

【注意】AUX SEND

輔助輸出的PRE/POST切換鍵和聲道推桿旁的PFL鍵是獨立控制的，不要混為一談，AUX SEND管的是送去AUX BUS的訊號，CHANNEL FADER旁的PFL鍵管的是各聲道送進監聽喇叭或耳機的訊號（為什麼叫AUX BUS或GROUP BUS，筆者認為BUS的中文叫公車，是大眾運輸工具要載很多的人，也可能是空車，在混音機來說，就是要傳送很多訊號的意思，這樣說您應該懂了吧！）

▼圖2-14

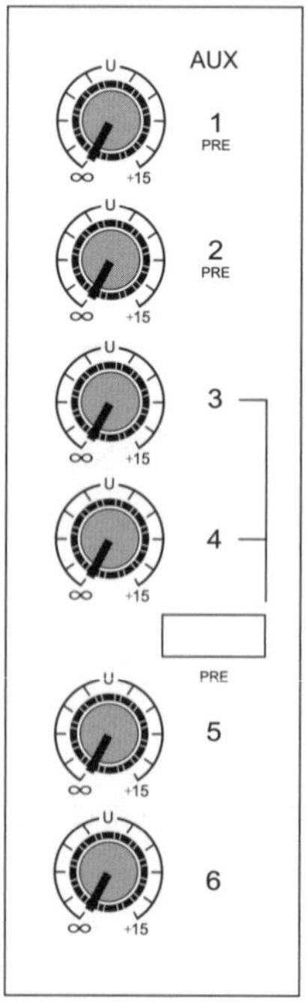


AUX1 及AUX2
為 PRE FADER
不被聲道推桿
控制音量

AUX3 及AUX4可以
切換為PRE FADER
或POST FADER
POST FADER就會被
聲道FADER 控制音量
適合接效果器

## 12. 音場控制 PAN

音場控制旋鈕是用來決定聲音在立體音場中的位置。旋鈕轉至最左的時候，聲音在最左邊，轉至最右邊時，聲音在最右邊。

## 13. 訊號派送開關 ROUTING SWITCHES

訊號派送開關可將輸入聲道的訊號派送到立體混音L/R輸出或立體群組GROUP1-2、3-4輸出。

## 14. 推桿 FADER

推桿行程通常有60mm或100mm兩種，FADER行程愈長，操控愈有細節，主要目的在混音時用來決定各聲道混音的比例，通常放在〝0〞記號位置，如果需要還可以提供10dB的增益。

## 15. 靜音鍵 MUTING

靜音鍵按下後，除了插入點以外所有聲道的輸出將被靜音，LED也會亮起來。比較大型的混音器也可利用MUTE BUSES的功能做集體靜音控制。

▼圖2-15

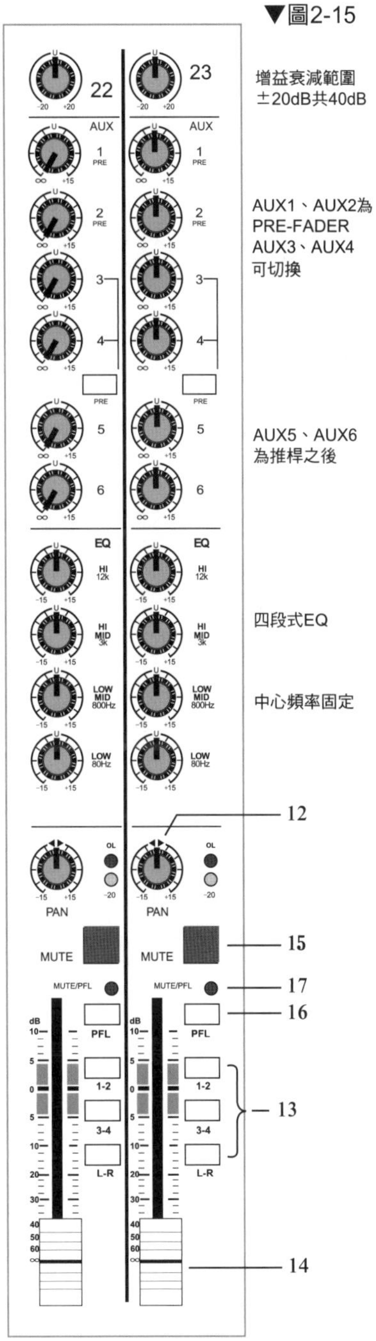

▼圖2-16

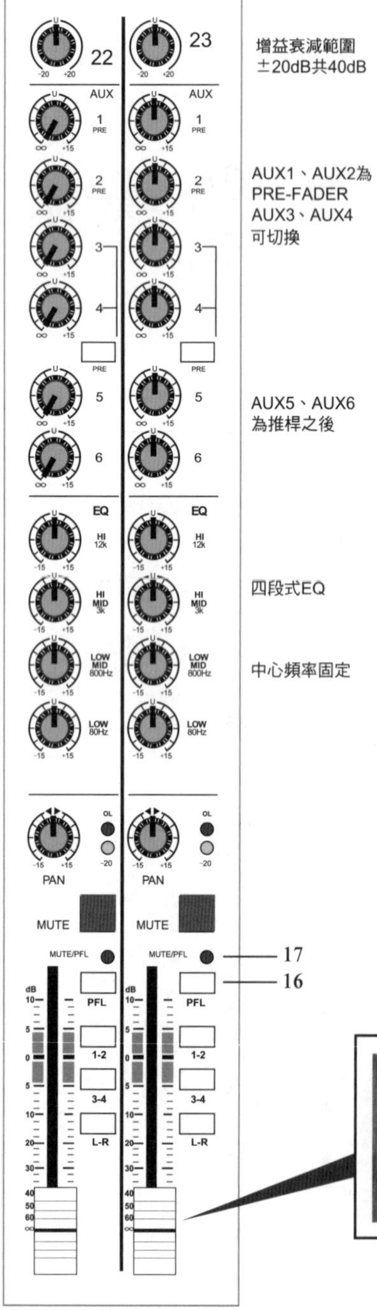


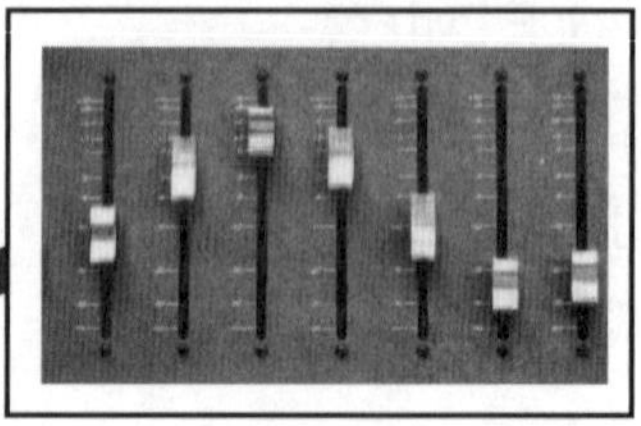

## 16. 監聽 PFL

監聽PFL（Pre-Fader-Listen）讓您個別監聽混音機各聲道的聲音。當某一聲道的PFL鍵按下時，此聲道的聲音就會被送至耳機監聽，並且其信號會在總音量表顯示出來，用來監控各點的訊號品質，也可用來尋找問題所在。值得注意的是，使用PFL監聽功能時並不會影響立體和MONO聲道送到主要輸出的訊號。

## 17. 峰值指示燈 PEAK

峰值（PEAK）指示燈會亮，用以警告使用者輸入聲道內的訊號過大。

峰值指示燈所取樣的訊號是來自聲道中的三個點：高通濾波器後（插入點之前），等化器之前和等化器之後。當訊號大到快要產生削峰失真時（大約6dB的容許空間），此指示燈就會亮，用以警告使用者訊號太大。由於在插入點之前和之後的訊號都被取樣至此峰值指示電路，因此即使插入點被外接器材插入，此峰值指示燈依然有意義。

## ☞ 2. 立體聲道

立體聲道各功能僅增益GAIN，LEVEL TO MIX，左右音量平衡鈕BALANCE不一樣，說明如下：

▼圖2-17

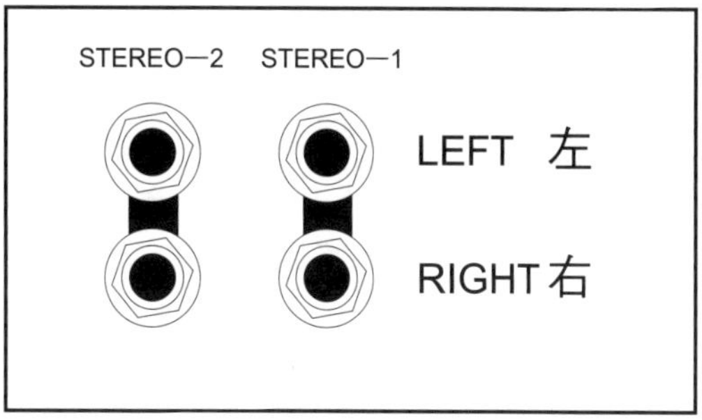


### 18. +4/-10 GAIN 增益切換開關

增益切換開關可以供選擇兩種輸入靈敏度，+4dBu適合給專業器材音源，-10 dBV適合一般HIFI器材，如果不知道該用那一種設定，請先從+4dBu試試看，音量不夠再切換到-10dBV。

有的混音機也提供像MONO聲道一樣有可旋轉的增益開關，請依使用器材轉到適當位置。

▼圖2-18

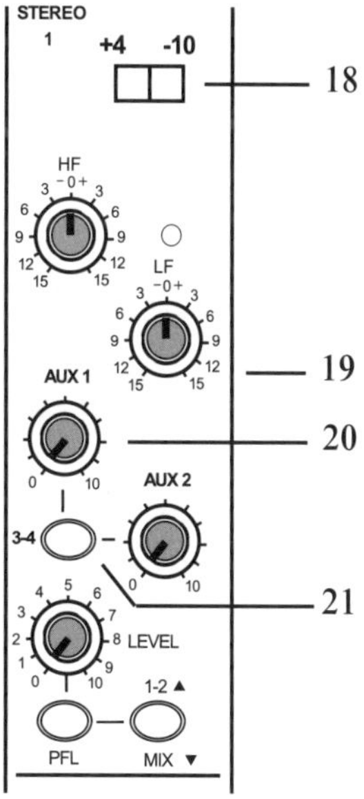


### 19. HF/LF 高頻及低頻等化

高頻極低頻等化其作用與MONO聲道相同。

### 20. AUX1/AUX2輔助輸出1/2音量調整旋鈕

控制AUX1及AUX2送往AUX1 BUS及AUX2 BUS的音量大小。

### 21. 輔助輸出3-4按鍵

按下此鍵AUX1變為AUX3、AUX2變為AUX4。

## 22. LEVEL TO MIX/PFL/AUX1-2 往主要混音輸出，PFL監聽或輔助輸出1-2

本鈕控制立體訊號電平送往主要混音輸出，PFL 監聽或輔助輸出1-2的大小。

【注意】立體倒送的靜音不能控制本部分，因此不用時，一定要將此鈕關掉。

▼圖2-19

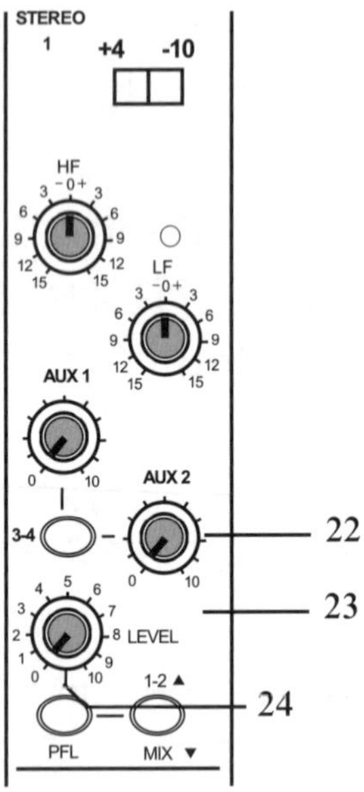


## 23. 1-2 ▲ /MIX ▼ 輔助輸出1-2及主要輸出選擇鍵

按下此鍵，立體聲道訊號送往主要輸出。

按開此鍵，立體聲道訊號送往輔助輸出1-2。

## 24. PFL鍵

立體倒送訊號送往PFL監聽，就按PFL鍵。

## 25. BALANCE 左右音量平衡鈕

控制各該立體聲道訊號送到整體混音輸出左、右聲道的多寡，可以製造立體音場。

## ☞ 3. 群組輸出 GROUP OUTPUT

群組輸出為XLR或TRS立體1/4″PHONE接頭，並有推桿之前的插入點，群組輸出可送給主要混音或矩陣式輸出。

群組最通常的一種功能，就是利用一個推桿來控制數個聲道的音量，例如：鼓收音的麥克風可能有7支以上，我們將所有鼓的收音指派到一個群組，組成獨立的混音，這樣子我們只需要控制一個推桿就可以了，否則要同時控制7個以上的推桿，這種功能就叫做副控群組SUBGROUP功能，我們也可以用來控制多位人聲合音的混音。

除了副控群組功能之外，群組輸出還可以用來應付複雜的PA現場成音系統，包含各自獨立控制音量的喇叭組合，在劇場空間內，某些喇叭

▼圖2-20 鼓組麥克風可用群組輸出控制

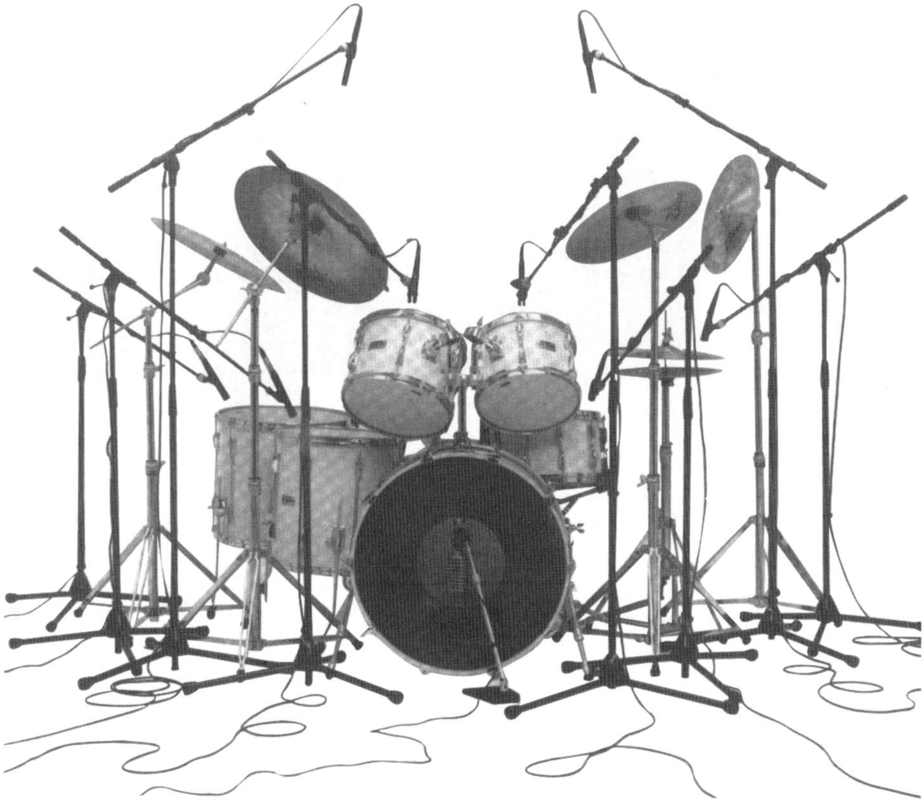

# 圖2-21 多組喇叭系統

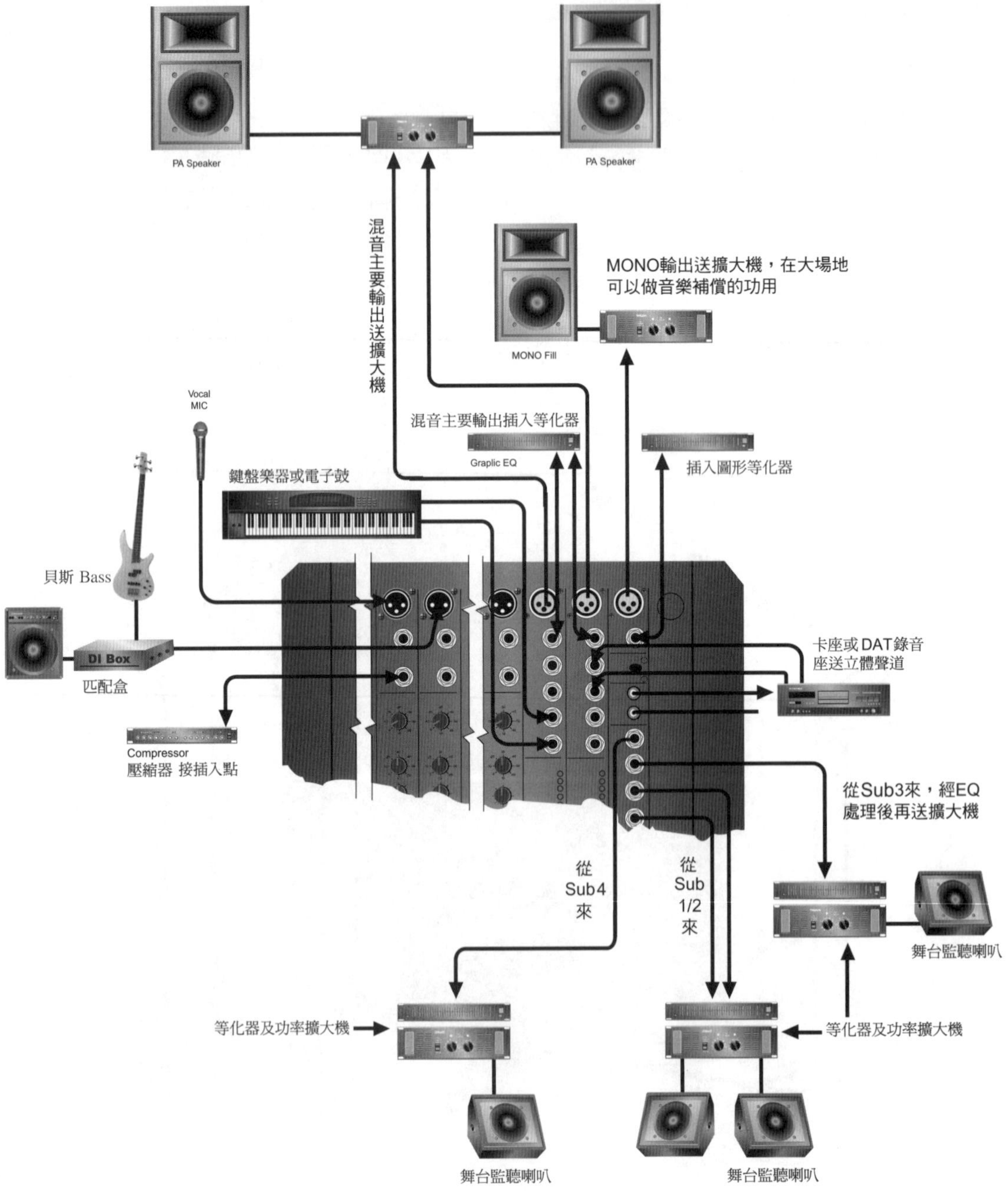

PA Speaker
PA Speaker
混音主要輸出送擴大機
MONO輸出送擴大機，在大場地
可以做音樂補償的功用
MONO Fill
Vocal MIC
混音主要輸出插入等化器
Graplic EQ
插入圖形等化器
鍵盤樂器或電子鼓
貝斯 Bass
Di Box
匹配盒
Compressor
壓縮器 接插入點
卡座或DAT錄音
座送立體聲道
從Sub3來，經EQ
處理後再送擴大機
從
Sub4
來
從
Sub
1/2
來
舞台監聽喇叭
等化器及功率擴大機
等化器及功率擴大機
舞台監聽喇叭
舞台監聽喇叭

可能被保留做額外（Off Set）的音響效果，大型PA場所裡，群組的多組輸出可供應給主前喇叭及吊在空中的喇叭組合，這樣的使用方法和小型成音系統是不一樣的，由不同的喇叭分別送人聲及樂器會有比較好的效果。

（圖2-22）可以告訴我們如何利用群組輸出去建立另外一組新的喇叭系統，如果只需要增強中央音像定位的效果（大部份的人聲都設定在中央），新的喇叭系統可以直接由推桿之後的輔助輸出供應，這樣我們可將群組省下來作其它用途。

例如：將所有人聲輸入聲道的AUX3（POST）音量旋鈕做好平衡，將AUX3輸出接擴大機送往吊在舞台中央上方的喇叭，利用AUX3 SEND總音量旋鈕控制整體人聲音量，就可以省下群組輸出。

還有一個要謹記心頭的是當音效是配合某群組訊號來合成時，效果倒送必須被設定到同一個副控群組，否則效果電平大小將不能控制即使移動群組FADER。（效果倒送能設定到任何一對群組，或者是左右主聲道）。

▼圖2-22

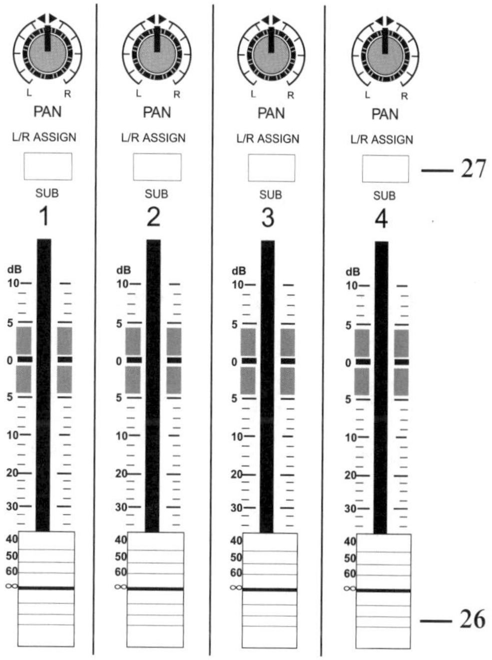


**26. GROUP FADER 群組音量推桿**

群組音量推桿在混音時用來決定各群組的音量大小，通常放在〝0〞記號位置，如果需要可以提供10dB的增益調整。

## 27. 群組輸出至混音L/R聲道輸出

按下GROUP TO MIX鍵後，可將FADER之後的群組訊號送往立體混音輸出，第1、3群組送混音機輸出左聲道，第2、4群組混音輸出右聲道。有些混音器可設定各個群組送到主要輸出的音量及音場選擇。

## 28. MATRIX SENDS 矩陣式輸出

獨立的矩陣式輸出可接受每個群組輸出，並可以在不影響主要混音及群組輸出之下，再增加另一套混音送給其他喇叭系統，矩陣式輸出可以說是群組之後的再次混音，本旋鈕控制其電平大小，如果不用要完全關掉。例如：矩陣式輸出可以從群組配對做立體輸出，群組1、3送矩陣式輸出A，群組2、4送矩陣式輸出B。

## 29. PFL 監聽鍵

按下此鍵時，群組推桿之的GROUP訊號會分送至控制室監聽輸出和耳機輸出，此時輸出聲道的PFL/AFL指示燈會亮，表示輸出部分的監聽輸出和音量錶的訊號，是由PFL指示燈亮的GROUP群組輸出迴路分送出去的。

▼圖2-23

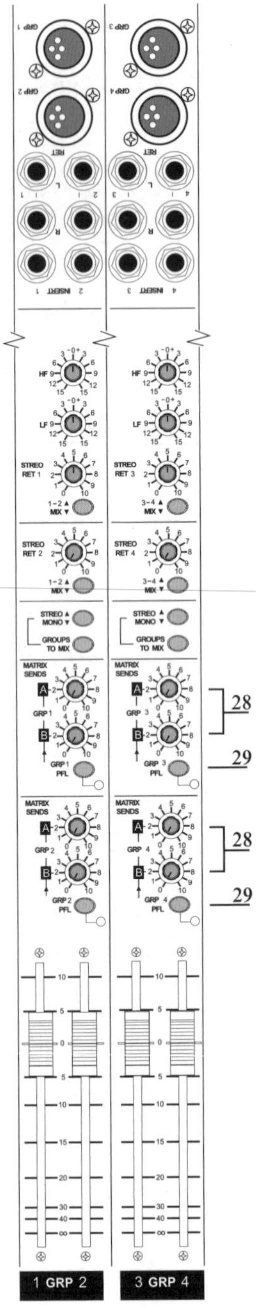

## ☞ 4. MASTER主要輸出

主要輸出部分是控制所有的輸入聲道訊號如何送出混音機，它也有推桿FADER，矩陣式輸出MATRIX MASTER，AUX MASTER輔助輸出總控制，耳機插座及音量調整鈕，監聽切換燈PFL/AFL LED，靜音鍵MUTING，TALK BACK對講麥克風插座及音量調整，MONO CHECK，LED電錶，STEREO RETURN立體倒送控制鈕，電源開關顯示POWER ON等，說明如下：

### *PFL/AFL ON 監聽選擇開關*

按下PFL/AFL鍵後，FADER之前/後的訊號將送往耳機輸出和音量錶，取代原來的混音輸出訊號，本部分的PFL/AFL會亮，被按下PFL/AFL聲道的PFL/AFL LED燈也會亮，適合在不影響主要混音狀態下聽個別輸出訊號，以便調整或追蹤問題。

通常輸入聲道才會有PFL功能，輸出聲道才會有AFL功能。

### *TALK BACK*
### *對講麥克風插座及音量調整*

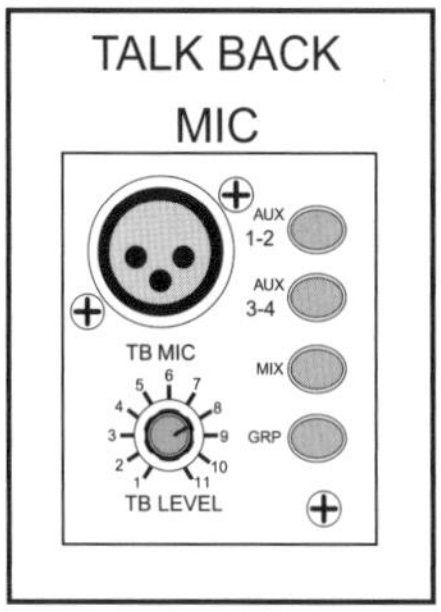


▲圖2-24

XLR座可以接麥克風，增益由TB LEVEL鈕控制，訊號能夠被送至AUX1-2與AUX3-4，混音輸出或群組BUSES，以便和舞台或外場對講。

### *AUX MASTER*
### *輔助輸出總音量控制*

輔助輸出總音量控制是輔助輸出音量的總控制，這些輸出和混音主輸出是分開的，我們把它視作額外的輸出，也可外接效果處理器或當作監聽訊號。

### *MONO CHECK*

通常耳機輸出端可以聽混音立體訊號，按下MONO CHECK鍵後，即變為左右聲道輸出之和，可檢查相位問題，主要輸出並不受此鍵控制。

# 圖2-25 輔助輸出，輔助輸出倒送
# 群組輸出及立體倒送說明

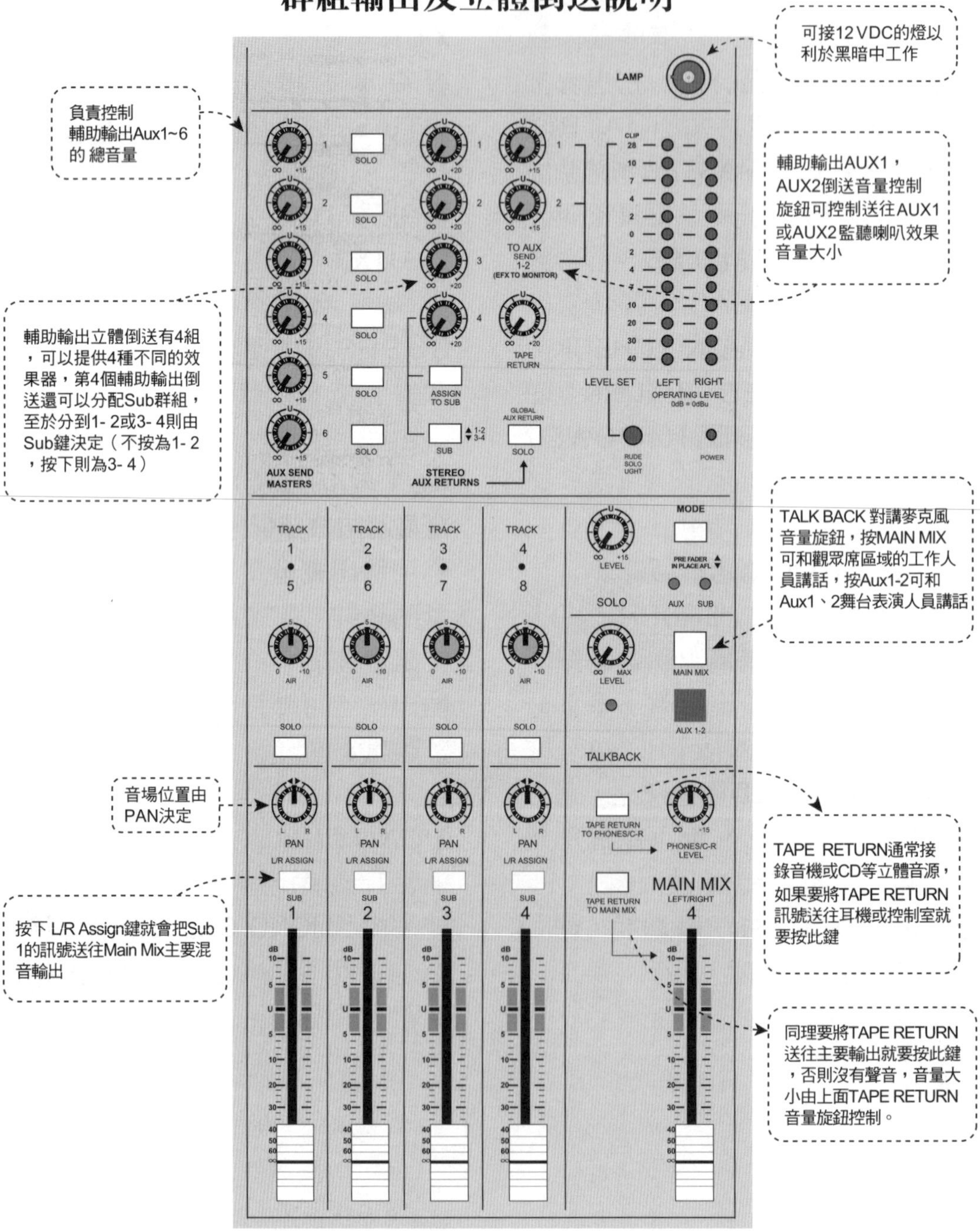
可接12 VDC的燈以利於黑暗中工作
負責控制輔助輸出Aux1~6的 總音量
輔助輸出AUX1，AUX2倒送音量控制旋鈕可控制送往AUX1或AUX2監聽喇叭效果音量大小
輔助輸出立體倒送有4組，可以提供4種不同的效果器，第4個輔助輸出倒送還可以分配Sub群組，至於分到1- 2或3- 4則由Sub鍵決定（不按為1- 2，按下則為3- 4）
TALK BACK 對講麥克風音量旋鈕，按MAIN MIX可和觀眾席區域的工作人員講話，按Aux1-2可和Aux1、2舞台表演人員講話
音場位置由PAN決定
TAPE RETURN通常接錄音機或CD等立體音源，如果要將TAPE RETURN訊號送往耳機或控制室就要按此鍵
按下 L/R Assign鍵就會把Sub 1的訊號送往Main Mix主要混音輸出
同理要將TAPE RETURN送往主要輸出就要按此鍵，否則沒有聲音，音量大小由上面TAPE RETURN音量旋鈕控制。
LAMP
AUX SEND MASTERS
STEREO AUX RETURNS
TO AUX SEND 1-2 (EFX TO MONITOR)
TAPE RETURN
ASSIGN TO SUB
GLOBAL AUX RETURN
LEVEL SET
LEFT
RIGHT
OPERATING LEVEL 0dB = 0dBu
POWER
MODE
SOLO
TALKBACK
MAIN MIX
AUX 1-2
TAPE RETURN TO PHONES/C-R
PHONES/C-R LEVEL
TAPE RETURN TO MAIN MIX
MAIN MIX LEFT/RIGHT
TRACK
PAN
L/R ASSIGN
SUB
AIR

### *MUTE MASTER 群組靜音開關*

群組的靜音開關，可以控制任何一個被設定到靜音群組的聲道，只要按下M1～M4鍵，所有相關聲道即被靜音，LED燈也會亮。

### *METER 電錶*

三色電錶可監看所有輸入、群組和混音訊號，電錶為峰值式顯示。

通常電錶有兩條LED燈顯示，表示混音左、右聲道的輸出，如果按下PFL或AFL鍵，則只顯示被按聲道的訊號。

混音機要能夠同時提供平均值反應型（VU）和峰值反應型（PPM）電錶，如果您認為電錶沒什麼大不了的！那麼我們需要解釋一下：

VU代表音量單位，早期的混音機和錄音座都是利用機械式指針錶頭，這些電錶對某些瞬間音響，例如：擊鼓，指針移動的速度來不及，無法正確地表示出來，但是它們確實表示出人類可以接收音量的型式，換句話說，大聲、長音和同樣大聲而短音，在平均值反應型電錶上，前者的數值會比較大，這樣的功能使VU錶能統計聲音的響度，但卻不能表示短暫的突波，因此無法警告我們這些突波峰值也許已經產生過載訊號了。例如：大聲的小鼓在VU錶上讀出10dB，其實它真正的峰值電平是比較高一點的。

▲請注意：VU和PPM錶上，0dB的輸出和輸入電平即表示專業+4dBu標準。

▼圖2-26 電錶

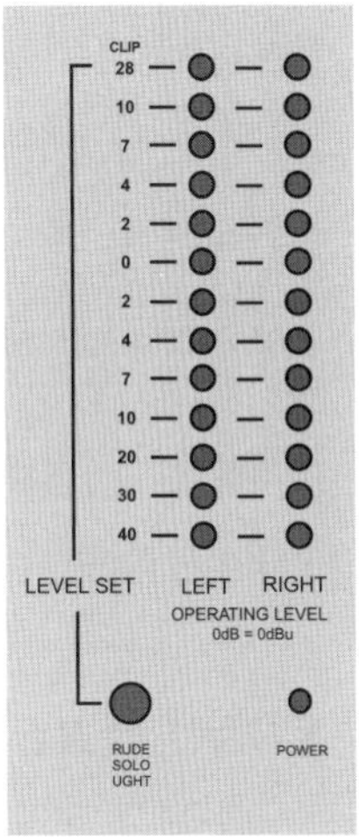


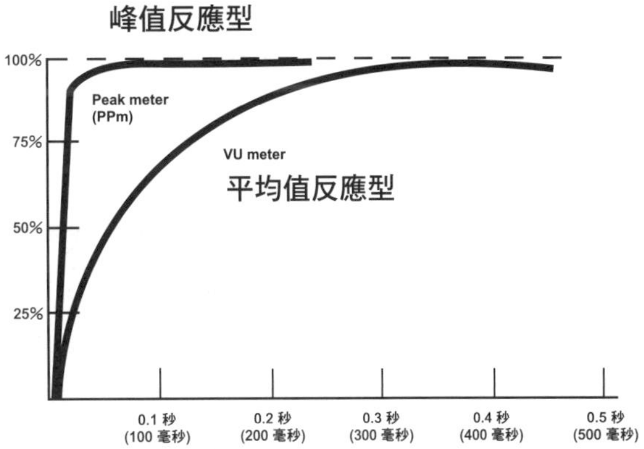


▲圖2-27
平均值反應型及峰值反應型電錶響應圖

峰值反應型電錶是為了要記載任何訊號的峰值電平，不論其時間多短暫（例如：小鼓）都能正確地顯示出來。在現場成音工作上，這個功能是很重要的，因為短時間的削峰失真也可能會帶給喇叭系統的高音驅 動器承受不了的壓力，提供以上兩種型式的電錶．無非是希望您更有能力控制全局。

### *STEREO RETURN 立體倒送*

立體倒送可將訊號送往立體混音輸出或配對的群組輸出，適合用來外接迴音器、效果器、鍵盤或其他副混音器輸出，如果不用，音量鈕要完全關掉。有些廠牌的立體倒送甚至還附有HF和LF EQ調整。

## 5. 接線CONNECTION

有一天接到客戶的電話，埋怨我賣他一台不能調音量大小的混音機，我先問明狀況發覺音響系統的週邊設備是正常的，混音機也有輸出，擴大機、喇叭也都在工作，只是MASTER FADER主要輸出推桿沒有作用，我問他擴大機的訊號來源是接到混音機的那一個輸出端子，他說：「一堆英文有看沒有懂！」我請他一個字一個字唸給我聽，才發現原來他接到MAIN INSERTS主要輸出插入點。

大家不要小看接線的工作，完全正確的接線才能確保系統運轉正常，不會有意料之外的事發生，我們一定要預留工作時間，匆匆忙忙最容易出錯，事前規劃也很重要，搭配各品牌的電子設備時，若將其所需要的接線及接頭弄錯，就麻煩了。

以下範例及解說主要是讓讀者更容易了解各種場合準備工作的細節，仔細的看圖及解釋可以很快的吸收前人的專業經驗。

### *處理器的連接*

不論何種PA場合，混音機都可能外接聲音處理器或效果器，雖然原理

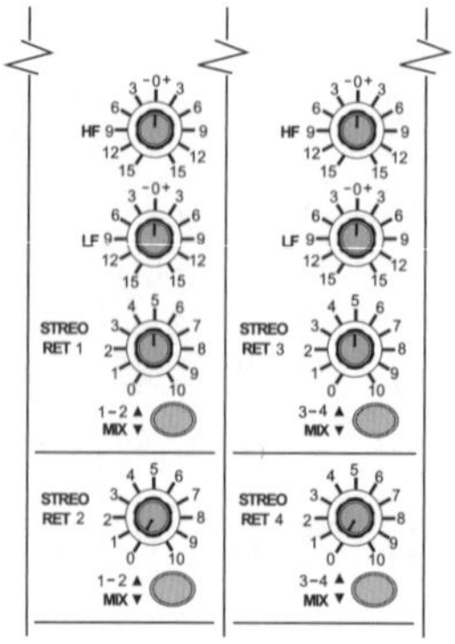


▲圖2-28 立體倒送

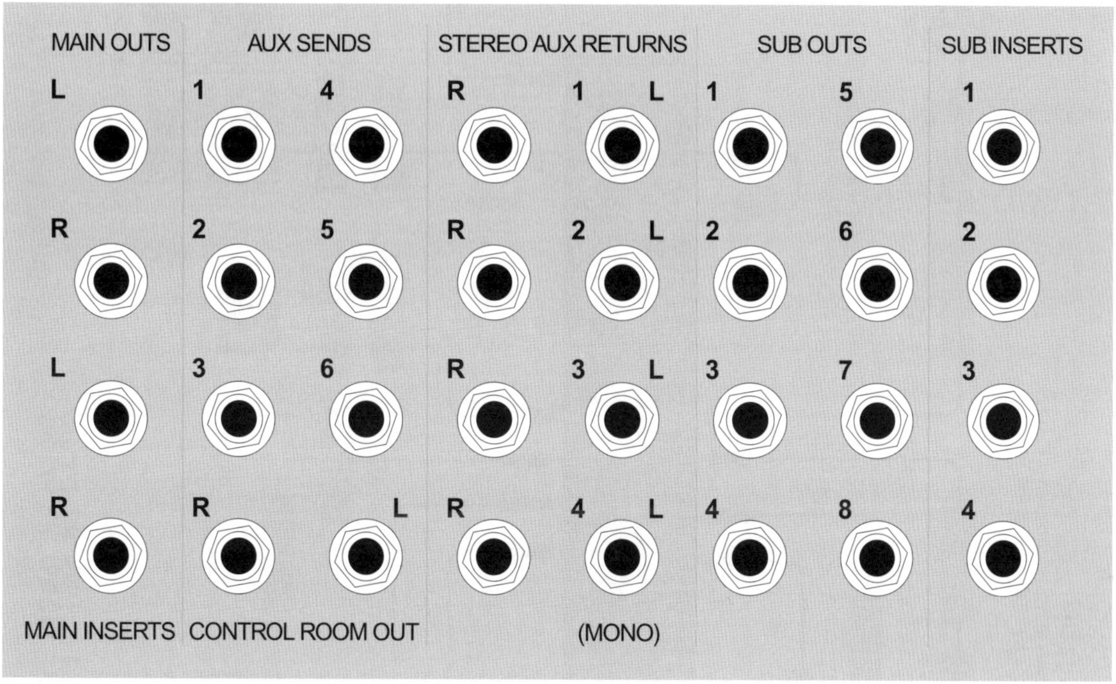


▲圖2-29

MAIN OUTS 主要輸出接主場擴大機及喇叭系統。

MAIN INSERTS 主要插入點，可以插入聲音處理器。

AUX1～6 SENDS 輔助輸出1～6可接效果器或監聽喇叭系統。

CONTROL ROOM OUT 控制室輸出接控制室擴大機及喇叭系統。

STEREO AUX RETURNS 立體輔助輸出倒送可接效果器的輸出，或當作額外的立體音源輸入。

SUB OUTS 群組輸出可建立另一組喇叭系統做 聽或外場的補強。

SUB INSERTS 群組輸出插入點可插入效果器，針對各群組做個別聲音的處理。

（MONO）如果立體輔助輸出倒送所接的音源是MONO的，就只接L左聲道。

# 舞台監聽混音機使用實例

註：每一個舞台喇叭都配有圖形等化器，
一方面可以做音色修飾，一方面可以
做防止回授的工具。

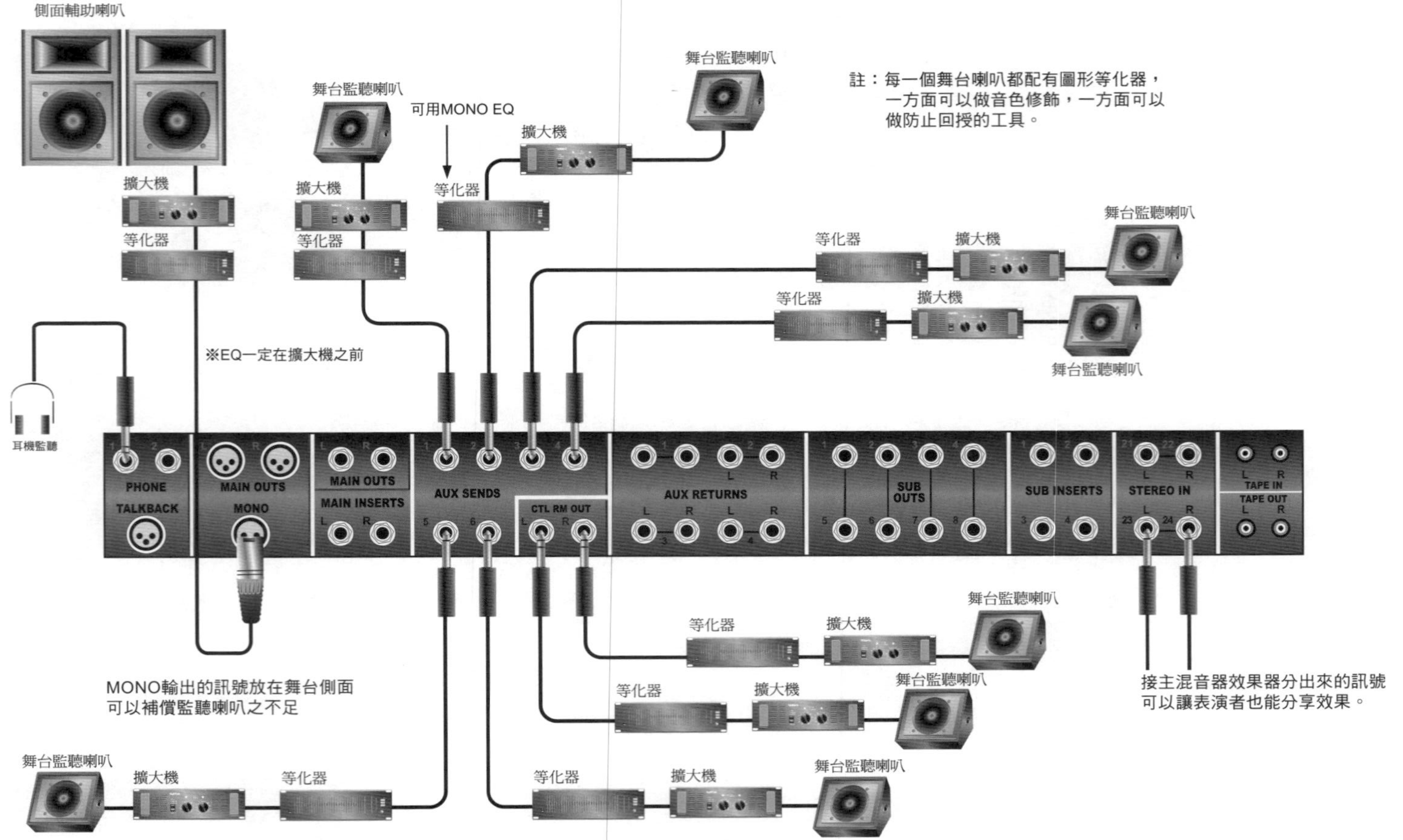


舞台監聽混音機的使用方法和FOH主場混音機(Front Of House)不一樣，一般都放在舞台側面，由專人控制，AUX輸出全部都送給舞台表演者，每一個表演者都可以有自己的監聽喇叭，都可以選擇自己想要聽的其他人聲或樂器的聲音，因此所有AUX都要切換成Post Fader推桿之後，以便操控者可直接用Fader控制音量大小。

# 教堂PA系統實例

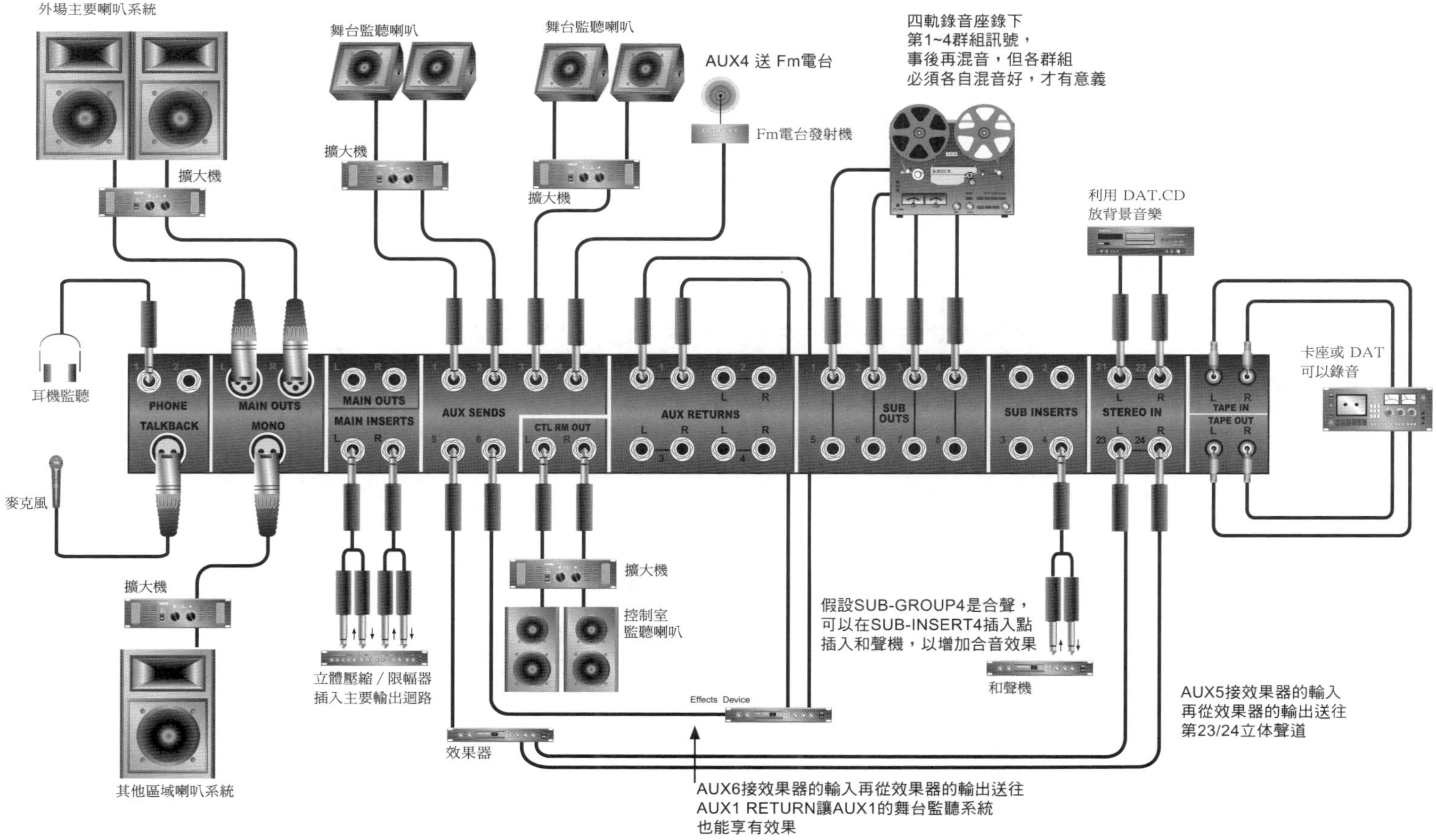
外場主要喇叭系統
擴大機
舞台監聽喇叭
擴大機
舞台監聽喇叭
擴大機
AUX4 送 Fm電台
Fm電台發射機
四軌錄音座錄下
第1~4群組訊號，
事後再混音，但各群組
必須各自混音好，才有意義
利用 DAT.CD
放背景音樂
耳機監聽
麥克風
PHONE
TALKBACK
MAIN OUTS
MONO
MAIN OUTS
MAIN INSERTS
AUX SENDS
CTL RM OUT
AUX RETURNS
SUB OUTS
SUB INSERTS
STEREO IN
TAPE IN
TAPE OUT
卡座或 DAT
可以錄音
擴大機
其他區域喇叭系統
立體壓縮／限幅器
插入主要輸出迴路
擴大機
控制室
監聽喇叭
Effects Device
效果器
假設SUB-GROUP4是合聲，
可以在SUB-INSERT4插入點
插入和聲機，以增加合音效果
和聲機
AUX5接效果器的輸入
再從效果器的輸出送往
第23/24立体聲道
AUX6接效果器的輸入再從效果器的輸出送往
AUX1 RETURN讓AUX1的舞台監聽系統
也能享有效果

# 錄影帶或視聽軟體後製作實例

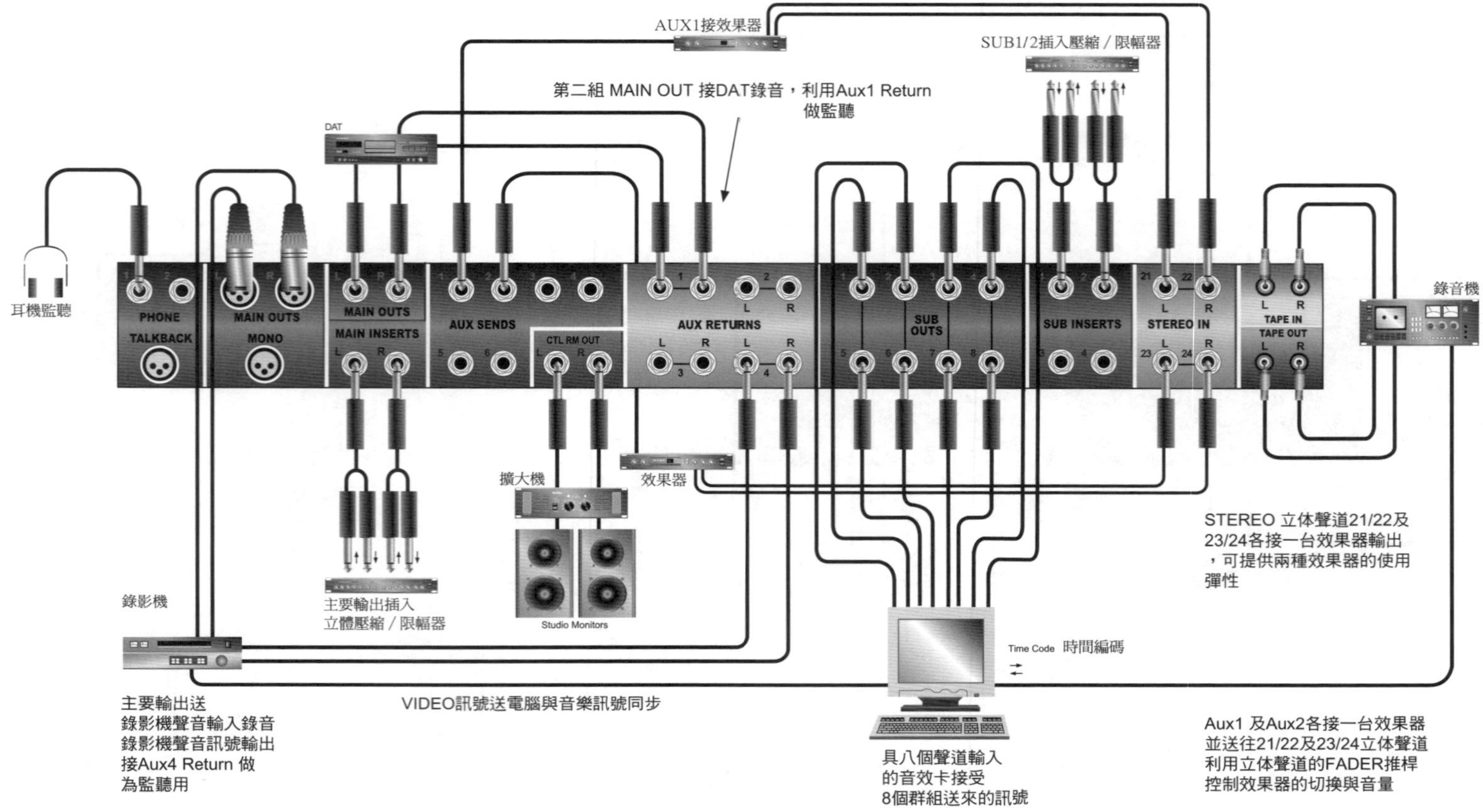

AUX1接效果器
SUB1/2插入壓縮／限幅器
第二組 MAIN OUT 接DAT錄音，利用Aux1 Return 做監聽
DAT
耳機監聽
PHONE
TALKBACK
MAIN OUTS
MONO
MAIN OUTS
MAIN INSERTS
AUX SENDS
CTL RM OUT
AUX RETURNS
SUB OUTS
SUB INSERTS
STEREO IN
TAPE IN
TAPE OUT
錄音機
擴大機
效果器
Studio Monitors
錄影機
主要輸出插入
立體壓縮／限幅器
STEREO 立体聲道21/22及23/24各接一台效果器輸出，可提供兩種效果器的使用彈性
Time Code 時間編碼
主要輸出送
錄影機聲音輸入錄音
錄影機聲音訊號輸出
接Aux4 Return 做
為監聽用
VIDEO訊號送電腦與音樂訊號同步
具八個聲道輸入
的音效卡接受
8個群組送來的訊號
Aux1 及Aux2各接一台效果器
並送往21/22及23/24立体聲道
利用立体聲道的FADER推桿
控制效果器的切換與音量

# 八軌錄音接線實例

1. Aux1 及 Aux2 送耳機放大器讓錄音者用耳機監聽。
2. Aux3 及 Aux4各接一台立体殘響機 #1及#2 分別送回 Aux1 Return 及 Aux2 Return讓耳機使用者也有殘響效果。
3. Aux5 接立体殘響機 #3送回 Aux3 Return 讓所有混音機輸入聲道共用殘響效果。
4. Aux4 Return做為DAT監聽使用。

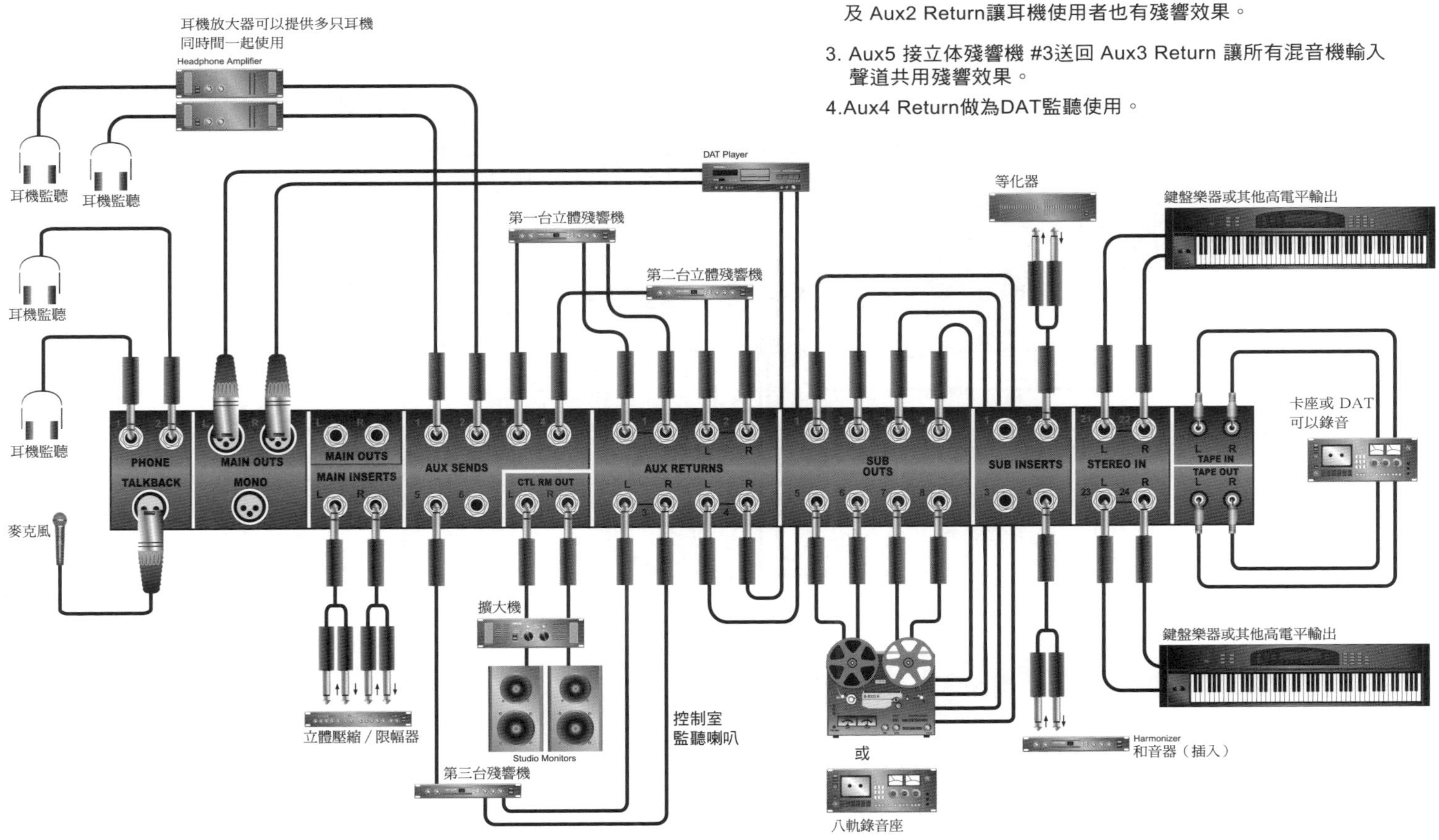

# 錄影帶剪輯後製作

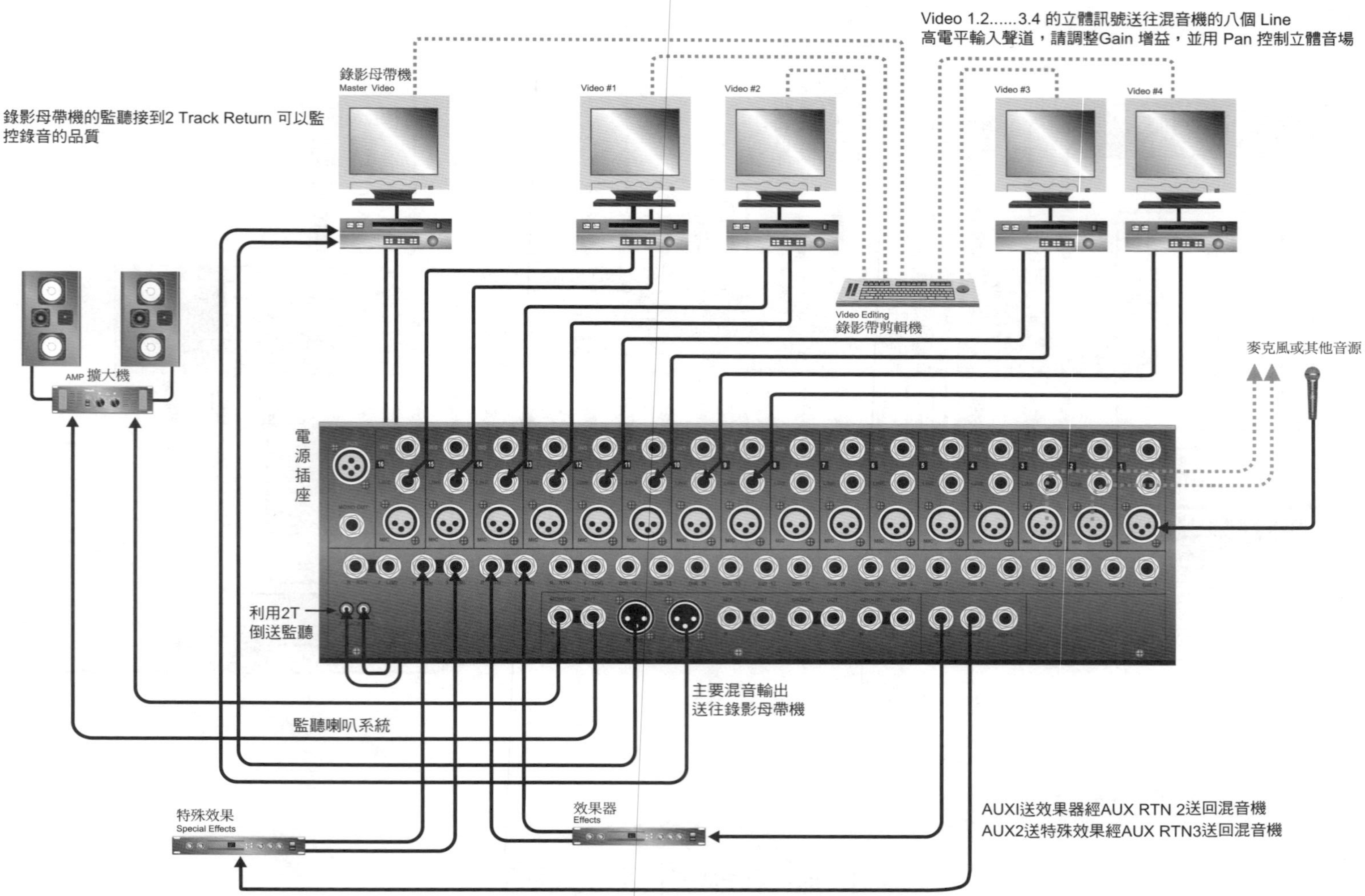

Video 1.2......3.4 的立體訊號送往混音機的八個 Line
高電平輸入聲道，請調整Gain 增益，並用 Pan 控制立體音場
錄影母帶機
Master Video
Video #1
Video #2
Video #3
Video #4
錄影母帶機的監聽接到2 Track Return 可以監
控錄音的品質
Video Editing
錄影帶剪輯機
麥克風或其他音源
AMP 擴大機
電
源
插
座
利用2T
倒送監聽
主要混音輸出
送往錄影母帶機
監聽喇叭系統
特殊效果
Special Effects
效果器
Effects
AUXI送效果器經AUX RTN 2送回混音機
AUX2送特殊效果經AUX RTN3送回混音機

很簡單，但是有一些基本規則需要說明一下。

通常有兩種基本的音效週邊設備：一、處理器、二、效果器，他們的區別不在於如何使用，而在於他們處理訊號的方法，處理器處理整個的訊號;效果器則混合了原始聲音和被處理過的聲音，通常都牽涉到一些延遲的處理，原始音（Dry）和被處理聲音（Wet）的混音能在效果器內完成，也能夠在混音器上完成，分辨處理器和效果器的功能十分重要，因為是有特別的規定如何將器材連接在混音器上。

### *效果器 EFFECT*

效果器最好接在混音器的輔助輸出Aux Send和輔助音效倒送端Aux Return或叫Effect Send & EFX Return，效果器通常都從混音機Fader推桿之後送，因此效果音電平和原始音電平的比例將被各聲道Fader推桿控制，如果效果器從Fader之前送，那麼效果電平將永遠保持一定，即使將原始音關掉都不會改變，在錄音室裡能利用此特點去創造新的用法，但是，在PA現場的狀況，最安全的作法就是永遠從Fader推桿之後送訊號給效果器。

混音機的輔助倒送最好是有立體輸出，適合接駁立體聲音處理器，再者，四個立體效果倒送也可指派到左、右混音主聲道或立體群組，簡化了全部群組加入效果的方法，當然也節省了珍貴的輸入聲道。

效果器的Mono或立體輸出應該送給立體效果倒送輸入端（如果是Mono訊號就插其中一只，一般為L

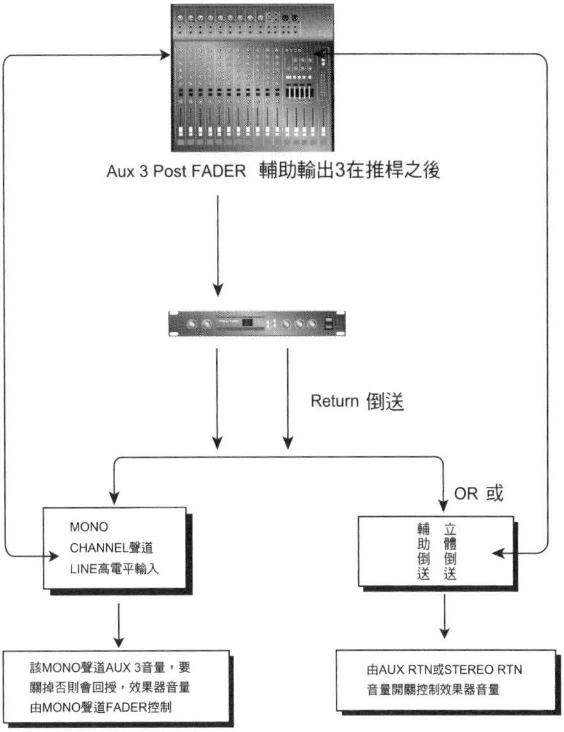

聲道），萬一效果倒送輸入已經客滿，那只能使用混音機某聲道的高電平輸入，對於多台的立體效果器用立體高電平輸入聲道是非常理想的。效果器的混合控制鈕應該調整在只提供處理過的效果聲（Wet），因為原始音（Dry）已由混音機匯入混音當中，如此一來，利用混音機上各輸入聲道自己的輔助輸出鈕，即可獨立的調整好本聲道音源所要加入的音效成份大小，我們得要注意，很多表演場所的空間殘響已超過實際需要，如果我們再加太多人工殘響效果，一定會減低了人聲的清晰度。

▲ 注意：若某一個聲道被用作為效果倒送的話，一定要將其輔助輸出調整為鈕逆時針關到底，否則會產生回授，舉例來說，如果Aux4輸出給殘響機，如果倒送給混音機的立體高電平聲道1，那個立體高電平聲道1上的Aux4旋鈕就要關掉，立體輸入聲道非常適合用作效果倒送。

效果器也可以接各聲音的插入點，這種接法我們就得利用效果器Dry/Wet的平衡鈕來調整效果，每一個Mono輸入聲道和主要立體輸出都有插入點。一般原則，接在輔助輸出系統的好處是每一個輸入聲道都可以分享同一個效果器。然而鍵盤、錄音機等高電平設備，效果器可能會直接接在音源和混音機輸入間，因此Dry/Wet的平衡將由效果器本身來調整。這種方法適用於立體輸入聲道，因為一部立體的處理器就能處理像魔音琴或取樣機輸出的立體訊號。

***訊號處理器***

***SIGNAL PROCESSORS***

處理器和效果器不同，它可以接在高電平音源和混音器高電平輸入之間，或者接在插入點，主要輸出插入點可以接壓縮器Compressor或是等化器，用來處理全部的立體混音，處理器也可以接在mono聲道的插入點上，以處理個別的訊號。如果我們沒有用跳線盤，就必須準備Y型訊號線去接混音機的插入點。

Y型訊號線將立體插頭轉換為兩個Mono插頭，就是將立體插頭的Tip端點和Ring端點各別接兩個Mono頭，兩條Mono訊號線的Screen隔離網都焊到立體頭的Screen。

立體插頭插入混音器插入點，兩個Mono插頭分別插在處理器的輸出及輸入，接在立體插頭Tip的訊號線負責傳遞處理器的輸入，接在立體插頭RING的訊號線負責將處理器的輸出送回混音機。不想做線的人，市面上也買得到立體雙Mono的轉換頭（Y型訊號線的說明，見第十章）。

處理器通常不接在輔助輸出和倒送的迴路，因為這種接法的效果不可預期，也不令人滿意，大多數處理器都在高電平工作，我們不可能將麥克風直接插到處理器裡。

# 訊號處理器的接法

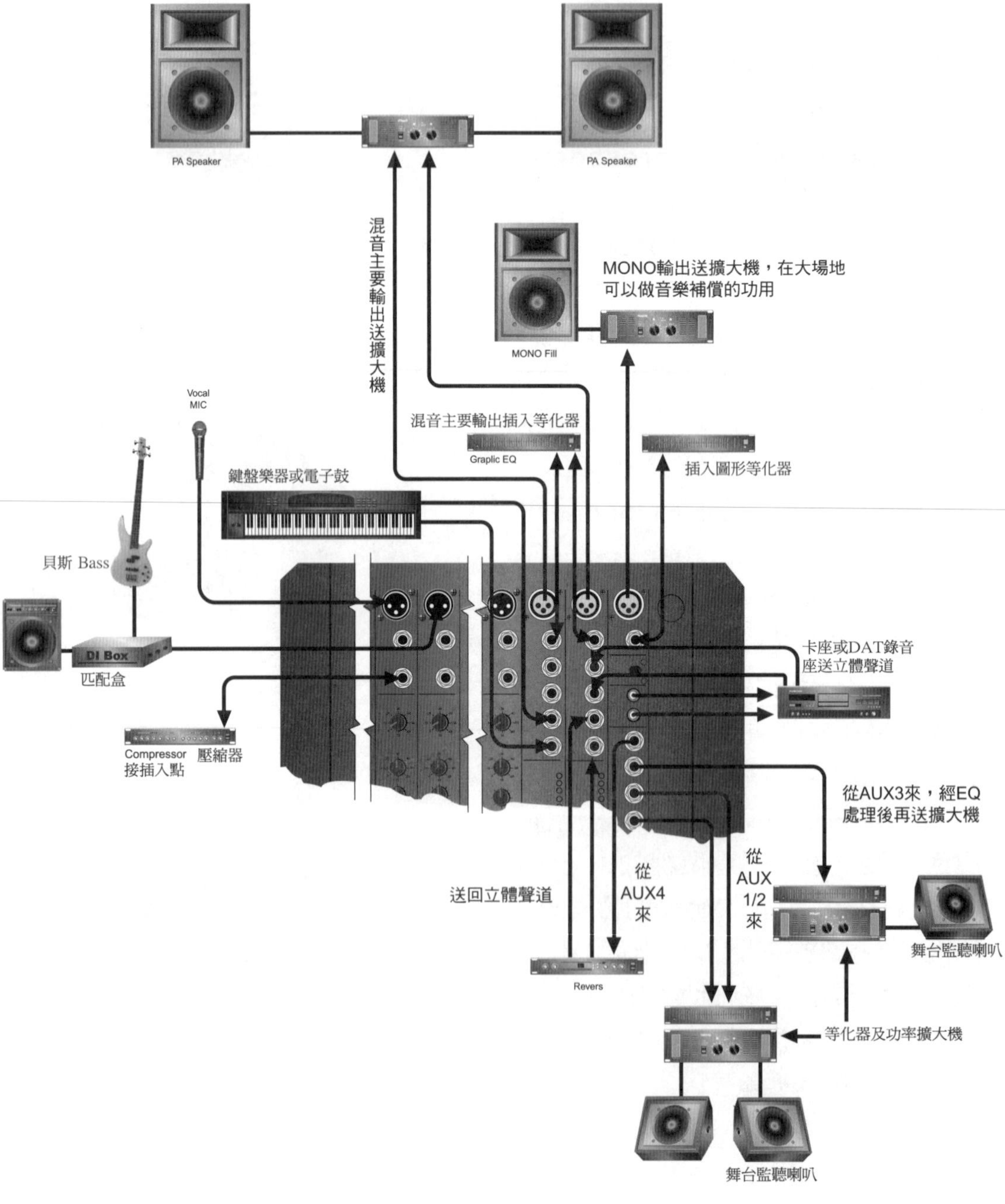

PA Speaker
PA Speaker
混音主要輸出送擴大機
MONO輸出送擴大機，在大場地
可以做音樂補償的功用
MONO Fill
Vocal
MIC
混音主要輸出插入等化器
Graplic EQ
插入圖形等化器
鍵盤樂器或電子鼓
貝斯 Bass
DI Box
匹配盒
卡座或DAT錄音
座送立體聲道
Compressor 壓縮器
接插入點
從AUX3來，經EQ
處理後再送擴大機
從
AUX4
來
從
AUX
1/2
來
送回立體聲道
Revers
舞台監聽喇叭
等化器及功率擴大機
舞台監聽喇叭

## ☞ 6. 如何選擇PA混音機 PA MIXER

其實，所有的混音機都做著相同的工作，我們所要求的是當各種錄音或現場表演出狀況時，混音機可以處理的多好、多快和應付現場變化多端的程度，以最普通水準來說，所有混音機都用來結合兩個或兩個以上的音源訊號，控制調整他們相對的訊號電平，依各混音機特殊功能條件，混音機所蒐集的訊號能分派到不同的輸出端子（例如：多軌錄音使用），而且在各訊號迴路還可以經由外接效果設備（例如：殘響機REVERB或迴音機ECHO），將其等化或做聲音處理。

現代高級電子設計理論的發達，沒有理由做不出來一部低價位專業級品質的混音機，關鍵在於這種混音機操作是否寧靜？控制面板是否符合人性設計？是否有足夠的餘裕以避免失真？我們更要知道，訊號迴路系統是否能夠處理複雜的混音工作？是否有足夠的輔助輸出可讓我們外接所有的效果機以及設定給演出者監聽之混合訊號。符合以上的需求，外型輕便，高品質與高機動性的混音機，一般都有 8 / 12 / 16 / 24 / 32 / 40組MONO聲道輸入，三段式等化，立體輸入聲道也有兩段式曲柄型等化（Shelving），能仔細地將效果及音樂特性調整出來。除了主要立體輸出MAIN OUTPUT，還具備四個混音群組GROUP輸出，這樣的配備可以再創造副控群組混音功能，也可以做多軌錄音工作。

**很簡單，便宜又大碗原則！**

## ☞ 7. 混音機擺設位置

最理想的混音機擺設位置應該讓調音工程師坐在和觀眾聽到音響一樣的位置，這就可能要拉很長的訊號線，及使用適當設計的輸入電路；一條多芯訊號線MULTI-CABLE和舞台連接盒STAGE BOX就可以實際地解決這些問題，這些多芯訊號線應該個別接地隔離，而不是多芯共用單一的隔離。

功率擴大機POWER AMPLIFIER應放在靠喇叭愈近的地方愈好，避免

使用太長的喇叭線，喇叭線要使用高電流流通量的線，如果錯誤的使用樂器的訊號線將導致功率和透明度的損失。

## ☞ 8. 設定增益 GAIN

所有電子線路（也包括混音機內部的電路）都會產生低電平的電子雜音或嘶聲，雖然可以利用細心的設計把它降到很低，可是絕不可能完全消除，然而輸入訊號電平過高卻會使音響系統電路產生失真，因此設定輸入電平必須非常謹慎，才能得到最好的聲音品質，理想狀態當然是輸入電平調整至愈高愈好，但我們仍然必須要保存一個安全空間去避免最高電平部份產生的失真，這樣不僅確保訊號電平大得足以壓過並忽略背景的雜音，還可以在避免失真之下保持訊號的清晰·這個安全空間在音響專業術語叫〝容許範圍〞（餘裕Headroom）。好的設計是使用非常低噪音的電路，但是仍然提供很大的容許空間，以避免某些不可預料的訊號峰值引起的削峰失真，PA現場演出時，混音器具有足夠的容許空間在實際運用上是很重要的，因為現場訊號電平大小是難以預料的，一部容易產生削峰失真的混音機，加大了損害高頻驅動器的危險機率。

電錶的設計是將最佳訊號電平設在0VU處，這樣的安排可以留下很大的餘裕空間去應付那些不可預料的訊號峰值，要監控真實的峰值訊號電平，請使用峰值顯示型電錶，而不是去看平均值顯示型電錶。

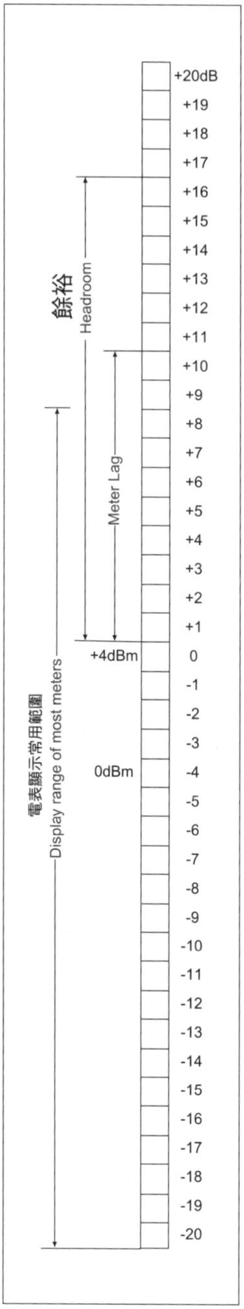


音量表

## ☞ 9. 設定輸入增益的程序

1. 按下欲調整聲道的PFL鍵並經由耳機監聽。
2. 調整輸入增益控制鈕，以沒有突波訊號的人聲為例，右上方的LED音量指示表顯示大約〝0〞的地方，如果是小鼓聲，得提高至大約+8，這個程序必須在每一個聲道重覆設定，才能進行其他工作。

   如果增益設太高則餘裕被減少，峰值失真的可能性相對增加，相反地，如果輸入增益太小，我們必須要在混音機其他部份加以補償，最後的結果可能只是弄出一大堆不必要的嘶聲。

▲請注意：通過效果器的訊號大小也必須調整在最佳狀況，輔助輸出的控制鈕轉大約3/4，然後在效果器上調整輸入增益，使得訊號峰值大約在效果器本身電表0VU的地方，任何效果器接在插入點，一定也要利用它們本身的輸入增益控制，把增益調至最佳狀況，如果效果器有輸出電平控制，也應該在最初設定時轉到3/4處。

處理器接在輸入聲道或主要輸出的插入點時，如果他們可以設定在+4dBu（不是-10dBV）工作就可以不需修改而直接發揮最好的效果．因為所有的插入點都在0dBu高電平中工作。

增益調整的精準應該是工程師的好習慣，也應該是一個例行公事，我們花一些時間及心思在舞台前仔細設定好，一定會能發揮PA器材百分之百的潛力。

假設音響系統在混音機主要輸出推桿0dB位置時，在距離舞台10公尺處測得音壓為85dB時如果音量需要調整，在電表未達巔峰失真條件下，將推桿推至+5dB位置時，我們即可得知相同位置的音壓已變為90dB；推桿退至-5dB位置，則可在該處測得約80dB的音壓，有此相對的結果我們才能知道推桿移動之下，到底改變了什麼！

## ☞ 10. 眼觀四面，耳聽八方

選擇混音機另外一個重要的因素是機器能否很容易又很快速地監聽到混音的每一道組成單元，如果沒有追蹤訊號路徑的功能，那麼在演出的時候要診斷聲音的病情，再去對症下藥就很難了。

監聽系統的精心設計，使得控制面板可以正確告訴我們那一個訊號是正在被監聽的，現場演出的場合，耳機輸出可以用來監聽某關鍵聲音訊號而不會干擾到表演，只要輕輕按一下開關就可以檢查輔助輸出5、6或7、8，群組1～4或甚至立體倒送音量旋鈕之前的電平，這表示我們可以檢查某效果器是否正常工作（即使效果倒送電平被完全關掉），經由一對峰值顯示型電表，我們可以看到任何被選擇音源（要檢查）的音量大小。

## ☞ 11. 回授的去除 FEED BACK

如果需要使用圖形等化器幫助克服室內建築聲學的缺陷，我們可以把它加在混音機輸出和後級擴大機輸入之間，也可以把圖形等化器加在混音機和舞台監聽擴大機之間，幫助避免回授問題。

使用圖形等化器值得注意的重要觀念是利用衰減的型式去調整，比利用增強的型式調整好，因為這樣才能產生較自然的聲音，也減少了回授的機率，決定喇叭擺設的位置也可以幫助減少回授，把麥克風指向喇叭箱是絕對禁止的！

大型系統裡圖形等化器常用在舞台監聽系統，因為監聽喇叭密集和麥克風之間產生回授的機率大增，我們要圖形等化器幫忙減低其機率。

測試音響時，通常的程序是慢慢地把系統音量增大到產生回授，然後利用等化器把最先發生回授的頻率衰減，訓練有素的工程師幾乎可以馬上找出正確的回授頻段位置，但是經驗差的使用者只好給他們機會去試了！解決第一次回授的頻率之後，再把增益加大到又產生回授，然後再用上述方法利用EQ去衰減這次肇禍的頻率。

等到幾乎所有會產生回授的頻率都被抓出來修理好以後，系統增益應該降大約6dB左右，以便預留一點容許空間（餘裕），其他細節調校其實可以不必去煩惱，因為當觀眾進來，或者氣溫昇高或濕度的改變，都會使室內音響空間變得不一樣！

爾來拜數位科技貢獻之賜，市面有回授終結者的產品問市FEEDBACK DESTROYER，其使用方法和本節敘述類同，只是由微電腦來幫助我們計算衰減回授頻率的程度，記憶回授的頻率，其等化Q值非常大，如此可減少影響相鄰頻率，而產生不自然的副作用。

## 12. 設定PA的混音 INITIAL SETUP

＊開機時，所有擴大機音量關至最小，這樣可以避免產生不被歡迎的回授以及保護喇叭。

＊先將EQ轉至平坦位置或無增益、無衰減位置，將每一聲道的輸入增益調整好。

＊如果有低頻背景噪音問題，將所有使用中的麥克風聲道高通濾波鍵打開。

＊利用人聲麥克風測試整個系統，

CREAST AUDIO

利用等化器去補償修正被抓出來的任何惹麻煩的頻率，最好是用1/3八度音的等化器，例如：ARX的EQ 260等等。

＊先設定主要人聲麥克風的最大工作電平，使不產生回授，然後減弱一點，保留一些容許範圍（餘裕Headroom），多參考前一節的說明及經驗。

＊設定背景人聲麥克風，然後檢查主要人聲和背景人聲麥克風一齊使用時不回授。

＊如果回授，則減少主增益控制直到停止回授，如果回授還有問題，請考慮將PA喇叭往前移一點，而且還要檢查舞台背後是不是將聲音反射得很厲害，以致某些從房子產生的聲音又反射到麥克風裡，增加了回授的機率。

＊現在再比對人聲麥克風音量對樂器麥克風和其他Line高電平輸入電平的大小。

＊最後檢查所有與混音機連接的效果器，正確的設定未處理和處理後聲音的混音比。

＊盡量避免過度使用等化器，因為它會增加回授機率，也可能弄壞了聲音基礎的本質，我們不要把EQ當做是一種能得到顯著效果的機器，應該將之視為一種微調的工具。

舞台監聽喇叭的使用也會使回授現象變得更糟，我們送的音量只要讓表演者能舒服的聽到就好，不必太大聲，而且音箱的位置不要對到麥克風。

其他的監聽系統還有一種裝在三角架上的小監聽喇叭或者請表演者戴上耳機監聽，監聽系統裡等化器是需要的，因為它可把產生問題的頻率解決掉，監聽喇叭音量校準的程序和FOH系統一樣，但是最後的校正一定要和FOH系統同時進行，才能確保兩個系統不會互相干擾而破壞或甚至中止重要的表演。

## ☞ 13. 現場成音混音秘訣

＊將混音器擺在可以聽到舞台表演的地方（像觀眾一樣），確定您可以清楚地看到所有表演者。

＊機器擺定位後，功率擴大機要最後開機，開機前確定混音機音量開關要先關掉，這樣做是為了防止效果器或樂器打開電源時產生低頻的撲聲。

＊不要在鼓或吉他擴大機前面試人聲麥克風。確定喇叭不會被觀眾阻

擋，而且大部份的聲音可以直接打向觀眾，不是打向後牆或側牆。

＊首先設定人聲麥克風，因為人聲如果聽不到，再好的鼓聲也沒用。

＊將人聲設於音場中央，不僅可使人聲較自然，也可以提供一個產生回授之前最大的人聲音量，再者，因為左、右兩邊的喇叭都可同時發出人聲，使人聲音量夠大，卻不會產生失真。

＊不用的麥克風把它的音量關掉，可以減低回授機率也可以避免拾取舞台上不必要的聲音。

＊一定要保留一點增益彈性，以防表演途中臨時需要加大音量。避免在小型PA系統送入大音量的低音吉他或低音鼓聲，因為這些訊號很可能使PA系統過載而產生失真，就會影響人聲品質，如果您需要利用小型PA系統放大這些訊號，請嘗試先將低頻率衰減一些，這樣才可以使主要的訊號得到較多的音量，且不會將系統過載。也許您已經買了一台混音機在做現場PA的工作，它也可以拿來當錄音用混音器，只要它非常的安靜，有清楚的訊號路徑，操作簡單，所做的錄音甚至比那些較貴的錄音專用混音機還好，您並不一定要是合格的錄音師就可以使用的很好。下面幾節，我們介紹一些現場演唱和多軌錄音的應用。

## ☞ 14. 現場錄音 LIVE RECORDING

有8/12/16/24組麥克風輸入聲道，很適合做現場直接立體錄音到DAT、盤式錄音座或數位錄音機，準備工作也和現場成音架設差不多，然而把混音器放在另一個房間，不受到現場演唱音量的影響，有助於獲得最佳的混音控制。

雖然被錄音的藝人有他們各自的PA系統和麥克風，把您的麥克風跟他們的擺在一起，會比試著要求從他們的混音器送訊號過來給您簡單得多，專業用昂貴的麥克風分配盒是可以得到另一組從舞台傳來的麥克風輸入訊號，但是做小場子就不實際了，而且大多數的PA工作者也不喜歡別人的機器接在自己的系統。

當麥克風的數量有限時，最受歡迎的錄音方法是用一對麥克風做整體的立體收音，兩個聲道轉到極左、極右去收全部的音源，然後再用剩下的麥克風去加強個別表演者，例如：表演者、吉他和鼓。鍵盤樂器

# 錄音範例

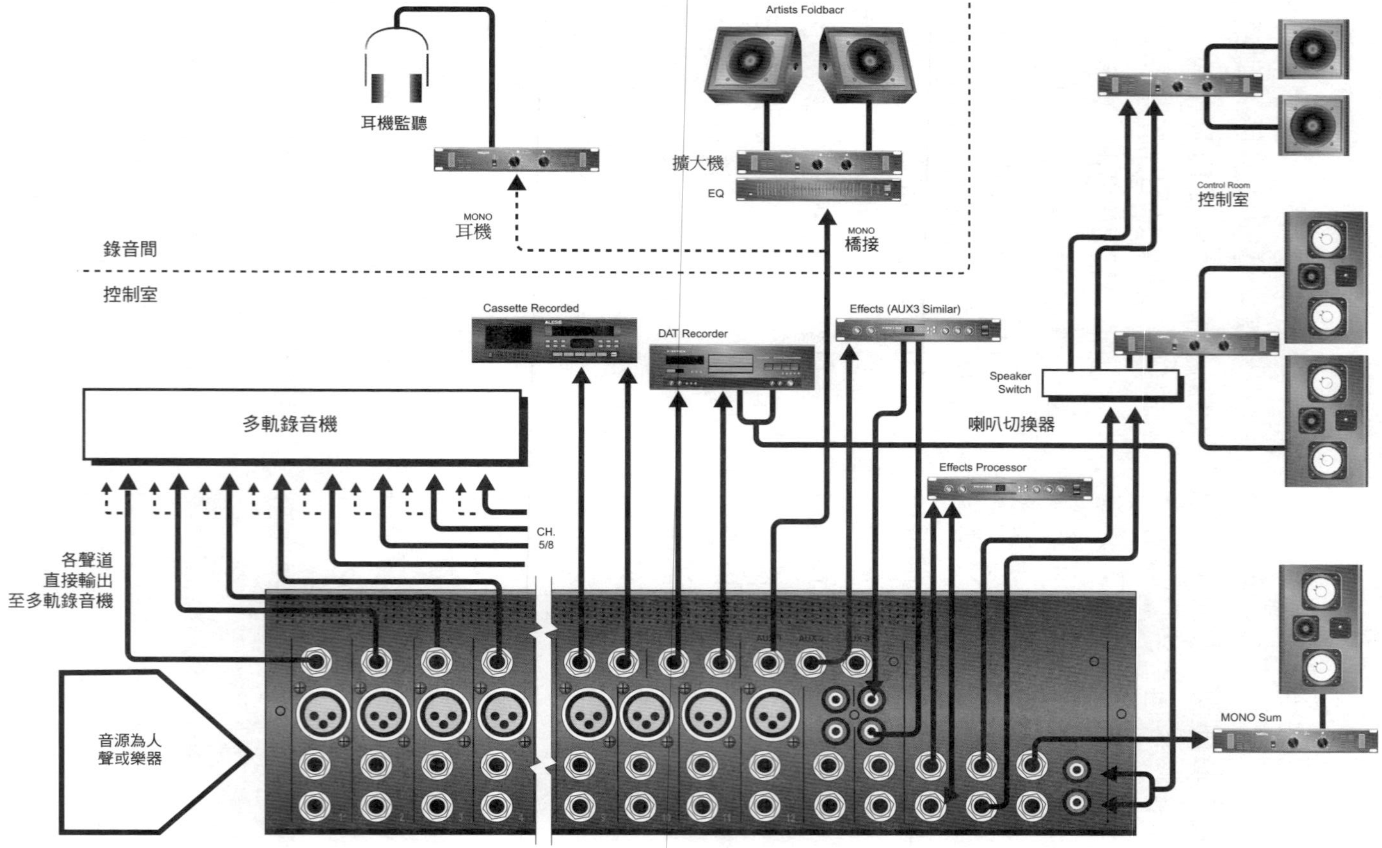


1.AUX1送進錄音間給錄音者監聽。

2.AUX2送效果器，送回立體倒送。

3.控制室輸出接喇叭切換器，利用大小喇叭監聽比較，做為混音工作的參考。

4.各聲道將訊號直接輸出至多軌錄音機。

和BASS吉他的收音可經由主動式DI Box，大多都各有一個插座容許從DI Box在不影響原始訊號路徑下輸出訊號至混音機。

ARX PRO-DI

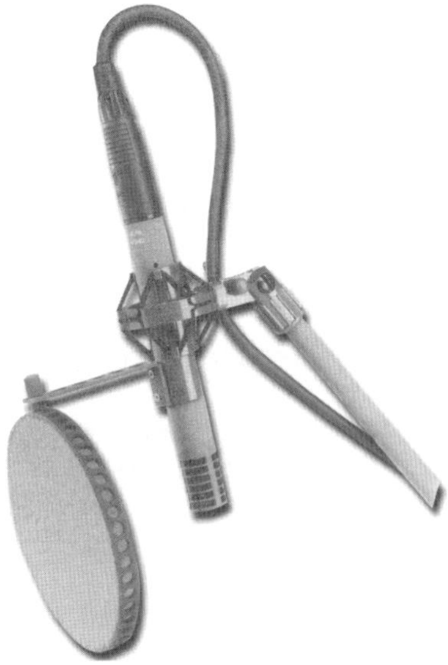

SCHOEPS

口水罩可以防止吹麥，電容式麥克風靈敏度較高，演唱者從口中發出的空氣常會產生不悅耳的聲音

個別的音源應照著多軌混音那一節講的做混音，然後用耳機會比用監聽喇叭實際，封閉式耳機可以適當地隔離外面的聲音。註：為防止吹Mic的情形，試試用一塊口水罩放在歌者及麥克風之間。

## 15. 視聽A/V成音製作

從幻燈片介紹到電影和錄影帶的聲軌剪接編輯，都需要用到混音器。製作過程中常用到已製作完成的錄音、CD或錄音機的立體音源，混音機的立體輸入聲道最適合這樣的工作，我們只要利用一只推桿和一個EQ控制鈕就同時調整立體音源訊號。如果是幻燈片介紹，至少要用四軌錄音座；第I、2軌錄音源；第4軌錄幻燈機控制訊號；第3軌空白。

## ☞ 16. 副控混音

現代音響系統可以容納更多的聲音來源，尤其使用MIDI樂器，提供了更多聲軌輸出，音源數目增加相對地也需要更多輸入聲道的混音器，但是大型混音器在價格，儲放空間和使用複雜性來說，對某些人形成問題，所以加第二台小混音器把其混音輸出貫給主要的第一台混音器的做法會比較實際，這種安排叫做副控混音。

副混音機把輸出貫給大型的錄音系統或者主混音機，例如：可以把主要輸出貫給另一台混音機兩個聲道或是輔助倒送。輔助倒送系統最常被使用是因為它能提供一個最短及最乾淨的訊號路徑，而且還可以省下兩個輸入聲道。

## ☞ 17. 多軌錄音MULTI-TRACK RECORDING

多軌錄音需要的混音器要有很多訊號派送和錄音監聽的功能，因此專業錄音室混音器就要求有複雜的訊號路徑插接系統以及獨立的監聽線路。群組系統可以輕易地搭配四或八軌錄音工作，混音器功能可分為兩個部份：錄音時混音器一定要能接受範圍寬廣的輸入訊號，適當地混音並送到正確的錄音座音軌，它也一定要有提供監聽混音的功能，這樣音樂家在疊錄Overdubbing新的部份能夠聽到先前錄音的內容，甚至給音樂家的監聽混音可能需要和混音器主要輸出的平衡有差異，例如：在疊錄Overdubbing人聲時，歌者可能要求人聲和節奏吉他聲音大一點。等錄音完成之後，混音器用來結合和平衡從錄音座各個聲軌的訊號完成最後立體混音；最後混音時，效果器可能加在個別的音源，或許某些聲軌的EQ要做調整。

小的立體混音器，並不是設計從事複雜的多軌錄音，但是他們能同時做錄音和監聽錄音帶訊號的工作，八軌錄音的擺設方法，利用四個群組把訊號音源送往錄音座，可以同時錄四個不同的錄音帶聲軌，前八個混音機聲道被當做錄音帶倒送使用。大多數家用的多軌錄音工作室使用者，常常每次都利用一或二軌來進行音樂創作，這樣可使用的聲道業已足夠。錄音座的輸出送往混音機前八聲道並將訊號指派到主要左右混音輸出，因為訊號路徑系統已經可以把同一個聲道的訊號同時送給混音和群組輸出，所以經由錄音機的回授就不可能產生了。

連接的效果器，可以把訊號送往主混音機輸出，因此他們的效果可以在多軌錄音時聽得到，卻不會真的錄進多軌錄音機裡，這個功能可以使得在最後進行混音時，每個音軌都可以選擇不同的效果器或不同的效果設定。當要將錄好的多軌帶作最後立體聲合成時，我們只要在錄到立體錄音座之前調校平衡，音場位置和效果電平大小即可。

以上介紹的訊號指派方法很像錄音室裡專業的工作，好的混音機是在改換錄音和混音工作時，不必重新安排接線，再者，因為監聽混音在錄音時已被調好，所以大部份的最後立體混音工作在這之前已完成。

因為有簡單乾淨的訊號線路設計，利用它來做多軌錄音，可以比很多大型錄音室混音器的水準還高。再者，立體輸入聲道非常適合連接立體MIDI樂器（通常MIDI訊號都會和多軌錄音同步）。

## 18. 多軌錄音混音秘訣

當我們進行多軌錄音時，較聰明的作法是將所有低音和主唱人聲Pan到中央，背景人聲和其他樂器設定到左或右聲道，效果器的立體輸出通常都設定在極右或極左聲道，這樣可以產生較寬的立體音像。

先平衡節奏組之後再加其他樂器進來，最後再加人聲，這樣才不致於將人聲音量混得太大聲淹蓋了其他聲音。加一點殘響可以幫助產生專業水準的人聲音響，混音程度好不好，最好的辦法就是打開房門在隔壁聽，沒有人知道為什麼，但這種辦法可以馬上聽出來到底人聲太大聲或太小聲。按下錄音座監聽鍵可以監聽錄音帶重播的聲音。

EQ可以用來加強某些聲音的特色，例如：吉他或低音鼓，但是自然的聲音，例如：人聲最好只加一點，我們在EQ那一章再討論。

Professional Audio Essentials

# 第三章 喇叭SPEAKER功率處理的能耐

## 功率處理的能耐

喇叭的天敵就是承受功率過載，過載是燒壞喇叭的第一號殺手，本章將討論喇叭如何發聲，以及如何損壞。

### 1. 喇叭是如何發聲？

喇叭單體將電子能量轉換為我們可以聽到的聲學能量，及我們聽不到的熱能，當不同的電子能量傳至線圈時，線圈產生一種能量與磁鐵的磁場互動，這種互動造成紙盆有所動作，因為電子能量隨時變化，喇叭的線圈會往前或往後移動，線圈和圓椎式紙盆連接的很緊密，因此圓椎式紙盆、喇叭支承圈和定盆懸環（紙盆周圍支撐物）跟著線圈一起同向移動，這些動作搬離了空氣而發出聲音。

PAS

### 2. 擴大機是怎麼摧毀喇叭的？

有兩種方法可以弄壞喇叭：

第一種：長時間超負荷驅動喇叭，將因過熱弄壞喇叭，因為線圈的溫度升高，使某些結構部分產生熔化、破裂或是燒毀，正常使用下線圈的溫度就會超過攝氏180°，不正常的使用之下便可想而知了！

第二種：機械式故障，超負

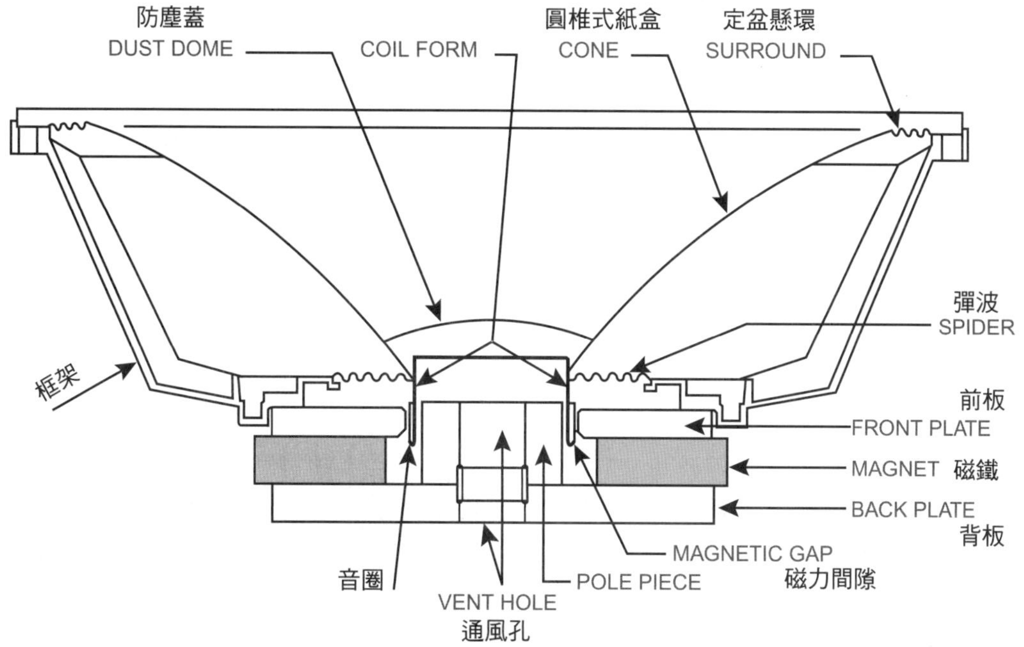


荷的驅動喇叭使得圓椎式紙盆移動超出範圍並和線圈分離，或線圈和線圈座分離，定盆懸環（紙盆周圍支撐物）或喇叭支承圈被扯破，以上任一種情形一旦發生都可以使喇叭故障，當定盆懸環（紙盆周圍支撐物）或是喇叭支承圈被扯破，線圈將會和它們摩擦，因為圓椎式紙盆組件已經不能適當地在中心位置懸吊，小的破裂也許剛開始感覺不出來，但是經過一段時間，當裂縫變大喇叭就跟著壞了。

喇叭故障也可能是以上兩種方式的結合，例如：功率擴大機突然傳送過來一個很大的瞬間能量（例如：麥克風掉到地上），喇叭將產生一種波形，這會使得線圈組件向外旅行過遠而離開了磁力間隙，當它回去時可能偏心失誤沒回到原位，這樣使整個機構的動作被圓椎式紙盆帶向前方，偏離原始停留的位置。結果紙盆已經靜止不能發出聲音，但是能量還是一直傳送給線圈，線圈又離開了磁力間隙（正常的狀況下磁力間隙是一個很好的散熱空間使得線圈經常保持在正常的溫度工作），它將很快地過熱而被燒毀。

好的低音單體必須在工廠設定的額定功率及頻率範圍內保持正常的工作，可承受高功率的低音單體其最大機械移位約可達1/2英吋（如果失真被忽視），如果考慮到失真其距離（將依設計而不同）應只有1/8～1/3英吋的距離。

目前只討論圓椎式紙盆式喇叭（例如低：音喇叭單體），中頻或高頻喇叭也可能發生相同的故障，高性能壓縮驅動器可能發生的故障是圓形頂部變形，金屬圓頂變形是因為受到常態性的過度應力壓迫，它將像破玻璃一樣破成碎片而故障。

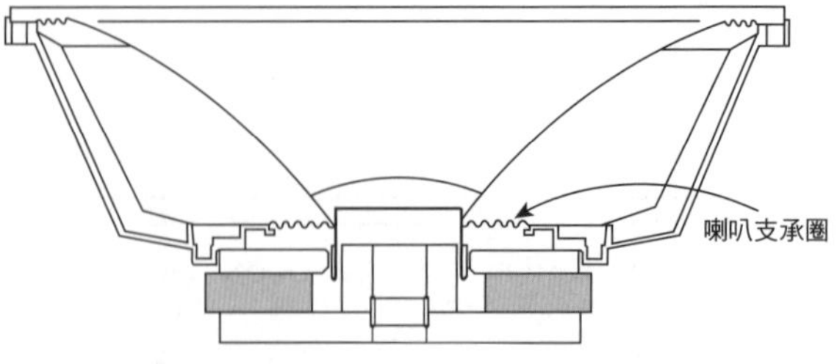


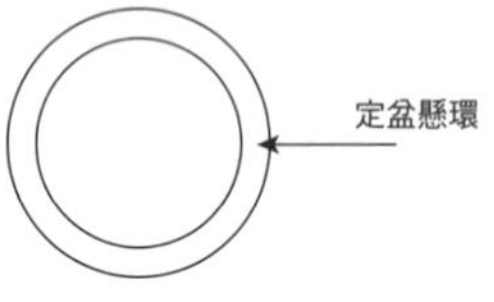


## 3. 過熱和機械故障的關係

現實生活現實生活中音樂都含有：

1. 一個長時間平均訊號電平，這個決定我們到底聽得到多大聲。
2. 會有一個大約是正常訊號電平10倍的瞬間超載電平，雖然，這些尖峰電平對於音量大小的貢獻很小，但是他們也是音響重播一定存在的現象。

長時間平均功率輸入造成線圈的高溫，瞬間尖峰電平雖然比長時間平均訊號電平大很多倍，卻不會造成

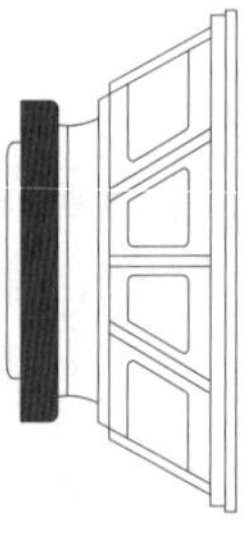

線圈的過熱，因為它們時間不夠，所以實際音樂的世界中承受比平均訊號電平大4～10倍（6～10dB）並不會過熱地損傷喇叭，然而各種意外事件產生的大容量尖峰電平（例如：麥克風掉到地上，音響突然開機等）確能機械上的破壞喇叭。

**最有名的塑膠音箱喇叭**

美國EV公司發表這款塑膠音箱Sx喇叭系列，其優異的音質，減輕的重量，特殊的造型，引起喇叭製造工業界的革命，各個製造廠無不競相設計生產類似的產品。

## 4. 額定功率的遊戲

因為每一家工廠都吹牛它們的喇叭比別家的廠牌可承受更多更大的功率，每一家都有不同的規格，因此美國電子工業協會EIA及音響工程協會AES嘗試為工業界定義標準測試步驟，但很多工廠並未依照辦理，因此目錄上的規格不可全信，我們要注意連續功率、峰值功率、音樂功率到底代表什麼意義！

## 5. 測試訊號

為了要了解喇叭的承受功率該如何嚴厲地被測試，我們需要知道兩件關於輸入訊號的事，第一件：我們要知道是用那一個頻率，例如：如果使用1000Hz的頻率送給一組多個驅動器及分音器網路系統，只有能產生1000Hz的喇叭能被測試，測試結果無法告訴我們低音喇叭有多耐用或高音喇叭有多好的清晰度。

我們利用設計好的音源去測試，藉以得到較實際的測試結果，我們需要將各種的頻率訊號送進喇叭系統內，白噪音是很好的選擇，它聽起來像是調頻電台之間的嘶聲，是隨機噪音的一種，其每一個頻率功率都相同；粉紅噪音亦是隨機噪音的一種，其每個八度音程具同樣的功率（例如：100～200 Hz、200～400Hz、400～800Hz等）。

ECM 999

粉紅噪音及白噪音，雖然它們含有各種頻率，就像真實情況的人聲、樂器演奏，卻比實際訊號中含有更多的高頻及低頻能量，用來測試喇叭的可靠，它們不代表一種真實特別的測試，但它們將會對低音或高音單體做更嚴苛測試。

第二件我們要知道有關輸入訊號的特性是它會持續多久時間？這個問題跟我們之前談的承受瞬間大功率輸入有很大的關聯，例如：一個1000Hz RMS Sine 正弦波測試在本節就不適宜，如果它延續很久，那是在測試喇叭對1000Hz耐熱程度，然而1000Hz RMS Sine正弦波峰值功率只不過是比長時間RMS值大兩倍而已。

這表示根本無法測試喇叭機械式損傷，因為現實生活的峰值電平可能比長時間平均值大10倍以上，因此隨機噪音比較能提供真實的測試，隨機噪音可以設計得到立即模擬現實的峰值電平以利參考。

## 6. 有意義的測試

既然隨機噪音非常接近真實的聲音狀況，大家都喜歡使用它們來做測試，如果只用粉紅噪音測試，可能對喇叭或喇叭系統太苛求（在頻譜的兩極，高頻及低頻部份），因此整形過的粉紅噪音比較適合實際測試的需要，噪音的整形，通常都是順應被測試的喇叭或喇叭系統本身工作的頻寬或標準規格，雖然整形過，其訊號可以設計成在高頻及低頻部分含更大的能量，這樣的測試是超過喇叭正常使用的需要，但卻可讓消費者得到品管更好的產品。
噪音測試訊號產生的不只是全部〝長時間平均值〞或〝連續〞電平，也包含那些比平均音量高很多倍的瞬間峰值電平，像現實生活一樣。
我們利用長時間平均音量測試喇叭耐熱度的程度，而瞬間峰值則可以測試紙盆、震膜的機械耐用度。
喇叭到底能夠忍受這些虐待多久？忍耐時間是很重要的數據，實際使用上，所謂長時間平均電平只不過存在約1、2秒而已，但是測試時間竟然長達數小時來保證其產品的可靠度。

## 7. 效率VS.最大功率或只要買一個承受400瓦的喇叭

如果喇叭只注重功率，也許有一天一個厲害的業務會賣給你燈炮，燈炮可以承受很大的功率，但是它們不必發出聲音，喇叭到底能幹啥？它們轉換電子能量成為聲音以及熱量，因此小心不要被喇叭承受功率400瓦的數字給蒙蔽了，我們可以買到一個號稱承受超級功率的喇叭，但是工作效率很低，就有可能發生以同一台擴大機驅動另一支承受功率小但高效率喇叭，其聲音卻比較大。

舉例來說：比方一支承受功率200瓦的喇叭，其規格為：輸入200瓦在距離喇叭1公尺之處可測得120dB，另一支承受功率400瓦的喇叭，如果輸入200瓦距離喇叭1公尺之處測得117dB，雖然第二支喇叭承受功率較大，但它需要輸入400瓦才能和前一支一樣大聲（達到120dB）【註：為了要增加3dB的音壓，需要加倍使用擴大機才能成功】顯然400瓦的喇叭效率沒有承受功率200瓦的喇叭高，因此，在你決定要買專業用喇叭之前，以其規格特性做判斷標準固然不錯，但也別忘了廠商的測試依據及條件，更要考慮它的效率，仔細

觀察它的最大音壓SPL數據再決定，以免被〝數字遊戲〞誤導。

## 8. 到底要用多大的擴大機來推我的喇叭

那麼我們是否只要買和喇叭承受功率一樣規格的擴大機就沒問題呢？如果事情有這麼簡單，這本書就不必寫了，但是我們並不是說輸出功率100瓦的擴大機推不好承受功率100瓦的喇叭，喇叭系統和擴大機輸出的功率的匹配需要一些準則及概念來幫助我們做智慧的選擇，有些不合理的規格，例如：峰值功率100瓦或音樂功率75瓦等，是無法討論的，因為它留下一堆未定義完全的規格讓人質疑，讓人選擇錯誤，以下我們提供一些原則來幫助大家學習挑選適合自己的器材。

Crest Audio

## 9. 一般使用的喇叭系統分爲兩種：全音域，單音路或多音路（二、三或是四音路）系統。

（A）將喇叭系統使用至全功率安裝音響工程及熟悉操作原理的音響專家，喜歡用2～4倍於喇叭長時間平均噪音額定功率的功率擴大機，經過他們調整可得到最佳音響。

這種安排僅針對專家或者有自知之明者能不任意將系統音量推大，或者絕對不會發生任何意外，例如回授或將麥克風掉到地上，掉麥克風會產生一個足以機械式破壞喇叭單體的峰值，回授則可能使線圈過熱而摧毀高音喇叭，特別是那些中、高頻單體，因為那些頻率正是回授效果的最愛，大功率的擴大機可以很容易地就摧毀喇叭單體，不小心的犯錯代價是很高的！

這裡所講的大功率擴大機除了可以容許喇叭系統到達它長時間平均承受功率之外，還有餘裕可以處理瞬間峰值也不會傷害喇叭，這種擴大機容許喇叭可承受比長時間平均承受功率高3～6dB的瞬間峰值，較不容易在處理聲音上產生削峰失真，然而如果整個系統的電平被推的太高，擴大機開始在某些頻寬產生峰值時，喇叭線圈的溫度可能已經過高了。

（B）中等保守型：使用相等於喇叭長期平均承受噪音功率的擴大機，一樣可以做到接近於專業的喇叭輸出功率，但是仍然會使系統推至峰值而產生削峰失真，那些失真狀況大多發生在高頻率，也因此會影響高音喇叭，這些不正常的音源可能已將高音和中音負載過荷。因此，如果我們選了一個中等保守型的擴大機，卻讓它產生很嚴重的削峰失真，也可能會很快地把高音燒掉，反而比我們選大功率擴大機更快燒毀單體。

（C）非常保守型：擴大機輸出功率約等於喇叭長時間平均承受功率的0.5～0.7倍，這樣對喇叭更多出一些保險空間，而且音響工作也可在水準之上，但是我們不能掉以輕心，還是要處處注意。

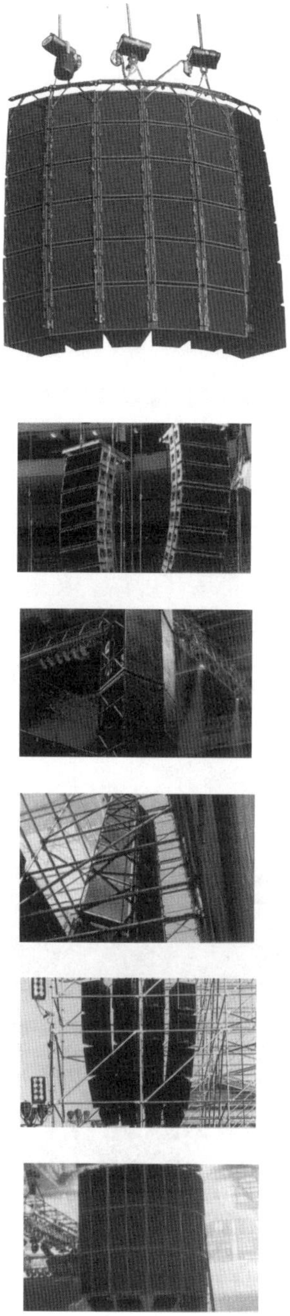

各種懸吊喇叭的方法

## 10. 單音路系統

多音路系統喇叭產生的問題也會在單音路喇叭系統發生，但是為了表演需要由擴大機產生削峰失真，故意使高頻率失真的效果，必須不會傷害喇叭。

## 11. 音樂樂器喇叭

典型的音樂樂器喇叭有：吉他擴大機、貝斯擴大機及魔音琴擴大機的喇叭，在這種市場裡，擴大機削峰失真是他們需要的音響效果，因此峰值電平經設計並不會比長時間平均承受功率大太多，如果您將80瓦擴大機接上了一個200瓦的吉他喇叭上，相信他絕對會比人聲或是麥克風樂器收音更容易產生削峰失真的效果。

LANEY

## 12. PA喇叭系統

想在一個音響不好的場地得到正常的人聲音響是很困難的，如果能多了解場地建築聲學特性和喇叭系統規格之間的關係，可能會有很大幫助。物理學上一項非常有名的反平方定律INVERSE SQUARE LAW告訴我們離喇叭愈遠所聽到喇叭直接音愈小聲，實際現場裡，任何從牆壁，天花板反射回來的聲音和直接聽到的聲音性質不同，因為他們不是從某一點傳過來，他們是從所有的牆壁和天花板一起傳過來的，事實上，在房間任何一個角落殘響音量都差不多，所以，這代表什麼樣的意義呢？

我們離喇叭愈遠，對於殘響來說，直接音將愈來愈弱 當我們退到某一點剛好直接音和殘響音量一樣大時，這個距離我們叫做臨界距離CRITICAL DISTANCE實際的臨界距離將因為喇叭指向特性而有所改變，喇叭系統指向性愈高，則臨界距離愈大，所以喇叭設計者希望喇叭對觀眾的指向性愈高愈好，而對牆壁和天花板的朝向則愈少愈好。

喇叭擺設的位置對聲音也有很大的影響，如果表演場地天花板很低，舉例來說，我們可以將喇叭置於前方稍高處，角度朝下指向後排的觀眾，使得打到天花板和後牆的範圍愈少愈好，如此一來前排觀眾聽到的音量不會過大，而後排觀眾聽到較大的直接音正好彌補了因距離較長而損失的音量。

如果喇叭放太低，並直直地朝前，那麼前排觀眾將吸收大部份聲音，其結果將是前排觀眾聾了，後排觀眾還聽不清楚。（如右圖）

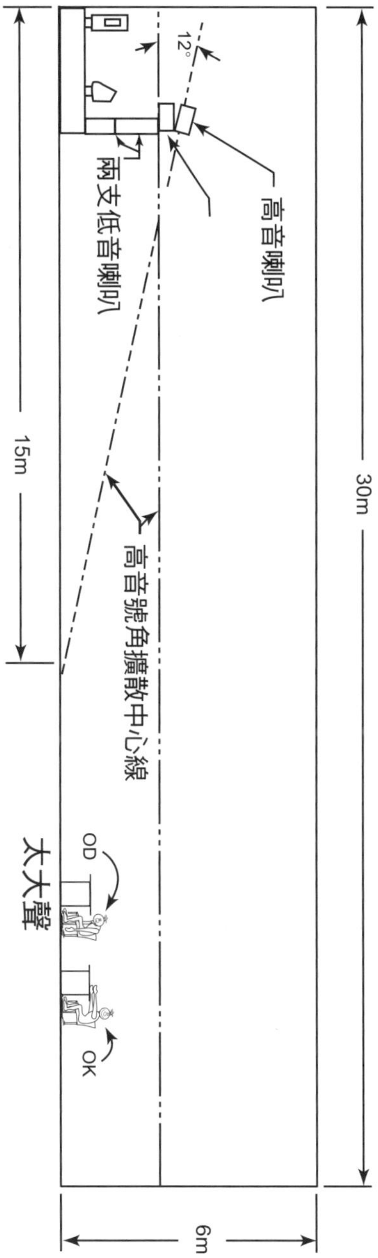

## ☞ 13. Bi-Amp 雙擴大機 Tri-Amp參擴大機 多音路喇叭系統

在多音路喇叭系統有Bi-Amp雙擴大機及Tri-Amp參擴大機兩種擴大機匹配的方法：

Bi-Amp雙擴大機：兩音路喇叭音箱內裝有中／高音單體及低音單體，分別使用兩台不同的功率擴大機驅動，並可以個別調整音量。

Tri-Amp參擴大機：三音路喇叭音箱內裝有高音單體、中音單體及低音單體，分別用三台的功率擴大機驅動，並可以個別調整音量。

如果以喇叭接擴大機的模式來看，這其實是單音路系統的組合，我們要小心的是各組單體和擴大機匹配的問題，可別用推低音單體的擴大機去推高音號角，號角喇叭的效率可遠比紙盆式低音喇叭來的高，一下子就會將它過載冒煙了！

## ☞ 14. 使喇叭延長生命的威而剛

喇叭事實上是個很耐用而且可靠的器材，如果仔細觀察，您會發現圓椎形紙盆只不過是一張重量未超過14.18公克的紙，有時候銅線繞的線徑只有0.0254公分，我們很驚訝喇叭竟然能承受如此大的功率，每秒經過上千次的循環而不會被拆散，如果我們不虐待它，它可以為我們提供很多年的服務，以下幾點可以讓喇叭延長生命：

1. 在電子電路加裝高通濾波器以防止超低頻率作祟，超低頻率可能低於喇叭系統可以處理的頻率，我們聽不到它的存在，實際上它卻讓大型圓椎紙盆前、後劇烈移動，施予喇叭機械應力使得低音表現變的混濁不清，高通濾波器是一種濾波器，它會攔截某一頻率以下的聲音，只讓該頻率以上的聲音通過，例如：如果音響系統的頻率響應表現只能低到50 Hz，那麼就要一個45Hz的高通濾波器幫系統攔截45Hz以下的聲音，讓系統保持好的清晰度。
2. 選擇有（DC）直流電漏電保護電路開機延遲，峰值輸出顯示燈的功率擴大機，如果擴大機故障而漏出直流電會把線圈燒掉，開機延遲線路可以防止擴大機在開機時直接把大電流送往喇叭，產生很大的噪音及機械性的破壞，峰值輸出顯示燈在操作音響的幫助很大，通常它們會在距離真正產生削峰失真數dB之，亮燈警告，這時我們要注意，不要再把音量推大了，否則…

3. 如果音響系統的混音機與擴大機是分離式的，那麼開機時混音機一定要比擴大機優先，相反的，混音機開機時產生的突波會被擴大機放大送往喇叭，喇叭發生的聲音會嚇你一跳！

關機時，同理可得要先關擴大機再關混音器，如果現場作業途中有人不小心把系統電源線踢掉，可別馬上插回電源線，請依關機程序關機再重新開機。

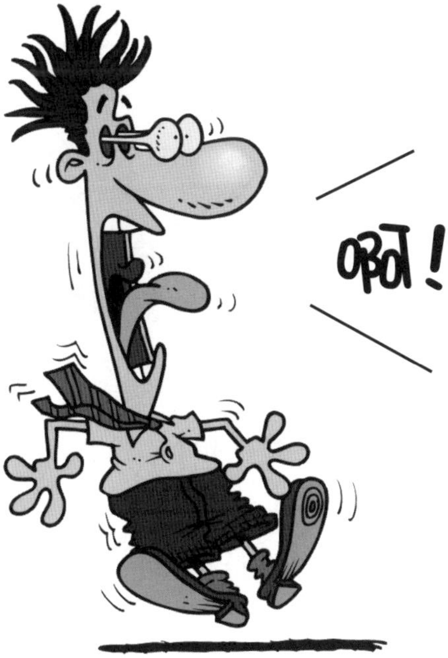

EV高音驅動器

## 15. 高音驅動器介紹

高音驅動器也可稱為壓縮驅動器，高頻驅動器或中頻驅動器，它是一個連接在號角後面的一個組件，能夠將擴大機的功率轉換成為人耳聽得懂的聲音。

驅動器不連接號角也能產生聲音，但是聲音不好也不夠大聲，號角將喇叭震膜的瞬間動作引入空氣中，產生了一種高效率號角式喇叭，經過好的設計，驅動器和號角確實是最好的組合。

驅動器可分為PA（或中頻）及高性能兩種，一般來說PA（或中頻）驅動器必須產生5000～8000Hz之間的頻率，高性能驅動器要更高於此範圍，這個定義使得高性能號角喇叭的設計變得異常困難。

## ☞ 16. 喇叭震膜

驅動器的心臟就是喇叭震膜，喇叭震膜的表面會前、後移動來產生音響，喇叭震膜連接在音圈上並由連接擴大機的音圈驅動。

震膜通常用石碳酸飽和布來製作，比較耐用，然而重量太重卻又不夠堅固，因此只能產生有限的高頻表現，大部分只適合用來做警車用警笛，工廠、醫院護士呼叫器及其他主要以人聲為主的擴音設備系統。

鋁製震膜常常用來製造高性能驅動器，因為重量輕可以產生更寬的頻率範圍，有些高性能驅動器的震膜甚至使用複合式材質：震膜中心使用鋁製材質，震膜外圈使用較耐用的材質做成懸吊物質（可容許前、後移動的動作）。

精密設計的高性能驅動器，其震膜及音圈重量甚至比1公克還輕，卻能產生30瓦的功率！

## ☞ 17. 相位栓 PHASE PLUG

為了使號角達到最高效率及最有效容許能量轉換，有一個最重要的設計為相位栓，在PA式驅動器裡相位栓是一個簡單的設備，它有很少數量的開孔使得5000～8000Hz的頻率從震膜的各個位置產生通過它後，可以同時到達號角的喉部，在高性能驅動器，相位栓設計比較複雜，它有很多開孔，可容許將高頻率的表現延伸到20KHz。

## ☞ 18. 高頻率輸出衰退現象 ROLL OFF（高頻滑落）

高性能驅動器雖然觀念及設計很先進精良，但是它無法在很高的頻率產生固定的輸出功率，這種狀況可以利用號角來彌補，因為號角可以使聲音的能量更具方向性，然而高頻率輸出衰減現象會在頻率響應曲線明顯表現出來，而號角喇叭則會因頻率增高而使平均擴散的角度縮小，這正是我們想利用的特性。在這種情況下，平順的高頻功率其衰減現象將會在3000～6000Hz左右產生，這是自然的，這是因為採用既耐用又輕薄的材料所致。實際使用上自然功率的衰退，可以用等化器把高頻率增益以做補償。

## 19. 如何選擇高表現驅動器

驅動器因震膜半徑及驅動器重量來區分大小，一般的規則是：大型驅動器對低頻率的表現有幫助，可以應付大功率，高頻率比較受限制，如果分音器分頻點較低，並第一優先的考量高頻的延伸，那麼小驅動器是最適當的。

熟悉各個喇叭工廠喇叭單體的規格數據，對於設計搭配是很重要的功課。最有效率的系統是兩音路喇叭與高性能驅動器是其最佳選擇；一個兩音路喇叭系統是利用驅動器涵蓋，高頻率（例如：800Hz～20000 Hz），利用低音單體涵蓋低頻率（例如：50Hz～800Hz）。

## 20. 號角簡介

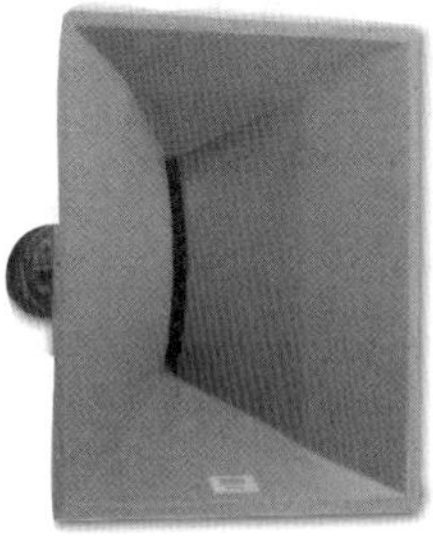

號角是將驅動器產生的能量集中傳送到空氣中的一個工具，號角也可以說是一個變壓器，但是不像直接輻射式喇叭，它有著獨特的功能：可以控制方向，用這個功能我們可以將某一頻寬，利用號角均衡地將聲能擴散，並涵蓋某一塊範圍，這種特性在設計高品質系統時特別有用，特別要重新表現自然人聲的時候更加重要，號角可以設計成各種擴散角度，例如水平90°搭配垂直40°，或水平60°搭配垂直40°等等。

## 21. 號角的基本形式

號角具有高效率以及涵蓋方向控制的特性，這種號角通常體積較小，外型簡單，只是用來達成高效率的基本功能，但是即使是個簡單的號角，它還是可能做得到方向性控制的功能，特別是只表現中音頻率的號角，這種控制功能就是大角度均勻的涵蓋某一塊地區，然而要在窄的涵蓋區域內控制一組較寬的頻寬那就只能用大的高級號角來做了。

為了增強其對聲音方向性的控制功能，有一種多細胞式的號角，它是早期研發的技術一直沿用至今（如圖），這種號角體形很大，大概由10個或10個以上的小型號角組合而成，是種控制聲音方向性的方法。在低頻到中頻範圍內控制的很好，但是在高頻率方向性控制比較差，因為每一個小型號角特別在高頻重播時，都有擴散角度在遠端擴大區域的問題，相鄰的小型號角將有重複涵蓋區域，使得聲音較不清晰。

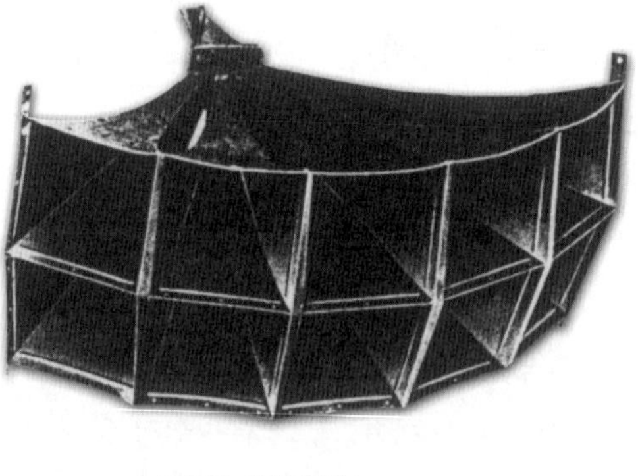

多細胞式的號角

另一種形式的號角是簡單的扇形號角（或叫輻射型號角）扇形號角是因它的鳥瞰圖很像扇子而得其名，扇形號角擴散聲音的角度通常是定義為水平方向涵蓋的區域，號角的形狀呈現上下兩個相同弧形曲率，驅動器發出的聲音由小驅動器送到大開口的號角，然而號角的弧形表面並不能促進號角控制垂直方向的涵蓋角度，實驗的結果顯示扇形號角垂直涵蓋角度因頻率不同而有改變，頻率愈高其涵蓋角度愈小，因此扇形號角水平與垂直方向聲音的擴散方式不能匹配，扇形號角喇叭只適合某些特殊設計的使用。

## ☞ 22. 如何選擇適用的號角

通常號角會有一系列不同的型號，如何正確地挑選使用是一個學問。我們之前提過擴散角度大小跟頻率高低有很大的關係，大型號角其擴散角大約可以支持低於一個八度音的頻率，因此我們可以得到如下的推理：同一系列的號角其特性可有以下的可能：

1. 擴散角度一樣，體積小，分頻點較高。

2. 擴散角度一樣，體積大，分頻點較低。
3. 體積一樣，擴散角度小，分頻點較高。
4. 體積一樣，擴散角度大，分頻點較低。

依場地不同配置不同特性的號角喇叭，涵蓋整個區域以便使每一個角落的觀眾都能用相同的音量聽到清晰的節目內容。

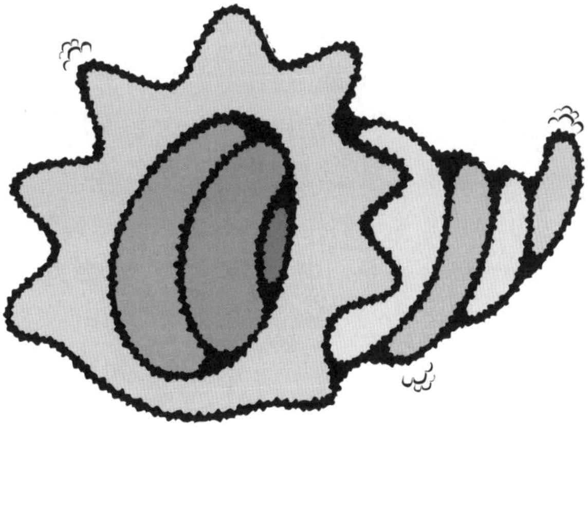

# 第四章
# 等化器EQUALIZER

## ☞ 1. 簡介

音響世界裡等化器有好多種，它可以是HIFI音響組合擴大機前面板上的高音、低音旋鈕；也可能是專業音響使用的圖形等化器或參數式等化器，等化器使用簡單，效果又很明顯，人人會用，但很多人都誤用，產生了不滿意也不能接受的結果。

我們是否需要等化器？要選哪種？要怎麼選？如何使用？要回答這些問題，就得了解等化器是什麼？本章對於等化器的介紹希望能幫助各位有智慧的去選擇及使用或不使用等化器。

我們聽音響的時候，如果又想聽更大聲一點，音樂被轉大聲時，其全部音樂頻率的音量也被增大相同的程度，這與只增加低頻或高頻的等化器是不一樣的，如果我們只轉大低音等化旋鈕，那只有低頻增大，我們聽到的音樂可能會變得更豐富圓滿，如果關小則音樂可能會變的聲音尖尖的，沒有力道的感覺。

**CPS = CIRCLE PER SECOND**

## ☞ 2. 頻率

聲音是由震動而產生的，每秒鐘震動的次數稱為CPS也叫頻率Hertz簡寫為Hz。例如：一秒震動一次是1Hz，一秒振440次就是440Hz，人類耳朵可以聽到的頻率範圍號稱為20Hz～20kHz，所以我們發現幾乎

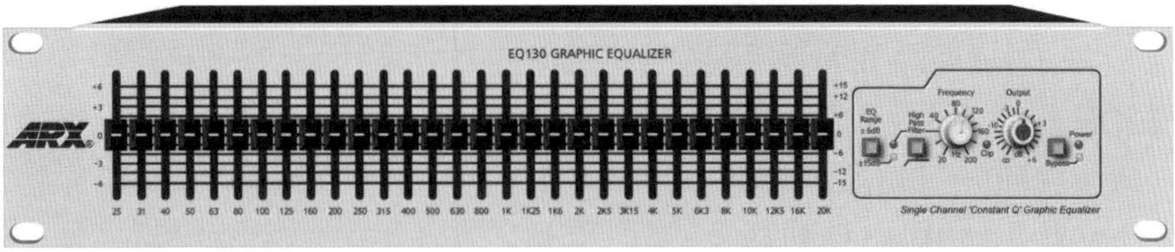


ARX EQ 130

所有擴大機提供的頻率響應規格都是20Hz～20kHz，其實很多人根本聽不到20Hz或20kHz，甚至有的目錄標榜超級規格頻率響應可以達到10Hz～40kHz，我不知道這是給誰聽，大概是趕老鼠用的吧！

## 3. 八度音OCTAVE

八度音是一種2：1頻率關係，440 Hz是中音音高為A的頻率，所謂比440Hz高一個八度，表示要加倍為880Hz，低一個八度就要除以2成為220Hz，因此利用乘法或除法我們可以得到某一個頻率的相關八度，這些八度音對音樂有很大的影響。八度音頻率不同，但是一般人感覺PITCH相同。

## 4. 基音及泛音

音樂是由基音及泛音組成的，泛音是基音的倍數，第一泛音就是基音本身，第二泛音就基音頻率乘以2，第三泛音就是基音頻率乘以3，以此類推音樂中泛音結構影響了它的音色及音質。

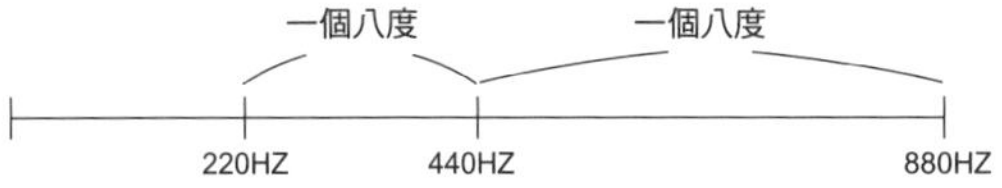


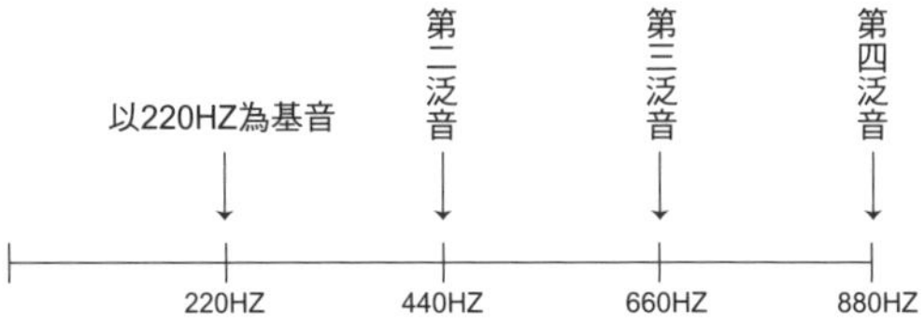

## ☞ 5. 音響頻率範圍

依下圖可清楚看出各種聲音型態坐落在頻譜20Hz～20kHz上的位置，大部分音響的規格都標示著可以表現20Hz～20kHz，而我們將討論1Hz～20kHz。

超低頻率範圍1Hz～20Hz大約4個八度音。
這個頻寬人耳應該聽不到，如果它們的能量很大的話，我們可以得到壓力的感覺，教堂內的管風琴及地震就可產生這些頻率。

非常低頻率範圍20Hz～40Hz，約1個八度音。
這個頻寬的聲音大多是風聲、房子共鳴聲、空調系統的低音、遠距離的打雷聲等等。

低頻率範圍40Hz～160Hz，2個八度音。
這個頻寬的聲音大多是鼓、鋼琴、電子琴及大提琴或電貝斯，都是構成所有音樂的基本。

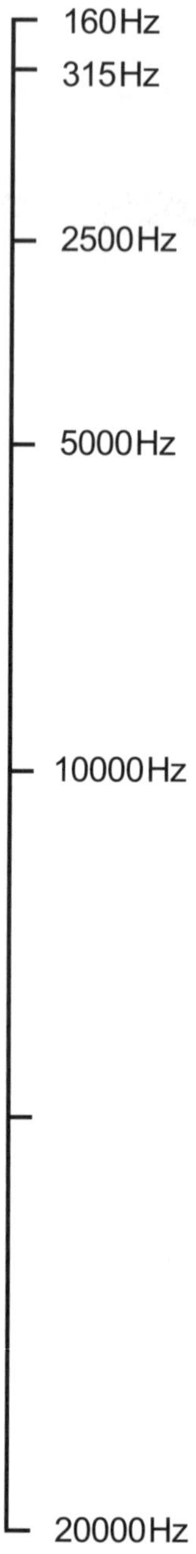

低中頻率範圍160Hz～315Hz，1個八度音。
這個八度音的音通常被指為低音或中音的範圍，出現在中音人聲的低頻部分，或喇叭、黑管、簫及長笛也有這個頻寬的表現。

中頻率範圍315Hz～2500Hz，3個八度音。
人耳很容易能判別這個頻寬，事實上如果我們單獨聽這個頻段，它的聲音品質像電話筒裡聽到的聲音，必須要增加低頻及高頻才能夠悅耳動聽。

中高頻範圍2500Hz～5000Hz，1個八度音。
人耳對這個音程特別敏感，聲音的清晰透明度都是由這個音程影響，公共廣播用的號角喇叭，就是設計用來播出3000Hz左右的頻段，音樂段落中明顯的大音量也被這個頻寬影響，人聲的泛音也會在此出現。

高頻範圍5000Hz～10000Hz，1個八度音。
這個頻寬使音樂更明亮，然而它們只會占音樂的一小部份，齒音、唇音、舌音等等的高頻率，都在此範圍內。

超高頻範圍10000Hz～20000Hz，1個八度音。
這是音樂頻率範圍內最高音程，只有很高的泛音才會到達這個範圍，而且這個頻寬如果在音樂中不見，大多數人也聽不太出來，然而這個頻寬有很豐富的泛音，我們也不能少它，它對每種聲音本身的特點有很大的影響力，去除它，聲音就顯得不真實。

## 6. 等化器特性

等化器最早是被定義為某個特定頻率的音量控制開關，它可以把該特定頻率變大聲、變小聲，其變大變小音量的單位是dB，dB也是個測量音壓的單位，等化器一共分成兩種型式：

**(1)曲柄型等化SHELFING EQ**

曲柄型等化器最常用在家用HIFI音響的高音、低音音色調整鈕或中低價位的混音機，所採用的頻率，在低頻可能在50～100Hz之間，高頻在5000～10000Hz之間，曲柄型名稱由來是因為使用曲柄型等化器時，

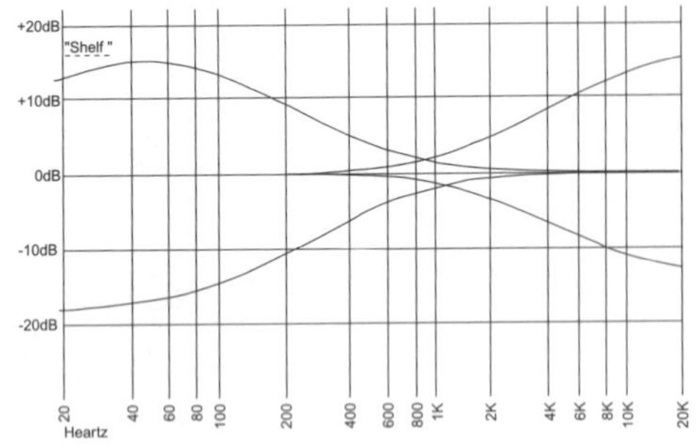


曲柄型等化

其等化曲線因應使用情形改變的樣子很像Shelf，Shelf的意思有書架、崖路、暗礁等在專業音響用語則解釋為曲柄型，其改變等化曲線的情形是由指定頻率之前從0dB增益或衰減電平直到指定頻率後不再改變，而指定頻率以上或以下頻率的增益或衰減都保持在相同的電平。

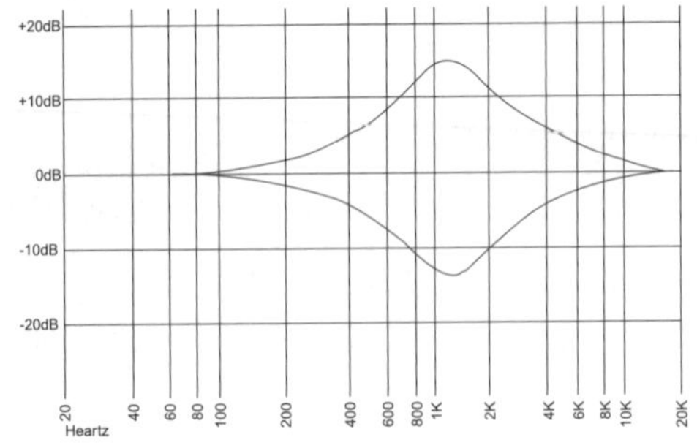


峰值型等化

**(2)峰值型等化器 PEAK EQ**

峰值型等化的方式是由0dB（未等化的電平）改變電平至〝中心頻率〞（此時為最大改變電平）然後再改變電平一直回到0dB為止，這種等化曲線在增益時看起來像山峰，在衰減時看起來像山谷因而得名，這種方法會影響中心頻率的鄰居頻率，音響器材裡如果有中頻的等化控制大多採用這種方式。

〝Q〞值是等化曲線的另一個基本特

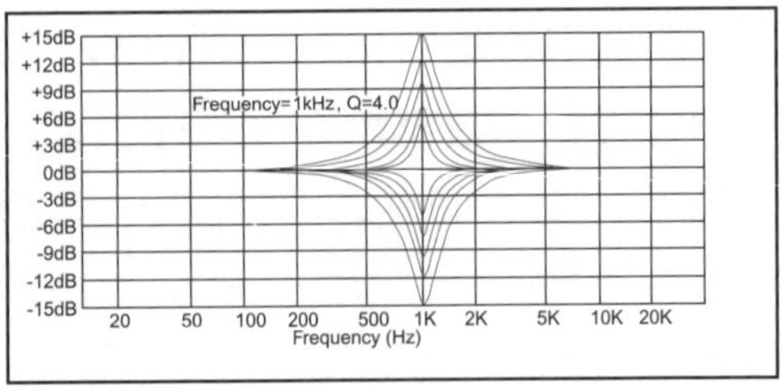


1kHz 增益 / 衰減 15dB Q值＝4.8

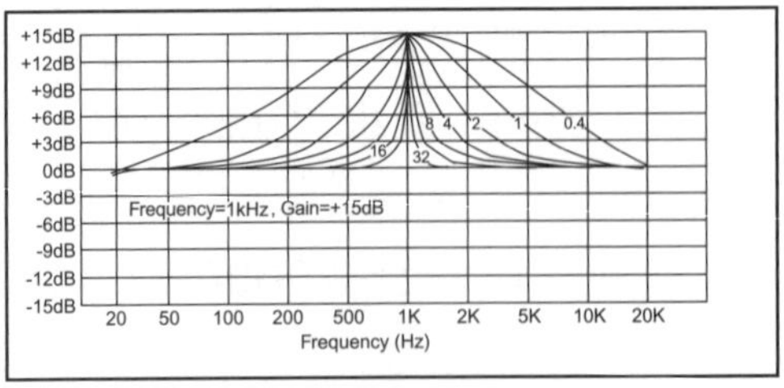


1kHz 增益15dB，Q值不同
其影響鄰近頻率的程度就不同
Q值愈大，曲線愈陡

性，也同時跟曲柄型和峰值型等化曲線有關，Q值可以解釋為等化器決定中心頻率左右相鄰頻率同時被影響的範圍大小，因為實際運用上，等化發生的效應不會只針對中心頻率而已，從測量及實驗結果畫出來等化曲線，以數學的理論得知曲線的改變與斜率有關，斜率可以表示曲線是陡還是較平坦，其曲線就有很大的差異，對等化曲線而言這種因素就叫做Q值，大多數中低價位的等化器混音機或前級擴大機上等化器的Q值都設計為固定不變，專業的

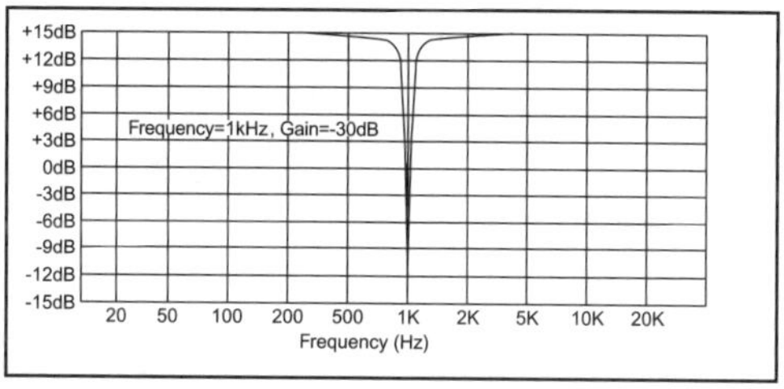


1kHz，衰減30dB，Q值＝128

機種有改變Q值的功能，Q值大則曲線較陡，Q值小則曲線較平坦。

## 7. 等化器的基本型式及其他設備

等化器有很多種，音響系統外接某種型式的等化器可以產生非常大的效果，然而我們要如何選擇適合自己系統的等化器呢？這個問題確實一直存在，因為很多人不了解等化器，不知道該如何選擇，常常買了很昂貴很高級的EQ，有很多功能卻不常用或買了太簡單不適用的等化器，甚至搭配不適合的系統使用，當然會造成工作上的不便。

等化器通常有內建式以及外接式兩種，內建式就是音響器材本身附有等化的功能，例如：混音機，前級擴大機等，外接式等化器是獨立一台機器，需要電源可以和任何音響器材連接使用。

### (1) 音色調整

等化調整對於聲音的修正和創意的改變有很大功用，但是必須小心使用，聲音需要等化修正表示要克服或是補償不完美的建築聲學先天缺陷、價廉卻不物美的麥克風或不正確的喇叭系統，基本上我們至少應該盡全力把音源弄正確，但是現場成音控制和錄音室最大的不同就是在現場所能掌握的條件有限，所以等化器是我們的最佳利器，確實在現場成音的條件下，等化器是達到起碼音質最常用的機器。

在等化部份包含一個可切換的高通濾波，可以用來減少任何不需要的低頻率，例如：交通噪音、風噪音和從麥克風架子傳來的舞台震動。被濾掉的低頻是在大多數音響器材能發出低頻之下，如此才能保證我們聲音品質並未因使用此功能而有所妥協，在人聲（尤其男性）收音時也常被推薦使用。

增益一些高頻和低頻可以將音色變得亮麗或溫暖一些，但是最多請轉1/4圈就夠了（特別低頻部份）。問題是，您可能只想要增益某一特別頻率，例如：低音鼓衝擊聲或是銅鈸，但是以上所說的控制方法，其實使頻譜改變了相關的一大部份，如果低頻增益太多，我們可以發現低音吉他、低音鼓和任何其他低頻率的聲音，都變得非常鬆軟而無法控制了，因此混音出來的音樂顯得十分混濁，被低劣地限制，這是因為頻譜中低頻率的部份也被影響，同理，增益太多的高頻，聲色會變得粗糙多邊或錄音帶嘶聲被顯著地增強。現場成音的情況，在頻譜任何部份太過的等化增益，將會增加由人聲麥克風引起的回授。

切記著以上的說明，正確的用法就是只使用少量的增益（特別是現場表演），換言之，等化衰減一定會減少很多問題，為了避免增益某特定頻率，我們較常使用衰減過度增益的部份，那麼可變中頻的等化控制功能就很有用了！

**(2)二段式等化**

一般HI-FI家用系統或是專業混音機的高、低頻等化控制即為二段式等化，大多數人都很熟悉，均針對各一個高、低頻做曲柄形等化控制，旋鈕轉至中央位置表示沒有任何增減效果，順時針轉則增益或者逆時針轉則衰減，雖然操作很簡單易懂，效果明顯，但不可過度使用，否則聲音只會更差。

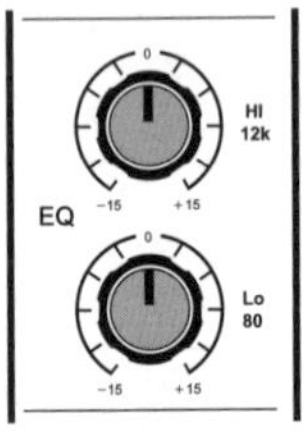


**(3)三段式等化**

三段式等化又再加一個中頻等化控制，有的甚至還有中心頻率選擇增益控制及〝旁通〞功能，〝旁通〞按鍵可以幫助我們做立即比對等化前後的聲音，而不必移動等化器旋鈕，如果不需要EQ，則旁通EQ的功能可以使我們得到一個聲音較為清晰、路徑較短的訊號通路，中頻選擇增益控制請詳混音器等化說明。

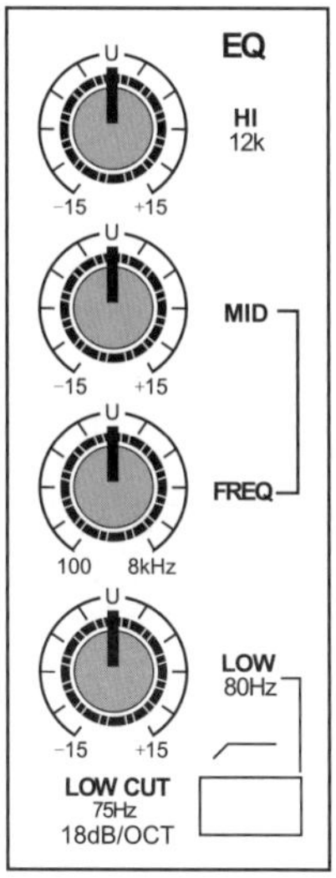


## (4)四段式等化

四段式等化把中頻等化控制分為中高頻，中低頻等化控制，做峰值形等化控制，高級的機種也都各有中心頻率選擇，使等化控制的效果精確，四段式參數式等化控制更能發揮了。

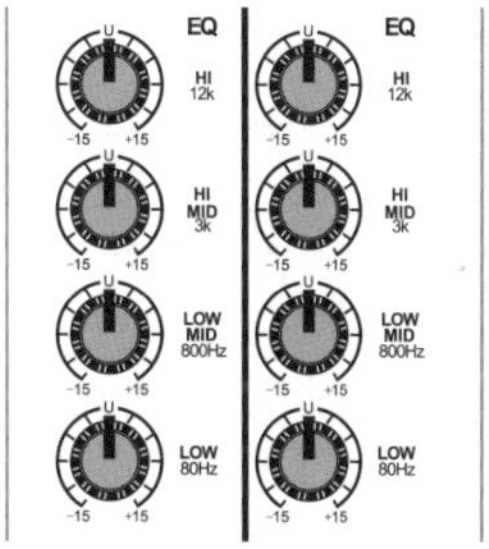


四段式EQ

中心頻率固定

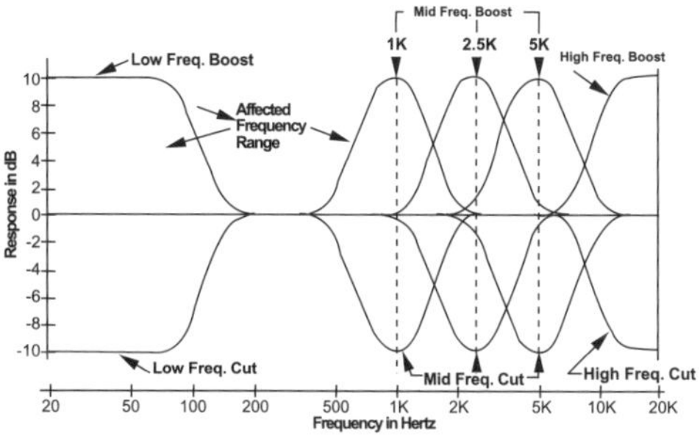


頻率

低頻衰減　中頻衰減　高頻衰減

（可選擇中心頻率）

ARX EQ 215

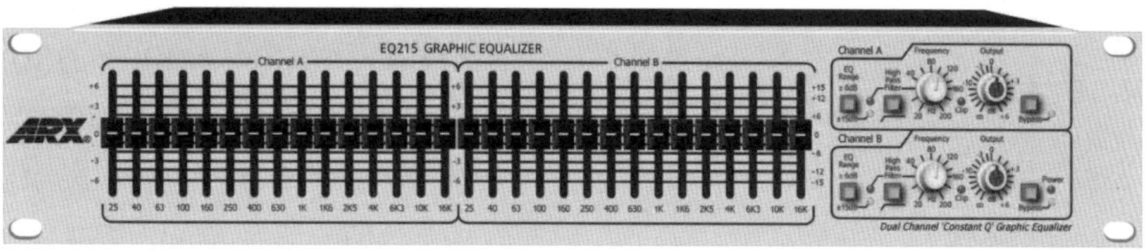

## 8. 圖形等化器

有時候四段式等化器也不夠我們用時，圖形等化器能同時提供我們很多選擇的頻率以應工作需要（有15段，30段等）圖形等化器是峰值/峰谷型的，其Q值多為固定。

### (1) ISO中心頻率

ISO（International Standard Organization）國際標準組織為圖形等化器建立的標準中心頻率，這些特定的頻率都被所有的製造廠商採用，ISO標準頻率的建立使得等化器有了統一規格，方便了使用者，因為任何同等型式的等化器都有相同的頻率範圍可調，即使您使用不熟悉品牌的產品也不怕不會操作。

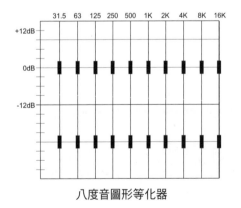

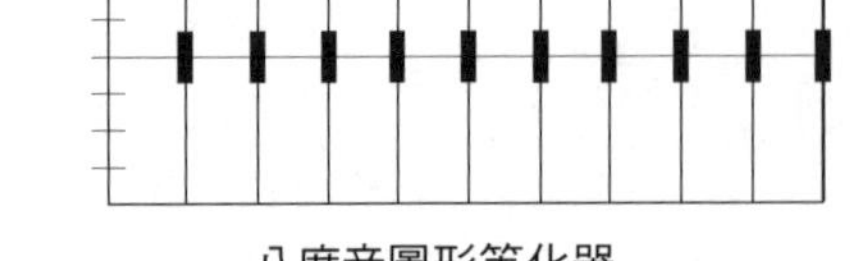


八度音圖形等化器

### (2) 八度音圖形等化器

八度音圖形等化器是最普遍被使用的，由10個頻率組成的等化圖形，每個中心頻率都以1個八度音做間隔，Q值通常是固定的，ISO為八度音圖形等化器規定的標準中心頻率如下：16、31.5、63、125、250、500、1000、2000、4000、8000、及16000Hz，共有11個八度音ISO中心頻率，因為16Hz裡含有的音樂能量太少，大多數的等化器都沒有採用16Hz，所以只有10段，可調整兩個聲道，通常附在混音機上，可以做簡單的等化設定。

### (3) 1/3八度音圖形等化器

1/3八度音圖形等化器的等化段數是八度音圖形等化器的3倍，有30段，Q值幾乎也是固定（有的廠牌則為可選擇式的）其中心頻率為16、20、25、31.5、40、50、63、80、100、125、160、200、250、315、400、500、630、800、1000、1250、1600、2000、2500、3150、4000、5000、6300、8000、10000、12500及16000Hz，最常用作調校喇叭或建築物聲學補償或解決回授的等化修正，錄音室人

# 立體3/1八度音圖形等化器面板使用說明

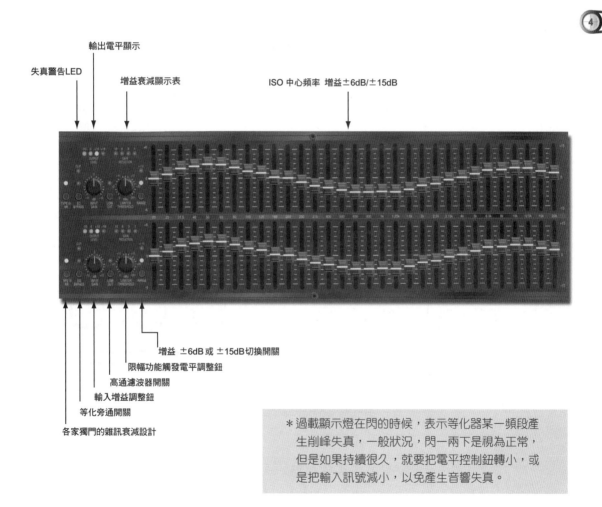

＊過載顯示燈在閃的時候，表示等化器某一頻段產生削峰失真，一般狀況，閃一兩下是視為正常，但是如果持續很久，就要把電平控制鈕轉小，或是把輸入訊號減小，以免產生音響失真。

# 五段參數等化器面板使用說明

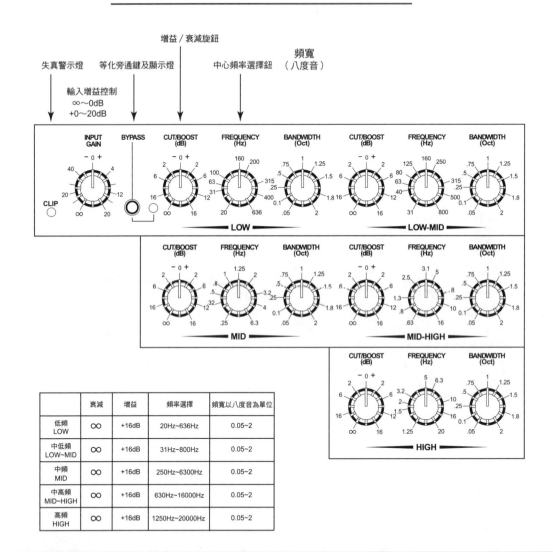

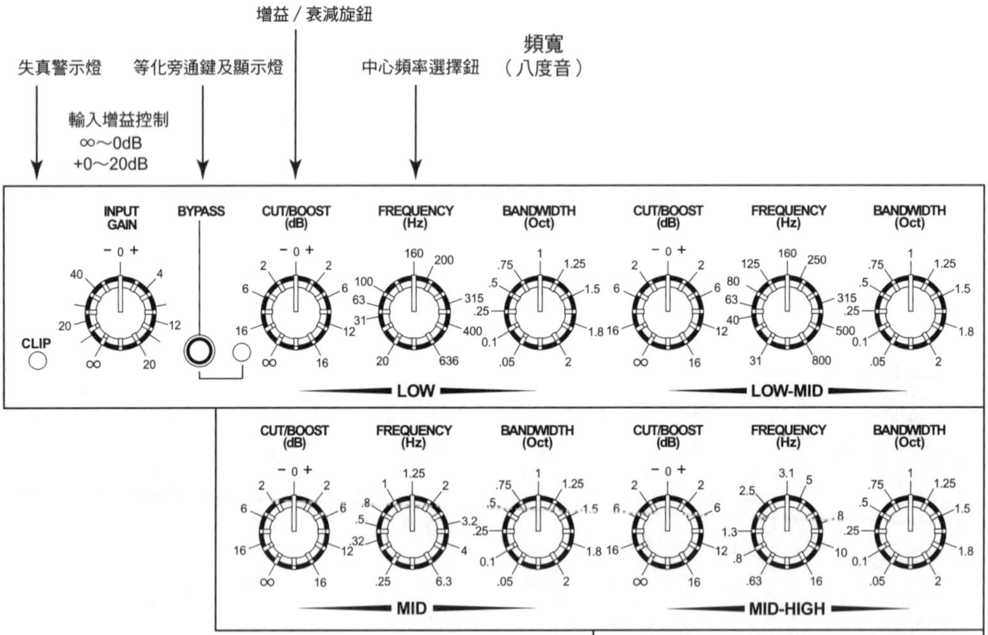


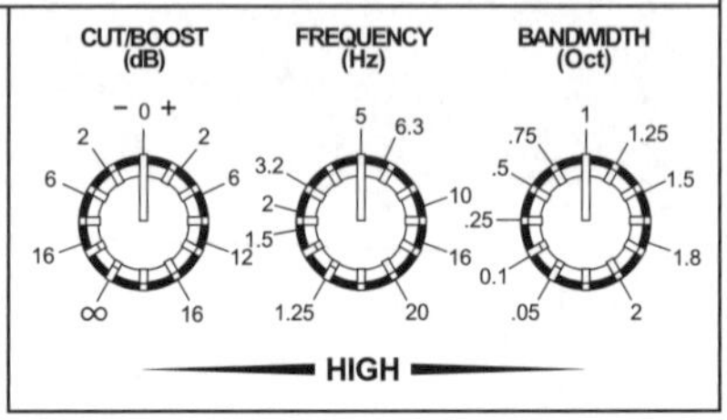


| | 衰減 | 增益 | 頻率選擇 | 頻寬以八度音為單位 |
|---|---|---|---|---|
| 低頻<br>LOW | ∞ | +16dB | 20Hz~636Hz | 0.05~2 |
| 中低頻<br>LOW~MID | ∞ | +16dB | 31Hz~800Hz | 0.05~2 |
| 中頻<br>MID | ∞ | +16dB | 250Hz~6300Hz | 0.05~2 |
| 中高頻<br>MID~HIGH | ∞ | +16dB | 630Hz~16000Hz | 0.05~2 |
| 高頻<br>HIGH | ∞ | +16dB | 1250Hz~20000Hz | 0.05~2 |

＊以八度音為單位的頻寬其意義與Q值相同，但數值相反，數值愈大，Q值愈小，因為影響頻率涵蓋的八度音大，表示圖形較平坦即Q值較小，被影響頻率涵蓋的八度音小，表示圖形較陡，Q值即較大。

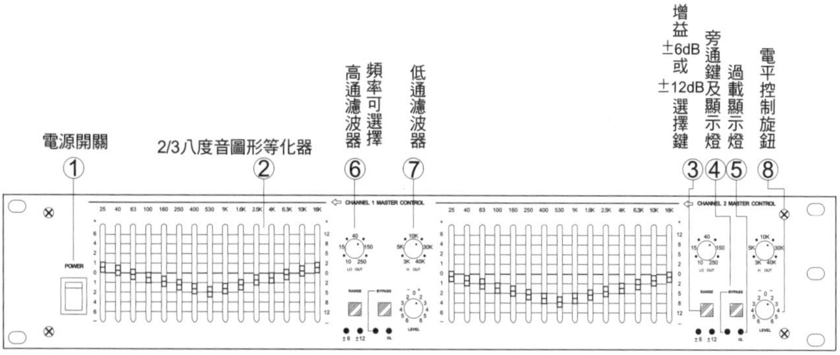


聲的等化等等，有單聲道及雙聲道的機種其機身高度從1～3U都有，依FADER揚程，單聲道或雙聲道有所不同。

**(4) 2/3八度音圖形等化器**

八度音圖形等化器和1/3八度音圖形等化器之間，還有一種2/3八度音圖形等化器，有15段，Q值幾乎也是固定值，其ISO中心頻率為16、25、40、63、100、160、250、400、636、1000、1600、2500、4000、6300、10000與16000Hz，價格比1/3八度音圖形等化器便宜，如果不需要30段的等化器，15段雙聲道等化器是不錯的選擇。

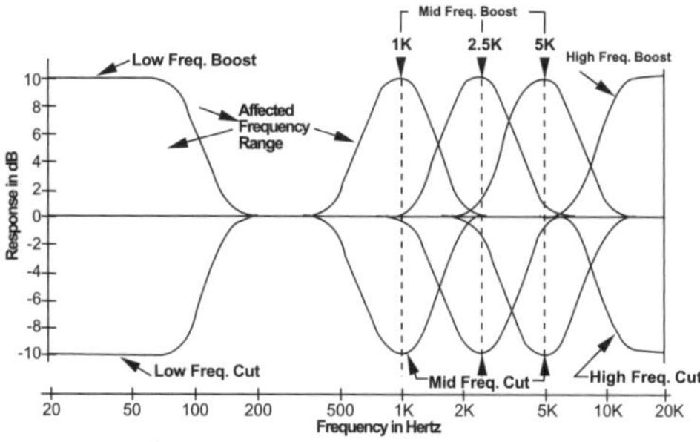


頻率

低頻衰減　中頻衰減　高頻衰減

(可選擇中心頻率)

圖形等化器可以同時調整多個中心頻率，它可以改善聲音也可能因誤用而將聲音弄糟，使用者必須確定他選對了等化器，也做了正確的調校，如果還達不到預期的效果，那還不如不要用。

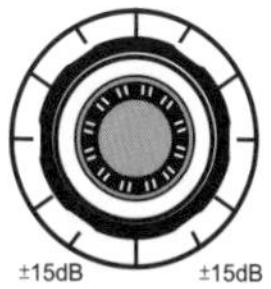


**(5) 可選擇中心頻率的等化器**

以上所討論的都是調整固定中心頻率的等化器，使用的方法都是我們聽了音樂訊號後，依經驗判斷想調整的頻率，然後在圖形等化器上找一個最接近的頻率去調整我們渴望的效果，但是不一定每一次都〝賓果〞，如果找不到最接近的頻率，

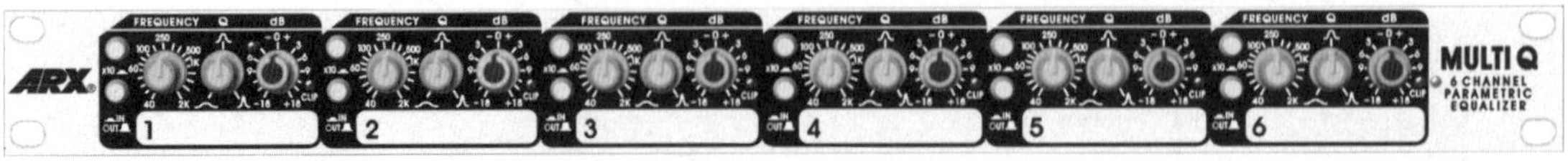


ARX MUILT Q

我們還得另外接一台可以用的等化器，可是一時之間到哪裡去找呢？如果有一種等化器其頻率可以像收音機的選台器一樣提供選台的功能的話，就可以解決這個問題，中高等級的混音器其中頻就提供這種好用的功能，通常是由兩個旋鈕或子母鈕來操作，第一鈕選擇中頻中心

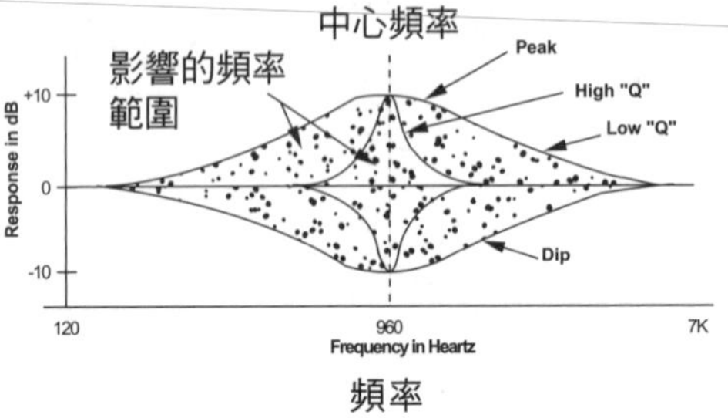


頻率，大約從100～8000Hz，第二鈕是增益衰減大約±12～15dB，Q值也是固定值，子母鈕則是由大小兩個圈組成一個旋鈕，小圈負責選中心頻率，大圈負責增益衰減，這樣的設計是節省空間，使混音器體積可以小一點而已，功能則相同。更高級的混音器更具有四段式等化，其中，中高頻及中低頻均可以選擇中心頻率，提供了更多的方便。

## 9. 參數式等化器

可選擇頻率的等化器大部分等化曲線Q值是固定的，然而，某些場合也需要調整Q值，有一種具有可調Q值及可調頻率的等化器叫做參數式等化器，由於Q值可以調整，我們可以改變等化器對鄰近中心頻率的鄰居頻率受影響的程度，又可以準確地選到我們想調整的頻率，對一個內行的使用者參數式等化器是工作上最佳的利器。（唯一的缺點是無法像1/3八度音圖形等化器一樣，可以同時控制30段中心頻率）

## 10. 參數圖形式等化器

參數圖形式等化器是參數式等化器及圖形等化器的結合體，它具備兩種等化器的功能，當我們既需要同時調整多個中心頻率，又要調整某些中心頻率的Q值的時候就需要參數圖形式等化器，最常見的是八度音

# 四段式真空管等化器面版使用說明

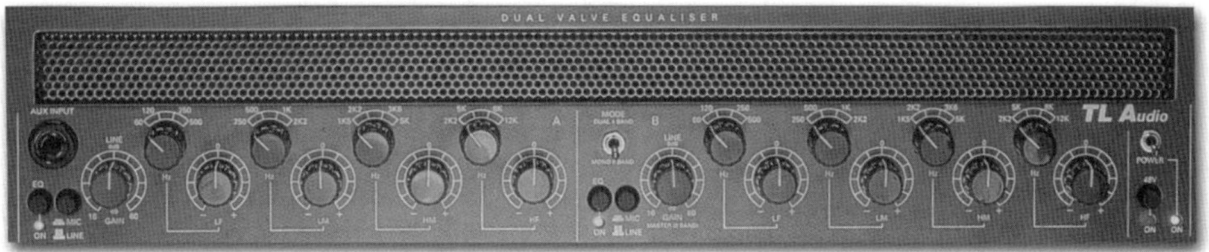


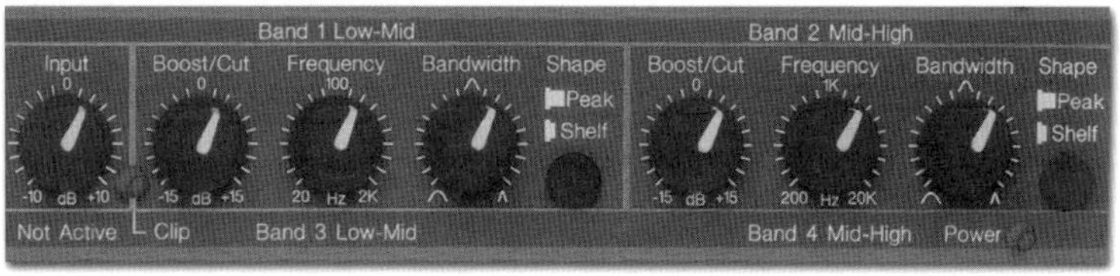

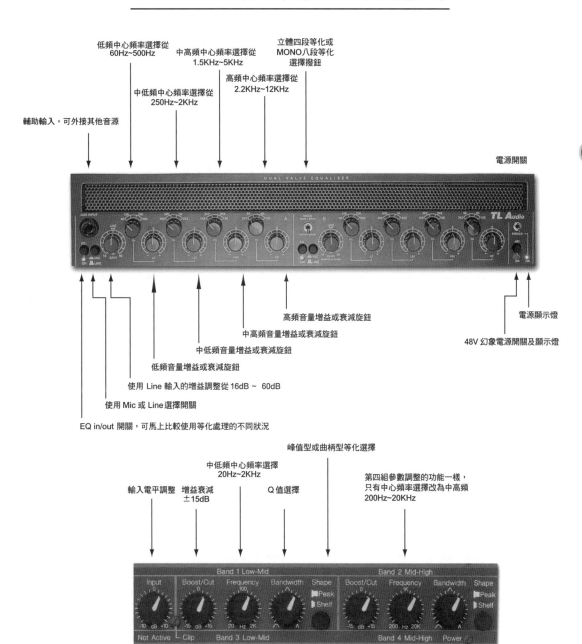

# 頻率範圍表

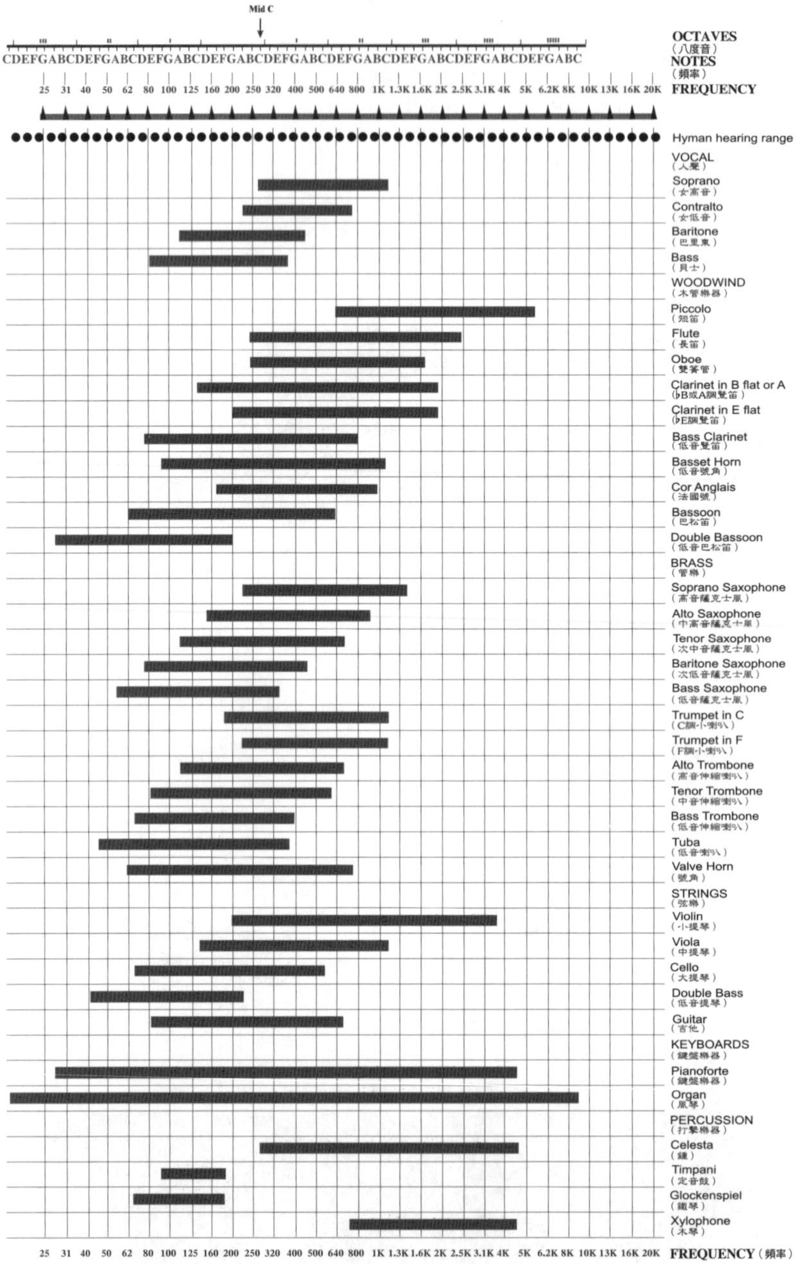
Mid C
OCTAVES
(八度音)
NOTES
(頻率)
FREQUENCY
CDEFGABCDEFGABCDEFGABCDEFGABCDEFGABCDEFGABCDEFGABCDEFGABCDEFGABC
25 31 40 50 62 80 100 125 160 200 250 320 400 500 640 800 1K 1.3K 1.6K 2K 2.5K 3.1K 4K 5K 6.2K 8K 10K 13K 16K 20K
Hyman hearing range
VOCAL
(人聲)
Soprano
(女高音)
Contralto
(女低音)
Baritone
(巴里東)
Bass
(貝士)
WOODWIND
(木管樂器)
Piccolo
(短笛)
Flute
(長笛)
Oboe
(雙簧管)
Clarinet in B flat or A
(♭B或A調豎笛)
Clarinet in E flat
(♭E調豎笛)
Bass Clarinet
(低音豎笛)
Basset Horn
(低音號角)
Cor Anglais
(法國號)
Bassoon
(巴松笛)
Double Bassoon
(低音巴松笛)
BRASS
(管樂)
Soprano Saxophone
(高音薩克士風)
Alto Saxophone
(中高音薩克士風)
Tenor Saxophone
(次中音薩克士風)
Baritone Saxophone
(次低音薩克士風)
Bass Saxophone
(低音薩克士風)
Trumpet in C
(C調小喇叭)
Trumpet in F
(F調小喇叭)
Alto Trombone
(高音伸縮喇叭)
Tenor Trombone
(中音伸縮喇叭)
Bass Trombone
(低音伸縮喇叭)
Tuba
(低音喇叭)
Valve Horn
(號角)
STRINGS
(弦樂)
Violin
(小提琴)
Viola
(中提琴)
Cello
(大提琴)
Double Bass
(低音提琴)
Guitar
(吉他)
KEYBOARDS
(鍵盤樂器)
Pianoforte
(鍵盤樂器)
Organ
(風琴)
PERCUSSION
(打擊樂器)
Celesta
(鐘)
Timpani
(定音鼓)
Glockenspiel
(鐵琴)
Xylophone
(木琴)
25 31 40 50 62 80 100 125 160 200 250 320 400 500 640 800 1K 1.3K 1.6K 2K 2.5K 3.1K 4K 5K 6.2K 8K 10K 13K 16K 20K FREQUENCY(頻率)

# 各種樂器及人聲涵蓋的頻率一覽表

參數圖形式等化器，其 10 組中心頻率均可以選擇中心頻率及Q值（中心頻率的範圍在各該八度音內，只要找到中心頻率，再設好Q值就可以達到各位希望的效果）。

參數圖形式等化器最常用在室內人聲補償，我們常會在室內碰到產生峰值或峰谷的頻率不在ISO中心頻率上，有了參數圖形式等化器就可以在特定頻率上給予本身適當的增益或衰減及決定鄰近頻率被影響程度的多寡，來正確地解決細節問題。

**混音機三段式等化器低音等化鈕控制80Hz，對女性人聲沒有什麼效果，因為80Hz在女性人聲頻率之下，動了也沒用！**

## ☞ 11. 使用等化器的基本原則

說了這麼多，我們現在才要進入如何使用的主題，我們必須知道如何使用等化器才能將等化器的功能完全發揮，這一節介紹一些使用等化器的基本原則，希望能對大家有所幫助。

### (1) 要了解各種人聲及音樂樂器的基本頻率。

如果我們用等化器調不好各種人聲或樂器的音色，有可能是我們選錯了頻率，我們增益、衰減的結果並未針對主要人聲或樂器的能量，當然愈調愈糟，我們一定要了解各種樂器、人聲或是音響它們的基本頻率，才知道要等化那個範圍，請看〝樂器、人聲基本頻率一覽圖〞。

請注意表上所標示的頻率僅是該項人聲、樂器的基本頻率，所有的音色包括其泛音（比基本頻率高），這些泛音會影響到人聲及樂器的音色，通常比基本頻率小聲，有時候調整這些泛音的音量也可以得到很好的效果，當然任何情況，請先從基本頻率做起。

＊請看以下使用等化器應注意及避免的原則：

人聲 從上表得知人聲頻率大約80～1.6kHz左右，現在市面上一般的混音器都有三段式等化器可調，其低音等化鈕（80Hz）對女性人聲沒有什麼效果，因為它控制的頻率在女性人聲頻率之下，其對男性人聲比較有效，我們要注意高頻等化鈕，其針對的頻率大約在12k～13kHz之間（依廠牌不同）對人聲也沒有什麼效果，只會增加一堆齒音、唇音等不太悅耳的雜音，反而我們應該衰減一些，真正該影響人聲頻率是在1kHz～3kHz之間，我們應當用可選擇中頻等化器來調整，同樣的，一定要小心，萬事過則不當，高頻加太多會有嘶嘶聲。如果錯將人聲頻段之上或之下的頻段加以修改，恐怕會造成其他樂器音色的改變，而變出來一些我們不想要的聲音，一定要多加練習多吸取經驗，才會成功！

**(2)建築聲學等化補償**

建築聲學等化補償可以寫一本書，本書不準備深入這個主題，只想介紹一些簡單卻重要的準則來幫助您了解一些皮毛。

等化器可以接在混音機與擴大機之間，在錄音室、劇院、體育館及聆聽室都需要等化器去修正喇叭系統的頻率響應來順應一個不完美的室內環境，室內頻率響應是可以用儀器測出來的，有了測量結果就能決定要做什麼的等化工作，雖然喇叭系統自己可以表達可接受的頻率響應，室內建築物都會修改頻率響應造成某些頻率的峰值或峰谷，圖形等化器可以消除這些峰值或峰谷，1/3音八度圖形等化器是最佳選擇。

回授產生的時候，用手遮麥克風會更慘，因為手掌好像反射板將更多的回授音送回麥克風內。

如果沒有儀器可測，那只能用自己的耳朵了！我們要用自己熟悉的音樂當作範本來調校，但請千萬注意別調校低於喇叭系統所能表現的低音頻率，那不會改善任何事，反而容易傷害低音單體（見第三章）。

另一個常用的功能是減少表演會場或舞台監聽喇叭的回授，最有效的方法是在試音時先將等化器所有頻率設在0dB之處，試音完畢後，慢慢地增加系統的音量直到回授發生，回授一發生，我們憑經驗就能聽出來是哪個頻段，我們可以試著衰減那個頻段的某一頻率來解除回授，到底是哪一個頻率呢？我們必須要搜尋才能找到正確的頻率，這也需要一點經驗！

解除第一個回授之後，我們又可以再將系統音量推大，直到又發生回授，我們又可以找到另一個導致回授的頻率，再解決它。這個步驟重覆數次之後，可能會有好幾個頻率被衰減（通常只有幾dB而已），但是卻能使現場系統與舞台監聽系統在回授之前得到更大的音量，操作者必須注意，因為衰減的頻率可能造成音響頻譜的空洞，因此我們在做衰減時下手要輕一點，以便盡量保持音樂原來的風貌，解決回授問題是一種不斷嘗試的工作，既要音響好又不想發生回授是互相矛盾的事，有時操作必須面臨兩難的抉擇。

**(3)別過度使用等化器**

等化器有改變人聲和樂器頻率特性的功能，但是過度的使用會讓聲音變的很奇怪，當我們增益某個頻率時，事實上我們讓某個頻段的音量變大了，而這個結果會使得混音機或音響系統的餘裕變小了，因此較容易發生失真訊號，我們下手時都要很謙卑，切記等化器是個有利的工具，也是一個讓你搞砸的麻煩製造者。

請花一點時間了解各種樂器及人聲的頻率內容，花一點時間摸熟等化器的操作功能，經驗等化器所能改變頻率的特性，別怕多做多錯，一定要錯了再試，你命中注定要錯很多次，就像是其他操作者一樣，唯有勇於嘗試記取經驗的人，才能夠把事情做好，才會進步。

## ☞ 12. 一些有用的EQ設定

■低音鼓

為了增加低音鼓衝勁，除了把低音EQ增強之外，同時將250～300Hz的中頻做某種程度的衰減，這樣可以

產生一個無箱音，堅固有力道的低音，如果增強一點高頻，可以增加低音鼓的衝擊力量。

■小鼓

可以和低音鼓調整的方式一樣，或者將6kHz的中高頻增強一些可以產生較清脆的聲音，或者試著增強1kHz可以得到一種〝科技〞的聲音。

■木頭空心吉他

250Hz衰減一點可減少轟鳴聲，混音時低頻等化衰減可使聲音較為細膩些，高頻增高一些可以使聲音明亮一些，4kHz和6kHz的中頻增益也能達到類似效果。

■人聲

盡量愈少用等化愈好，除了可以保有自然的聲音之外，在現場演出中也可避免產生回授，如果一定要調整，則盡量在高低頻等化鈕調整，不要去動中頻，吹麥現象用EQ的方法如果效果差・我們可以利用口水罩放在歌者和麥克風之間來解決。

■電吉他

依電吉他不同在3kHz和6kHz之間增強一些產生激昂的效果，如果聲音太模糊，則低頻衰減或許有幫助。

CMH8C

Professional Audio Essentials

# 第五章 效果器EFFECT

## ☞ 1. 延遲器／迴音器 DELAY / ECHO

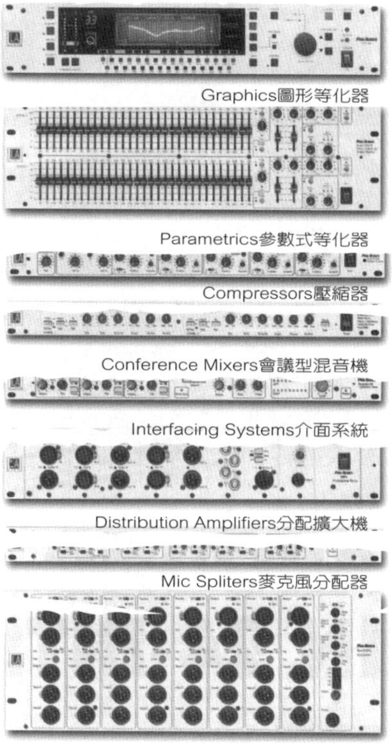


延遲（DELAY）以及殘響（REVERB）的基本原則是在一段時間內複製一至數個輸入訊號源，其運用的時機必須依照機種設計的特性及使用目的而定。

延遲器的定義是接著訊號源之後某特定時間內複製一個訊號源，產生延遲效果有三種方式：

1. 磁帶延遲（TAPE-DELAY）
   【已停用，1970年代以後已被類比及數位延遲方式取代】磁帶延遲是利用循環重覆播放的錄音帶，一個錄音磁頭及一個或一個以上的放音磁頭組成，放音磁頭之間有一個距離，當錄音磁頭錄下一個訊號，放音磁頭重播時，就有延遲的效果，只要調整錄音帶轉速的快慢就可以控制延遲音的速度。

2. 類比延遲（ANALOG-DELAY）
類比延遲採用的方法是將訊號源以每秒約25000次的取樣率來修改各取樣點的參數，然後再重播出去產生延遲的效果，在數位機種未出現之前，是市場上的主流產品，現在還應用在樂器效果器上。

3. 數位延遲（DIGITAL DELAY LINES，縮寫為DDL）【目前最流行】數位延遲採用的方法與類比延遲類似，但是取樣率每秒高達30000～50000次，且附有ADC類比數位轉換與DAC數位類比轉換器，把改變參數的工作都以數位的方法處理，運算快，功能強，設定簡單，還有記憶功能，是現在音響工業的標準。仍然有一些表演者喜歡使用類比延遲的音色，但是反而讓人聽起來比較溫暖，因為類比延遲器取樣

BRITISH TELECOM 公司是英國最大的電影及錄影帶製作公司，利用ISDN傳送數位音響訊號

速度慢的設計影響了高頻響應的表現。其實我們可以用等化器將數位延遲器產生的屬於高頻率邊緣的較高頻率濾掉也可以得到比較溫暖的效果。

延遲器主要有兩種目的，第一種是建立一個延遲系統，在大型戶外演唱會中，後面的觀眾離舞台很遠，必須另行架設副喇叭塔來彌補舞台兩側主系統PA之不足，不過，主系統的PA喇叭訊號傳至後面觀眾，其所走的距離比副喇叭塔遠，後面的觀眾於不同時間（差很少，但是已經有明顯不好的效果）聽到相同的節目會很不清楚，尤其是打擊樂器特別嚴重；這時就得用延遲器使得副喇叭塔發出的訊號延遲，並和舞台兩側主系統PA喇叭訊號同時到達後面觀眾聆聽範圍，即可完成任務。計算的方法很簡單：主系統PA喇叭與副喇叭塔之距離÷聲速＝延遲的時間，延遲時間的單位通常是毫秒。【註：聲速＝344.4 m/秒】

另一個例子，我們常在有線電視台或電視台SNG轉播時發現主播講話的聲音和其嘴形不能吻合，因為SNG可以利用微波一起傳送VIDEO及AUDIO訊號回電視台，訊號傳回電視台後，必須要解碼微波才能夠變回VIDEO及AUDIO訊號，但是解碼VIDEO訊號比較慢，因此聲音的解碼出來了之後，要再做延遲才能和VIDEO畫面同步，有的電視台將AUDIO及VIDEO用不同的介面傳送，AUDIO用ISDN，VIDEO用微波傳送，ISDN與微波的速度本來就不一樣，那就一定要用DELAY來解決。

第二種更普遍廣為大家運用的是為了音響效果，一般也有類比式與數位式兩種機型，數位式機種已逐漸成為工業的標準，在使用功能也強很多，是可以調出數個複製的訊號，當然每一個複製的訊號都將比前一個訊號衰減一個程度，每一個複製訊號之間的時差也可以調整長短，以應現場需要，有的數位機種還有工廠預設值供使用者參考應用。

從白宮廣場到林肯紀念堂距離約3.333公哩，有一百萬觀眾，要20座喇叭塔傳送舞台上的聲音，每一座喇叭塔的延遲時間都不一樣，要讓一 萬人都聽到清楚高品質的音響，這才是真正的PA

（1）離舞台最遠的觀眾聽到的聲音將會延遲3333m÷344.4m/秒音速＝9.67秒

**傷腦筋！**

（2）如果每座喇叭距離相等，其間隔距離約為166公尺，因此塔與塔之間的訊號延遲時間是0.48秒

```
          0.48
344.4 ) 166
        13776
        -----
         28240
         27552
        -----
           688
```

## ☞ 2. 殘響機 REVERB

殘響機的定義是複製數個輸入的訊號源，可調整複製的速度及複製的數量，適當的加入殘響效果可以將人聲或樂器聲的內涵更加豐富，讓小的表演空間顯得更有深度，更加寬廣。

早期殘響機會在機箱內使用彈簧來製造效果，轉換電子訊號為彈簧的機械式震動，改變彈簧震動的參數後再轉換回電子訊號，完成加入殘響效果的任務，這種機器很便宜但是不能滿足大家的需求，因為很難調整殘響複製時間，對於殘響特性改變又缺乏有效的解決辦法，自從數位式殘響器問世之後，挾其強大的功能，還有傳統機器無法辦到的特效及可程式調整各種參數優點，迅速占有了市場，取代了傳統的殘響機。

數位殘響機採用DDL類似的設計，但是程式設計比較複雜，以用來計算殘響的速度及數量，通常被複製的訊號會比複製訊號能量更大，高頻響應也比較好，這樣的設計是因為實際音樂廳或禮堂裡的殘響其高頻的衰減是最快的。

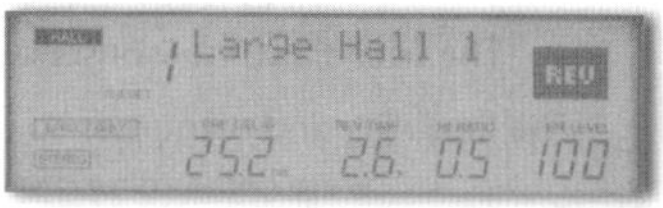


大型LCD顯示幕展現效果型式名稱及目前設定資料

旋轉殘響時間控制鈕，可以目視殘響時間變化圖形

旋轉Hi-RATIO控制鈕可以即時的顯示高頻率衰減的狀況

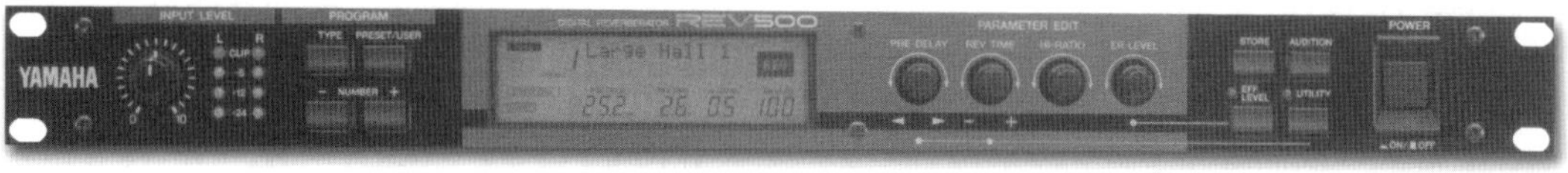


YAMAHA REV 500 殘響機

## ☞ 3. 壓縮/限幅器 COMPRESSOR/LIMITER

壓縮器及限幅器的基本目的是幫助訊號電平維持在一個可以工作的動態範圍，不管是為了人耳或配合系統的極限，簡單的說就是衰減比設定的訊號電平多出來的增益量，也可以稱為增益減少，我們依其衰減前後訊號電平為座標畫出來的斜線斜率，定義為其壓縮比例，一般機器都提供壓縮比例可選擇的功能以利各種不同的應用。

使用壓縮器及限幅器主要是確定訊號電平一定不會超過某一電平，或者減少因超過觸發電平而產生劇烈的電平變化。基本上壓縮器和限幅器的功能是一樣的，唯一的差別在於它們可以對抗衰減增益的量（一定是超過觸發電平才會有動作），一般來說壓縮比例在10：1以上時就歸類為限幅器。

限幅器對於系統的保護是最佳的利器，它可以真正保護功率擴大機，喇叭或避免系統其他部分的過載，而導致失真，例如功率擴大機。

系統保護時，限幅器應接在分音器之前，因為如果有狀況發生，限幅器開始作用將增益拉下，因此系統的增益並不會產生對功率擴大機或喇叭不安全的輸出。

使用主動式分音器時，最好的保護喇叭方法是被分割的高、中、低頻訊號都各有限幅器，才能完美保護功率擴大機及喇叭不致過載。

> 一般定義：
> 壓縮比
> 10:1以上就是限幅器
> 10:1以下就是壓縮器

我們想減少不悅耳的動態峰值或要保持人聲或樂器的訊號在有限的動態範圍，就得將限幅器調為低增益壓縮比例，通常調整在2：1或4：1的壓縮比例，請用自己的耳朵去比較一下，送入一個大於觸發電平的音源，調整壓縮比例，去體會一下比例不同所產生的結果，記取這個經驗作為將來現場設定的參考。

如果過度的使用壓縮，採用很高的壓縮比會使得聲音不自然，因為壓縮啟動或釋放時間太快，反而引起不良效果，特別是使用在MASTER INSERT時，千萬要注意（MASTER INSERT過度使用壓縮，將會對整個節目內容產生影響，不好就是全都

# 壓縮／限幅器面板使用說明

立體連動，可以利用第2頻道完全模擬第1頻道操作模式工作

此部份為擴展器／雜音閘　　　　　　此部份為壓縮器　第1聲道

觸發電平控制旋鈕至少有60dB的調整空間

擴展比例從1:1~30:1

觸發電平控制旋鈕-40~+20dBu

壓縮比例從1:1～∞:1

啟動時間從0.05毫秒~100毫秒

釋放時間從0.05秒~5秒

輸出增益-20~+20dB

自動停止限幅之峰值調整鈕

旁通鍵

預防低頻汎濫

電表顯示輸出或輸入選擇鍵

自動調整啟動及釋放時間

輸出使用TRS1/4"或XLR

輸入使用TRS1/4"或XLR

工作電平+4dBu及-10dBv 切換間關

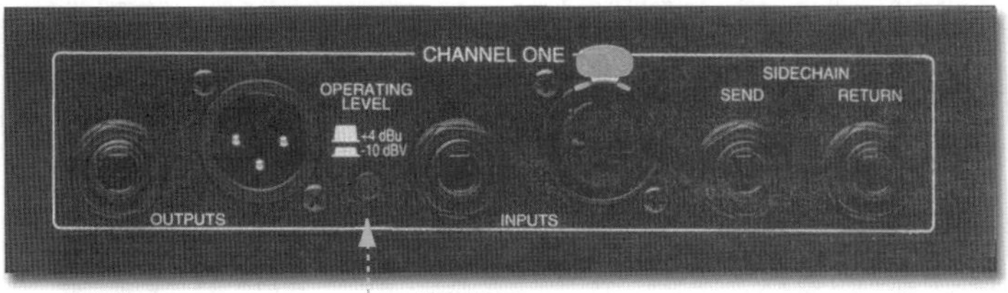

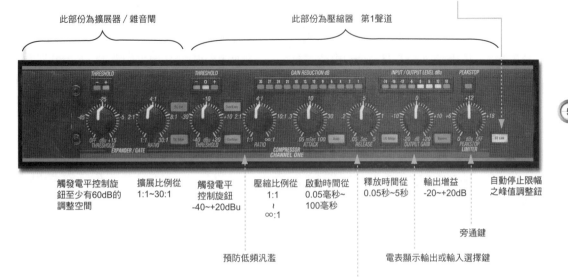

不好）。

另一個過度壓縮的缺點是反而更容易引起回授，因為當訊號源低於觸發電平並令壓縮功能消失，系統將增益恢復至正常時容易產生回授，唯一辦法就是調高觸發電平之值，讓過度壓縮遲一點發生，但未發生的訊號電平也必須符合節目的需求（當然最好勿過度壓縮）。

**如何設定觸發電平**

壓縮/限幅器的使用有下列幾種參數

觸發電平 THRESHOLD：

啟動時間 ATTACK：

釋放時間 RELEASE：

壓縮比例 RATIO：

一般市面上的機器其觸發電平有兩種型式：

第一種：觸發電平固定的壓縮限幅器，並有訊號輸入增益及輸出增益調整旋鈕，訊號輸入負責將輸入訊號提昇至觸發電平，輸出電平負責將被處理過後的訊號離開機器。

第二種：可選擇式觸發電平，觸發電平是操作者的靠山，反正一超過觸發電平就在一定時間內把增益拉下來，等大音量過了又可以恢復正常音量，這種機型比較貴一點，但是比較好用。

壓縮或者是限幅功能的發生與還原跟時間有其關係，ATTACK是啟動時間，RELEASE是釋放時間（釋放什麼呢？釋放壓縮/限幅功能）通常快速啟動及快速釋放的調整是用來保護喇叭及打擊樂器的平衡，啟動和釋放時間如果太快將會產生低頻的削峰失真，幸運的是新的機種很多廠商都已有自動消除此種失真壓縮的功能，請使用中度的啟動與釋放時間，一定要多練習多體會才能調得精準，一般情況，慢的釋放時間很重要，它可以使節目有平順的動態響應，也可以避免產生一種喘不過氣來的效果，但是釋放時間太慢也不行，這樣會演變成機器偵測到一個高音量進行壓縮之後，原本應該恢復正常的訊號電平，但因為釋放時間太慢，機器還在壓縮，連正常訊號電平也受影響，啟動時間太慢更不行，因為機器偵測到高音量發命令要壓縮時，如果啟動時間太慢還未完成壓縮，高音量已經使擴大機產生削峰失真，甚至高音喇叭也已經沒聲音了。

圖(A) 益增衰減比例4：1，8：1及20：1，壓縮比在2：1到4：1之間是用在壓縮人聲和樂器聲，壓縮比8：1通常用在保護喇叭單體或防止擴大機產生削峰失真。

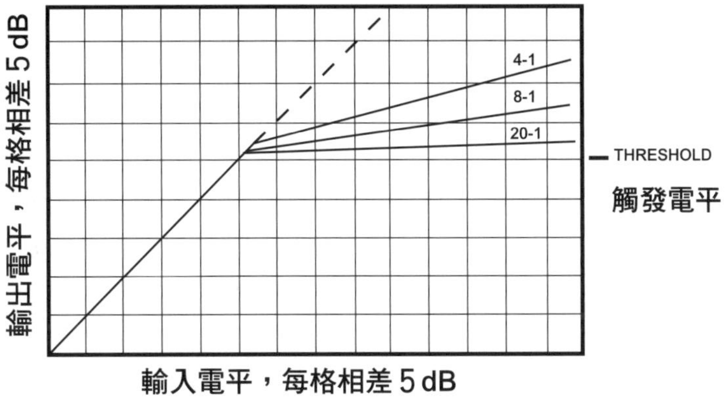


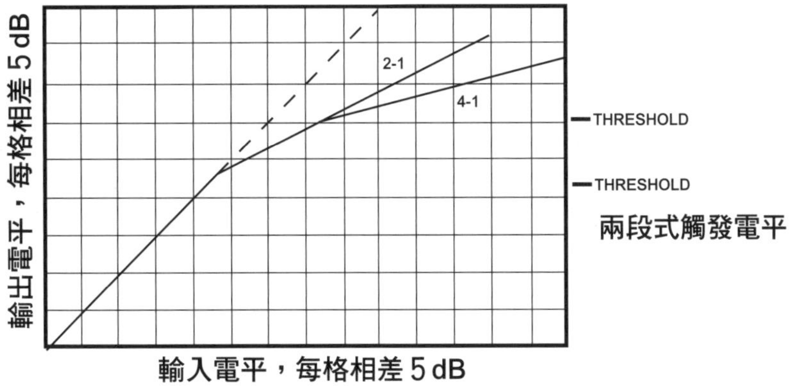

**錄音時的人聲壓縮**

錄音當中，通常需要將人聲做某一程度的壓縮，使人聲的錄音電平能夠很平衡，壓縮器應接在適當聲道插入點上（利用插線盒或是Y型轉換線），壓縮器可接在人聲麥克風聲道的插入點，典型壓縮設定如下：

| | |
|---|---|
| Attack啟動時間 | Fast快速 |
| Release釋放時間 | Half a second半秒 |

Ratio壓縮比 4：1 或 Soft knee

Threshold 觸發電平 設定在可將大的峰值訊號作10dB左右的壓縮衰減仔細研讀壓縮器使用手冊，以便得到更多的資料。通常，我們最好在錄音時加一點壓縮，然後在混音時再加一點（如果有需要的話），如果在錄音時加入太多的話，是不可能在以後的工作中消除的。

某些狀況將全部立體混音壓縮，可以得到一個更平均或更有能量感覺的音響。此時壓縮器應該接在立體主輸出的插入點，而且要設為立體模式下工作，全部混音的壓縮方式應該不要考慮是萬靈丹，很多專業錄音師在他們最後混音時只使用一點或者根本不用壓縮器。

**請接起來試著調整，才能體會釋放時間及啟動時間的意義**

## 4. 雜音閘 NOISE GATE

電子設備或其他設備產生的雜音，是我們做音樂人最大的困擾，如何消除功率擴大機的嘶聲（HISS）或哼聲（HUM），環繞噪音或舞台串音、舞台震動雜音及系統的雜音，雜音閘可以解決這個問題，雜音閘是將觸發電平以下的增益訊號衰減掉，好像一個閘門，訊號電平未達觸發電平時沒聲音（未開閘門），一旦訊號電平到達觸發電平時，聲音就發出來了，因為閘門開了。雜音閘最常用在人聲及套鼓收音，使用多支麥克風收人聲或鼓件，每支麥克風都可以由雜音閘設定觸發電平，沒有發聲的人或沒有被打擊到的鼓，雜音閘會把它們用的麥克風

關掉，不會有串音之虞，也可以使錄音清晰，增益增加又不怕會產生回授。

## 5. 擴展器 EXPANDER

擴展器的功能與壓縮器相反。

全音域的擴展器很少用在現場成音或重播系統，它們的功用是在解除竊聽系統為了消除雜音及無線電麥克風訊號遷就無線傳輸及接收能力而被壓縮的訊號，擴展器可以解除因錄音壓縮而失去的動態響應，以前LP唱片時代，為了怕跳針，錄音訊號都被壓縮至某一程度，無線電台為了遷就無線傳輸功率，一定要維持一定的增益，所有的聲音都被壓縮至某一程度，為了再聽得到失去的動態響應，我們可以使用擴展器，擴展器也有擴展比例、觸發電平、啟動時間、釋放時間等參數可以調整，放LP唱片時通常使用1.3：1的擴展比例就可以找回較強的動態響應表情，當然現在使用CD，動態響應更大，壓縮少，有的發燒片甚至沒有壓縮，就用不到擴展器，但是FM電台還是必須將節目訊號電平壓縮後再發射給我們聽眾，擴展器還是有功用，但是使用擴展器一定要很小心以免對系統有害處。

## 6. 範例

本節將介紹幾個典型的壓縮器使用範例，其基本設定可以解決大多數的動態問題，是學習使用壓縮器最好的例子，舉BEHRINGER AUTOCOM PRO來說，其主要功能有三：

1. 擴展器/雜音閘EXPANDER/GATE部分可消除干擾及壓抑背景雜音及消除多軌錄音中個別軌道的串音問題。
2. 壓縮器COMPRESSOR部分可在錄音或音樂樂器表演中壓縮整個節目內容，以產生特殊效果及不平常的聲音。
3. 動態增強器DYNAMIC ENHANCER部分是設計用來將壓縮過的聲音訊號重新鮮明起來。

**壓縮/電平調整/限幅/削峰失真COMPRESSION/LEVELLING/LIMITING/CLIPPING**

**壓縮 COMPRESSION**

可以把大量的動態電平轉換至一個限制的範圍，最後完成的動態電平

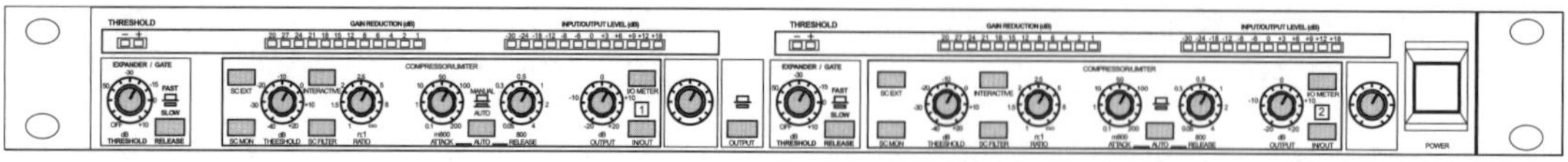

BEHRINGER AUTO COM PRO

和觸發電平、觸發速度、釋放時間及壓縮比有關係。

如果要利用壓縮器將低電平訊號增大音量，通常只要將觸發電平設低。

〝INAUDIBLE〞無感覺的壓縮模式需要將觸發速度以及釋放時間調為快速 FAST，壓縮比調為低 LOW。

要產生可辨識有創意的音響效果，通常得選擇較快的觸發速度及較高的壓縮比，才能產生短程的動態效果。

## 電平調整 LEVELLING

電平調整能將輸出電平保持常數，也就是說，能補償音樂節目長程增益的改變，卻不影響短程的動態效果，通常觸發電平要調的很低，才能將低電平訊號音量增大，電平調整需要SLOW慢的觸發速度及釋放時間結合高的壓縮比，因為反應的時間比較慢，使得電平調整功能對訊號峰值或短程改變來不及反應。

## 限幅 LIMITING

限幅功能需要快的觸發速度、高壓縮比及快的釋放時間設定，限幅可以獨立控制並有特定用途，通常限幅器只限制高峰值訊號，因此觸發電平設的很高，動態響應的損失將依壓縮比設定及超過觸發點的程度而定。

觸發速度不影響超過觸發電平的訊號峰值，只用來限幅整個正常的節目內容，那麼觸發速度要高於20ms。

調低觸發速度來控制訊號峰值時，就稱其為峰值限幅器。

## 削峰失真 CLIPPING

和上節敘述的兩種限幅器相反，失真模式功能有無限快速的觸發速度，無限大的壓縮比，及為所有超過某種電平的訊號創造一個不可能超越的障礙（磚牆）。

為了控制訊號峰值不產生削峰失真功能，在不影響原始訊號振幅條件下，直接把超過觸發電平的訊號切掉。

如果在一般狀況下使用，這種功能保持不知不覺而且在某種環境中還能甚至改進音響效果，因為切掉突波會產生人工諧音，如果錯誤使用削峰可能導致非常明顯的不愉快的失真，會將訊號波形轉換成方形波訊號，這種效果最常用在吉他失真效果器（〝FUZZ〞）。

**擴展器/雜音閘部分**
**EXPANDER/GATE**

擴展器/雜音閘最大功能在於可從有用的訊號中不知不覺消除不需要的背景噪音，擴展器可以自動減低所有低於觸發電平的整體節目電平。
擴展器的功能與壓縮/限幅器相反，通常在平坦的壓縮比曲線作用，因此訊號將會一直繼續的變小聲。
雜音閘可視為高壓縮比的擴展器，如果訊號低於觸發電平，它會馬上把訊號衰減掉。
BEHRINGER AUTOCOM PRO具有最新發明的IRC互動式壓縮比控制電路的擴展器，其壓縮比例可依節目內容自動調整，傳統的擴展器只能魯莽的切掉訊號造成增益改變太明顯而不被人接受的結果。
IRC擴展器因此可以具有一個平滑互動式非線性比率曲線，非常適合人類耳朵的聽覺習慣，在觸發電平附近的臨界訊號將會以較慢的擴展比來處理，反之以較高擴展比來處理電平將造成較快的衰減功能。
其好處就是較能調整出可容忍可用的訊號。
擴展作用因此可在極緩衝SOFT且低壓縮比設定的方式進行，使得惡名昭彰的負面效果顯著的不易察覺。
IRC擴展器的觸發速度是自動及獨立程式的，也就是快速改變的訊號，用快的觸發速度，在比較平衡的節目內容，使用較慢的觸發速度，因為具有自動追蹤適應節目進行的功能，新的IRC電路技術支援的產品其效果比傳統的擴展器好很多。

## 解決錄音室串音問題

播音或錄音時為了解決各軌之間的串音問題，最常用擴展器/雜音閘來處理，錄製鼓聲時，因為各個麥克風靠的很近，各鼓組高音量電平經常串音到其他鄰近的麥克風內，使得各音軌錄音頻率衝突而產生相位凝結問題COHERENCE，甚至還發生意想不到的音響，好的錄音，一定要各自獨立的麥克風錄各自獨立的鼓，而且每一支麥克風都有雜音閘功能。

例如：以小鼓錄音為例，觸發電平要調整到只有打擊小鼓鼓皮時才能觸發壓縮功能，每一支麥克風應該設在它最大工作電平，監聽及觸發電平的設定必須使每一下小鼓打擊聲都很清晰及分離。

擴展器/雜音閘發揮效果的好壞，得依靠麥克風使用的技術，當高頻樂器座落在單指向麥克風的側面或背面時，請特別小心，大多數單指向麥克風處理較高頻率時，會表現出音色尖銳的偏軸響應特性，如果在5～10KHz頻段範圍的中心軸和偏軸響應只有2或3dB的差異，鈸的收音可能會串入中鼓的麥克風收音裡，hi-hat的音響也可能會串到小鼓麥克風裡。

請多加利用麥克風收音指向特性，儘可能的避免串音的產生，確定利用好的麥克風技術來完成音源獨立收音的工作，否則擴展器/雜音閘將無法保證清晰明朗的分離度。

## 擴展器/雜音閘的初始設定

剛開始先使用較低的觸發電平使訊號可以不改變的通過AUTOCOM PRO，現在順時針調整觸發電平直到所有不需要的噪音都被消除，而只聽到樂器的聲音。

為了要適當與節目內容搭配使用，我們也可以再選擇SLOW或FAST的釋放時間。只有一點或是沒有殘響的打擊樂器聲，適合用FAST模式，SOLW模式適合用在延長音的訊號或

| 控制 | 設定 |
|---|---|
| 觸發點控制 | OFF |
| 釋放時間開關 | SLOW |

含有環境音很重的訊號，我們可以發現快速釋放的時間較適合分離大多數的打擊樂聲，然而鈸及中鼓通常適用SLOW模式。

如果控制功能設定正確，鼓聲將設為較乾較尖銳清楚，如果麥克風數量不夠或AUTOCOM PRO的聲道無法單獨錄每一個樂器聲，我們就得將收音樂器形成一個群組，例如：將小鼓和高音中鼓放在一起，中音中鼓和低音鼓及鈸放在一起收音，主要目的是打擊各群組的樂器時，就會有特定的麥克風會開啟收音，只有那個群組的樂器聲音會被錄下來，其他群組的麥克風則是呈現靜音狀態。

## 減少舞台麥克風的串音

AUTOCOM PRO可以用在現場表演工作，舞台上及多軌錄音事件，適當的設定可以有效的驅逐背景噪音及麥克風串音等等，而且不會產生副作用，擴展器/雜音閘最常用在控制人聲，使用壓縮時，麥克風和歌者之間的距離及方位很重要，距離愈大，麥克風對背景噪音的靈敏度就愈大，請利用擴展器/雜音閘部分的慢釋放模式，可在不知不覺中消除表演停頓時發現的背景噪音，現場表演時也可以改善樂器麥克風串音的問題。

## 減少舞台麥克風的回授

當歌手使用麥克風時，他們的聲音可有效的阻止其他的聲音進入麥克風，但是在演唱之間的空檔，麥克風會收到現場PA及監聽喇叭發出的〝噪音〞，可能會引起回授問題，如果AUTOCOM PRO插入麥克風聲道就會在唱歌停頓時關掉該聲道，以減少產生回授的可能 ，基本上所有麥克風都應包含此功能。

## 效果器途徑的噪音消除

效果器機櫃常常是PA系統中或錄音設備裡主要被忽略的噪音來源，近年來殘響及延遲器的價錢下跌，使得所有的小錄音室或家用錄音室都買得起，然而多功能效果器整體上比較容易增加噪音電平，因此請在效果鏈最後再加上AUTOCOM PRO來消除雜音，建議使用慢的釋放時間以獲得自然的殘響。

## 擴展器/雜音閘的使用創意

擴展器/雜音閘還可以改變音響的特性，例如：在室內樂器演奏產生的環境音或殘響可以被修改：當樂器聲停止衰變（DECAYING），樂器殘響以低於使用者設定觸發電平，利用觸發電平旋鈕及釋放時間開關來控制殘響。

樂器聲衰變的特性可由釋放時間開關控制，因此樂器的天然特性得以保留，依使用效果器之經驗得知關鍵在於控制樂器聲的衰變，在SLOW模式的訊號是慢慢淡出，在FAST模式，殘響可以完全消除。

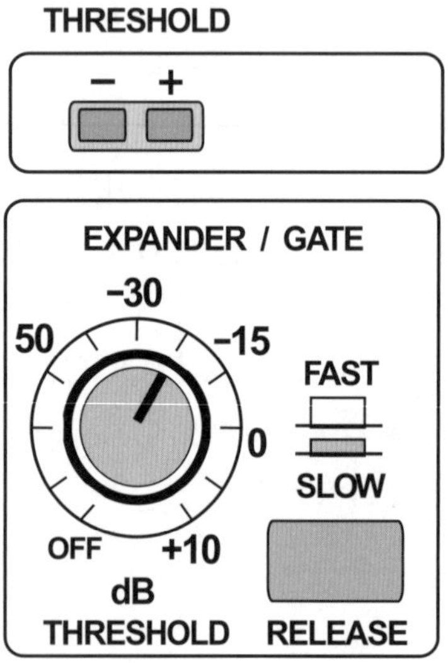


## 壓縮器部分 COMPRESSOR SECTION

壓縮器的主要功能在減少節目內容的動態範圍來控制整體的電平，壓縮器提供很廣的動態效果，從音樂到限制訊號的峰值，關照整體動態響應。

舉例來說：低的壓縮比及非常低的觸發電平設定可以用來完成一般音樂節目的動態響應。

較高的壓縮比及低的觸發電平設定可以促成樂器與人聲的相對常數音量（自動電平），高觸發電平設定通常會限制節目的整體音量，壓縮比大於6：1就可以有效防止輸出大幅度超出觸發點（當輸出控制設定在0dB位置）。

### 壓縮器的初始設定：

| 控制 | 設定 |
|---|---|
| 輸入／輸出 IN/OUT開關 | IN |
| 外接式週邊設備 SC EXT開關 | OUT |
| 週邊監聽 SC MON開關 | OUT |
| 互動式INTERACTIVE開關 | IN |
| 週邊設備SC 濾波器 SC FLITER開關 | OUT |
| 觸發電平THRES HOLD開關 | +20dB |
| 壓縮比 RATIO控制 | 3:1 |
| 自動 AUTO控制 | IN |
| 輸出 OUTPUT控制 | 0dB |

會使聲音顯得不自然，設定壓縮比低於4：1，可以減低音樂的動態響應，最常用在貝斯吉他、小鼓或人聲上，靈敏及中性的設定通常用在混音工作或用在製作廣播節目。

逆時針轉觸發電平調整一直到增益衰減表顯示適當的增益值，其唯一的副作用為輸出電平會變小聲，我們可以順時針轉大輸出音量控制鈕作為音量減弱的補償，被處理與未處理的訊號，可以按I/O電表按鍵來切換比較，這時候就可以進行最後的微調，適應個人的特別需求。

## ★特殊範例

### 利用AUTOCOM PRO 錄音及拷貝卡帶

錄音拷貝要求在錄音媒體得到最佳的錄音電平，太高或太低的錄音電平都會產生雜音、失真等等，母帶製作多軌錄音及拷貝作業時，一定得有人專心照顧，才能操控卡帶及DAT擁有完全的動態範圍，原則上，利用推桿是能控制錄音電平，然而現場多軌錄音時，音源電平的不可控制，推桿控制就顯得沒有效率，全部聲道的訊號電平無法同時控制、監聽，當然無法完成滿意的錄音效果。

自動增益控制系統可以達成比較好的結果，使用AUTOCOM PRO的動態控制功能可以將類比及數位錄音達成，既能免除雜音及失真，又可達到最大的動態範圍的效果。

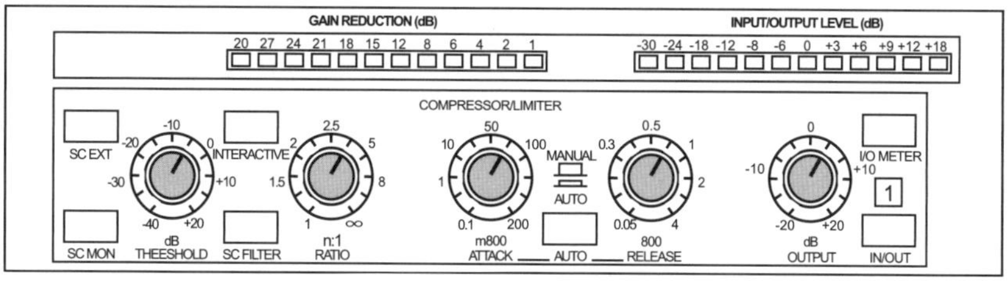

## 使用AUTOCOM PRO做數位錄音及取樣

類比錄音，錄音電平太低會使雜音變的明顯，錄音電平太高將被壓縮使的聲音不真實，最差的情況也會使磁帶飽和而產生失真，數位錄音不同，錄音電平決不能超過0dB，因此AUTOCOM PRO就必須裝在數位錄音機之前或取樣機之前。

用AUTOCOM PRO從事母帶製作，母帶製作是錄音工作裡最挑剔嚴格的階段，母帶製作的目的就是錄得錄音最大電平之下，卻不產生任何雜音或失真，有很多場合還需要產生平均的高音量，這使得動態響應受到很大的限制，因為音樂內容被壓縮與限幅太多了。

使用AUTOCOM PRO為限幅器允許我們增加整體音量，卻不影響動態效果。操作如下：

限幅設為6dB，將AUTOCOM PRO設為峰值限幅器（比例 ∞：1）突波出現時偶然失真的輸入電平控制，在真實音樂進行時就不會被限制，可以讓音樂的餘裕更大，現在可將整體增益增加6dB，使音量變大（勿超過6dB，否則會產生其他副作用，耳朵聽的出來）。

這種效果在DAT錄音最明顯，因為DAT的電平顯示燈其反應時間小於1ms，將DAT錄音機峰值電平設在0dB，然後將壓縮器增益減掉6dB，這個衰減掉的訊號峰值使得錄音電平小了6dB，（可從DAT電平顯示燈看出），現在將DAT錄音電平還原至0dB，就可使錄音電平加大，卻不損失音響。

## 使用AUTOCOM PRO爲保護設備

音響系統的失真通常是擴大機及喇叭使用超過極限而產生訊號削峰所致，訊號限制將會產生不好聽的失真，同時對喇叭也很危險，喇叭震膜的運動在正常操作中會加速、變慢、緩慢的改變方向或又加速。

失真的產生使震膜急遽的加速、急遽的停止，改變方向或又急遽的加速，因為喇叭震膜遵從物理定律，它們無法承受這種懲罰太久，震膜將會破裂或它的音圈可能會過熱。

除了持續失真引起的傷害之外，喇叭也能被意外的高電平過載而造成傷害，例如麥克風掉到地上等，即使喇叭沒有馬上損壞，其紙盒承環也都會受到某種程度的損壞，造成機械性磨損以及導致將來故障的因素，建議使用限幅器來保護喇叭。

**保護使用被動式分音器的系統**

如果，音響系統使用了被動式分音器（分音器包含在喇叭箱內），請將限幅器接在混音機輸出及功率擴大機輸入之間，這樣就能有效的避免高能量的低頻率訊號傷害到中/高音單體，因為大音量的低頻訊號有可能會將擴大機電源供應器過載，中/高音喇叭又無法不接受而導致失真，因此，功率不大的擴大機最好使用限幅器來保護。

**保護使用主動式分音器的系統**

使用主動式分音器有兩種接法，

1. 插入混音機輸出及分音器輸入之前，會處理全音樂頻段的訊號。
2. 插入主動式分音器輸出及擴大機輸入之間，主動式分音器有兩音路或三音路，每一音路都個別輸出至擴大機，這樣可以處理某頻段的訊號，這種接法最適合保護容易損傷的多音路喇叭系統的零件，例如：中高音單體。

**外接式週邊設備**

**EXTERNAL SIDE CHAIN**

外接式週邊設備功能 SIDE CHAIN AUTOCOM PRO的週邊設備，是很有用的外部控制功能，啟動SC EXT開關後，AUTOCOM PRO就會將輸入的音響訊號切斷後，送往SC SEND週邊設備輸出，然後SC RETURN週邊設備倒送就會被外接效果處理器送過來訊號控制，外接週邊設備的工作電平一定要為高電平（-20～+10dBu）及一定要設定為UNITY GAIN（即不得增益或衰減的原始訊號強度，輸出電平＝輸入電平）。

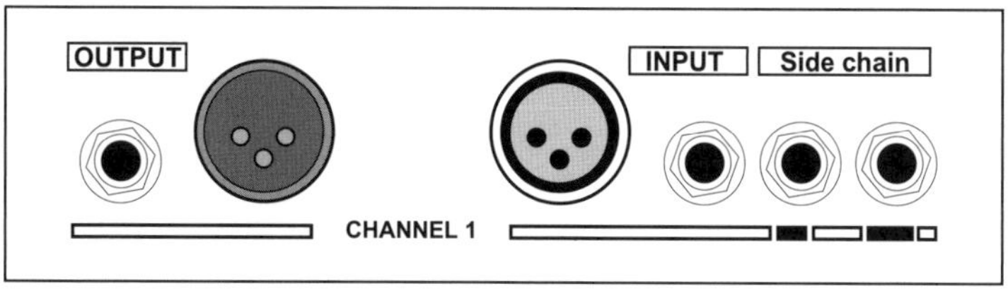

**週邊設備加裝一台等化器**

將等化器控制獨立於壓縮工作之外很簡單，只要將圖形等化器或參數等化器接至外接式週邊設備即可，為了維持AUTOCOM PRO觸發電平之設定，不需要的頻率應該由等化器衰減，需要的頻率應該保持原有同樣的電平。

## ☞ 7. 寬波段選擇性高頻壓縮“De-Esser”

De-Esser是一種寬頻段選擇頻率壓縮的特別功能，錄人聲時常會有嘶聲的困擾；高頻率的嘶聲及氣聲可以產生非常大的能量，有時會讓人聲聽起來很粗，很尖銳不清晰，解決的辦法是：壓縮或限幅不需要的頻率，此功能只能壓縮被選擇的頻率，只可在偵測到嘶聲及氣聲時，暫時衰減電平。一般的壓縮器如果它的偵測電路登記大量的高頻率資料，那麼全部的音樂電平都會被衰減，因為一般壓縮的方法影響全部的音樂頻率，De-Esser叫做寬頻段選擇頻率壓縮。

請注意選擇頻段壓縮的型式和一般簡單而固定的梳型濾波等化方法是非常不一樣的，因為De-Esser是在週邊設備SIDE CHAIN（SC簡稱）路徑插入等化功能，等化器是插入在SC輸出及SC倒送的迴路，當SC

| De-Esser 功能的初始設定 | |
|---|---|
| 控制 CONTROL | 設定 |
| 週邊設備開關 SC EXT | IN |
| 週邊監聽開關 SC MON | OUT |
| 互動式開關 INTERACTIVE | OFF |
| 週邊設備濾波器開關 SC FILTER | OUT |
| 觸發電平控制 THRESHOLD | +20dB |
| 壓縮比例控制 RATIO | 1:4 |
| 自動功能開關 AUTO | OUT |
| 觸發速度控制 | 0.5ms |
| 釋放時間控制 | 200ms |
| 輸出控制 OUTPUT | 0dB |

EXT開關按下，等化器就插入週邊迴路內開始控制，加上週邊監聽功能的幫忙，等化器的中心頻率可以準確的調整追蹤到嘶聲頻率，將其他的頻率做最大程度的衰減，只要調好觸發點，壓縮器就會只針對由等化器產生的獨立訊號做動作，因

此嘶聲的電平就能有效率的限制。

**操作方法**

將觸發電平控制旋鈕反時針轉，直到顯示表顯示電平被適當的衰減，現在按下SC MON監聽開關用聽覺選擇頻率（大致為6～10KHz）一直找到嘶聲發生的頻段把其他頻率全部衰減後，關掉SC MON開關後再微調觸發電平控制，使壓縮器只在嘶聲發生時，才產生壓縮作用，但是AUTO自動功能要關掉。

**不需要訊號的頻率選擇濾波器**

依設定De-Esser的原則，壓縮器可以用來消除低頻率的隆隆聲，哼聲及設備噪音（空調系統、照相機噪音等），利用SC MON監聽開關，調整等化器的頻率，找出低頻率的隆隆聲，哼聲及設備噪音的頻率再利用峰值濾波器（設為高斜率），小心減低其他不需要頻率的音量，進行De-Esser的設定，其結果則會壓縮被選擇的頻率，也因此減低音樂內容的增益。

**錄音時抑制樂器音量**

BEHRINGER AUTOCOM PRO有另一個功能就是改正先前錄好的音樂內容，例如：低音鼓太大聲需要壓抑，將所有高於150Hz頻率衰減，這個設定導致特定頻率會在壓縮器偵測到超過觸發電平時被壓縮，利用增大觸發電平的控制可以把壓縮的動作限制給大音量的腳踏板或是鼓棒的動作，一般來說，高的觸發電平設定可以防止整體音樂不會太容易被獨奏的樂器或是大音量而連帶壓縮。

**錄音時加強音樂樂器的聲音**

相反的，也可以使用BEHRINGER AUTOCOM PRO帶出一段樂器獨奏或獨唱，利用SC MON監聽開關，對上想要加強的音樂樂器頻率（最好用有高斜率的梳型濾波器）確定本範例當中是衰減被選擇頻率的音量，因此壓縮的結果將會使其他頻率音量下降，只有從等化器送過來的被衰減的頻率沒有被壓縮，因此音量比較大，這種相反的壓縮型式也可以在低音量時幫助加強樂器音量，使它們較明顯。

### 〝人聲－覆蓋〞壓縮
### 〝VOICE-OVER〞OMPRESSION

BEHRINGER AUTOCOM PRO可以在有人用麥克風說話時自動減低節目音量變成背景音樂，AUTOCOM PRO利用麥克風控制自動推桿，麥克風接上前級擴大機或將訊號送入SC倒送輸入，因此音樂輸出和麥克風收的人聲就混音在一起，這種例子叫做〝人聲－覆蓋〞（VOICE-OVER）壓縮，最常用在迪斯可、廣播電台中。

### 從節奏音軌驅動其他的音軌

這個技巧是利用節奏音軌，為了這目的，只用到擴展器/雜音閘部分，壓縮器及動態增強器部分要關掉。
貝斯吉他音軌接在AUTOCOM PRO的系統裡，低音鼓接在SC倒送的輸入，將SC EXT開關打開，貝斯吉他就被低音鼓驅動，並混音一起。

# 第六章 麥克風 MICROPHONE

大自然的聲音千大自然的聲音千奇百怪，還沒有一個麥克風可以勝任所有音源的收音工作，所以為了各種收音工作的需要麥克風的種類繁多，特性不同，因此了解麥克風的特性及其正確的使用方法，實在是音響工程從業人員所應具備的基本條件，本章僅就日常使用麥克風的種類，特性及使用上應注意事項，與大家分享。

## 一、轉換能量的型式

麥克風和喇叭很相似都是一種轉換能量形式的音響設備，喇叭是把電能轉為聲能，而麥克風是把聲能轉換為電能，依麥克風轉換能量的型式可分為壓力式麥克風及速度型麥克風兩種。

1. 壓力式麥克風其電子訊號的轉換是由震膜正面感應聲波迎面來的壓力而得，聲波壓力的變化決定收音的結果，通常用在全指向性麥克風。
2. 速度型麥克風其電子訊號的轉換也是利用震膜的震動，但是係由聲波壓力對震膜正、反面產生震動速度之差而得，絲帶式麥克風就是速度型的麥克風。

### 壓力式麥克風概論

壓力式麥克風，全指向，平坦的頻率響應，電容式，沒有近接效果，適合在近距離使用。

因為拾音頭的幾何特性，全指向性

的理想型式只可以維持到中頻率部分，較高的頻率從中心軸收到的音色會稍有補強，頻率多高與拾音頭外管直徑有關，直徑愈大則高頻在中心軸與偏中心軸收到的音色差異就愈大。我們也可以在拾音頭極座標圖看得出來。

使用壓力式麥克風可以將這種高頻率補強的現象修正，使得在中心軸測得的頻率響應平坦，這種麥克風最適合近距離做自然音源的收音，如果它們放在殘響區，這時來自牆壁、天花板、地板的反射音，占著聲音的主要的部分，就會把整體音色的明亮度受到損傷，大多數這種聲音都會被反射表面吸音特性及從不同的偏中心軸角度送過來的間接音等因素，使高頻內容受到衰減。

加上高頻補強可以達成比較平衡的聲音，完美的全功能壓力式麥克風是不存在的，使用者必須考慮拾音器的特性才能選擇適當的工具。

壓力式麥克風有一配件，形狀像球型，直徑約為40cm或50cm，可以套在麥克風上（如圖）它們可以改變麥克風收音的特色，卻不需要使用等化器，它們的使用是一種口味不同的選擇。

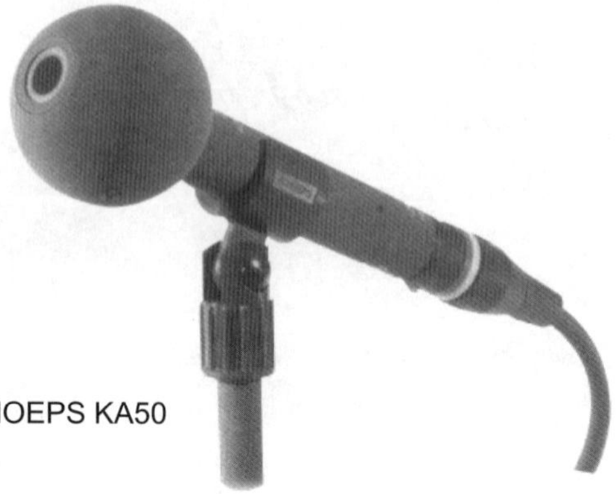

SCHOEPS KA50

套上直徑40cm的球型罩，其頻率響應曲線會在1KHz～9KHz範圍內稍有補強（最大+2dB），套上直徑50 cm的球型罩，其頻率響應曲線則在同範圍內補強較多（最大+3 dB）。

SCHOEPS設計的麥克風及拾音頭都是單震膜電容式，分為壓力式及壓力梯度式兩種，其特性詳如右表：

## 二、麥克風種類

### 1. 平面式麥克風 PRESURE ZONE MIC（PZM）

平面式麥克風是一種迷你電容式麥克風裝在一片反射板或天花板、牆壁上；麥克風的震膜位置正好在反射板或天花板、牆壁正上方，使得壓力式及壓力梯度式的兩種特性：

| | 壓力式<br>Pressure Transducers | 單指向壓力梯度式<br>Pressure-Gradient Transducers |
|---|---|---|
| 頻率響應 | 特別平坦，正確重生低頻，拾音頭的中心軸響應沒有高頻補強的情形，但是設計收殘響音場收音的麥克風會有。 | 低頻段有滑落，但是利用近距離收音的近接效果得到補償。 |
| 指向性型式 | 低頻以及中頻係理想的全指向性，比較高的頻率有指向性。 | 超指向性、指向性、雙指向性(8字型)廣指向性。<br>8字型及廣指向性對於高頻指向性則頻率愈高，指向性就愈高。 |
| 近距離 | 無近接效應。 | 低頻會增強，因為近距離收音。 |
| 對震動、風及吹麥的靈敏度 | 很小，只要用簡單的海綿式防風罩就足以解決。 | 較多，因為振膜後方並未密封，也可能有一些張力。 |

直接音及反射音可以同時間同相位有效率的轉換為電子訊號，在很多錄音及ＰＡ的場合，音響控制者有時別無選擇，一定要將麥克風放在靠近堅硬的反射面，舞台地板上或將麥克風放在鋼琴上面板開口處，這種情形麥克風會收到兩種音源：一個是直接從音源過來的直接音，另一個是被堅硬的反射面、舞台地板或鋼琴上面板反射，且稍有延遲又反相的反射音，這兩個聲音的組合使得某些頻率因反相而消失，能量轉換後頻率響應產生了一些峰值或峰谷，影響了錄音音色品質及產生不自然的音響。

如果我們將兩這個聲音相加（其中一個聲音稍微加一點DELAY）模擬

NEUMANN 麥克風家族

SHURE

AUDIO TECHNICA

真實的情況，會發覺這個組合音聽起來和任何一個音源都不像，因為相位的相反使某些頻率被抵消了，失去了原來的音色。

平面式麥克風就是設計用來必須貼近表面錄音又不會導致音色暄染的麥克風，它的震膜非常靠近反射板並和反射板平行，因此直接音和反射音可以同時間同相位收音，解除了反相的問題。

## ☞ 2. 晶體及陶瓷式麥克風（壓電式麥克風）CRYSTAL&CERAMIC

直接插入 HIFI 錄音機錄音輸入，麥克風價格便宜阻抗高（約 100KΩ），輸出電平大，頻率響應都不錯（約 80Hz ~ 7kHz），很受到個人工作室或錄音機使用者歡迎。

## ☞ 3. 碳粒式麥克風 CARBON MIC

碳粒式麥克風是最早發明的麥克風之一，碳粒式麥克風阻抗低，頻率響應狹窄，很容易失真，並不是高品質的麥克風，但是電話筒還在用這種麥克風，所以下次您聽見電台的CALL-IN節目，激動的觀（聽）眾打電話進來的音質不理想，您就知道原因了。

## 4. 動圈式麥克風 DYNAMIC

動圈式麥克風是最廣為採用的麥克風，它幾乎可以應付所有的工作，而且價格也合理，提供高傳真音效及專業穩定的表現，麥克風收音的時候，薄薄的振膜產生移動，利用音圈將其轉換為電子訊號，再送往混音機處理。

## 5. 電容式麥克風 CONDENSER (CAPACITOR) MIC

電容式麥克風靈敏度最高、音質好和輸出訊號大、頻率響應佳，但有一點不方便，它需要電源，混音機+12V或+48V幻象電源就是供應給電容式麥克風工作用的。有的電容式麥克風利用乾電池裝在麥克風裡面，可是比較重，但是電容式麥克風是公認最好的麥克風。

SCHOEPS公司是德國的電容式麥克風專業製造廠，他們常常被要求為某一特別樂器製造收音麥克風，某些麥克風製造廠已經解決這些問題，麥克風的頻率響應表現專門為了特別樂器而訂做是有可能的，但是這種麥克風使用的功能被明顯的限制。

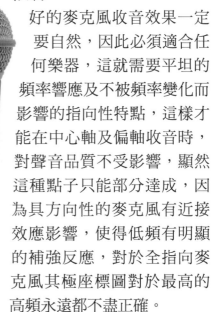

SHURE

好的麥克風收音效果一定要自然，因此必須適合任何樂器，這就需要平坦的頻率響應及不被頻率變化而影響的指向性特點，這樣才能在中心軸及偏軸收音時，對聲音品質不受影響，顯然這種點子只能部分達成，因為具方向性的麥克風有近接效應影響，使得低頻有明顯的補強反應，對於全指向麥克風其極座標圖對於最高的高頻永遠都不盡正確。

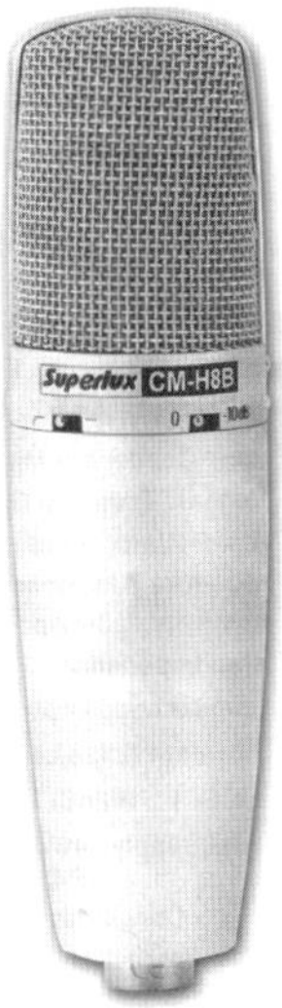

SUPERLUX

為每一種工作選擇正確的麥克風很難，因為使用者必須考慮品味、錄音地點、音源及麥克風位置、音樂的氣氛以及其他節目特質等因素，任何絕對的〝處方〞將會使事情變得無所適從；然而，我們想提供一些概念來幫助大家點明一些一定是要做的抉擇。

和理論最為接近的麥克風型式是球型，實際上在中等距離收音，最常使用的是單指向性麥克風，因此使用者應該以此為參考，作為起點，但是之後得問：是否還有其他不同的選擇？

＊超指向性可得到較〝乾〞的錄音或壓抑鄰近樂器聲。

＊廣指向性可增加側面聲音的收音或改進低頻率再生（特別是低頻區域有問題的房間）。

＊全指向性可收取特別完美的低頻訊息及房間環境音。

＊近距離收音，利用指向性麥克風低頻滑落及近接效應補償的方法來做，收樂器聲音時特別有效。

樂器收音，全指向不錯（無近接效應，對吹麥及風呈低靈敏度）。

鋼琴演奏收音。

## 6. 無線麥克風 WIRELESS MIC

無線麥克風沒有麥克風線，它利用收音機的頻道傳送音響訊號，其系統分為發射部分及接收部分。

1. 發射部分通常是手握式麥克風，內含發射器，要裝電池；領夾式麥克風、頭戴式麥克風或樂器用麥克風，必須另接一個內裝電池的隨身包BELT- PACK發射器，隨身包可以夾在皮帶上。
2. 接收部分有一台和發射系統頻率相同的接收主機，有天線、強波器前級及接往混音器的訊號線，無線麥克風應用很廣，我們可以在電視上看到新聞主播播新聞、新聞辯論節目特別來賓的迷你麥克風，戲劇表演、歌唱節目跳舞表演等，非但能使表演者不受到

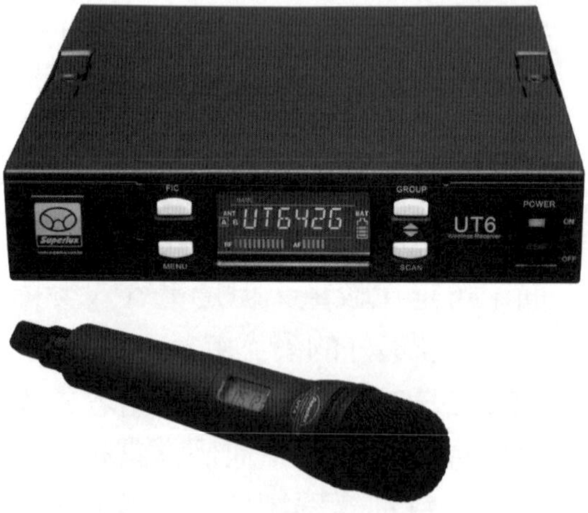


SUPERLUX 無線麥克風

麥克風線的羈絆，也讓舞台人員免去理線之苦，還可以隱藏麥克風，以免影響觀眾視覺。

無線麥克風使用的頻率分為VHF及UHF兩類：

1. VHF高頻
   VERY HIGH FREQUENCY
2. UHF超高頻
   ULTRA HIGH FREQUENCY

| | |
|---|---|
| 高頻範圍 | 88～108MHz |
| FM電台頻道範圍 | 174～216MHz |
| 電視頻率範圍 | 150～216MHz<br>是較佳的VHF無線麥克風頻率 |
| 超高頻率範圍 | 450～530MHz |
| UHF無線麥克風頻率 | 944～952MHz<br>較不易受干擾，價格比較高 |

兩支無線麥克風可否使用相同頻率的接收器？不行！那將引起干擾，同時使用一支以上無線麥克風時，每一支都要用不同的頻率。

＊如何設定無線麥克風系統

FOH（FRONT OF HOUSE）前場

舞台兩側是放接收器很好的位置，接收器要放在離舞台地板約1.5m高之處，要遠離金屬物質、表面或結構，確定表演者與接收器之間不會被任何金屬網或者金屬片等阻礙無線電波的物體擋到，除了在裝台工作時要做音響的測試，也要在表演之前，觀眾已進場後，再測試一次以確保無線麥克風的音響品質。

舞台上吉他手、貝斯手或其他表演者接收器能放在樂器擴大機櫃上，剛好正對著樂手背後的發射子機，可以達到較佳的訊號，接收器可用XLR接頭的麥克風線送往遠方的混音機，以防止雜訊干擾。

＊ 如何避免訊號下降及回授

訊號下降及回授是無線麥克風系統常遭遇的問題，請參考下列說明來減輕發生的機率。

DROP-OUTS 訊號下降

一般性原則是接收器放愈高愈好，接收器距離發射器（無線麥克風）愈近愈好，發射器與接收器之間不可有阻礙物。接收器與發射器之間的距離加大，將會使得無線訊號降低，如果低於背景噪音或外界的干擾，就無法正常工作。

## 避免多路徑干擾

如果直接的無線電訊號遇上了反射訊號（例如：從牆壁彈回來）反射的訊號是反相的，將會在天線處產生無線訊號抵消的狀況。無線麥克風都利用雙天線與接收器的DIVERSITY技術使無線接收訊號收訊較好。因此天線必須要完全拉出，並且置於與水平面呈垂直之角度，接收器避免靠近反射的平面，例如：混凝土牆、金屬表面或金屬欄杆。

SHURE UHF WIRELESS

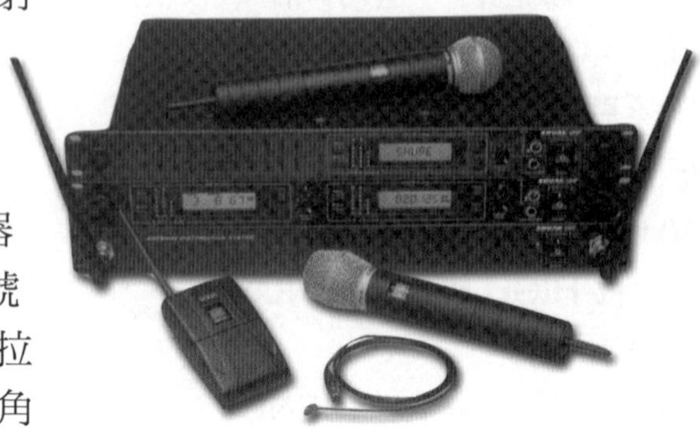


## 避免障礙物

訊號被吸收是drop-out最主要原因，人身也會吸收無線電訊號，牆壁、柱子及其他障礙物也都會產生干擾以致影響無線電品質及強度，如果障礙物無法移除，我們必須加裝天線強波器、延長線來保持其音響的品質。

## 天線

無線麥克風的接收器一定有天線，天線的長度和波長有關係，超高頻接收器的天線一定比高頻接收器的天線短，因為它的頻率高，波長是頻率的倒數，所以頻率高波長就短，同樣的天線也較短，為什麼Diversity接收器的天線要一對呢？因為這些無線電訊號會衰減或被大樓、汽車、樹、牆壁反射的關係，不同相位的無線電波會互相干擾，使得訊號不良，兩支天線的位置不一樣，會接收到不同強度的訊號，內藏的兩個接收器具有比較的功能，並且選擇比較強的訊號送去混音機。

天線擺設注意事項

1. 請勿靠近金屬物體，離牆壁至少1m以上
2. 盡量垂直於地面，距離表演者愈近愈好

3. 訊號線愈短愈好
4. 天線與表演之間須無障礙
5. 一台接收機不得同時使用兩個相同頻率的發射器

## ☞ 7. 其他麥克風

1. 領夾式麥克風：迷你型可以夾在領帶襯衫上。

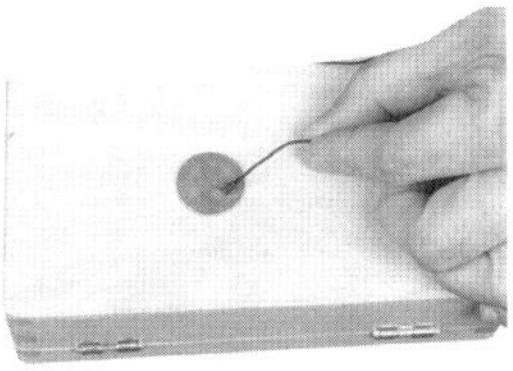

2. 頭戴式麥克風：小、輕與耐用，應用在運動節目主播、拍賣會主持人、主唱、鼓手。

BEYER DT108

# 三、指向性麥克風概論

麥克風收音型式是三度空間，全指向麥克風OMNI-DIRECTIONAL MIC接收各方向的聲音，單指向麥克風UNIDIRECTIONAL MIC接收麥克風前方的聲音，並會將後方或側面的聲音衰減或根本不接收。我們要介紹一個極性球來表示麥克風收音強度，極性球由數個同心圓組成，最外圈的麥克風輸出電平強度最強，每隔一圈電平衰減10dB。

近接效應PROXIMITY EFFECTS

音源愈靠近麥克風震膜，低頻響應愈大，叫做近接效應。

近接效應對於現場表演很有用，如果表演者希望他的聲音或樂器多一點低頻的表現，只要靠近麥克風一點就可以。

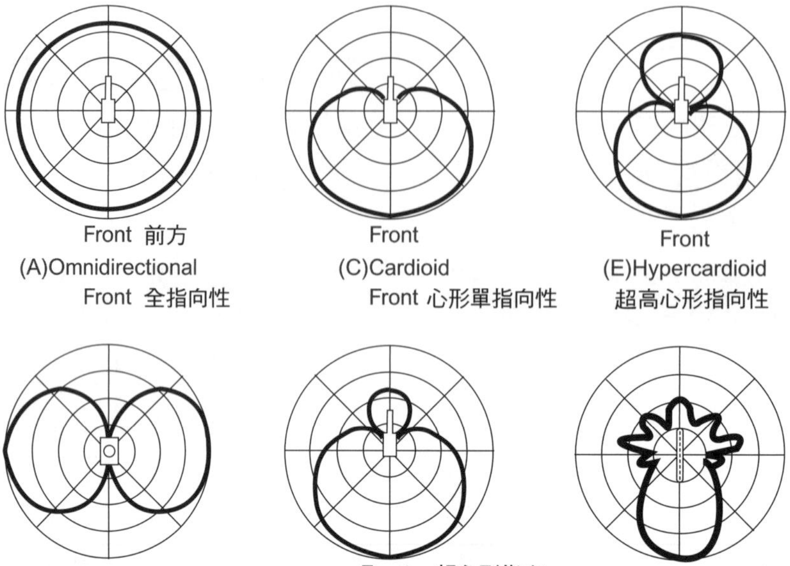

Front 前方
(A)Omnidirectional
Front 全指向性

Front
(C)Cardioid
Front 心形單指向性

Front
(E)Hypercardioid
超高心形指向性

Front
(B)Bidirectional
雙指向性

Front 超心形指向
(D)Supercardioid
Front 前方

Front 長槍式
(F)Supercardioid
超指向性

基本的麥克風極座標圖

TG×80的頻率響應圖

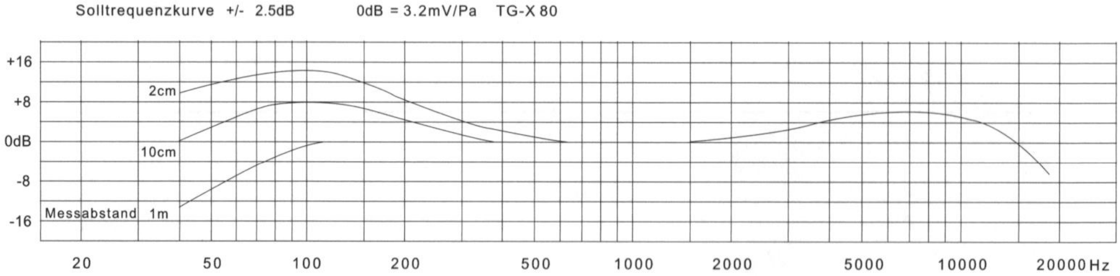


## 頻率響應

FREQUENCY RESPONSE

對於單指向性麥克風，頻率響應規格是一個很重要的參考資料，通常單指向手握式麥克風的使用者，其嘴型通常不在麥克風震膜的中心軸位置，一般使用都有±45°偏離中心軸的現象（尤其外行人的使用情形更嚴重），因此單指向性麥克風能涵蓋均勻頻率響應的偏離中心軸角度規格就很重要。

SUPERLUX CM-H8C
有三種指向性可供選擇

SUPERLUX CM-H8G麥克風指向性選擇開關可選擇九種指向性，供錄音使用

幻象電源供應器

了解每一支麥克風的頻率響應才能幫助我們選擇適當的麥克風應付各種場合，例如：麥克風頻率響應圖在高頻處揚起者，將會加強銅管樂音色的明亮度，通訊用麥克風也是一樣，以便利聲音的傳輸，頻率響應平坦的麥克風適合在理想的低噪音錄音室作錄音使用，特別規格的麥克風要在特別的場所使用，像是在製造工廠或交通工具內收音，為了避免收到低頻的噪音，就得使用具有低頻衰減特性的麥克風。

每一種指向性麥克風，都有特定功能及使用目的。

我們觀察極座標圖就知道它們都有一個相同的現象，就是它們的靈敏度依音源的方向改變，它們可能對著距離很遠的音源，卻能得到相同靈敏度全指向性麥克風所收到的直接音與間接音的平衡音色，雙指向性麥克風是純正的壓力梯度式麥克風，SCHOEPS其他指向性麥克風利用混合壓力式麥克風及壓力梯度式麥克風的原則，因應不同高頻段而產生不同指向性收音組成的結果，所有拾音器都是單震膜，這是SCHOEPS的獨特設計，比起雙震膜拾音頭，可讓高頻段對指向性更具獨立個性，同時低頻段也會更完美。壓力梯度式麥克風的另一個優點是指向性可以在較寬的頻段裡保持常數（比壓力式麥克風強），換句話說，低頻響應在空曠的室外，不會像使用壓力式麥克風一樣太過於延展，當然離音源近一點可以補償低頻滑落。

選一個大量低音滑落表現的麥克風可利用來壓抑環境音噪音（也可用電子式的濾波器），心形單指向麥克風距離音源少於40cm，將可以清楚的收到講話的聲音，因為環境噪音將被心形麥克風的指向性及低頻滑落的特性而壓抑。

同時人聲的較低頻段將會因近接效應而恢復正常，如此一來，我們就收到一個清晰而完整的聲音。

選擇高指向性麥克風也可以避免自然回授問題，如果喇叭放置在間接音區域，它必須放在麥克風靈敏度最低的位置，如果喇叭在間接音區域外，喇叭擴散出的聲音被牆壁、地板及天花板反射回來之後，會再送給麥克風，麥克風會收音，但比從音源中心軸收音來的直接音弱，這個偏軸衰減會因為麥克風的指向而增加（隨意能源效率），指向性愈高愈不會有自然回授的問題。
壓力梯度式麥克風對於風及震動的靈敏度值得我們注意，我們鄭重建議使用避震器，口水罩，防風罩。

**CARDIOID單指向心形麥克風種類**

CARDIOID就是心形的意思，任何具有心形極座標圖的麥克風就稱為單指向心形麥克風，心型麥克風對正面音源最靈敏，90°側面將少6dB，理論上後面的音源應該是完全不接收，但是實際錄音環境會有天花板與牆面的反射音進入麥克風的靈敏地區，也會收到一些反相音源；心形指向性麥克風常受到近接收應之苦。單指向心形麥克風有七種：

（1）單收音口心形麥克風
SUPERLUX S125
（2）三收音口心形麥克風
SENNHEISER MD441
（3）多收音口心形麥克風
EV RE20
（4）長槍式麥克風
SHOT GUN
（5）拋物球面式麥克風
BIG EAR
（6）廣心形單指向麥克風
（7）心形超指向麥克風

SUPERLUX
S125

說明如下：

## 1. 單收音口心形麥克風

在麥克風震膜後有一個收音口，距離震膜3.8公分以內，這種型式的麥克風是利用近接效應加大低頻響應的表現，最典型的麥克風是SUPERLUX，D108A。

## 2. 三收音口心形麥克風

最有名的就是德國SENNHEISER MD441，MD441特殊的造型早就在業界頗富盛名，其實它就是三收音口心形麥克風典範，三收音口心形麥克風在震膜之後有三個收音口，各司其職，最

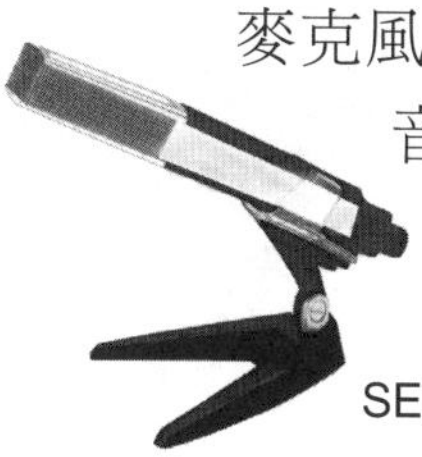

SENNHEISER MD441

靠近震膜的收高頻，中間距離的收中頻，最遠的收音口收低頻，每一個收音口都有多個出入孔包圍著麥克風外殼。

有三個理由需要用到三收音口心型麥克風：

利用三收音口收音可以有效的管理低頻使得麥克風正面響應及極座標圖的表現（各偏離對稱角度頻率響應特性）能夠精準而又維持常態。

因為低頻收音口距離震膜最遠，所以近接效應比較不明顯。

高頻收音口和低頻收音口合成的心形極性響應型式，提供較寬的正面工作角度，以加強雜音消除和回授控制的能力。

## 3. 多重收音口心形麥克風

EV公司RE20這個造型古典的麥克風就是多重收音口，圍著麥克風主體四周的洞都是它的收音口，每一個收音口負責不同的頻寬，愈靠近震膜的收音口負責的頻寬愈高，這樣子的安排的理由與三重收音口心形麥克風相同，只是分

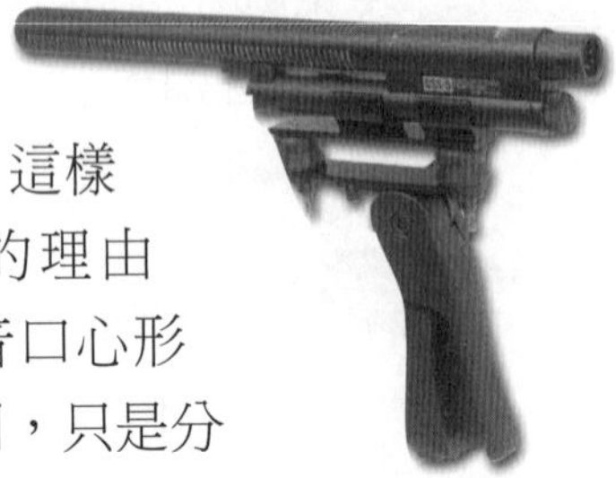

工更細，而且效果更妙，RE20甚至還會有低頻衰減開關，以便在近距離收音時減低近接效應。

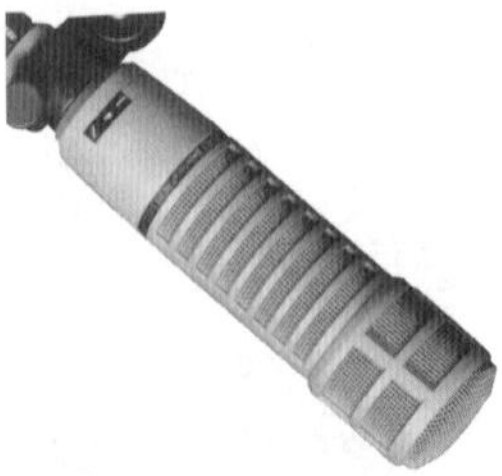

EV RE20

## 4. 長槍式麥克風

麥克風最重要的特性就是靈敏度及指向性，假設要取得相同音壓的聲音輸入，如果距離變長則靈敏度就得增加，但是靈敏度增加後，可能噪訊比變小，環境噪音變大，萬一間接音大於直接音？這個收音任務就失敗了！因此我們要利用更窄的指向性吸收較少面積的環境噪音來完成較遠距離的收音任務。長槍式麥克風就有這種高靈敏度及超窄指

向性的特殊設計，適合用在開放空間，它的特性不適合在小的密閉空間使用。

## 5. 拋物球面反射式麥克風

拋物球面反射式麥克風利用一個拋物球面以及麥克風收取特定點的訊號，麥克風的震膜放在拋物球面的焦距上，所有被拋物球面反射的聲音訊號都將集中在焦距，即麥克風震膜位置。（可以前後移動震膜位置獲得最佳收音效果）

這種麥克風通常用在大型運動場，例如在賽馬場錄馬蹄落地聲、美式足球場錄球員碰撞聲、高爾夫球場錄果嶺進洞聲、籃球場錄灌籃聲或在遠處偷錄某小姐的秘密交談等，著實順風耳是也！

新聞工作競爭激烈，在台灣就有某衛星電視台為了能獲得獨家新聞，就曾採購拋物面反射式麥克風，屢建奇功，充分發揮其特殊功能，又令其他同業百思不得其解！

拋物面反射式麥克風使用在美式足球達陣區

BIG EAR

## ☞ 6. 廣心形單指向麥克風 WIDE CARDIOID

廣心形單指向麥克風的指向性在全指向與心形單指向之間，所以稱為廣心形單指向。

設計這種麥克風的基本概念，是要結合全指向性與心形單指向性的優點，結果是低音頻率響應比心形單指向好，而近接效應比較不明顯，極座標圖顯示指向性只少部分依頻率而改變，這個現象和全指向性麥克風剛好相反，全指向性麥克風的指向性會隨著頻率愈高而愈窄，至於心形單指向性會嘗試強調從偏軸角度來的高頻率，而不要求嚴格的定位角度，所以從中心軸而來的直接音及從偏中心軸來的殘響或其他聲音，都會精準的再生出來，這個不將偏軸收音渲染的特性就產生了〝溫暖〞及自然的音源。

用做定點麥克風時，其距離一定要比一般心形單指向麥克風短，因為它的指向性比較低，其偏軸平均頻率響應會幫助混和週遭其他樂器的收音，主要混音可以做到沒有縫隙的感覺。廣心形單指向麥克風好處良多，在建築聲學環境不佳的房間內，如果使用全指向性麥克風，低頻段可能會太強，這時候用廣心形單指向麥克風就有特別的幫助。

## ☞ 7. 心形超指向麥克風 SUPER CARDIOID

心形超指向麥克風理論上偏軸125°度為拾音最大抑制區，偏軸90°抑制8.7dB，偏軸180°抑制11.6dB，各家實際製造稍有差異

## ☞ 8. 心形超高指向麥克風 HYPER CARDIOID

心形超強指向麥克風理論上偏軸109.5°為拾音最大抑制區，偏軸90°抑制12dB，偏軸180°制6dB，是單指向性心形麥克風的一種，但是對於兩側收音的靈敏度比較低，當麥克風的音源必須維持一段距離時，為了防止收到太多的環境殘響就可使用單指向性超高心形麥克風，電視台及拍電影同步收音時，最常使用這種麥克風，因為必須看不到麥克風，麥克風都放在有一段距離的音源上方。

# 四、立體錄音麥克風 STEREO MIC

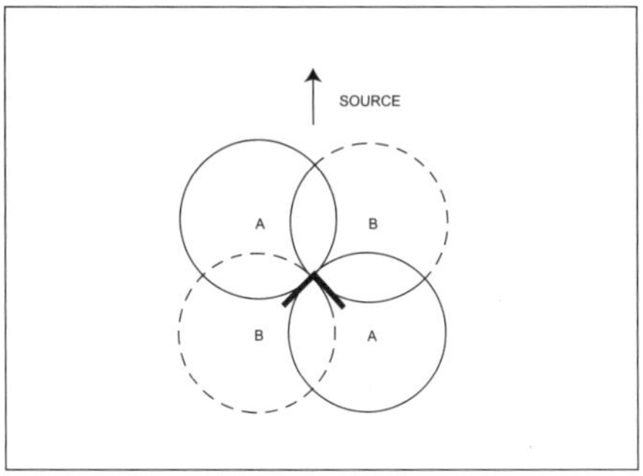


同位麥克風技術

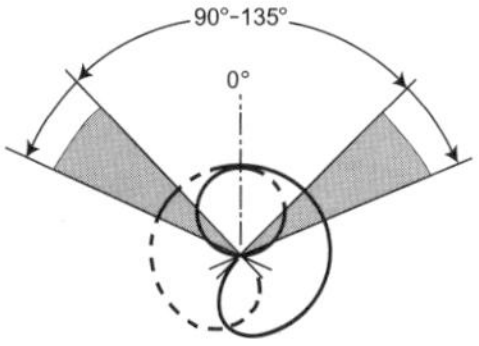


(A) 心形麥克風

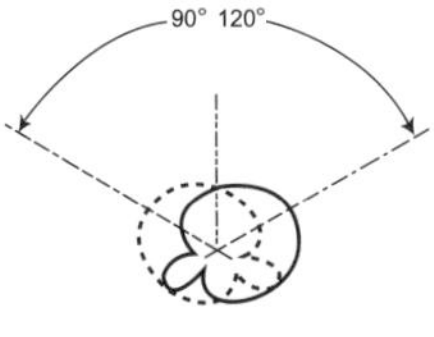


(B) 心形超指向性麥克風

X Y立體技術

## 1. 同位麥克風 COINCIDENT MIC TECHNIQUE

最常用作立體錄音的立體麥克風技巧就是同位麥克風技術，同位表示聲音同時間到達兩個麥克風，麥克風放在同一平面並且靠得很近，因為在同一點收音它們沒有時間差，沒有相位的問題，沒有頻率抵銷的狀況，兩個麥克風呈90°直角朝向音源且為單一指向性，現代同位麥克風系統經常使用心形或心形超指向麥克風。

## 2. XY立體麥克風XY STEREO MIC TECHNIQUE

XY立體技術採用兩支完全相同並具指向性的麥克風，被安排在音源中心軸相對稱的偏離角度，指向左方的麥克風收左邊的聲音，指向右方的麥克風收右邊的聲音，立體音場的特性將取決於麥克風的指向特性及偏離中心軸的角度。

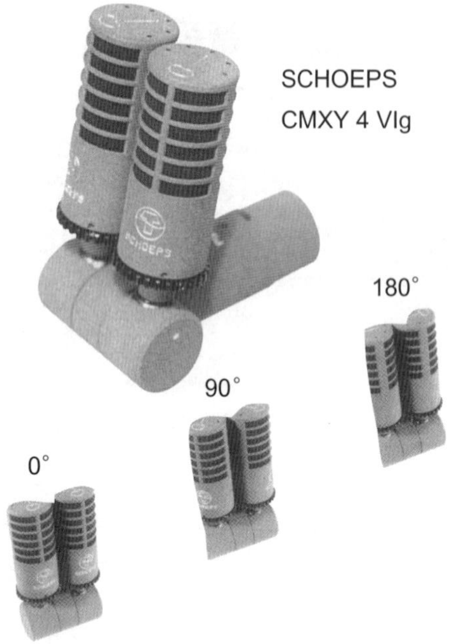


## 3. M/S立體麥克風 M/S STEREO MIC TECHNIQUE

M/S立體錄音技術中，M表示中心MIDDLE，在中心軸收集MONO總和的訊號，S表示兩側SIDES，直接蒐集立體訊號電平，M通常採用單指向麥克風，S採用雙指向性麥克風（八字型FIGURE 8），將M及S方向收取的訊號作向量的加減可以得到立體的音場。

通常使用M/S立體錄音技術需要使用至少三個聲道，聲道要有直接輸出（DIRECT OUT），要有反向切換開關（φ）才能執行工作，有這些功能的混音機就可以採用M/S立體錄音的模式，Sides的音量大小差距可以影響整個錄音音場的寬廣，使用者可以依自己的喜好即時收到具有個人風味的立體音響錄音作品。

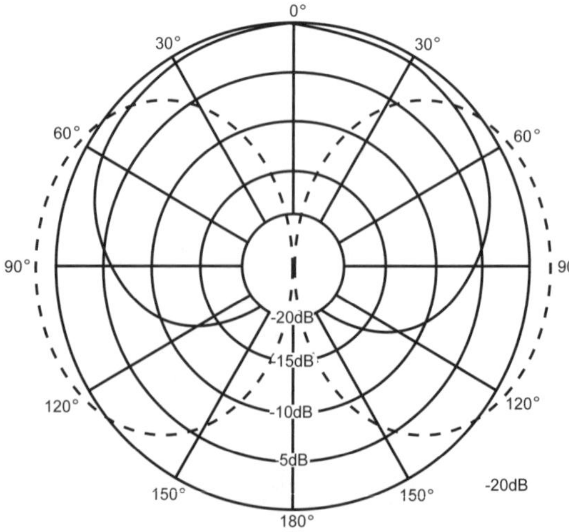

MS立體錄音技術

## ☞ 4. KFM 6立體麥克風

KFM 6立體錄音的主麥克風可依簡單的錄音技術及麥克風的擺設位置區分出來：一般只需要兩個拾音頭及錄音聲軌就可，如果使用KFM 6那麼只要一條麥克風線就可以了！球形麥克風收音和人耳聽覺的誤差類似，這也可以解釋聆聽者如果坐落在收音麥克風的位置就可以得到相同的聲音音像。

使用KFM 6的條件

1. 錄音室的聲音要好
2. 錄音角度有限制

KFM 6球形麥克風是一個新發展出的立體主要麥克風設計，（用音響障板）〝DUMMY HEAD〞系統是錄音界皆知的技術，但是利用這個技術錄出來的音樂只能適合戴耳機聽，然而球形麥克風錄音已經成功的打破這個限制，可以在喇叭得到高傳真再生的結果。

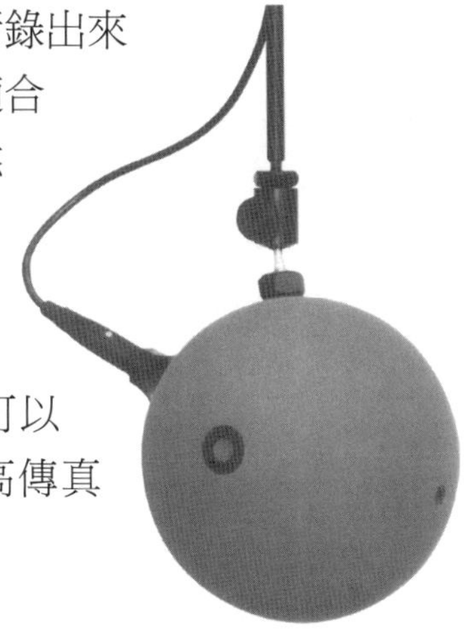

SCHOEPS

麥克風提供的不只是人耳接受的時間差，也包括頻譜與角度的相互關係，KFM 6是由兩支特殊的壓力式麥克風同高度的裝在直徑20cm的球形表面上，通常兩個全指向性的拾音頭這麼近的放在一起，不會產生一個讓人信服的立體音像，然而，拾音頭之間球的形狀產生一種依頻率不同而發生的高頻率補強和人耳發生的情形很接近。

KFM 6立體中心軸的頻率響應曲線是平坦的（從任一聲道測量都會是一樣），如果音源沿著球形移動，有一聲道聲音的密度增加，而另一聲道的聲音密度會等量的減少，這個現象全是因為特別的麥克風拾音頭結構造成的。

球形效果好像一個聲音障板，再加上麥克風前級特殊設計的電子電路使得兩個聲道得到的能量對於角度大部分都沒有影響，因此其頻率響應應用在直接音及間接音場都能保持常數。

以上功能，再加上線性延伸至很低的頻率才能得到有空間、有深度及音像自然的聲音。

技術規格

－立體拾音頭角度大約90°

－LED是立體中心主軸

－KFM 6靈敏度大約15～20dB

－KFM 6也可在非平衡式輸入工作，不會發生電平損失也不需變壓器，但是需要幻象電源的供應及直流電去耦Decoupling－任何幻象電源從12V～48V都適用，使用12V的幻象電源時，最大SPL音壓將減少7dB－為了確保適當作業，確定兩聲道同時都隨時供電。

## 5. MSTC 64＃“ORTF-立體”麥克風

－使用ORTF錄音技術

－擺設位置相對的不很挑剔（最大收音角度95°）

－良好的立體音像

－通用

－使用12V～48V的幻象電源

由法國人發明的，為法國國家廣播系統所採用，包含T形的麥克風前級及兩個心形單指向拾音頭，拾音頭相距170mm，角度大約110°，這是一種和人類頭部相關的一種安排，聲音到達人耳不同的速度及密度，就可由拾音頭的距離及指向性來決定，因為使用壓力梯度式麥克風，低頻段的頻率響應不會向KFM6一樣平坦，拾音角度是95°。

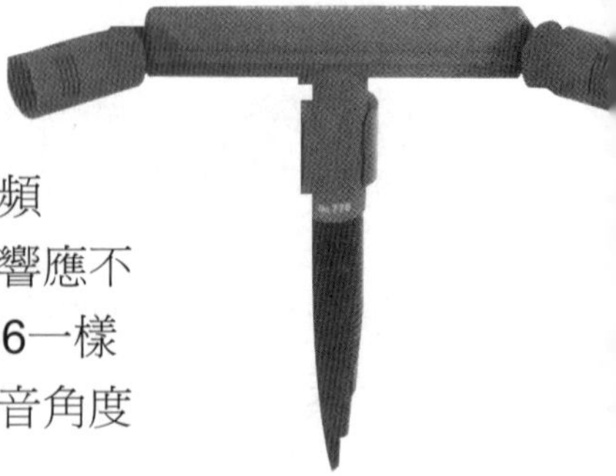
SCHOEPS

這是一般立體錄音最簡單的技術，幾乎可在任何場合不需再添加定點麥克風或環境收音麥克風，就可以產生不錯的高定位立體音像感，麥克風的組合是又快又簡單，因為拾音頭的空間距離及角度為固定，只需要一支麥克風架及一條麥克風線即可。

放置的位置也不苛求，沒有經驗的人也可以錄音成功。

MSTC 64＃可接受12V～48V的幻象電源，使用12V的幻象電源，其最大音壓會降低大約4dB。

## 6. KFM360環繞麥克風

KFM 360是小型環繞麥克風，係立體麥克風KFM 6的另一型式，因此包含KFM 6所有的特性以及下列不同點：

－球形直徑為18cm，比KFM6的20cm小一點，因此增加涵蓋角度從90°增至110°～120°，可以容許麥克風更接近音源。

－最大的不同點除了兩邊內建壓力式麥克風之外，再各加一支8字型麥克風，且其0°軸必須指向前方。

我們要如何從4支麥克風得到5個環繞聲道的聲音？

每一邊的前、後聲道可從全指向及8字型雙指向收音結果的和（前方）及差（後方）得到，和M/S錄音的相位相加減功能相同，因此而得到的〝虛擬麥克風〞會直接指著前方及後方，（就像8字型拾音頭）它們的指向性可調整，從全指向至心形單指向，至8字型雙指向等，利用這些虛擬麥克風指向性的特性，KFM 360就可以調整到指定的錄音狀況。

中央聲道是由兩個前聲道經由矩陣計算而得，利用兩支8字型雙指向性 麥克風及矩陣電路的前級，使得KFM 360形成了一個完整的環繞麥克風系統，KFM 360也可以不加處理器錄音。

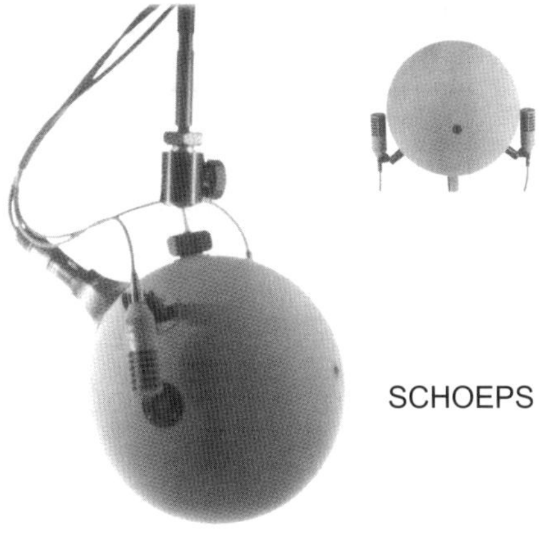

SCHOEPS

### 7. A-B立體錄音 A-B STEREO

A-B立體錄音利用兩支分隔數米的全指向麥克風放在音源前方，將兩支全指向麥克風放在交響樂團之前的錄音，可以讓聽眾感受到左、右聲道響度到達時間，空間定位，音色的差異，A-B立體錄音會得到較多的環境音，在建築聲學優良的建築物內用此方法錄音，可以特別成功。

## 五、麥克風靈敏度 MICROPHONE SENSITIVITIVE

麥克風靈敏度是麥克風電子訊號輸出量和實際現場收音音壓輸入電平之比率。

各種麥克風靈敏度對照表：

各類麥克風靈敏度相差很大，如果在同一系統中用了靈敏度各異的麥克風，就要注意個別的增益設定，噪訊比及各自的搭配的前級擴大

PREAMPLIFIER等問題，下表所列是各類型麥克風靈敏度一覽表。

| 麥克風型式 | SP |
|---|---|
| 碳粒式 CARBON | -60 ~ -50dB |
| 動圈式 DYNAMIC | -60 ~ -52dB |
| 電容式 CONDENSER | -60 ~ -37dB |
| 絲帶式 RIBBON | -60 ~ -37dB |
| 高電平式 LINE LEVEL | -40 ~ -0dB |
| 無線 WIRELESS | -60 ~ -0dB |

## 六、麥克風實際應用

### ☞ 1. 麥克風擺設位置

麥克風放在不同的地方就有不同的聲音，不管什麼位置只要能收到我們想要的效果就是正確的位置，麥克風擺設位置其實沒有什麼規定，但是有些經驗可以確保收到好音。

**麥克風距離音源多遠？**

麥克風收音幾乎是直接音，所以也受反平方定律的影響，換句話說，麥克風距離音源增加一倍，其輸出衰減6dB；麥克風距離音源縮短了一半，其輸出將增加6dB，請注意歌手唱歌原來距離麥克風2公分，突然貼近1公分的結果將是輸出增加6dB，不可不注意，記得近接效應嗎？靠近單指向麥克風不僅增益增加，也使低頻響應有所變化，了解這些特性，對歌手使用麥克風，音響控制者調校麥克風增益都可有所參考。

**大平面之前錄音**

如果麥克風鄰近大平面錄音，例如地板，因為反平方根定律，可能會有6dB的增益，如果距離拉遠一點，會有所幫助，但是反射音帶來的某些頻率減少也隨之發生（因為將麥克風提高地面後，間接音到達震膜將是180°反相的）實驗報告已證實有公式可以算出離地板高度與消失頻率的關係，因此錄音師或成音控制者遇到這種場面時，只要麥克風

| 與音源距離 | 麥克風離地高度 | 音源離地高度 | 抵消頻率 |
|---|---|---|---|
| 3 米 | 1.5 m | 1.5 m | 136.47Hz |
| 3 米 | 0.6 m | 1.5 m | 319.20Hz |
| 3 米 | 0.15 m | 1.5 m | 1266.6Hz |
| 3 米 | 0.025 cm | 1.5 m | 7239.7Hz |

【註】只要抵消頻率不在音源所在的頻寬之內，抵消的頻寬不會影響我們的錄音品質。

放置地點所產生的抵消頻率，不在音源頻率範圍內就成功了！

### 在阻礙物後面錄音

光無法穿過牆壁，聲音無法穿過隔音牆，但穿得過密度低的阻礙物，而且穿透率和穿透損失度是每一個頻率各自不相同，如果在音源以及麥克風之間有這類物質存在，收音結果將隨該物質可被穿透的特性而影響。

一般的結果將會是整體收音電平下降，低頻率會增益，高頻率則會衰減，因為低頻率的波長比較長，很可能會繞過阻礙物到達麥克風，而高頻率的波長短就沒有這種本事，只能被衰減。

### 在音源上方錄音

如果麥克風放在音源之上或音源之側（例如：錄絃樂、管樂等…），錄音結果會在較高頻處衰減，因為頻率愈高愈具方向性，使得麥克風收到低頻音壓比高頻音壓來的大，所以某些頻寬較高的樂器不能將麥克風放在側面錄，必須錄直接音，才能把高頻特質表現出來。（或者使用側面收音的麥克風）

在極近距離收音HCCM4DT190是SCHOEPS為BEYER DT100耳機系列（例如：DT190）設計的耳機型麥克風，其他的耳機也能安裝，特點如下：

- 小型麥克風（極近距離收音的心形單指向麥克風）
- 利用球以及結合座設計為麥克風避震器
- 海綿罩

  選擇近距離耳機型麥克風以隔離環境噪音，這個耳機型麥克風設計出來要能收到比典型小麥克風更高品質的聲音，使用者為了最高聲音品質，必須接受較重的耳機，麥克風提供很強的低頻段滑落與稍微的高頻增益，以非常近距離（近在播音者嘴前）側面收音來完成任務。

  低頻段的滑落被近距離收音的近接效果補償，因此除了高頻段的增益之外，麥克風還有平坦的頻率響應表現，而遠處傳來的環境音，如加油聲、抗議聲等都因為低頻段的滑落使得背景噪音的傳輸比播音員的人聲衰減。

HCCM 4 DT 190可以輕易的安裝在耳機的左側或右側，使用中的麥克風難免會承受一些機械應力，所以使用的較堅固耐用的LEMO接頭，更換很簡單。麥克風要用海綿罩來保護，當然還有個人衛生的考量。

## 2. 接地 GROUNDING

我們常常在演唱時，嘴唇被麥克風金屬頭殼電到，臉上強顏歡笑內心卻飽受威脅，這樣的音響出租公司下次一定不會再找他們合作，為什麼會這樣？這是接地問題沒有妥善解決！

麥克風和麥克風訊號線的接地是很重要的，它不僅能讓我們安全的使用PA器材，也能消除哼聲（HUM）或被訊號線接收的噪音。

## 3. 極性 POLARITY

麥克風極性或稱相位，在同時使用多隻麥克風時特別要注意，同時使用很多隻麥克風，如果其中一個麥克風反相，它將會產生梳形濾波現象，會減低錄音品質及立體音場效果，因為兩個規格完全相同的麥克風並排放在一起錄音，並送入同一台混音機，如果兩支麥克風一起用輸出應該加倍，然而如果是互相反相的話，總輸出電平將比使用一支麥克風的輸出電平小40～50dB，所以，請各位要檢查一下麥克風的訊號線。

## 4. 平衡或非平衡式

麥克風輸入端子是平衡式，XLR型的插座，可接受平衡式或非平衡式的低電平訊號。總之，任何狀況之下，選擇混音機之前請先確定機器上的插座都是平衡式的，非平衡式的接頭會拾取干擾訊號，將增加系統雜訊，當然如果您用非平衡式的器材就無關緊要，但是對平衡式音源卻會加入非必要的雜訊。

平衡式接法是一種音響設備輸出、入端子接線的方法，可以將訊號的干擾雜訊消除，讓機器可以在低雜訊下工作。

平衡式接線法或非平衡式接線法，兩者都可以使用，但是幻象電源打開的時候，請勿再用非平衡式麥克

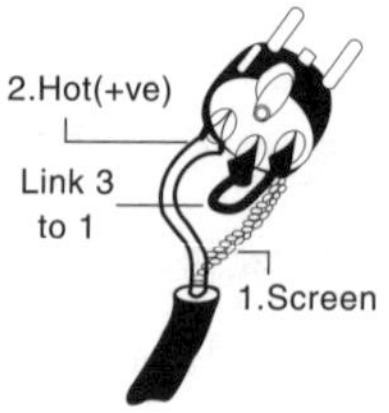

非平衡式輸入

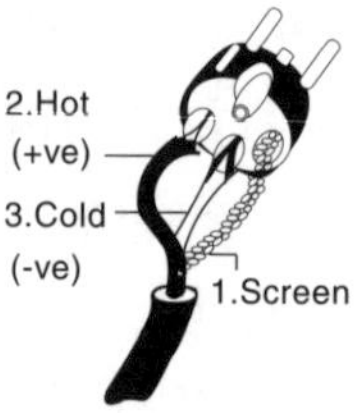

平衡式輸入

風，因為從XLR接頭第2、3腳送來的電壓會造成非平衡式麥克風嚴重的損壞。
高電平輸入也是平衡式的，可插立體1/4吋插頭。

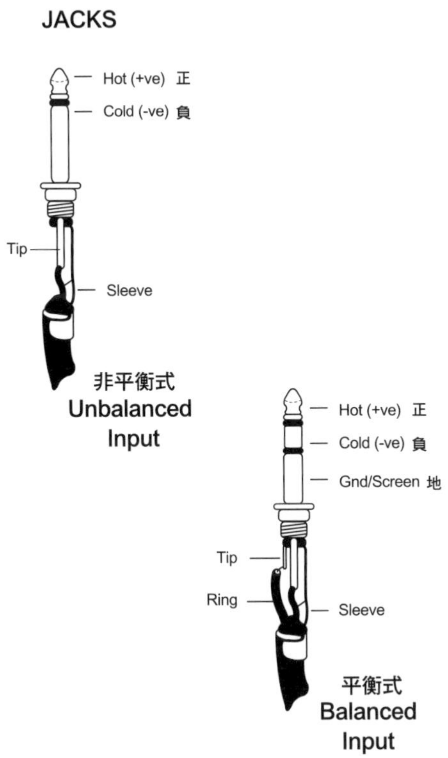


### 5. 麥克風的阻抗LOW-Z & HIGH-Z MICROPHONE

麥克風阻抗也是決定麥克風型式的一種，高阻抗麥克風比低阻抗麥克風有較高的訊號輸出（大約為20 dB），然而低阻抗麥克風容許較長的麥克風線而且不會產生高頻衰減的問題，因此，如果麥克風線長於4.5m或6m以上，就只能用低阻抗麥克風，當然使用高阻抗麥克風也可以，只是高頻會衰減，電波干擾也會更嚴重，使用者也會抱怨聲音悶悶的。

## 七、 麥克風附屬品

### 1. 防風罩及口水罩（爆裂聲濾波器）WIND SCREEN &POP FILTER

防風罩裝在麥克風收音頭外部，為了防止呼吸噪音及風的噪音，防風罩約可減少0～30dB的風噪音。
近距離麥克風唱歌有時候呼吸氣聲及嘴唇、牙齒發出的聲音，經過放大會產生不悅耳的爆裂聲，這時候口水罩就很有用處，這類型的聲音大多屬於低頻高壓，脈衝式波形，在日常會話時不明顯，但是經由麥克風收音再放大出來，這種聲音就很惱人！

SUPERLUX 口水罩

口水罩與防風罩主要不同在於它們的效率，防風罩在減少戶外風的亂流動作比較有效率，口水罩大部分用在室內，它可以有效的減少呼吸以及嘴部的爆裂音，而且不影響聲音品質。

防風罩類別：

防風罩有1. 簡單海綿式防風罩

2. 籃子型式

3. 空心球體海綿式防風罩

壓力式麥克風使用海綿式及空心球體海綿式防風罩最合適，比較不會傷害聲音品質，心形單指向及其他壓力梯度式麥克風，最適合用籃子式及空心球形海綿式防風罩，因為希望所有的聲音都能在一個密閉的空氣房間內受到保護；皮毛的表面形狀的防風罩特別有效率，它們不會產生任何空氣亂流，同時也會減低任何存在的亂流。

對聲音品質不良的影響：

一般來說，兩種防風罩的效率一樣的話，那麼體形比較小的對聲音的影響比較小，反過來說，兩種防風罩尺寸不一樣的話，比較有效率的防風罩，對聲音的影響比較不好，可能會傷害麥克風的頻率響應、極座標圖，我們建議選擇防風罩的時候，不要選比實際需要還要高效率的防風罩。

海綿式防風罩比較不會傷害聲音，以致產生高頻滑落，其實高頻滑落也可以利用等化器或選擇較明亮的拾音器來修正。

籃子式防風罩造成高頻不正常的頻率響應是很難補償的，因為對聲音

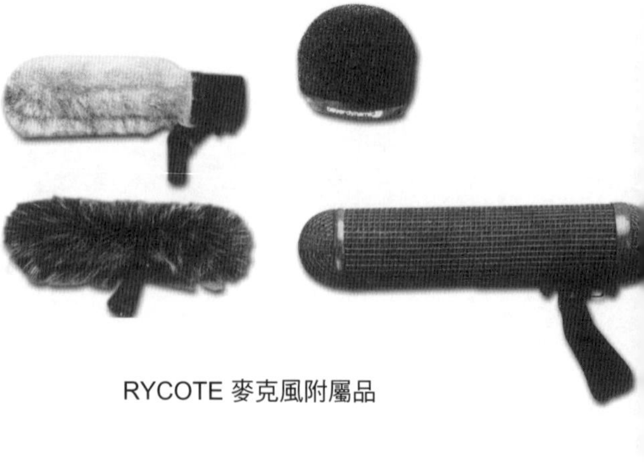

RYCOTE 麥克風附屬品

會有影響，壓力梯度式麥克風使用它們也會減少低頻的靈敏度以及指向性。
壓力梯度式麥克風使用空心球形海綿防風罩也會引起高頻滑落，並減低低頻的靈敏度及指向性。

麥克風型式的影響：
全指向性麥克風（壓力式）特別可以抵抗風的效應，指向性麥克風（壓力梯度式）因為風噪音內含高電平的低頻能量（通常含有人耳聽不到的頻率），會使得混音機或錄音座輸入過載，這種情形應使用主動式可調整高通濾波器。

建議：
應該盡量使用全指向性麥克風，因為它對於風的靈敏度比壓力梯度式麥克風低大約20dB-A（A加權），建議組合為拾音頭+海綿式防風罩+可調整高通濾波器。
可調整高通濾波器的加入可以得到很多好處，因為完美的壓力式麥克風低頻再生收音可能會增加了環境音帶來的低頻（不是從風），因為拾音頭這個頻段裡的靈敏度可能無法接收到讓我們聽到的噪音電平。
利用指向性拾音器，加上籃子式防風罩及可調整高通濾波器是最好的組合。

## 2. 麥風架、避震器及吊桿架

麥克風架有桌上型、落地型、懸吊型、直桿型、斜桿型等等，架子前端有螺紋能和避震器或麥克風夾子連接，螺紋直徑也有分成兩種，美規是直徑5/8英吋，歐規直徑是3/8英吋，但是不要緊張，一般的麥克風夾子（避震器的一種）都有內、外兩種螺紋能配合使用，如果使用美

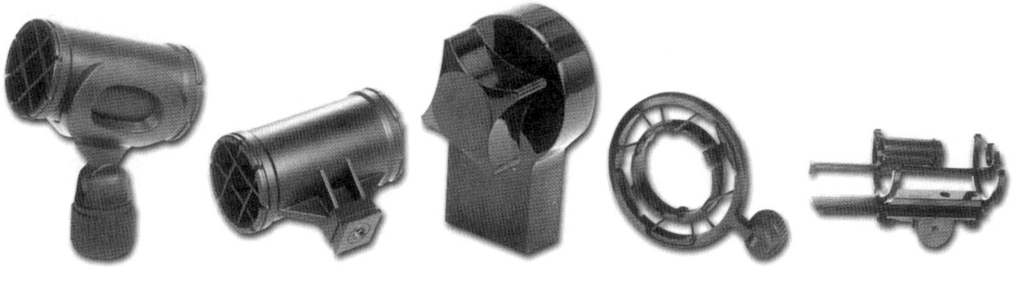

各種避震器

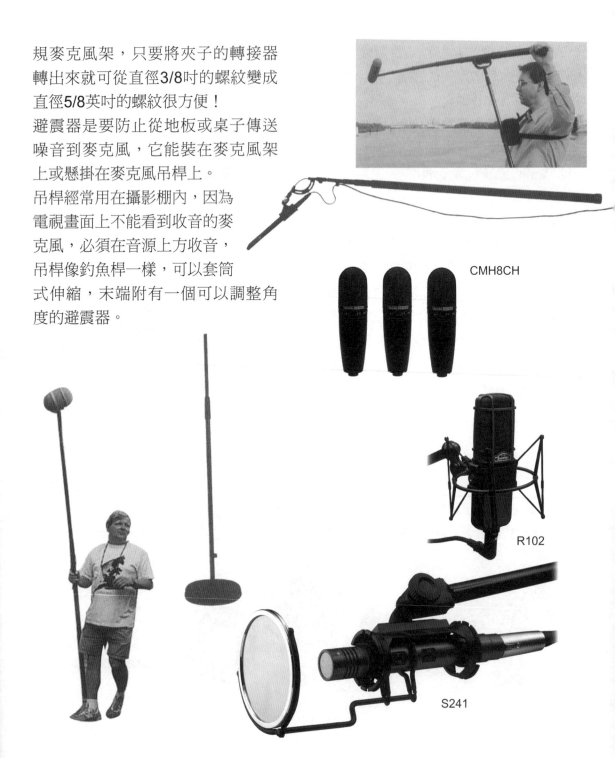

規麥克風架，只要將夾子的轉接器轉出來就可從直徑3/8吋的螺紋變成直徑5/8英吋的螺紋很方便！

避震器是要防止從地板或桌子傳送噪音到麥克風，它能裝在麥克風架上或懸掛在麥克風吊桿上。

吊桿經常用在攝影棚內，因為電視畫面上不能看到收音的麥克風，必須在音源上方收音，吊桿像釣魚桿一樣，可以套筒式伸縮，末端附有一個可以調整角度的避震器。

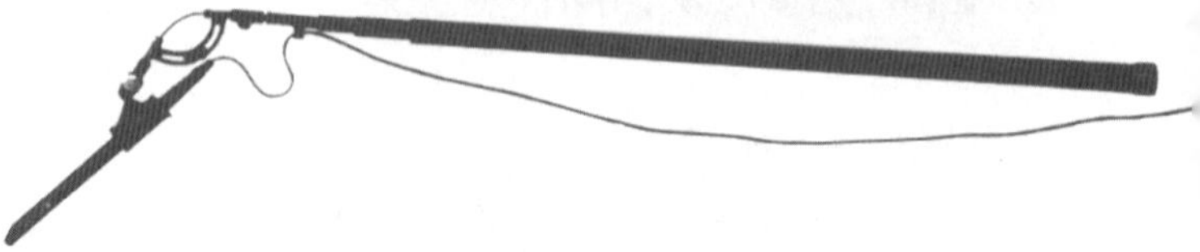

CMH8CH

R102

S241

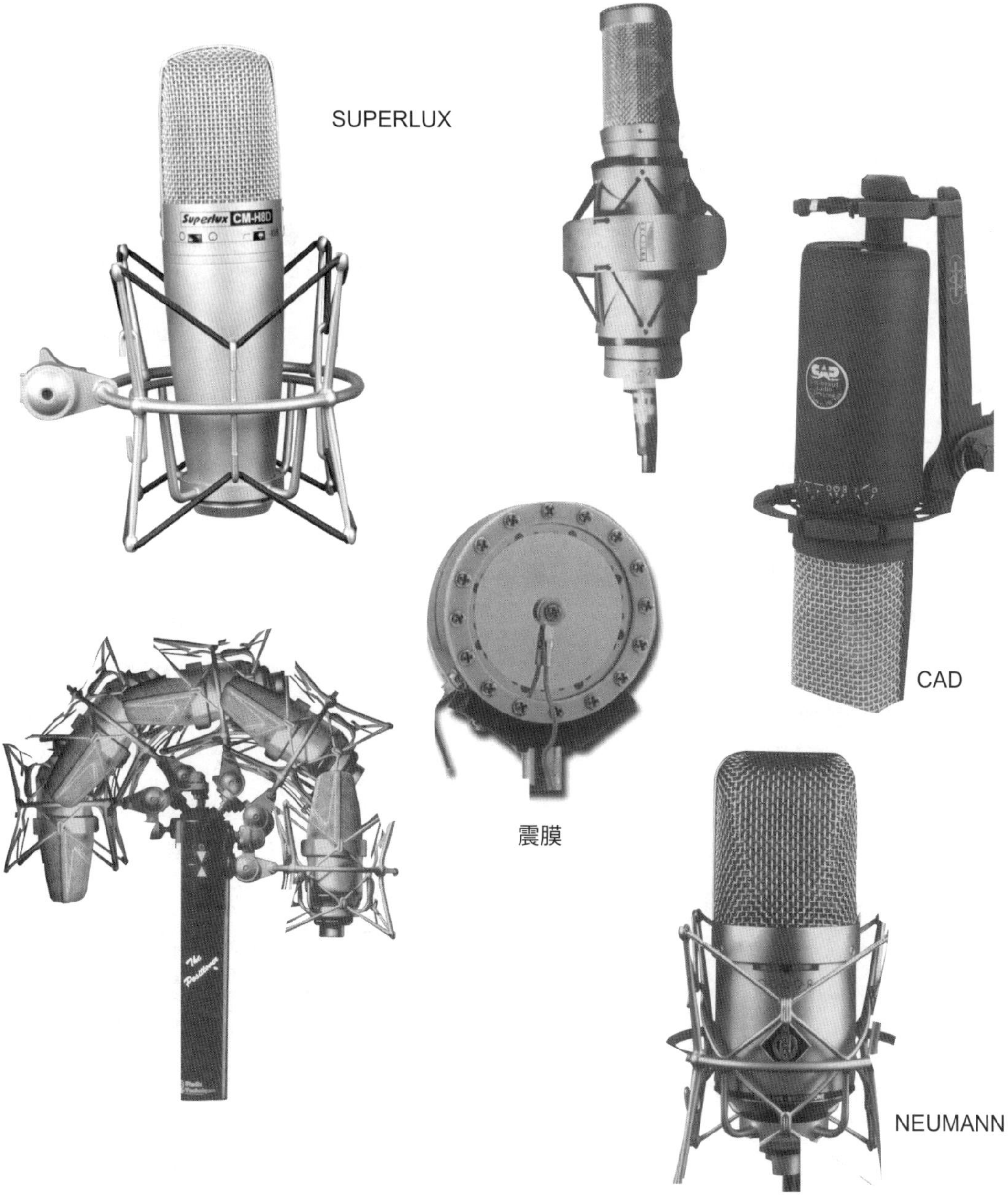


**各種不同的 SHOCK MOUNT 及**
**大震膜電容式麥克風**

Professional Audio Essentials

# 第七章 大部分PA系統的毛病

在舞台上的表演者或觀賞的觀眾，甚至在控制台上操控PA的工作人員有時可能會感覺有些〝不對勁〞不過卻不知如何改善，也沒有真正深入理解問題的因果關鍵，因為聲音不像燈光、圖畫、色彩那樣具體可見，讓我們很難判斷，本章提供各位一些經驗來協助大家解決問題，藉以提高專業工作的水準。

**大部分PA系統的毛病有：**

1. 低效率喇叭系統。
2. 擴大機功率不足。
3. 頻率響應不良。
4. 半數的觀衆聽不到高頻。
5. 反平方定律。
6. 室內空間殘響掩蓋了直接音。

要解決以上的問題，惟有針對問題深入了解，才能謀求改善之道。

## 1. 低效率喇叭系統

首先，我們要先認識〝音壓〞，簡稱為SPL，它是表示音量的專有名詞，以分貝（dB）為單位，通常指的是兩個音量的差，例如像是〝90dBSPL〞即表示音壓水平比0dB高90dB，0dB是定義為一般人耳能聽到的最小音壓。如果我們增加一倍的擴大機功率，原有喇叭系統的音壓水平可以增加3dB，同樣的，多增加一組喇叭系統也可以再增加3dB的輸出。

有了音壓的概念之後，我們再講〝效率〞，效率是指一個喇叭接受

POWER

**擴大機功率或音量測量和dB的關係**

| | RATIO BETWEEN: ACOUSTIC or AMPLIFIER POWER LEVELS | | DIFFERENCE: in decibels (dBm or dB SPL) |
|---|---|---|---|
| | 1.25-to-1 | = | 1.0dB |
| | 1.6-to-1 | = | 2.0dB |
| 1＊ | 2-to-1 | = | 3.0dB |
| | 3-to-1 | = | 4.8dB |
| | 4-to-1 | = | 6.0dB |
| | 5-to-1 | = | 7.0dB |
| | 6-to-1 | = | 7.8dB |
| | 7-to-1 | = | 8.5dB |
| | 8-to-1 | = | 9.0dB |
| | 9-to-1 | = | 9.5dB |
| 2＊ | 10-to-1 | = | 10.dB |
| | 100-to-1 | = | 20.dB |
| | 1000-to-1 | = | 30.dB |
| | 10,000-to-1 | = | 40.dB |

1＊擴大機功率增加一倍或喇叭增加一倍數量，只能增加3dB音量

2＊擴大機功率增加至10倍只能增加10dB的音量

一定量的音頻電子訊號輸入時，能播出多大的音量，效率好的喇叭，可以在同樣的功率之下得到比較大的音量，效率是以百分比來表示，高效率意味著在一定空間能聽到更高音壓，不致使擴大機產生失真，可以節省喇叭以及擴大機的數量，換句話說，系統變小而效果一樣，無形中節省購置生財器具的成本，搬運成本、安裝時間、維修成本、儲存空間等，好處多多！

## 2. 擴大機功率不足

任何喇叭要發揮性能之前，都要接上至少一台合適的擴大機才行，特別是一部留有足夠〝餘裕〞的擴大機。餘裕是應付正常工作之外，突如其來的瞬間峰值音量的能力，這個瞬間峰值音量可能是正常音量10dB以上，這個峰值如果不能順利的處理掉，則音量聽起來雖然夠大夠突出，但是卻粗糙而失真。也就是說，如果您要重播平均功率10瓦的聲音就需要一台100瓦的功率擴大機來處理那些可能高出10dB峰值訊號而不致引起削峰失真，削峰失真

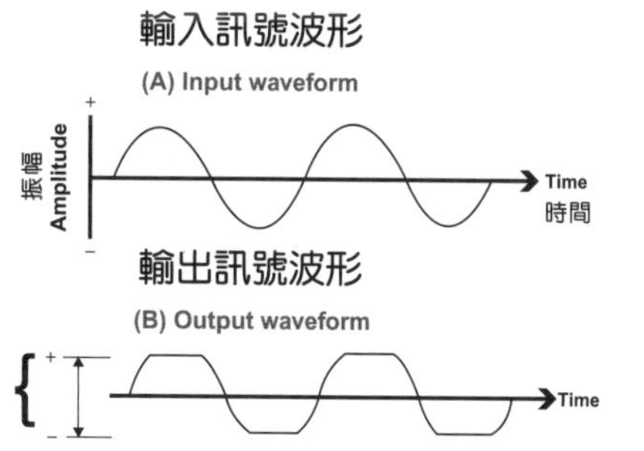

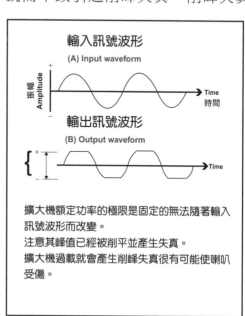

擴大機額定功率的極限是固定的無法隨著輸入訊號波形而改變。
注意其峰值已經被削平並產生失真。
擴大機過載就會產生削峰失真很有可能使喇叭受傷。

發生時，您立即就可以從喇叭中聽到。許多人常說，這個喇叭中高音聽起來很差，其實毛病就出在擴大機上，因為喇叭只負責重播那些輸送給它的訊號，它不管訊號本身是否失真。

削峰失真也是損壞喇叭常見的原因之一，因為削峰失真發生時，高頻的音量往往超過了高、中音單體的承受功率，就冒煙報銷了！所以您必須確定擴大機需要有比平均使用功率夠大的功率才行。

## ☞ 3. 頻率響應不良

假定您使用了高品質的麥克風、混音器及擴大機，但是喇叭系統的頻率響應很差，喇叭對應一定的輸入訊號重播低頻到高頻部分的情形稱為頻率響應，如果喇叭的頻率響應會改變的話，其重播的音樂也會改變，使其產生不自然的〝喧染〞聲音，因此我們要選購頻率響應表現平坦的喇叭，平坦的頻率響應也可以減低發生回授的可能 。

我們如何知道喇叭的頻率響應是平坦，利用製造工廠無迴響的環境，在喇叭正前方一定的距離之內測量音壓隨音樂頻率而變動的情形，最好的聲音就是來自頻率響應平坦的喇叭，請參考（圖7-1），測試一下

▼圖7-1

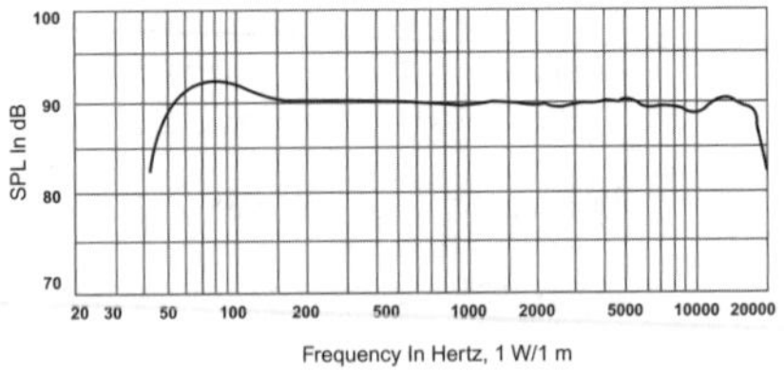


EV MS-802 頻率響應曲線圖，從150Hz～20KHz一路都很平坦，150Hz以下增益約為2.5dB，用來補償低頻，其規格如下：

| SPECIFICATIONS: | **MS-802** |
|---|---|
| Frequency Response,<br>（頻率響應） | 45-18,000Hz ±3dB: |
| Power Handling,<br>（承受功率） | 80 W/320 W |
| Long Term/Short Term:<br>（長時間平均值／峰值） | |
| SPL at 1 Watt/1 Meter:<br>（1瓦／1米測得） | 91 dB |
| Nominal Impedance:<br>（阻抗） | 6 Ω |
| Dispersion (h/v):<br>（擴散角度(水平／垂直)） | 160° × 140° |
| Crossover Frequency:<br>（分頻點） | 2,000Hz |
| Dimensions (hwd):<br>（尺寸） | H43.8 cm × W30.5 cm × D28.2 cm |
| Weight:<br>（重量） | 12.2 公斤 |

自己的喇叭，可以在空曠的戶外得到類似無迴響的環境效果，因為戶外沒有牆壁，沒有天花板去反射及喧染喇叭發出的聲音，您還需要一支測試麥克風，一台頻譜分析儀就可以了解自己的喇叭頻率響應是否為平坦？

## 4. 半數的觀衆聽不到高頻

如果您是用15吋（38公分）紙盆低音喇叭的系統表現低頻時，聲音會以非常大的角度擴散，事實上是幾乎是無方向性的，因為相對於低頻的波長，紙盆的尺寸很小，波長＝音速（344公尺/秒）÷頻率（推動次數/秒），舉例來說：50Hz的波長＝344÷50＝6.88公尺，顯然比15英吋低音喇叭紙盆™的尺寸大很多；當頻率漸漸增高，以2kHz為例：波長＝344（1公尺＝100公分）×100÷2000＝17.2公分，它的波長就比15英吋（38公分）小了，因此我們可以得到一種結果：當頻率愈來愈高時，喇叭紙盆的尺寸就漸漸大於波長而開始產生一種投射燈的現象就是擴散角度變小，所以坐在擴散角度以外的觀眾聽不清楚高音，因此喇叭設計者會考慮音頻擴散角度，

▼圖7-2

```
      6.88
50 ) 344
     300
     ----
      440
      400
     ----
       400
       400
     ----
         0
```

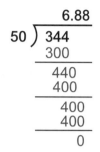

6.88公尺 ＞15英吋（38公分）

▼圖7-3

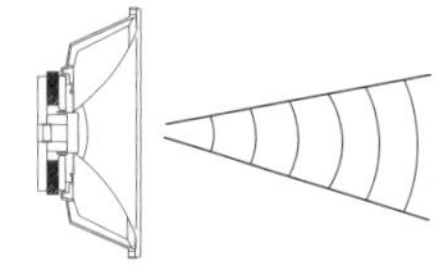

高頻率擴散角度較窄

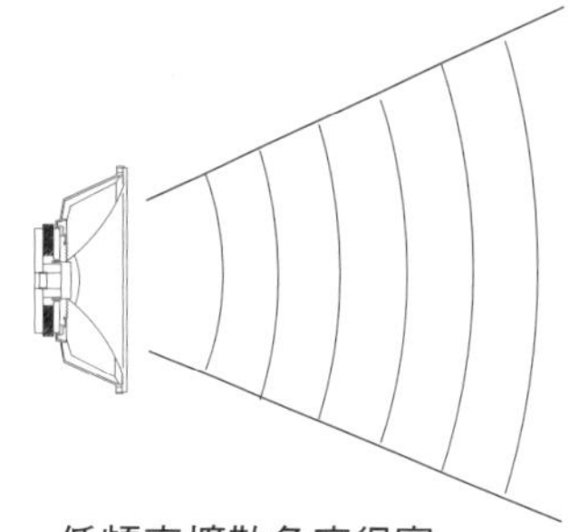

低頻率擴散角度很寬

使用者也要考慮喇叭使用的搭配及角度擴散的完整。

擴散角度有水平擴散角度及垂直擴散角度，我們在產品目錄看到60°×40°，表示水平擴散角度60°，垂直擴散角度40°；並不是所有的頻率在喇叭擴散角度內都維持一定，各種頻率隨著偏離喇叭正軸心方向都會有相當程度的衰減，一般來說都是利用極座標圖表示某八度音頻段偏離正軸心方向衰減的dB數值，極座標圖由數個同心圓所組成（大約是9個），相鄰的同心圓其響度相差了5dB，不同八度音頻段由各種不同形狀的虛線來表示各個角度衰減的情形，如（圖7-4），信譽良好的喇叭製造廠，都會提供極座標圖或更詳細的資料，例如：頻率與擴散角度關係圖等等，一般通用的標準，擴散角度的正確規格以不低於正軸心方向6dB的角度為準。

▼圖7-4 每一圈相差5dB垂直擴散角度

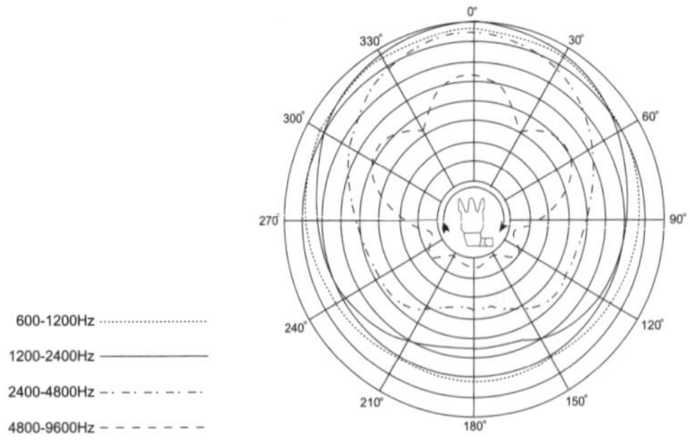


均匀的擴散性是最重要而又最容易被忽視的喇叭特性。對擴散角度多一分了解，可以幫助我們選擇適合實際需要的喇叭，喇叭應該直接指向觀眾，我們不妨從放置喇叭的位置去看聆聽區域，再決定什麼樣擴散角度的喇叭，能從水平與垂直方向籠罩著觀眾，又不至於溢出來碰到牆壁或天花板造成反射而使聲音不清楚，一旦決定角度，就能根據廠商提供的資料挑選適當的喇叭。

## 5. 反平方定律

您可能有這種經驗：坐在前排的觀眾嫌吵；而後排觀眾說聽不見，這是因為距離音源（喇叭）愈遠，聽到的音量就直線降低；在無迴響的環境中，譬如戶外，音壓會隨著距離增加1倍而衰減6dB，這是反平方定律，也就是音量與距離的平方成反比。

若想去克服這一個天然法則，就必須將喇叭提高，使得前排與後排的距離差縮小，或者在後排使用延遲喇叭。

▼圖7-5 反平方定律

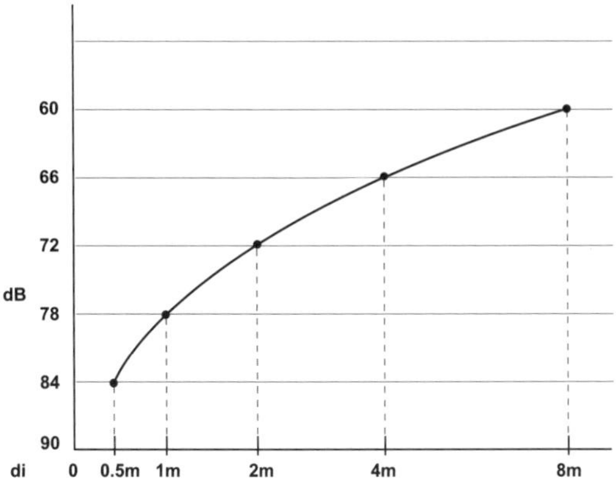


## 6. 室內空間殘響蓋住了直接主音

好啦！如果以上問題都解決了，我們又用了很好的麥克風，混音器，功率擴大機和高效率、頻率響應平坦、均勻擴散的喇叭，可是後排的觀眾可能還是聽不清楚人聲及高頻部分，這不只牽涉到喇叭，更與喇叭所在的空間有關。

房間會有一種現象叫做殘響，它是在房間內的音源停止發聲後，另外持續存在的聲音，在戶外遼闊的空間，被視為無殘響，因為聲波傳送出去不會再反射回來，但是在室內殘響就發生了，並且距離喇叭愈遠就愈可能處於殘響區域內，而聽不清楚喇叭發出的直接音。

如果靠近喇叭，站在喇叭的直接音區域，所聽到的聲音是直接由喇叭傳來的，而且遠較反射音量大，但是離喇叭愈來愈遠時，直接音量因反平方定律影響使直接音量變小，而由牆壁、天花板、地板所反射的聲音，逐漸超過直接音量，這就是麻煩的原因了。

任何有殘響的室內表演場地，都有一個分界點，處於殘響不大於直接音之界，直接音與殘響音量相同的那一點，離喇叭的距離叫臨界距離

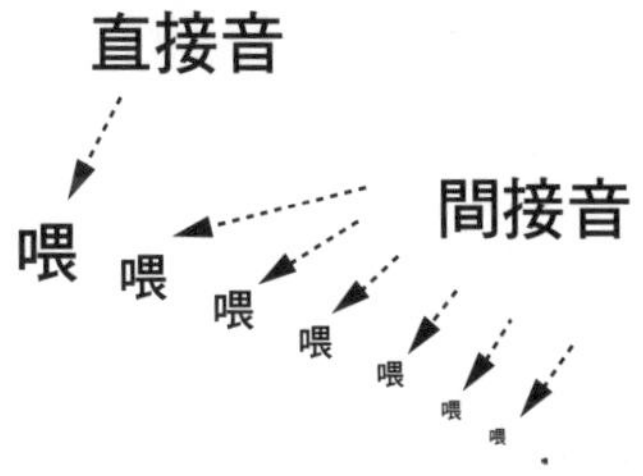


▼圖7-6

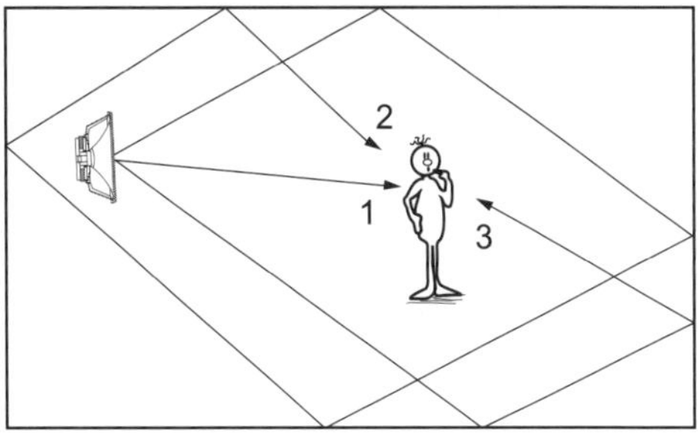

距離喇叭100公尺時，
比一般傳統喇叭
大聲10dB

| 距離 | 線音源 | 傳統系統點音源 |
|---|---|---|
| 10米 | 120dB | 120dB |
| 20米 | 117dB | 114dB |
| 30米 | 115dB | 110dB |
| 50米 | 113dB | 106dB |
| 100米 | **110dB** | 100dB |

*本列陣式喇叭可在距離10米產生120dB的音壓

這個喇叭號稱不受反平方定律影響，您瞧他的數據，距離增加一倍，音壓只減少3dB而已，好厲害！
大家不要被騙了，反平方定律是針對點音源，像它這種陣列式的喇叭放置方式，已經由點音源變為線音源，效果當然不一樣。

左圖就如同兩個音壓相等的喇叭放在一起可以增加3dB，我們可以從臨界距離測出音壓，本來應該要衰減6dB，結果相同能量加在一起，會增加3dB，所以測量就少衰減3dB。

當您在有殘響的房間裡，您大部分聽到的聲音都是從牆壁、天花板、地板所反射而來，僅有一小部分是來自喇叭直接音，這些反射的聲音到達您的耳朵都有一點時間差，要是反射音又比直接音大聲，就會讓我們聽不清楚台上在唱什麼或樂器在演奏什麼？所有的聲音都糊在一起，這種情形室內空間愈大愈糟，希望以下的方法可以幫助您改善其狀況：

1. 使房間不發生殘響：困難度不高，可能要花錢，室內裝潢也可以不破壞，要找建築聲學家設計。
2. 將表演移往戶外：不予置評。
3. 慎選喇叭：選擇符合表演場地使用的喇叭，利用其指向性擴散規格，使聲音傳到觀眾所在位置，盡量避免打到牆壁、天花板、地板造成殘響（觀眾本身也是極佳的吸音體），事實上，這個問題無法百分之百的解決，但是您只要事前用心計算，就會得到相當的改善效果。

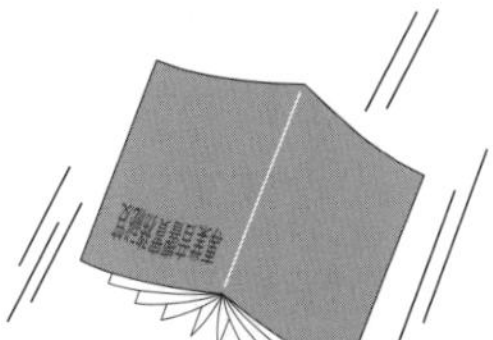

如果這章就此結束，您一定把這本書丟進垃圾桶，接下來我們還要詳細討論解決的細節。殘響的問題是無法用單一的喇叭系統來解決，即使頻率響應平坦、高效率、擴散性佳的喇叭也一樣，其實喇叭擴散性寬或窄並不表示它的好壞，只是為適應各種不同需要而有不同設計罷了，如果有人用不對地方，卻怪喇叭不好，那請您告訴他，至少買我們的這本書看一下吧！

▲圖7-7

大房間裡使用的喇叭系統要用更高的指向性（更窄的擴散角度）和更高的效率，方便將聲音發射到後方，使那些受反射與殘響之苦的觀眾能聽到多一點 直接音；擴散性窄的設計也可以說是一種〝長射程〞的設計，射程這個名詞在這裡是概略描述喇叭將聲音清晰送達的距離，此距離與擴散角度有直接關係，我們可以用澆花水管的出水量與澆花距離來解釋：水管的水以一定水壓送到噴嘴，噴嘴的尺寸決定射程的遠近，噴嘴愈小，水柱噴的就愈細愈遠，噴嘴愈大，水就散開，澆花距離就近；換成喇叭來講，喇叭會發射出一定的音壓訊號，號角擴散角度會決定射程的遠近，如果號角喇叭擴散角度愈小，其射程愈遠，擴散角度愈大，其射程就愈近，能量不滅定律也可以解釋這個現象，因為能量或壓力是一定值，射程要近要遠就可以用擴散角度來控制。

直接幅射式的喇叭擴散角度大約90°或90°以上，這是屬於中或寬的涵蓋程度。號角喇叭可以做成高、中及低音號角，比方說一個中音驅動器配上一個90°擴散性的號角，就可以用來涵蓋近程到中程距離的觀眾，用一個擴散性40°的號角來涵蓋長程距離的觀眾，讓他們得到多一點直接音的音量，節目的內容才可以聽的清楚，甚至還可以瞄準更遠的觀眾直接傳達直接音，只要比殘響大聲，他們就聽得很清楚，就會佩服您的PA技術。

▼圖7-8

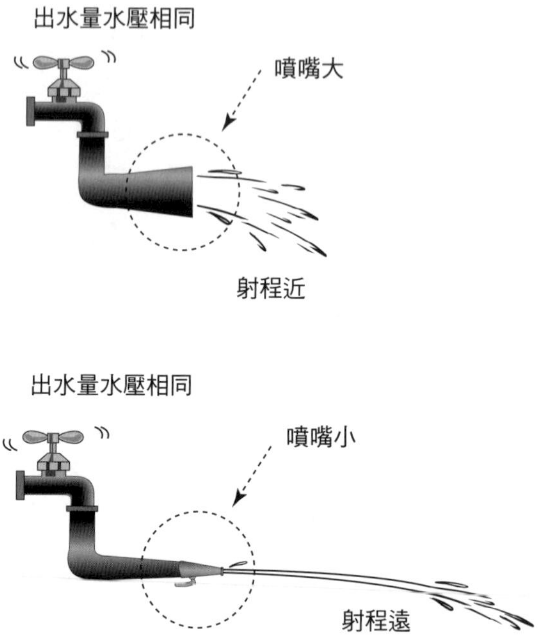


南港展覽會場是台北新的大型演唱場地，請來表演的藝人都是國際天王，例如：Santana、Lady GaGa等等。使用的PA器材也是一等一，坐在前排觀賞表演，感受震撼的音壓衝擊，那種現場Live的情境讓人永難忘懷，但是對於搖滾區的觀眾來說卻是一場災難！為什麼呢？線陣列喇叭的音量涵蓋了全場觀眾，打得很遠。但是，場地最後面的牆壁沒有吸音的設計，所以，從後牆反射回來的反射音和前方陣列喇叭的直接音有了衝突，反射音比直接音延遲，並且嚴重干擾觀眾欣賞節目的氣氛，主辦者沒有為搖滾區的觀眾著想，這不算是成功的PA。

現在理論上都懂得使所有聽眾都能聽見音質良好又清晰的聲音，但是我們要如何將這些方法利用在現實的特殊環境中呢？但是能夠的清楚知道問題所在，了解問題發生的原因，對音響系統有概念、有知識，清楚有關器材規格資料及實地現場勘查模擬應付之道，就能夠有效地克服困難，完成工作。

▼圖7-9

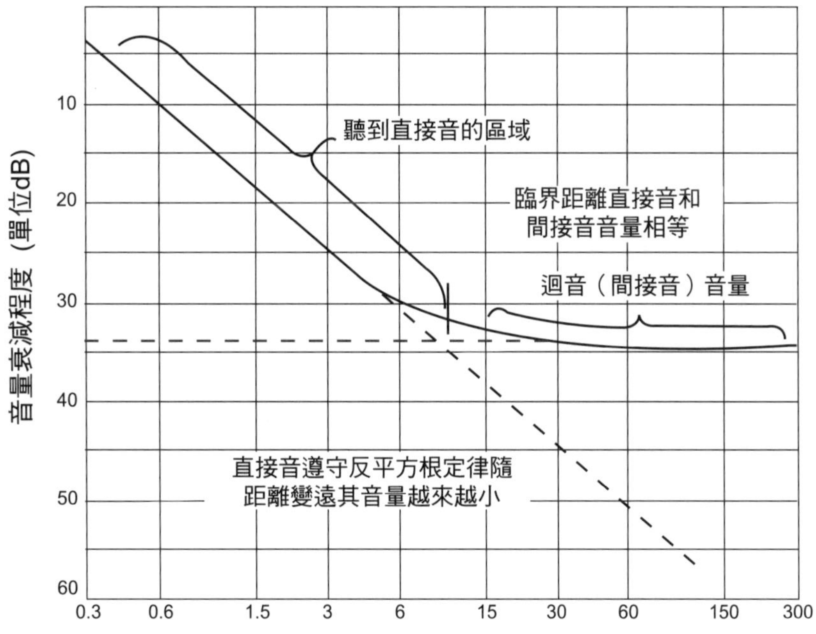


大型房間內隨距離增長而音量衰減的程度 (單位公尺)

Professional Audio Essentials

# 第八章 系統設計入門

系統設計牽涉的因素很廣，本書只能提供一點皮毛的概念，如何設計及選擇一個系統，系統的總輸出音量及頻率響應都必須評估，某些基本資料都必須在設計前就蒐集好，例如：需要幾個輸入聲道，喇叭的特性及數量，使用的方便性，特殊的使用習慣，系統接線的難易度，是否有高空作業的需要等，都是事先考慮的題目，設計者的經驗，規劃的能力及專業常識，佔系統設計成敗很大的因素。

## *一般器材的選擇*

音響系統使用的地點通常可分為兩種：1. 固定安裝長久使用型 2. 臨時安裝機動使用型，玆說明如下：

1. 固定安裝長久使用型，系統固定安裝在室內，要應付不同型式的表演節目，觀眾人數的多寡及分布情形也對室內的音響有顯著的變化，這些改變都可以預測的出來，至少演出的節目多了，也能憑經驗學到。
2. 臨時安裝機動使用型，機動的系統和固定安裝式的狀況完全截然不同，每次使用的場所，環境差異很大，即使相同的節目內容在不同的場地表演，其音響系統操控的方法也一定不一樣。

## *系統需求評估*

決定系統要使用何種器材之前，應先評估下列項目：

### *(1) 客戶要求簡單易於操作或複雜多功能的專業系統，哪一方面需要妥協？*

簡單或複雜系統的選擇，取決於系統操作者本身專業的程度，有經驗與技術底子的音控人員，就可在系統加上壓縮限幅器，動態處理器，參數式EQ等專業器材，如果音控人員是初學者，那麼這些附加的處理器就可能是他們的夢魘了。

系統的選擇除了取決於系統操作者本身專業的程度之外，更要參考水準高又挑剔的觀眾，我們可不能低估台下的觀眾，也許他們分不清楚到底聽到什麼，但是他們對聲音整體的感覺也許對整體工作的評價影響很大。

### *(2) 哪一種喇叭擴散型式最有效？*

喇叭擴散角度的選擇和房子內部的造型，房子本身建築聲學的本性，觀眾的位置都有很大的關係，而且是很複雜的關係，因為喇叭擴散角度會隨著頻率不同而異，建築聲學的特性也很複雜，我們在此只能討論一些基本概念。

大多數臨時安裝機動使用型系統很難選擇擴散角度，因為每一個場地的特性都不一樣，一般來說，在四方形室內各角落放一隻喇叭的擺設方法，建議水平擴散角度為90°，可以大約涵蓋全部，由兩支或是多支相同喇叭組成的列陣式喇叭擴散角度，建議水平擴散角度為60°，可以更有彈性的允許陣列喇叭擴散角度涵蓋較窄或較寬的範圍。

固定安裝長久使用型系統，喇叭安裝的地點及其指向性，需要小心去解決房子造型及環境殘響的問題，嚴格要求的系統，可能需要有經驗及公信力的合格音響諮詢人員做測量及計算研究，才能確切地提出設計安裝的指導原則。

音響系統除了達成足夠的音量外，還要有良好的頻率響應，喇叭水平及垂直方向中心軸與偏軸音色的差異，是一個重要的考慮因素，很多喇叭擴散角度的規格與現實表現有所差異，通常涵蓋的角度都低於規格，如果設計人員不察，其結果也許不能令人滿意。

### *（3）喇叭的適用，立體？MONO？兩音路？三音路？恆壓式輸出？中央補償喇叭？超低音？*

喇叭的適用性，依節目形態不同而異，有關重點可詳本章前文。

### *（4）需要多少聲道？副控混音機有需要嗎？*

混音機的MONO、立體輸入聲道最好比目前使用的數量多一些，以允許供給出乎意料的貴賓或其他增加設備（例如：MP3、CD、效果倒送等等）的使用。鼓組收音麥克風及鍵盤樂器組合如果結構龐大，可以先將訊號匯入副控混音機後，再將各該立體訊號送往主混音機，因此我們有額外的小混音機可以彈性搭配，又不需要花大錢買使用率不高的大型混音機。

### *（5）使用EQ或需要其他聲音處理器*

室內的音響特性不盡理想時，還可能利用31段圖形等化器或參數式等化器的調，整將產生駐波的禍首頻率增益或衰減，使得現場節目的頻率響應盡量平坦，但最高級的等化器也無法完全改善壞的建築聲學特性，音響不好的場地改善之道，唯有求助於音響聲學處理的專家，例如：Auralex吸音擴散材料。

### *（6）預算限制之下，使用哪一種麥克風？*

1. 指向性：一般成音放大系統建議使用單指向麥克風，這包括了心形、超心形及超級心形等種類，詳情參考本書第七章，通常心形及超心形適用於全部的場合，超級心形特別適用想拾取側面傳來的反射音。具備近接效應的麥克風可以在吵雜環境中收音，但請記住，一定要靠音源很近，再把低頻滑落功能打開才有效！

2. 頻率響應曲線，理想中應該選擇頻率響應平坦的麥克風，等化的調整愈少愈好，但是這樣的麥克風很貴，也不是所有的音源都需要拾音這麼寬廣的麥克風，礙於預算及實際使用，低音鼓以及貝斯樂器收音的麥克風有良好的低頻響應即可，落地鼓與中鼓收音的麥克風有良好的中頻響應就可以，HI-HAT及小鼓收音的麥克風有良好的高頻響應即可。

*(7）建築室內設計的搭配！*

喇叭的設置對室內設計師來說，器材可是眼中釘，它們的顏色黯淡、造型簡單、體積龐大、簡直就是怪物，建議以室內設計者美術的觀點及立場，事先規劃喇叭的搭配，也許會使工作容易點。

*(8）系統升級的可能？*

有時礙於經費，無法一次購足其系統所有器材，或者表演型態改變，必須更換器材，規劃時都得預留空間給這些狀況。

*(9）系統總輸出要多少？*

我們將提出實際的案例來加以描述房間與系統之間的搭配，室內空間愈大，要產生足夠的音壓將聲音清晰地送達觀眾耳中的困難度也愈高了，因為大房間要比小房間需要更多的喇叭音響輸出，嚴格來說房間增大1倍，音響輸出要能增大1倍，才能夠保持原來有的音壓電平（響度），再者，房間愈大，殘響音大於直接音的區域就更多，更多的觀眾更難聽到清晰的聲音，使得聲音的擴散控制和達到有效射程的需求就更加困難了。

我們要用大、中、小三種空間來討論，為了簡易起見，三種房間的容積比定義為1：3：10，我們都放同一系統的喇叭，如果小房間使用輸出100瓦的擴大機就可得到100dB的平均音量，大房間可能要10倍的輸出即1000瓦才能得到100dB的平均音量，我們要怎麼辦呢？我們哪有10倍的財力去增購這麼大的系統？

我們先看下去，再來解決這問題，到底您需要多大的音響力量，這跟您想得到多大音量及要表現那一類型的音樂有關，距離1英呎（約0.304公尺）遠的正常講話音量大約是70dB左右，搖滾樂合唱團的表演音量大約是105～115dB之間，台北火車站前有根測噪音的柱子，隨時顯示實際測得的音壓，站前噪音在平常時刻約70～90dB之間，交通尖峰時刻就不止，下回經過時注意瞄一眼。

室內90dB的音量就已經很大聲了，120dB的音量對絕大多數人的耳朵是十分難過的，（我們這裡測的音壓是採A加權的方式，也就是將500Hz以下衰減，這是測試所需，因為人耳對中頻部分要比低頻部分更敏感，衰減

500Hz以下的頻段，所做的測量可能會較接近人耳的感受）如右圖：

## 小型空間

比如說長10m×寬9m×高3.2m的小空間，容積約為平均10000立方英呎，（288m³）在舞台左右各放一只擴散角度90°×60°平均音壓可達106dB，峰值可達116dB的兩音路高效率喇叭（本文敘述的平均音壓、峰值音壓係根據喇叭規格，各位可以參考自己的系統計算），接上擴大機之後，可在室內的殘響空間產生106dB的中頻平均音壓，在擴大機發生削峰現象之前，系統仍然有餘裕可處理116dB的瞬間峰值訊號（前面說過瞬間峰值音量約大於平均音壓10dB），所以不論是人聲或是樂器演奏都很清楚而不失真，請注意！如果今天的節目是古典樂，請看一下A加權平均音壓表，它只需要85～100dB就夠了，如果今天有器材調配的問題，我們這一個系統可以拿去Rock & Roll的場子去用，這裡只需要動用到平均音壓90dB，峰值100dB的喇叭系統就可以，其實大編制的古典樂根本不需要PA，也無法容納於這麼小的空間，除非是露天演出又沒有反射板的情形下才要加強，依照節目的形式安排安裝的系統，就不會大材小用，殺雞用牛刀了。

A加權平均音壓表

| dB | 感覺 |
|---|---|
| 140 | 激烈戰爭的戰場（第二次世界大戰） |
| 130 | 痛苦的音量（距離噴射機15公尺） |
| 120 | Rock＆Roll、Disco Pub |
| 110 | 打雷聲 |
| 100 | 很大聲的古典樂 |
| 90 | Pub、地下鐵、小孩打預防針的哭聲、醉漢的咆哮聲 |
| 80 | 大聲的古典樂 |
| 70 | 1英呎說話的聲音、繁忙的大街 |
| 60 | 背景音樂、平常會話的音量 |
| 50 | 池塘青蛙的叫聲 50、30公尺外的交通噪音 |
| 40 | 安靜的曠野、低聲密談 |
| 30 | 電視攝影棚、背景噪音 |
| 20 | 錄音室裡、背景噪音 |
| 10 | |
| 0 | 可聽到的最小音量 |

**中型空間**

長12m×寬15m×高4.5m的中型空間容積約30000立方英呎（810m³），舞台左右各放擴散角度135°×85°可在殘響空間區聽到平均音壓106dB，峰值音壓116dB的兩音路高效率喇叭。如果您不需要106dB，可以換效率低一點的喇叭，如果您需要比106dB更大的音壓，用原來的喇叭但是將擴大機輸出功率加大為3倍，就可以得到111dB的平均音壓。

對中型空間而言，正是距離和SPL降低，殘響區，擴散性等問題開始做怪的地方。

利用電子分音將全音域的聲音分成高、中、低頻甚至超低頻，經由分離式的喇叭以及擴大機系統播放的方式除了能提高音壓，還有下列的優點：

1. 更窄更容易控制的擴散性較容易配合房間的幾何形狀，可使更多的直接音發射到房間後面，讓觀眾聽得清楚。
2. 系統組件有較高的運用彈性，也方便日後的擴充搭配，可與其他公司合作或自己搭配更大、更複雜的系統。

被動式分音器是介於擴大機與喇叭之間的，一般直接接擴大機的喇叭是利用被動式分音器來區分出高、中、低的頻率，分音器不需要另接110V交流電源，我們稱它為高電平分音器（因為由功率擴大機的高壓電及大功率直接驅動）或被動式分音器（因為不用接電源）。

電子分音的喇叭系統使用主動式分音器（因為它要接電源，而且它接在功率擴大機之前）或低電平分音器（因為它接收混音器輸出很小伏特的電壓就可工作）。

Bi-Amp及Tri-Amp方式具有彈性運用的PA系統的優點，高頻率的驅動器與號角組合後，其效率通常較低音喇叭要高3～5倍，只有獨立控制低頻以及高頻擴大機才能補償這種差異，而真正在室內產生平坦的響應也因為各頻率都有獨立的擴大機，所以可對短程、中程及長程號角的運用加以平衡。

另外，Bi-Amp和Tri-Amp系統也可減低功率擴大機過荷所產生的雜音，舉例來說：傳統全音域被動式分音喇叭系統中，如果低頻使得擴大機過荷而產生削峰時，高頻失真亦隨之出現，但在Bi-Amp或Tri-Amp系統裡，這種低頻失真訊號絕不會出現在高音喇叭中，類似的情形也同樣發生在中頻及高頻段，我們建議使用Bi-Amp或Tri-Amp系統是中、大型房間最適當的系統。

**大型空間**

大型空間其體積大約90,000立方英呎（2600$m^3$），這種情形下只有電子分音、分離式喇叭系統才是唯一獲得良好音質與適當涵蓋區域的實用辦法。

運用近程及遠程的高頻號角，涵蓋空間中的任何死角，高頻號角和低音喇叭的音量必須做音量調整，最簡單的方法就是先將短程高頻號角音量關掉，然後調整遠程高頻及低頻喇叭的平衡，請注意先調整大型空間後半部的平衡，再調整前半部的，也就是短程號角和低頻喇叭之間的平衡，除了用耳朵之外，也可以用頻譜分析儀來作調整的依據。

# 電子分音器的接法

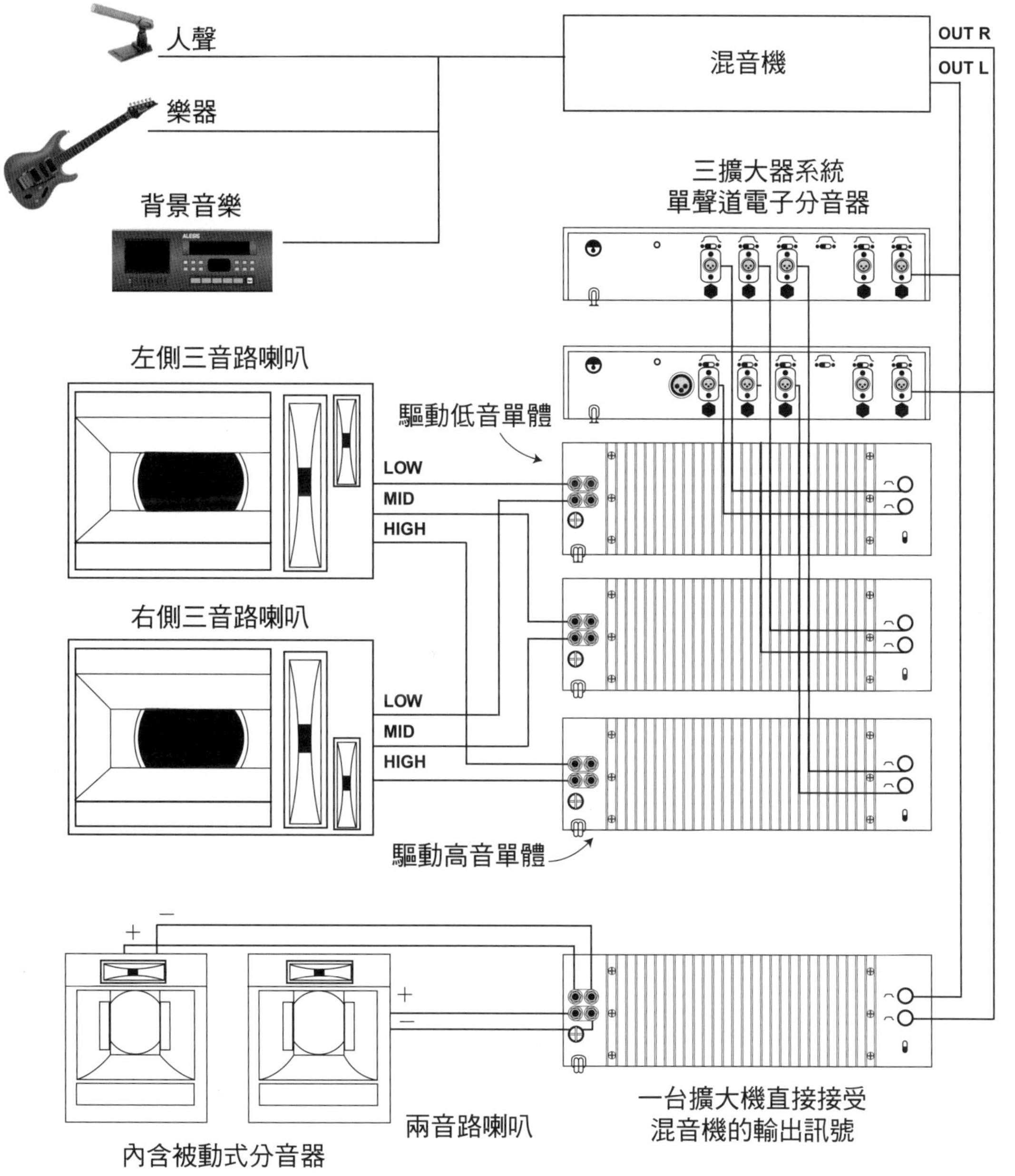

人聲
樂器
背景音樂
混音機
OUT R
OUT L
三擴大器系統
單聲道電子分音器
左側三音路喇叭
驅動低音單體
LOW
MID
HIGH
右側三音路喇叭
LOW
MID
HIGH
驅動高音單體
+
−
+
−
內含被動式分音器
兩音路喇叭
一台擴大機直接接受
混音機的輸出訊號

## 控制室廣播系統
## 施工說明書

包括混音機、CD唱盤、麥克風、錄音座等，可以獨自分送30個單位，每單位均可調整音量大小，甚至完全關閉限制播音。

副控制室廣播系統器材與主控制室相同，惟其輸出訊號必須經由主控制室監控後才可傳播，必要時主控制室可將副控制室輸出訊號完全關掉，完全由主控制室操控。

訊號傳送應為平衡式接線以防止雜訊干擾，連至30個單位之接線必須穿入2吋塑膠水管，建築之間可沿牆壁拉管線，或埋設道路之下，不得妨礙視線及人員、車輛通行。

埋設管線所有破壞現場必須於工期內還原處理。

訊號傳送線必須為12對多蕊麥克風線，多餘的2對為備用，可另行擴充或替換損壞的訊號線。

30個單位的喇叭，室內為內建擴大機主動式喇叭，室外為防水式號角喇叭。
訊號分配擴大機為2輸入10輸出，為XLR接頭，每一組輸出均有音量控制旋鈕。

**器材明細如下：**

Total pages including this page: 1

No.

# 器材明細

| 明　　　　　　　　　　　　　　細 | 單　位 | 單　　　價 | 數　量 | 合　　　計 |
|---|---|---|---|---|
| 混音機 8 MONO 4 STEREO 4 GROUPS | 台 | | 2 | |
| 專業雙卡錄音機 | 台 | | 2 | |
| 專業 CD 唱盤 | 台 | | 2 | |
| DVD唱盤 | 台 | | 3 | |
| 麥克風 | 隻 | | 4 | |
| 麥克風架　桌上型 | 個 | | 2 | |
| 分配擴大機 | 台 | | 3 | |
| 主動式喇叭 BI-AMP | 對 | | 2 | |
| 主動式喇叭 | 隻 | | 30 | |
| 號角喇叭 | 隻 | | 4 | |
| 擴大機 350W | 台 | | 2 | |
| 喇叭線 | 米 | | 100 | |
| 麥克風線 | 米 | | 3.500 | |
| 麥克風接頭 | 對 | | 40 | |
| 3"5塑膠水管 | 米 | | 3.500 | |
| 塑膠水管接頭 | 式 | | 1 | |
| 固定鋼釘 | 個 | | 1.000 | |
| 機櫃 | 個 | | 2 | |
| 施工費含五金吊架 | 式 | | 1 | |
| 租金　挖土機 | 天 | | 10 | |
| 　　　壓路機 | 天 | | 2 | |
| 　　　鋁合金鷹架 | 天 | | 30 | |
| 　　　高空作業車 | 天 | | 30 | |
| 木工施作 | 式 | | 1 | |
| 電源線 | 米 | | 100 | |

Total pages including this page: 2

No.

# 報價單 QUOTATION

| 客戶名稱 王建民 先生 | Date: 01/08/2013 | 交貨期限 | 現貨 |
|---|---|---|---|
| 公司寶號 **********股份有限公司 | Fax: *********** | 送貨方式 | 送公司 |
| 付款方式 月結45天 | | 有效期限 | 30天 |

| 明 細 | 單 位 | 單 價 | 數 量 | 合 計 |
|---|---|---|---|---|
| (1)YAMAHA D-24 MO 錄音機 | 台 | | 3 | |
| (2)YAMAHA O2R 數位混音機 | 台 | | 1 | |
| (3)YAMAHA MY8-AD 類比介面卡 A to D | 片 | | 3 | MO 用 |
| (4)YAMAHA MY4-DA 數位介面卡 D to A | 片 | | 3 | MO 用 |
| (5)YAMAHA CD-R1000 CD 燒錄機 | 台 | | 1 | |
| (6)YAMAHA CD8-AT FOR D-24 | 片 | | 3 | O2R 用 |
| (7)YAMAHA CD8-TDII FOR TASCAM | 片 | | 1 | O2R 用 |
| (8)ALESIS ADAT LX-20 | 台 | | 1 | |
| (9)SUPERLUX 耳機HD661 | 個 | | 3 | |
| (10)SUPERLUX 耳機分配器HA3D | 台 | | 1 | |
| (11)SCHOEPS CONDENSER 麥克風 | 隻 | | 1 | |
| (12)SUPERLUX 麥克風避震器 | 隻 | | 1 | |
| (13)桌上型麥克風架 HM48B | 隻 | | 1 | |
| (14)KLARK TECHNIK 頻譜儀 DN6000 | 台 | | 1 | 含測試麥克風 |
| (15)DENON 專業級單座 MD 錄音 DN-M2000R | 台 | | 1 | |
| (16)DENON 專業級單座卡式錄音機 DN-720R | 台 | | 1 | |
| (17)SUPERLUX 監聽喇叭 BES5A | 對 | | 1 | |
| (18)YAMAHA 擴大機 XS-350 | 台 | | 1 | |
| (19)TASCAM DA-20MKII 專業級 DAT | 台 | | 1 | |
| (20)SWITCHCRAFT PATCHBAY 接線盒 | 台 | | 1 | |
| (21)麥克風架 MS131 | 隻 | | 2 | |
| (22)SUPERLUX SHOTGUN 麥克風 PAR118S | 隻 | | 2 | |
| (23)ROLAND 3080 音源機 | 台 | | 1 | |
| (24)ROLAND VA7 KEYBOARD | 台 | | 1 | |

| 明　細 | 單位 | 單價 | 數量 | 合計 |
|---|---|---|---|---|
| (25)ROLAND VA7　音量踏板 | 個 | | 1 | |
| (26)ROLAND VA7　延長音踏板 | 個 | | 1 | |
| (27)KORG TRITON PRO KEYBOARD | 台 | | 1 | |
| (28)KONG TRITON 音量踏板 | 個 | | 1 | |
| (29)KORG TRITON 延長音踏板 | 個 | | 1 | |
| (30)KORG TRITON 音效卡 | 片 | | 3 | |
| (31)AKAI S6000 取樣機 256M 128發聲數 現成音色拾取建議用 TEAK SCSI 16倍 外接式CD-ROM（未含） | 台 | | 1 | |
| (32)MIDI COMPUTER 介面 8 IN / 8 OUT USB | | | 1 | |
| (33)KEYBOARD 架 | 組 | | 1 | |
| (34)時序控制開關 20A MONSTER PRO 2500 | 台 | | 1 | |
| (35)接頭與線材 | 式 | | 1 | |
| (36)系統安裝技術費 | 式 | | 1 | |
| (37)工程保險費 | | | 1 | |
| 合計 | | | | |
| 營業稅 | | | | |
| 總計 | | | 5% | |
| | | | | |
| | | | | |
| | | | | |
| | | | | |
| | | | | |
| | | | | |
| | | | | |
| | | | | |

*如蒙惠顧，敬請簽章後回傳，以利定貨，謝謝 。*

Professional Audio Essentials

# 第九章
# 接線CONNECTION

雖然本主題常被人忽視，但是大部份音響系統出問題都是在錯誤的使用接頭和接線上，正確型式的接線和正確接頭是確保系統在最小的雜音干擾下發揮最高的性能，以下章節將幫助大家正確地連接自己的系統，然而請大家仔細看混音機使用手冊，其接線方法可能因廠牌而有所不同。

## *線*

PA系統的連接依靠線材，線的種類有很多，使用的地方不同，該注意的小地方更不能忽視。

線材是由金屬製成，都有阻抗，阻抗會把電能轉換為熱能，將使整個系統效率降低，不可不慎。

依美國線材標準規定AMERICAN

| 編號 | 直徑 mm | 截面積 mm | Ω/1000 |
|---|---|---|---|
| 1 | 7.348 | 42.41 | 0 1260 |
| 2 | 6.544 | 33.63 | 0 1592 |
| 3 | 5.827 | 26.67 | 0.2004 |
| 4 | 5.109 | 21.15 | 0 2536 |
| 5 | 4.621 | 16.77 | 0.3192 |
| 6 | 4.115 | 13.3 | 0.4028 |
| 7 | 3.665 | 10.55 | 0 5080 |
| 8 | 3.264 | 8.36 | 0.6045 |
| 9 | 2.906 | 6.63 | 0.8077 |
| 10 | 2.588 | 5.26 | 1 018 |
| 11 | 2.305 | 4.17 | 1.284 |
| 12 | 2.053 | 3.31 | 1 619 |
| 13 | 1.828 | 2.62 | 2 042 |
| 14 | 1.628 | 2.08 | 2.575 |
| 15 | 1.450 | 1.65 | 3 247 |
| 16 | 1.291 | 1.31 | 4 094 |
| 17 | 1.150 | 1.04 | 5 163 |
| 18 | 1.024 | 0.82 | 6 510 |
| 19 | 0.9116 | 0.65 | 8.210 |
| 20 | 0.8118 | 0.52 | 10 35 |
| 21 | 0.7230 | 0.41 | 13 05 |
| 22 | 0.6438 | 0.33 | 16 46 |
| 23 | 0.5733 | 0.26 | 20 76 |
| 24 | 0.5106 | 0.20 | 26 17 |
| 25 | 0.4547 | 0.16 | 33 00 |
| 26 | 0.4049 | 0.13 | 41 62 |
| 27 | 0.3606 | 0.10 | 52 48 |
| 28 | 0.3211 | 0.08 | 66 17 |
| 29 | 0.2859 | 0.064 | 83.44 |
| 30 | 0.2546 | 0.051 | 105 20 |
| 31 | 0.2268 | 0.040 | 132 70 |
| 32 | 0.2019 | 0.032 | 167 30 |
| 33 | 0.1798 | 0.0254 | 211 00 |
| 34 | 0.1601 | 0.0201 | 266 00 |
| 35 | 0.1426 | 0.0159 | 335 00 |
| 36 | 0.1270 | 0.0127 | 423 00 |
| 37 | 0.1131 | 0.0100 | 533 40 |
| 38 | 0.1007 | 0.0079 | 672 60 |
| 39 | 0.0897 | 0.0063 | 848 10 |
| 40 | 0.0799 | 0.0050 | 1069.00 |
| 41 | 0.0711 | 0.0040 | 1323 00 |
| 42 | 0.0633 | 0.0032 | 1667.00 |
| 43 | 0.0564 | 0.0025 | 2105.00 |
| 44 | 0.0502 | 0.0020 | 2655.00 |

WIRE GUAGE（AWG）線材共有44種規格，音響工業常用的線材規格是4號～24號，因為小於4號的線太重，大於24號的線阻抗太大，都不適合我們使用，阻抗是我們決定線徑的重要因素，我們一定要仔細判斷，依左表為例：

一個阻抗8Ω的喇叭和擴大機相距100公尺遠，如果使用到20號的喇叭線，將會有一半的功率轉變為熱能而損失掉了，多可怕？當然我們不會用20號那麼細的線拉100公尺遠去接喇叭，這個例子只是要突顯線徑因素的重要 。

PA音響用的線大致有：

1. 訊號線：各個電子器材之間或與混音機連接的線。
2. 喇叭線：用來連接喇叭以及擴大機，通常不超過12m。
3. 電話線：利用電話線可以和世界連結在一起。
4. 同軸線：用來傳送電視及其他高頻訊號。
5. 電源線：電子器材連接110伏特電源的線。
6. 光纖線：連接數位音響器材及電話的線。

***平衡式和非平衡式麥克風輸入***

麥克風輸入端子是平衡式，XLR型的插座，可接受平衡式或非平衡式的低電平訊號。總之，任何狀況之下，選擇混音機之前請先確定機器上的插座都是平衡式的，非平衡式的接頭會拾取干涉訊號，將增加系統雜訊，當然如果您用非平衡式的器材就無關緊要，但是對平衡式音源卻會加入非必要的雜訊。

平衡式接法是一種音響設備輸出、入端子接線的方法，可以將訊號的干擾雜訊消除，讓機器可以在低雜訊下工作。

各聲道的輸入均為平衡式，每個訊號都有分別的正訊號線和負訊號線及一條地線，〝差動輸入放大器〞（Differential Input Amplifiers）的設計使得這些線上感應到的干擾互相抵消，因為正、負兩訊號線靠得非常近，所以這兩條線會感應到相同的干擾，而差動放大器只放大這兩條訊號線上不同的訊號，因此任何同時出現在正、負兩條線上一樣的訊號(即雜訊)都不會被放大，這就是大家耳熟能詳的〝共模互斥現象〞（Common Mode Rejection）。假如將平衡訊號源接到非平衡輸入，如果輸出端是變壓器方式的，必須將訊號源端的負訊號線落地，如果輸出端是主動式或者電子式的，則負端信號不使用，當訊號源的機器沒有和電源地相接時，則只有訊號源端可以將隔離接地。

平衡式接線法（如圖9-1B），非平衡式接線法（如圖9-1A），兩者都可以用，但是幻象電源打開時，請勿再用非平衡式音源設備，因為從XLR接頭第2、3腳送來的電壓會造成非平衡式麥克風嚴重的損壞。

▼圖9-1A
非平衡式輸入

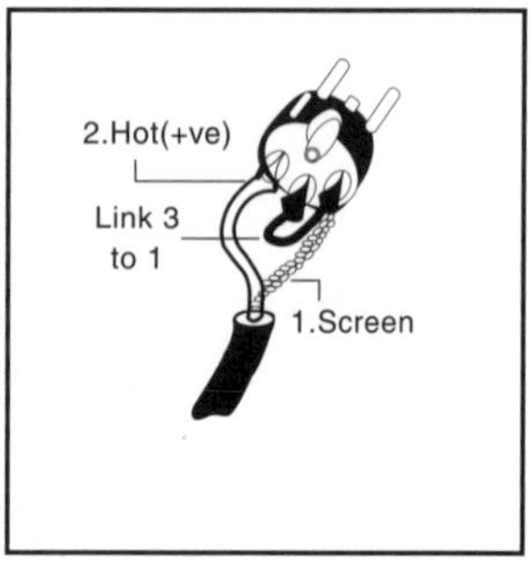


▼圖9-1B
平衡式輸入

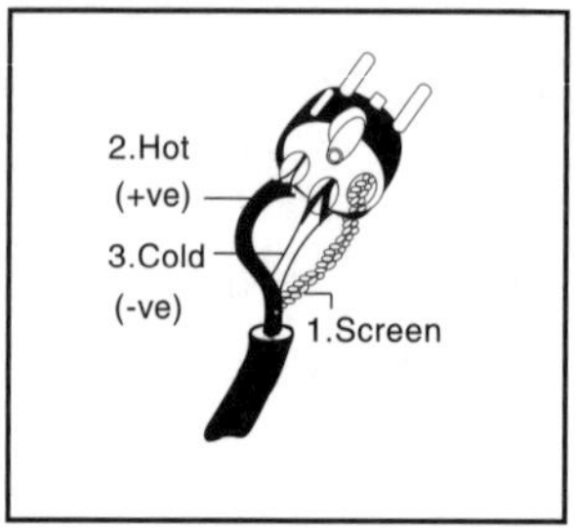


***平衡及非平衡式高電平輸入***

高電平輸入也是平衡式的，可插立體1/4吋插頭，非平衡式插頭也可以插，但接線必須如圖9-2。

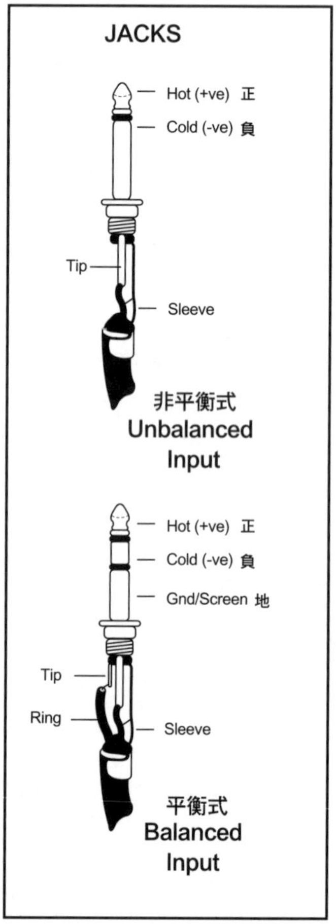


▲圖9-2

***插入點***

混音機的插入點通常都做為訊號迴路中的插斷點，可讓訊號從此點由混音機接出至其他外部設備，然後再由原插斷點接頭送回混音機。除非插入點被插頭插入，否則此插座是旁通的；通常插入點用來外接效果處理機、限幅器或等化器。

因為僅利用一個插入點來輸出、入訊號，接線方法係用一條一端為立體1/4"耳機接頭接線（如圖9-3），利用Ring負責效果器輸出，Tip負責效果器輸入；另一端用一種特殊的Y型接法，它是兩個Mono插頭分別輸入及輸出。這種線與連接耳機座輸出分開到左右聲道的插頭是一樣。

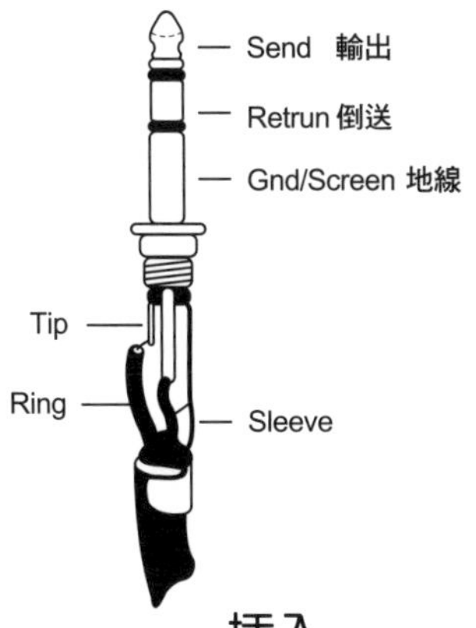


▲圖9-3

接地補償輸出具備一項非常有名的接地補償電路設計，它可以幫助我們減少非平衡式音源接地迴路及一起帶來的哼聲雜訊，接地補償輸出端有三個接點，很像傳統的平衡式輸出，除了它把負極線當接地感應線使用，使得它可以感應和解決掉出現在輸出部份的任何接地哼聲。

耳機式接頭系統Tip接火；Sleeve接屏蔽線；Ring接地，對照 XLR型式接線法通常1腳屏蔽線；2腳火線；3腳接地；如果使用了平衡式音源器材，地線輸出可以當做負極，如果使用非平衡式音源器材接法請參照圖9-2，非平衡式接頭也可以插入接地補償輸出端，但是消除哼聲的優秀功能就消失了。

# 接頭 / 插座種類（一）

| SWITCHCRAFT<br>接頭 | WHIRLWIND<br>接頭 | SWITCHCRAFT<br>轉接頭 |
|---|---|---|
| 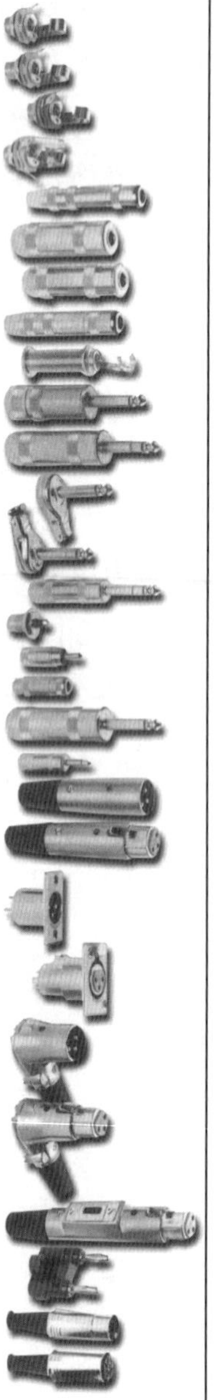 |  | 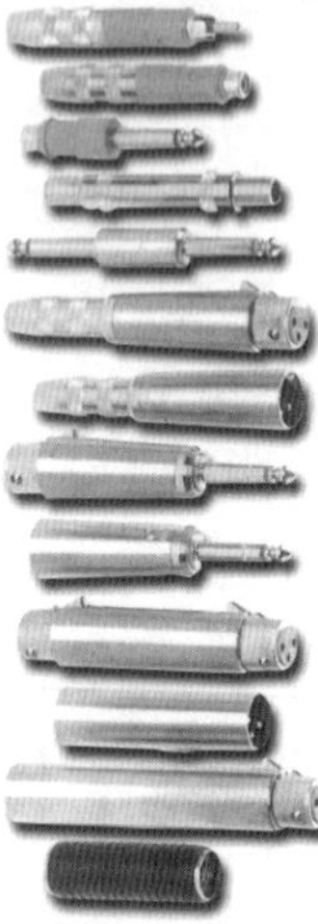<br>4/1"母～RCA公<br>4/1"母～RCA母<br>母RCA～公4/1"<br>母4/1"～母4/1"<br>公4/1"～公4/1"<br>母4/1"～母頭<br>母4/1"～公頭<br>母頭 ～立體4/1"公<br>公頭 ～立體4/1"公<br>母頭～母頭<br>公頭～公頭<br>公頭～母頭<br>DIN母～DIN母<br><br>**NEUTRIK<br>接頭**<br><br><br>公頭<br>母頭<br>直角公頭<br>直角母頭<br>母座<br>公座<br>MONO PHONE<br>立體 PHONE<br>直角立體 PHONE<br>直角MONO PHONE |

# 接頭 / 插座種類（二）

## CANNON AP 系列接頭

8PIN公頭 

8PIN母座 

8PIN公座 

4PIN公頭 

4PIN母頭 

4PIN母座 

4PIN公座 

## NEUTRIK SPEAKON 喇叭插座

NL4FC 

NL4MP 

NL4MPR 

NL4MM 

NL8FC 

NL8MPR 

## WHIRLWIND 多蕊麥克風線連接座

 39PIN公座

39PIN IN LINE母座

 61PIN母座

61PIN IN LINE公座

 122PIN

 電纜保護鋼索套

 122PIN IN LINE

 176PIN

 176PIN IN LINE

# 接線範例

## Balanced 平衡式

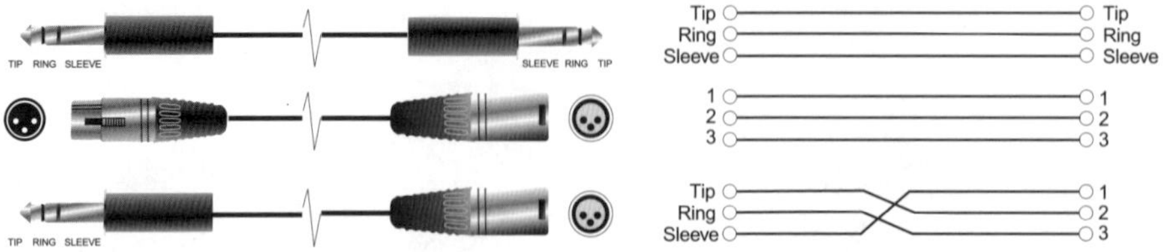


## Unbalanced 非平衡式

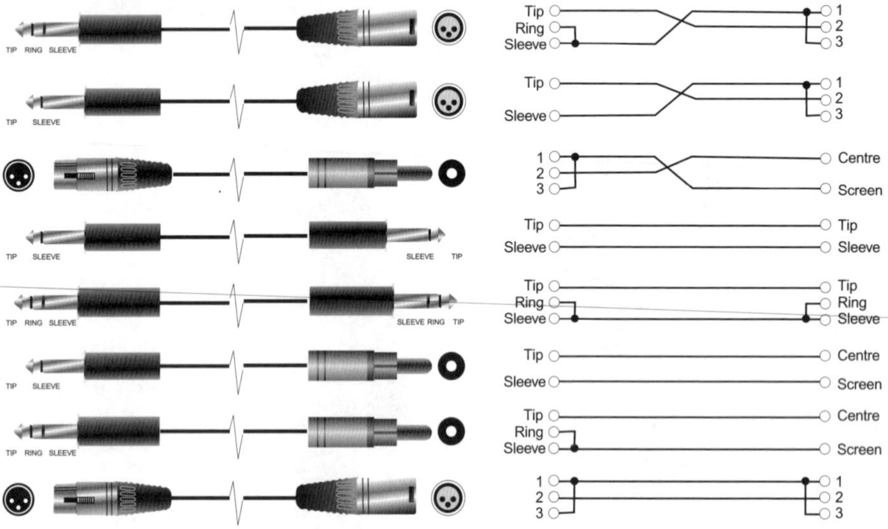


## Insert Leads 插入點

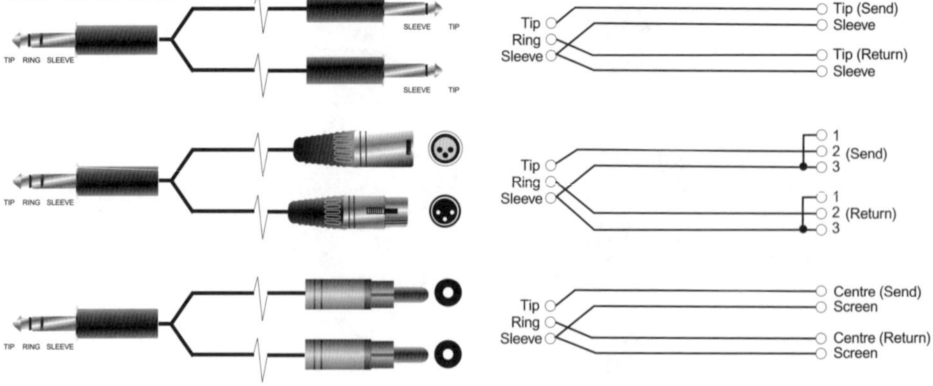

# "Y" 接線（平衡式）

"Y" Leads (Balanced) 平衡式 Y 訊號線

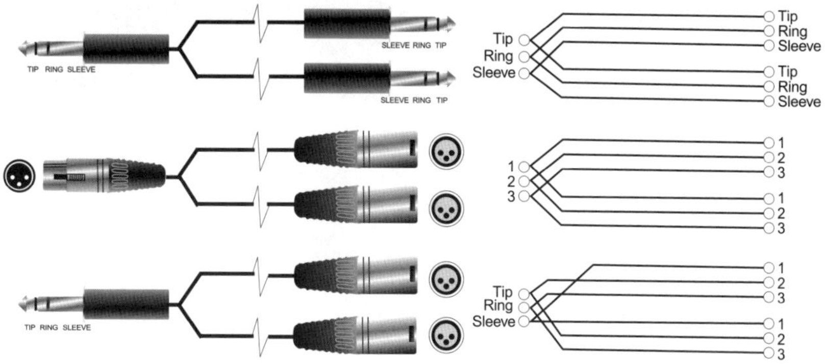


"Y" Leads (Unbalanced) 非平衡式 Y 訊號線

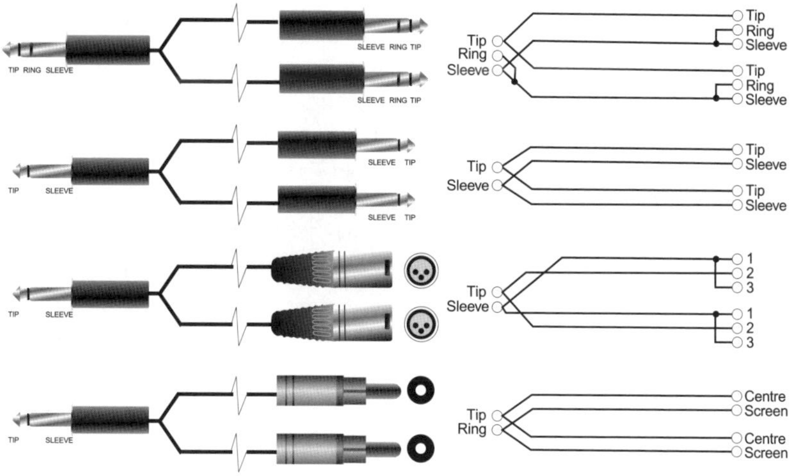

# 第十章 類比和數位錄音的基本原理

## 錄音的基本原理

聲音是經由空氣中的傳播，造成我們的耳膜震動，被我們的大腦辨識而產生的。所謂的聲波是空氣被擠壓所產生的。聲波有四個重要的性質：

1. 震幅（amplitude）是聲波在一定時間內擺動的高低，代表多少空氣被擠壓，如圖10-1。

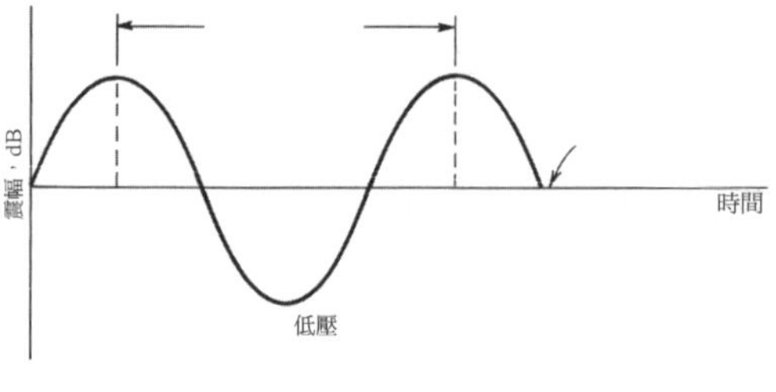


▲圖10-1

2. 頻率則表示在一秒內，聲波可以完成幾次震幅的擺動。頻率是用Hertz（Hz）表示的。人類耳朵能聽到20Hz到20kHz的聲音。
3. 聲音傳遞的速度（speed of sound）約為每秒344公尺。
4. 波長的定義是聲音傳遞的速度除頻率。我們知道越高頻的聲音，頻率快，波長短。相反的，越低頻的聲音，頻率慢，波長長。

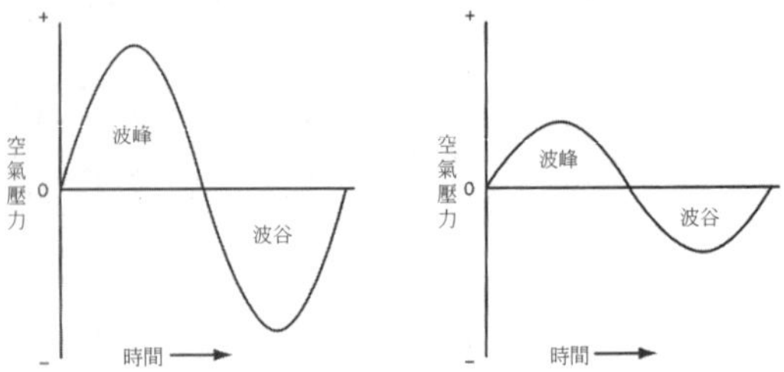


▲圖10-2
第一個聲波的震幅比第二個聲波大，其移動空氣的量是第二個的兩倍

### *類比錄音及錄放過程*

類比錄音機的錄音帶，有許多磁性的分子。它們可以經由分子重組，將錄進去的聲音重新表現出來。類比錄音的過程是這樣的：

1. 藝人經由他的聲帶發音。而這個聲音是由改變空氣壓力所產生的音頻。
2. 當聲音到達麥克風時，音頻再度經由改變空氣壓力而震動麥克風內的小片薄膜來產生電流。
3. 麥克風經由它的前極擴大傳送電流進入類比錄音的機器內。
4. 類比錄音機的錄音頭會將它所接收到的電流轉化成磁性流。
5. 這些磁性流將錄音帶上的磁性分子改變，紀錄音源發出的聲音。

紀錄在錄音帶上的聲音要被播放出來時，它的過程是這樣的：

1. 放音機的放音頭將紀錄在錄音帶上的磁性流轉化成電流。
2. 當電流傳送到喇叭時，經由擴大的效果，震動喇叭內的圓錐體。
3. 音源的〝原音〞因為喇叭內的圓錐體被擴大機傳來的電流影響來回震動，因此改變了空氣壓力所致。原則上，類比錄音室可以完全的將藝人的〝原音重現〞的。

### *類比錄音速度及寬度*

類比錄音的速度是定義成英吋/每秒（ips）。一般來說，專業類比錄音的規格是7.5ips、15ips和30ips。越快的類比錄音速度代表越好的錄音品質，越高的訊噪比。但是相對也需要較多的錄音帶長度。錄音速度是7.5ips時，只能錄下66分鐘的聲音，錄音速度是30ips時，只能錄下16.5分鐘的聲音。錄音帶的寬度及軌跡數也是決定錄音品質的條件之一。越寬的錄音帶，有越多的磁性的分子可以表現聲音的變化。專業的錄音帶是2英吋寬，24軌。這表示每一軌可利用的磁性的分子是0.21公分寬。而一般家用的錄音帶是1/4英吋寬，4軌。這表示每一軌可利用的磁性的分子是0.16公分寬。所以錄音帶的寬度越寬，軌數越少，錄出的品質越好。

### *數位錄音及錄放過程*

### *(1) 類比數位轉換A/D*

雖然數位錄音與類比錄音使用的工具不同，它們的過程是雷同。數位錄音將電流轉化成電腦的二進制位數字位元，形成許多〝0〞與〝1〞

的資料組合，再儲存在硬碟中。當類比訊號經由電流轉化成數位訊號時，這稱作A/D Conversion（類比數位轉換）。圖10-3將轉換過程中的步驟圖示出來。

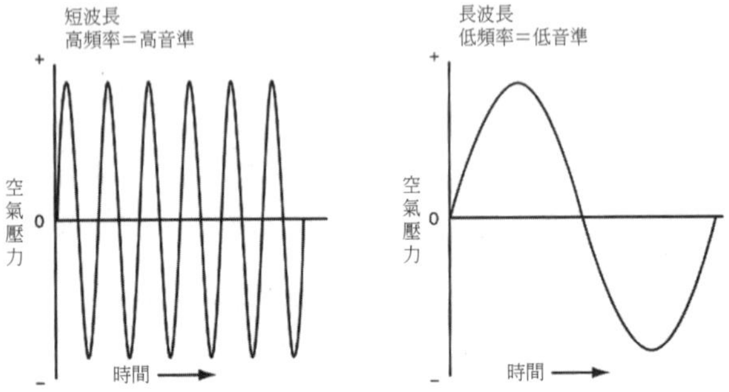


▲圖10-3 短波長VS.長波長

### （2）取樣率

我們需要將連續的類比聲音錄製在電腦的硬碟上，為了要在類比數位轉換後正確的建立數位訊號，必須快速，準確的採取音頻樣本。採取音頻樣品的速度就如照相的速度。如果每一小時對著含苞待放的花朵照一張，只能顯示出花朵開花變化的大概模樣。無法得知其細部的變化。如果每隔一秒鐘照一張，將得知許多細部變化。數位錄音就如同對著音樂照相。但是要使用一定的速度。需要在每秒中，採取40,000個音頻樣本才能將類比音波轉換成數位訊號儲存下來。這速度就稱為〝取樣率〞。取樣率為44.1kHz，表示每秒，對輸入音樂照44,100張照片。每張照片都會紀錄下輸入音樂的震幅。當我們要將數位紀錄傳送回喇叭時，數位訊號又將再度轉化成類比訊號。這轉換的過程就如同看電影一樣，許多的短暫片段快速的被播放，我們的大腦會將其視作連續的動作。那為什麼要選44.1 kHz當作我們的取樣率？這是因為我們人類的耳朵最多只能聽到20kHz音頻的聲音，我們需要用它的兩倍速度來記錄下音頻的樣本。這是美國的錄音師Harry Nyquist發明的。這是著名的〝尼奎斯特定律〞。如果要取樣一個16kHz音頻的聲音，卻用20kHz的取樣速度，電腦會將各樣本組合儲存如圖10-4及圖10-5的樣子。等到電腦重組數位資訊之後，得到的聲音就會與原來不同，如圖10-6。當取樣速度是取樣音頻的兩倍（32kHz），才能得到一個與原音頻較接近的記錄，並重組成較為正確的震幅，如圖10-7至10-9。

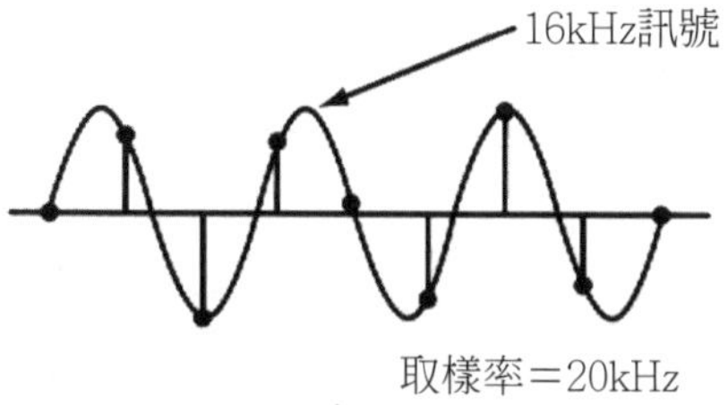


▲圖10-4
16kHz的頻率用每秒20000次的取樣率

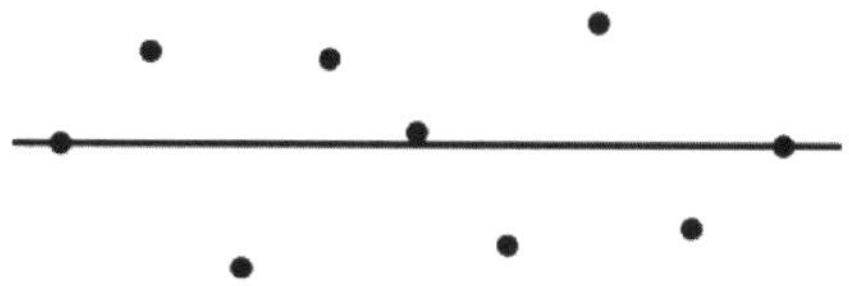

▲圖10-5
每秒20000次的取樣率等電腦重組數位資訊後，得到的聲音就會與原來的不同

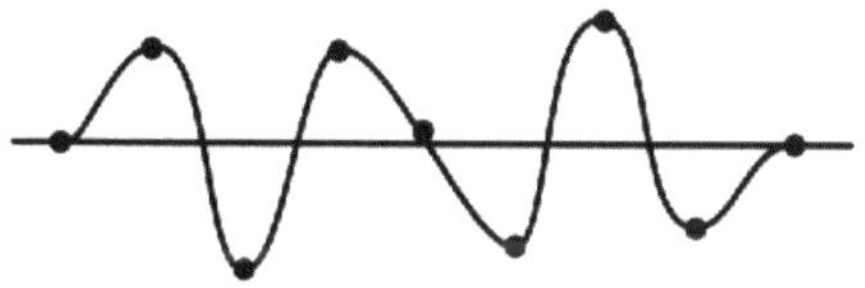

▲圖10-6 電腦重組的波形不正確
當取樣速度是取樣音頻的兩倍（32kHz）時，才能得到一個與原音頻較接近的記錄，並重組成較正確的震幅，如圖10-7至10-9

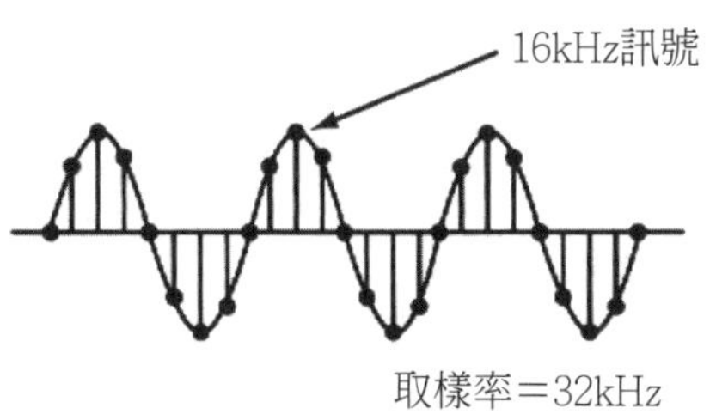


▲圖10-7
16kHz頻率用每秒32000次的取樣率

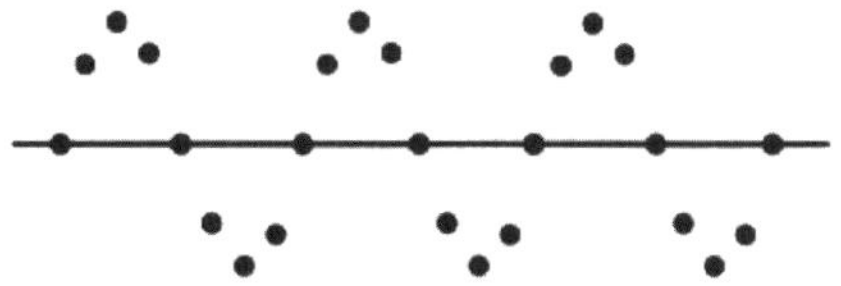

▲圖10-8 每秒32000次的取樣率

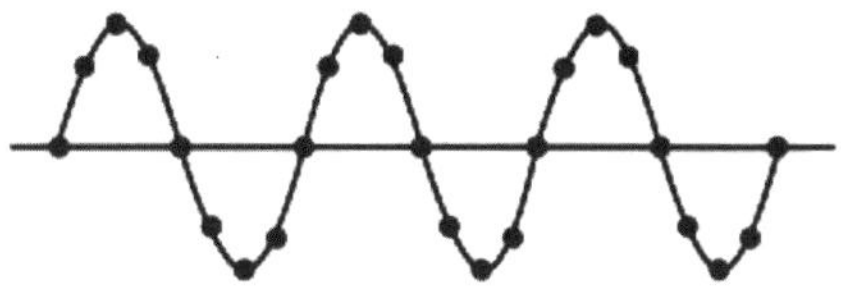

▲圖10-9
用波形頻率兩倍的取樣率得到正確的結果

### *（3）反頻率偏移（Anti-aliasing）*

錄音的時候，人耳聽不到的音頻（例如：30kHz）被錄到時，那會發生什麼事？電腦以CD規格錄音時的採樣率是44.1kHz，它並不是30kHz的兩倍。所以圖10-10及圖10-11告訴我們，如果錄到30kHz時，它被電腦重組後的音頻會失真（44.1kHz－30kHz＝14.1kHz）且會與其它音頻混疊。所以我們在錄音時需先過濾掉大於20kHz的音頻，以避免失真及頻率偏移（Anti-aliasing）。當我們要將類比音頻轉化成數位訊號時，我們會先將聲音經過一個低通

濾波器（Low-Pass Filter）。這個過濾門檻是20kHz。CD的取樣率就是44.1kHz，而DVD，SACD的取樣是更高的。速度更高，當然電腦就要花更多的時間處理資訊，更多的儲存空間，也就花費更多成本。

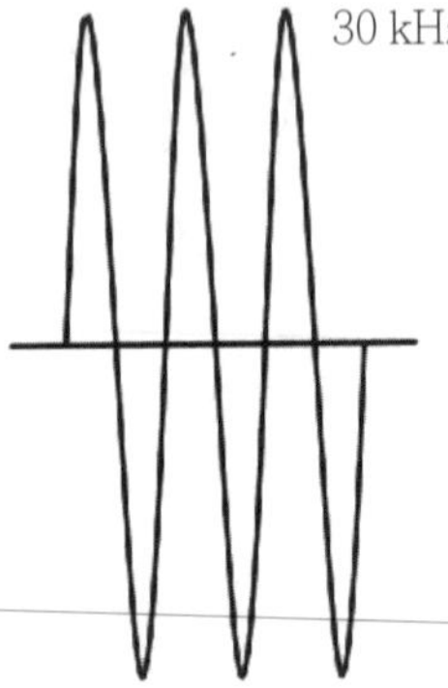


▲圖10-10

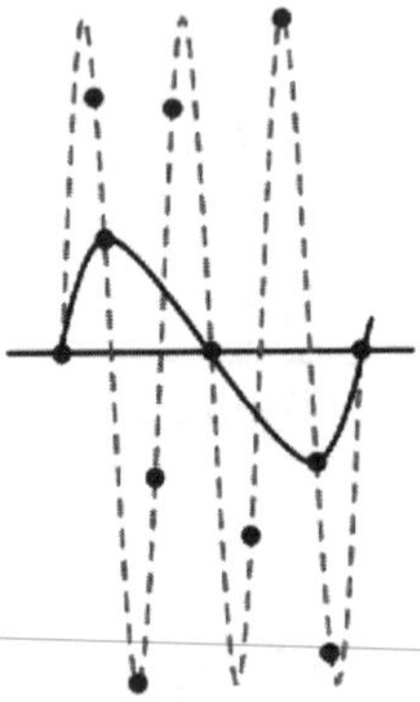

▲圖10-11

*(4) 量子化*

當類比訊號經過濾波器被採取成樣本後，樣本便被量子化。量子化的過程就是將類比聲音代表的電壓伏特數用電腦的二進制位數字〝0〞以及〝1〞來表現。在一位元系統聲音訊號只能用〝1〞→有訊號，〝0〞→沒訊號來表現。在二位元系統聲音訊號有四種表現的可能性，〝00〞→沒訊號，〝01〞→〝有一點訊號，10〞→〝大一點訊號，11〞→最大訊號。而三位元系統聲音訊號就會有八種表現的可能性（000,001,010,011,100,101,110,111），如圖10-12b。位元數越多可表現的聲音訊號也越多，這稱之為位元深度（Bit Depth）。而任何聲音的電子電壓數值皆可用〝0〞及〝1〞數字來表現，這稱為〝數位數字〞（Digital word）。數位數字的大小取決於位元深度，位元深度越高其聲音內容越多，如16位元，就有65,536種可表現的聲音訊號。同理24位元是就有16,777,216種可表現的聲音訊號。目前較常使用的位元深度是16及24位元，24位元系統比16位元系統有更高的清晰度。

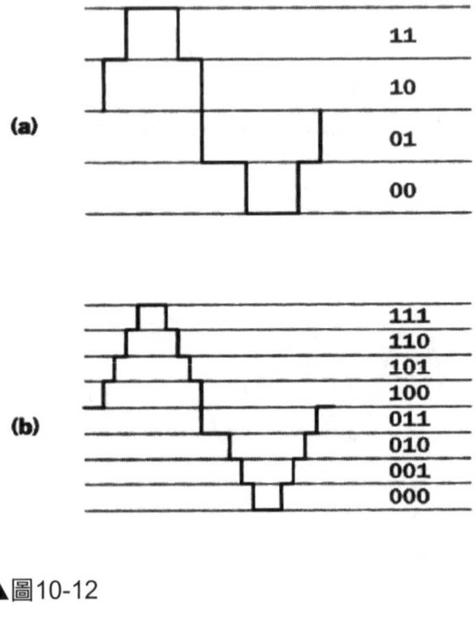


▲圖10-12

### *(5) 編碼*

在A/D轉換過程的最後一步即是編碼。電腦內的錄音軟體將許多〝0〞以及〝1〞紀錄在硬碟中，並加以管理，這個工作結果是很驚人的，電腦CPU運算速度不夠快，可能會產生許多問題。

### *(6) 數位類比轉換*

將電腦數位資料轉回類比音頻時，基本原理就是將A/D 轉換的步驟反轉過來。電腦資訊資料將許多的〝0〞與〝1〞解碼成電子電流，再經過低通濾波（Low-Pass Filter），最後轉換成類比音頻，這稱之為D/A。

在D/A過程中，有一個過程是與A/D轉換不太相同的。就是錯誤改正（Error Correction）。許多數位訊號被編碼成電子數據時，有些小雜音以及爆破音會出現。這是由於數位訊號轉換回類比訊號時，電腦無法完全按照原本的音頻解碼，它只能表現出接近的音頻。此時，錯誤改正機制便啟動插補（Interpolation）功能，加入額外的數位資訊，呈現十分接近原本類比訊號的資訊，雖然錯誤改正機制並不能保證完整呈現原始類比訊號，但也十分接近。

### *(7) 錄音技術總述*

數位錄音已經越來越普遍。雖然傳統類比錄音在實際上，比數位錄音更能錄到真正的〝原音〞，但數位錄音有太多的好處是傳統類比錄音比不上的。類比錄音將〝原音〞持續性的錄製下來。數位錄音只能錄製接近真正的〝原音〞。現在電腦技術越來越好，取樣率會越來越快，位元深度越來越增加，數位採樣到的音樂將會越來越接近〝原音〞。事實上，人的耳朵是無法分辨類比或數位錄音的差別。

### *(8) 數位錄音及電腦硬碟記憶體所需的工具*

越快的取樣率，越多的位元深度，會增加電腦記憶體的工作。同樣的取樣率，24位元深度錄音也會比16位元深度錄音增加電腦50%的工作量，相對需要更大的硬碟，如圖10-13。利用圖10-13的公式計算一首五分鐘的歌曲所需要的硬碟記憶容量。只要輸入這首歌的取樣率44,100/秒，位元深度24位元，錄音的音軌24軌，及歌曲的時間5分鐘，得到檔案容量（7,620,480,000 bits）轉換成電腦的記憶容量約為0.89GB，不到1GB。避免只用一個槽做所有的工作，應將

| | 16位元<br>44.1kH | 16位元<br>48kHz | 24位元<br>44.1kHz | 24位元<br>48kHz | 16位元<br>96kHz | 24位元<br>96kHz |
|---|---|---|---|---|---|---|
| 1聲道1分鐘 | 5MB | 5.5MB | 7.5MB | 8.2MB | 11MB | 16.4MB |
| 2聲道5分鐘 | 50MB | 55MB | 75MB | 83MB | 110MB | 165MB |
| 2聲道60分鐘 | 600MB | 662MB | 5MB | 991MB | 1.3GB | 1.9GB |
| 24聲道1分鐘 | 120MB | 132MB | 5MB | 198MB | 164MB | 396MB |
| 24聲道5分鐘 | 600MB | 662MB | 900MB | 991MB | 1.3GB | 1.9GB |
| 24聲道60分鐘 | 7GB | 7.8GB | 10.5GB | 11.6GB | 15.6GB | 23.2GB |

▲圖10-13 不同的取樣率與位元深度所需要的電腦硬碟記憶容量

電腦硬碟分割成多槽，由各槽分擔各種工作以達到在同一時間做許多工作的效力。不管在錄音時採用多快的取樣速度及多少的位元深度，燒錄成CD時都要轉換成16 bits/44.1 kHz。因為這就是CD的規格。

### *(9) 設定錄音電平*

錄音時，要將錄音電平調到最大，儘量使訊噪比呈現最大，這將錄到最多的音樂訊號以及最少的雜訊。但是千萬要小心，不要把音樂錄到失真。不要使用到機器的飽和極限（saturation）將音樂削峰（clip）。圖10-14～10-17表示這個概念。類比錄音時，雖然機器的錶頭已經亮起紅燈，但尚未產生失真，只是警告，許多錄音師會用自己的耳朵確定音樂沒被削峰繼續錄音。這是因為好的類比錄音機有餘裕，能讓錄音師自己決定何時減低錄音的訊號電平。數位錄音不一樣，機器會將大於0dB的音樂削峰，沒有任何的空間。所以數位錄音一定要確定最大

▲圖10-14 錄音電平太低

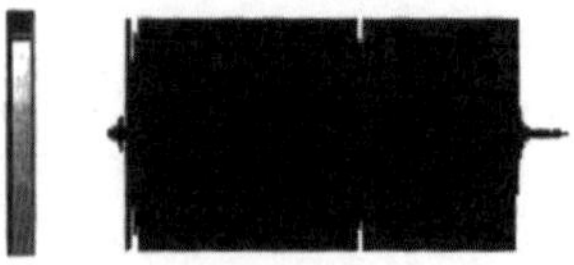

▲圖10-15 錄音電平太高

▲圖10-16
錄音電平很平均但有雜音

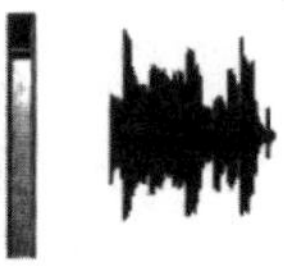

▲圖10-17 錄音電平很好

錄音電平是小於0dB的。

### *(10)緩衝區大小及延遲時間*

數位錄音時，有兩個觀念是類比錄音沒有的。叫做緩衝區的大小及延遲時間。數位錄音中，音樂是經過類比數位轉換A/D，再經過D/A數位類比轉換的處理，才能送回到喇叭或耳機讓錄音師監聽，這過程是需要花時間，即使只是很短的時間也造成監聽延遲（Latency）的影響，範圍從3～50毫秒。正常來說，A/D及D/A的過程各需1.5ms（毫秒）。而錄音運作處理所需時間則決定於緩衝區的大小。可以將緩衝區的大小想像成機器處理樣本的能力。用公式將緩衝區大小轉成延遲時間。延遲時間（Latency）等於緩衝區大小（Buffer Size）除於取樣率。假設緩衝區大小是128個取樣，採取音頻樣品的取樣率是44.1kHz將得到2.9ms的延遲時間。表示機器需要2.9ms處理音樂。所以真正在錄音的時候，音樂由音源發聲到由喇叭監聽所需要的總延遲時間（Total Delay）是1.5ms＋1.5ms＋2.9ms＝5.9ms！你不用擔心，5.9ms是很短的時間，我們的耳朵是不會察覺到的。緩衝區太大，延遲時間較長，總延遲時間將會拉長。相反的，如果用較快的取樣速率，將得到較短的延遲時間，而總延遲時間將縮短。參考圖10-18，可以對這個觀念更加清楚。

| 緩衝區大小 | 取樣率 | 延遲時間 | D/A/D轉換 | 總延遲時間 |
|---|---|---|---|---|
| 128 | 44.1 | 2.9 | + 3 ms | 5.9 |
| | 48 | 2.7 | + 3 ms | 5.7 |
| | 88.2 | 1.5 | + 3 ms | 4.5 |
| | 96 | 1.4 | + 3 ms | 4.4 |
| 256 | 44.1 | 5.8 | + 3 ms | 8.8 |
| | 48 | 5.4 | + 3 ms | 8.4 |
| | 88.2 | 2.9 | + 3 ms | 5.9 |
| | 96 | 2.7 | + 3 ms | 5.7 |

▲圖10-18 緩衝區大，延遲時間長，較快的取樣速率，能得到較短的監聽延遲時間。

Professional Audio Essentials

# 第十一章 專業名詞解釋

## 看專業名詞解釋學英文

***AC 交流電***

交流電的流向會在固定的時間內反向，直流電DC則永遠保持著一個方向，交流電每分鐘改變方向的次數就叫頻率，110V/60HZ表示110伏特的交流電每分鐘反向60次。

***ACOUSTICS 音響聲學***

聲音的研究及人耳聽音機制與聲音有關之事務。

***ACOUSTIC FEEDBACK 音響回授***

被麥克風拾取的聲音從喇叭發出，又被同一支麥克風拾取，再經由同一支喇叭發聲，每次訊號變更大，直到音響系統開始自我回授，產生某種頻率的尖叫，尖叫的頻率叫作回授頻率。

***ACOUSTIC GUITAR傳統共鳴吉他，非使用電氣或電子式吉他***

***ACTIVE 主動式***

音響設備需要交流電或電池供應電源才能正常工作的通稱為主動式，類似的產品有主動式喇叭、主動式分音器，相對的不需要這種電源的設備通稱為被動式。

***ACTIVE CROSSOVER 主動式分音器***

主動式分音器接在雙擴大機喇叭系統或參擴大機喇叭系統中功率擴大

機之前，要利用110V電源來工作，某些主動式分音器還可以提供分頻點的選擇功能。

***ADC 或 A/D***

類比ANALOG訊號轉換CONVERT為數位DIGITAL訊號的簡稱。

***AES=AUDIO ENGINEERING SOCIETY***

由美國音響專業人士所組成的音響工程協會。熱心致力於設立音響標準，RIAA就是由他們設立的。

***AF 音響頻率***

AF是AUDIO FREQUENCY音響頻率的簡稱，表示其頻率範圍是人耳可聽的音響部分，通常是20Hz～20 KHz之間，極少數的人才可能聽到低於20Hz或高於20KHz的頻率，大多數人超過16KHz就聽不到了，事實上耳朵的聽力也跟頻率本身的音量大小有關係。

***AFL AFTER FADER LISTEN 推桿之後監聽***

***AMBIENCE 臨場感***

室內聲學的解釋為空間的感覺，或為聆聽空間的室內聲學品質。

***AMPLITUDE 震幅***

震幅是一個訊號或者聲音的力量，與頻率無關，聲音震幅的測量單位通常以音壓電平表示。

***AMPERE安培，簡寫爲Amp.或A.是電流強度的單位***

***ANALOG 類比***

***ANSI（AMERICAN NATIONAL STANDARDS INSTITUTE）美國國家標準局***

***ANTENNA 天線***

***ATTACK TIME 啟動時間***

壓縮/限幅器使用時，當它收到一個強力的訊號，機器本身開始進行壓縮/限幅來降低增益所用的時間，就叫啟動時間，通常啟動時間要愈短愈好，因為如果啟動時間大於突波訊號發生的時間，那麼根本起不了任何作用。

*ATTENUATION* **衰減**

訊號的電平或是震幅減小稱之為衰減，其測量單位為dB。

*A加權/B加權/C加權*

使用音壓表測量音源的音量大小，常在音壓表的切換開關上看到A、B或C加權的顯示方法，我們在測量音壓時，到底要用哪一種加權，加權又是什麼意思？

因為人類的耳朵對於聲音的自然反應，1kHz以下的低音頻率感應靈敏度比1KHz低，在低音量時，這種現象更突顯，（以上比較是人耳實際聽力和儀器測量結果之比，所以儀器為了能測到更接近人耳感應的結果，必須要衰減音壓對某些頻率的靈敏度以獲得較實際的數據）

A、B、C加權的使用方法如下：

A加權功能較適合測量較低音壓的音源，例如背景噪音。

B加權功能較適合測量中音量音源。

C加權功能較適合測量大音量音源。

依美國國家標準局ANSI S1.4-1971規定依A、B、C加權功能各頻率衰減規定詳如附錄八。

*AUDIO* **音響**

AUDIO音響是拉丁文〝我聽到了〞的意思，音響泛指所有可以聽到的聲音，超音波、無線電頻率訊號。

*AUTOMATED MIXING* **自動混音**

*AUX* **輔助輸出**

請參考本書第三章混音機的內容說明。

*BALANCED* **平衡式**

BALANCED平衡式是音響訊號線的一種使用方法，它不採用地線傳送音響訊號。

*BAND* **頻帶**

頻帶是由一連串相鄰的頻率組成，例如一個八度音頻帶表示頻帶的範圍有一個八度音，例如：220Hz～440Hz，AUDIO BAND音響頻帶就表示20Hz～20KHz。

*BAND PASS FILTER* **帶通濾波器**

帶通濾波器就是有頻帶寬度的濾波器，濾波器作用的範圍可寬可窄，也可固定頻率，其範圍由頻帶寬度決定。

### *BAND WIDTH 頻帶寬度*
頻帶寬度是指頻帶的寬度，有可能是一音程、兩音程或任何兩個頻率之差，均可稱為頻帶寬度；無線電傳播內容的數量就是由頻帶寬度來決定。

### *BASS 低頻*
低頻是音響頻率最低的部分，通常30Hz至200Hz稱為低頻，在HIFI音響杜比數位5.1環繞系統中的0.1就是指低頻部分，通常200～300Hz稱為中低頻。

### *BASS REFLEX 低音反射式*
低音反射式是美國Jensen喇叭公司的註冊商標於1930年代發明，它和密閉式喇叭不同，這種喇叭有通風口，經過後人改良，已普遍用在HIFI及專業喇叭上。

### *BAUD 波特*
數位資料傳送的速度單位，每秒1 Bit。

### *BBC (BRITISH BROADCASTING CORPORATION) 英國國家廣播電台*
歷年來致力廣播音響品質的研究，革新及改善工作。

### *BI-AMPLIFICATION 雙擴大機喇叭系統*
雙擴大機喇叭系統：兩音路喇叭音箱內裝有中/高音單體及低音單體，分別使用兩台不同的功率擴大機驅動，並可以個別調整音量。

### *BINDING POST*
一種連接喇叭和擴大機的接頭，可以和裸線、香蕉頭或ALLEGATOR CLIPS連接，通常會有紅、黑兩種顏色，黑色表示地線，紅色則是表示火線。

### *BNC 接頭*
一種同軸線使用的接頭，大多數用在測試儀器或視訊器材，由NEILL CONCELMAN發明的因此命名為BNC

***BOOST 增強***

將聲音或某頻率的震幅加大稱之為增強，通常適用在特定頻率或是某頻帶。

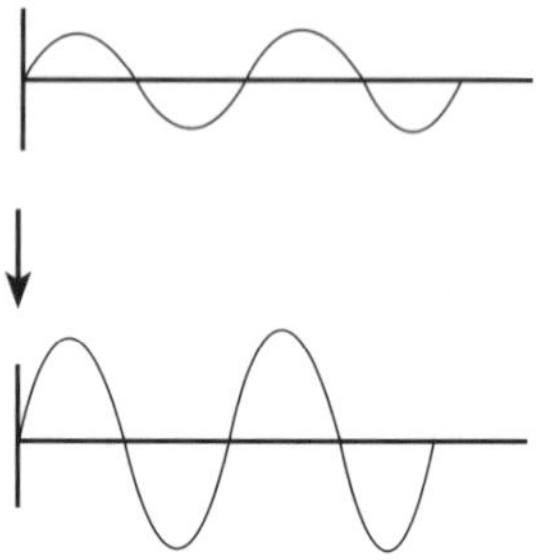

音量小

音量大

***BRIDGING 橋接***

將立體擴大機切換為一台兩倍輸出功率的MONO單聲道擴大機，通常必須把擴大機後面的立體/橋接切換開關，撥至橋接位置，然後將喇叭線接在A/B兩聲道的正極接頭。

***BUS***

請參考本書第28頁內容說明。

***BY PASS 旁通***

***CAPACITOR MICROPHONE 電容式麥克風又名CONDENSER***

***碳粒式麥克風 CARBON MICROPHONE***

碳粒式麥克風是最早發明的麥克風之一，碳粒式麥克風阻抗低，頻率響應狹窄，很容易失真，並不是高品質的麥克風，但是電話筒還在用這種麥克風，所以下次您聽電台CALL-IN節目，激動的觀（聽）眾打電話進來的音質不好，您就知道原因了。

***CARDIOID 心形***

請參考本書第六章內容說明。

***CHANNEL SEPARATION 聲道分離度***

聲道分離度是串音的倒數，串音小表示兩聲道分離度大。

***CLIPPING 削峰***

如果一個訊號經過擴大機或其他電子器材卻無法匹配它的最大電流需求，該訊號的震幅上簷、下檻就會被削平，削峰失真的訊號包含有大量的諧波失真，聲音也變得很粗糙難聽。

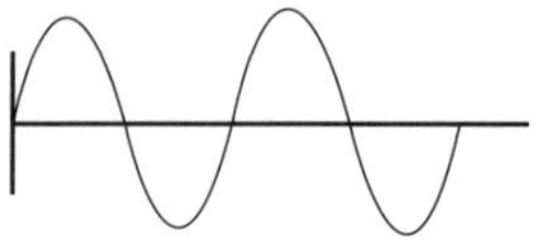

正常

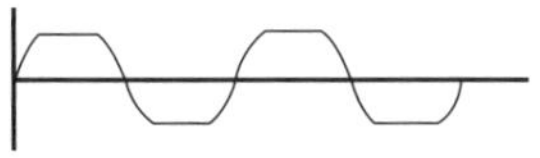

失真削峰時的訊號

***CLOSE MIKING 近距離收音***

以極近的距離收取人聲或樂器聲，以便儘可能減少不要的其他聲音。

***CMRR***

***( COMMON MODE REJECTION RATIO ) 共模互斥現象***

請參考本書第九章內容說明。

***COAXIAL CABLE 同軸線***

***COAXIAL LOUDSPEAKER 同軸喇叭***

同軸喇叭是兩音路喇叭，其高、低音單體合為一體且中心點在同一條線上，通常高音單體為號角式，同軸喇叭的優點是完全模擬點音源的發聲方式。

***COMPRESSOR 壓縮器***

壓縮器可以減少訊號的動態範圍，主要效果是將太大聲的變小一點，太小聲的變大一點，使音量平均，常用在錄音及廣播收音機。

***CONSOLE 大型混音機***

***CONSTANT DIRECTIVITY HORN 傳統號角式高音喇叭***

傳統號角式高音喇叭放音時隨著頻率愈高其涵蓋方向愈窄。

***CRITICAL DISTANCE 臨界距離***

我們離喇叭愈遠，對於殘響來說，直接音將愈來愈弱，當我們退到某一點剛好直接音和殘響音量一樣大時，這個距離叫做臨界距離，實際的臨界距離將因喇叭指向特性而有所改變，喇叭系統指向性愈高，則臨界距離愈大，所以喇叭設計者希望喇叭對觀眾的指向性愈高愈好，而對牆壁和天花板的朝向則是愈少愈好。

***CROSSTALK 串音***

多聲道的音響傳送系統，例如：混音機、多軌錄音機或電話線等，從一個聲道滲漏到另一個聲道或更多個聲道的情形叫做串音，以dB為單位，但是串音會依頻率不同而有不一樣的特性，串音可以利用平衡式接線，適當的屏蔽隔離及正確的系統設計來減低。

### *CUT*

訊號震幅的減小謂之CUT，通常針對某特定頻率或頻帶。

### *CUT-OFF FREQUENCY 截止頻率*

使用高通濾波器或低通濾波器功能時，比未經濾波器影響之頻率振幅低3dB的頻率就叫截止頻率。

### *DA 分配放大器 (DISTRIBUTION AMPLIFIER)*

分配放大器可以將一個訊號變成多個相同的訊號送往不同的輸出，例如現場演唱時，混音機主要輸出接分配放大器之後，可將相同的訊號送往FOH擴大機喇叭系統、現場轉播OB車、實況轉播Fm電台、現場貴賓室、錄音設備、耳機等等，通常的設計為二進八～十出，其輸出均互相隔離，所以任何一組短路或故障均不影響其他輸出功能。

### *DAC (DIGITAL-TO-ANALOG CONVERTER）數位類比轉換器*

### *DAMPING 阻尼*

幾乎所有的機械系統都有共鳴點，它們都會在到達共鳴頻率時震動或發出共鳴的聲音，各種樂器需要這種特性以發出各具特點的音色，但是我們不希望喇叭或唱頭會發出自己的共鳴聲加入播放出來的音樂讓我們聽，因此加入有摩擦力的阻尼物質在喇叭及唱頭上讓它們不要共鳴。（但有時候不會很成功）

電子類比的所謂摩擦力就是電阻，電阻用來阻止電子線路產生共鳴，例如：分音網路、濾波器等。

### *DAMPING FACTOR 阻尼因素*

擴大機控制喇叭紙盆動作的能力，稱為阻尼因素，其值為負載阻抗除以擴大機的輸出阻抗。

高阻尼因素的擴大機將會減低喇叭紙盆不必要的震動，因為低阻抗的擴大機輸出吸收訊號的能量，讓喇叭紙盆運動受阻而減少它的動作。

擴大機阻尼因素之值會隨著頻率不同而變化。

### dBm

1 dBm/600Ω=0.075 VRMS

### dBV

1 dBV=1 VRMS

*DC 直流電*

*DECAY TIME 衰變時間*
衰變時間是讓訊號衰減60dB的時間叫衰變時間。

*DE-ESSER 寬波段選擇性高頻壓縮*
寬波段選擇性高頻壓縮是一種專門用在人聲的壓縮器，通常只在高於3 KHz或4KHz以上的高頻率範圍內工作，特別應用在廣播工業，可消滅因為太靠近麥克風而產生的人聲、嘶聲。

*DIGITAL 數位*

*DIRECT BOX 直接匹配盒*
錄音時將吉他、貝斯或鍵盤樂器等非平衡式訊號轉換為平衡式訊號後送往混音機的電子設備，通常需要電池或幻象電源來工作。

*DIRECT RADIATOR 直接輻射*
喇叭的移動元件和空氣之間沒有裝號角的形式稱為直接輻射式喇叭，家用喇叭大多是直接輻射式，專業喇叭大多使用號角式，直接輻射式喇叭的聲音比較平順，頻率響應很平均。

*DIFFERENTIAL AMPLIFIER 差動放大器*
差動放大器的設計使得平衡式接線感應到的干擾互相抵消，因為正、負兩訊號線靠得非常近，所以這兩條線會感應到相同的干擾，而差動放大器只放大這兩條訊號線上不同的訊號，因此任何同時出現在正、負兩條線上一樣的訊號（即雜訊）都不會被放大，這就是大家耳熟能詳的〝共模互斥現象〞（Common Mode Rejection）。

*DISPERSION 擴散角度*
喇叭擴散聲音的角度叫擴散角度。

*DIVERSITY RECEIVER*
無線麥克風的接收器一定有兩只天線，為什麼天線要一對呢？因為這些無線電訊號會衰減或被大樓、汽車、樹、牆壁反射的關係，不同相位的無線電波互相干擾，使得訊號不良，兩支天線位置不同，會收到不同強度的訊號，分別送到內藏的兩個接收器，然後經過比較的功能選擇比較強的訊號送去混音機。

### *DRIVER 驅動器*

單獨的喇叭單體都可稱為驅動器，然而號角式喇叭系統除了號角外，其他部份都可稱為驅動器。

### *DROPOUT 磁帶訊號下降*

類比磁帶錄音時，錄音訊號品質的好壞依賴著磁粉是否可以均勻分佈在磁帶上，如果它的靈敏度在磁帶上各處發生變化，訊號電平就會週期性的降低，這些電平降低的現象就叫磁帶訊號下降，大約只會將電平下降幾dB而已，可是訊號電平下降的副作用是磁帶本身噪音電平將會比較明顯。

### *DRY*

使用效果器時未經處理的訊號稱為DRY，經過效果器處理過的訊號叫WET。

### *DSP數位訊號處理 (DIGITAL SIGNAL PROCESSING)*

數位訊號處理是類比類音樂訊號經編碼為數位訊號資料後的處理或是修正。

### *DUB 複製*

複製一個錄音帶或CD叫做DUB，其複製過程叫做DUBBING。

### *DYNAMIC RANGE 動態範圍*

音響動態範圍是最大聲和最小聲的音量比例，測量單位為dB，交響樂演奏的動態範圍大約為90dB，表示音響演奏的最大音量比最小音量大聲90dB，動態範圍是一種比值，與音量大小的絕對值無關。

通常在Fm廣播節目是感受不到交響樂真正現場演奏的動態POWER，因為儲存或者傳送錄音的媒介本身有無法消除的噪音，因此決定了音樂本身的最低音量（一定要大於噪音音量），音樂的最高音量可能因為系統防止削峰失真的保護措施，而被壓縮下來，CD唱片可以提供較大的動態範圍，但是在廣播的系統裡因為頻寬的關係，電台是會使用壓縮/限幅器減低音樂的動態範圍後，再行廣播出去。

### *ECHO 迴音*

迴音和殘響（REVERBERATION）不同，常被人誤解，迴音正確解釋為：比直接音慢了至少50毫秒的反射音，而且音量也比殘響大聲。

### *EFFICIENCY 效率*

一種測量喇叭輸入電能被轉變為聲能的比例，以百分比為單位，未被轉換成聲能的電能將轉變為熱能，幾乎大部分的直接輻射式的喇叭效率只有1%～2%，號角喇叭的效率大約可達10%～20%，最高30%，專業用喇叭系統高效率的要求十分重要，特別是在大場地需要高音量的時候，高效率喇叭可以減少擴大機的數量，同時低效率喇叭產生的熱能在大音量表現時很容易過熱而燒毀高音單體。但是效率高或低並不表示喇叭的好壞，選擇的判斷要由使用需求而定。

### *EFX EFFECT 效果的簡稱*

### *EMI ELECTRO MAGNETIC INTERFERENCE 電磁波干擾*

在音響系統聽到的雜訊，例如：哼聲、靜電聲、BUZZ聲等，都是因為音響系統拾取了電磁波再放大而造成的，一般來說，會產生EMI輻射的有日光燈、電源線、電腦、汽車點火系統、調燈器、Am及Fm電台發射器、電視台發射器，EMI在某些狀況會造成很大的問題，如果音響產品設計時未考慮如何免疫，是很難在事後去解決或消除它們。

### *EQUALIZER 等化器*

一種可以用來提昇或壓抑任一被選擇頻率震幅的設備。

### *FEEDBACK 回授*

混音機麥克風聲道的輸入增益設得太高使得從喇叭發出來的聲音又被麥克風收音而放大，因此產生持續的嚎哮聲，解決的辦法是將增益關小或將聲道推桿拉下來一點，另一種辦法是利用等化器將產生回授的頻率衰減，以便使音響系統的頻率響應較平坦。

### *FERRO FLUID*

一種鐵磁液體會附著於喇叭的磁鐵上，在磁場內鐵磁液體會變得比較硬，離開磁場就會像滑潤油一樣，特別用在高音喇叭，主要用途是將音圈的高熱引導至磁鐵，鐵磁液體圍著音圈四周，磁場可以將它固定在磁溝內讓音圈散熱更快，效果比空氣更好。

***FISHPOLE***
***是麥克風延伸桿MIC BOOM的俗稱***

***FLAT FREQUENCY RESPONSE***
***平坦的頻率響應***

擴大機、喇叭、麥克風有平坦的頻率響應，表示某頻寬訊號輸入、輸出各設備後有相同的增益或是靈敏度，其震幅也均勻分佈在該頻寬，增益及頻率關係圖成一條平坦的橫線，因此而得名。

***FLUTTER 抖動***

錄音機轉速不能保持定速的話，錄好的音樂其音調會改變，改變率高於5Hz或5Hz以上就叫做抖動，改變率低於5Hz就叫WOW。通常我們可在產品的規格表上看到WOW &FLUTTER我們通稱為抖動率，抖動事實上是頻率的變調，聽起來像顫抖的音樂，某些樂器是不能容許這種現象的，例如鋼琴的音準絕不容許稍有誤差，而絃樂器就比較聽不出來。

通常錄音機可接受的抖動率為0.1%或0.1%以下，傳統LP唱盤抖動率比較低是屬於WOW。

***FOH（FRONT OF HOUSE）***
***PA主場的設備***

PA主場的設備，包括混音機、擴大機、喇叭、效果器等，通常舞台音響系統分為PA主場的設備及監聽設備，PA主場的設備是給觀眾聽，監聽設備是給舞台上的表演者聽的。

***FOLDBACK 回饋***

將各聲道輸入的聲音，經由喇叭或耳機送給演出者去監聽自己或同台者現在所做出的聲音。

***FREQUENCY 頻率***

聲音是由震動而產生的，每秒鐘震動的次數稱為〝CPS〞，也叫頻率Hertz，簡寫為Hz；例如：一秒震動一次是1Hz，一秒震動440次是440Hz，人類耳朵可以聽到的頻率範圍為20Hz～20KHz，所以我們發現幾乎所有擴大機提供的頻率響應規格都是20Hz～20KHz，其實很多人根本聽不到20Hz或20KHz。

***FREQUENCY RESPONSE***
***頻率響應***

頻率響應簡單的說就是震幅和頻率的關係，通常訊號輸出為Y軸，單位為dB，頻率響應為X軸（20Hz～20 KHz），頻率響應包含音量及相位兩個部分，我們要了解頻率響應的正確意義，它被定義為是系統或某設備的特性，而不是訊號的特性。

### *GATE 閘*

閘是電子電路的一種作用像一個電子開關，決定訊號是否可以通過，閘的開關是電壓控制，如果訊號本身的電平就可以決定閘的開啟，這種叫做雜音閘（NOISE GATE）。

### *GITTER 相位抖動*

在類比數位轉換時，對於訊號取樣確實時間的不確定狀況叫做相位抖動，因此使得取樣的訊號產生了一些失真。

### *GRAPHIC EQUALIZER 圖形等化器*

請參考本書效果器內容說明。

### *GROUND 接地*

擴大機或其他音響器材的金屬機座不管是否真的接地，均稱為接地，金屬機座也是電的導體，它作用成屏蔽以保護機體內部不受外來電磁場的干擾，外在電磁場會在電路中產生雜訊，金屬機座的屏蔽作用可以減少這種現象，而且屏蔽效果可以由金屬機座延伸到傳輸訊號的屏蔽訊號線，屏蔽訊號線是內部導體完全被外圈導體所包圍，外圈導體有屏蔽作用並和金屬機座連接，傳送有線電視訊號的同軸電纜就是最好的例子，如果兩個或兩個以上的音響器材接在一起，例如：前、後極擴大機，屏蔽訊號線的屏蔽導體負責連接各音響器材，使得全部器材的接地都必須要相同，如果接地斷了，就會聽到60Hz的噪音或是哼聲（HUM），因台灣家用交流電源是110V/60Hz，電源延長線就好像無線電台發射塔一樣，將60Hz的電磁場輻射出去，干擾了音響品質。

### *GROUP 群組輸出*

多重聲道輸出可獨立混音自成一組的群組輸出。

### *GROUND LIFTER 接地切斷開關*

某些音響設備，像是阻抗匹配盒、吉他擴大機等，有這個接地切換開關，是為了切斷輸入與輸出屏蔽，它可以切斷音響設備的金屬基座接地，例如：切斷吉他擴大機和錄音擴大機或錄音機基座，可以減少接地迴路引起的哼聲。

### *HARMONIC DISTORTION 諧波失真*

完美的音響設備，例如擴大機或錄音機它們的輸出訊號和輸入訊號除了功率電平可能被加大之外，應該沒有其他任何改變，但是完美的音響設備並不存在，因為輸出訊號總是會有某方面的失真，最簡單的失真型式是輸出訊號被添上輸入訊號的諧波，這種失真我們稱之為諧波失真，以百分比為單位，如果擴大機在1000Hz輸出10伏特時，又被添入1伏特的2000Hz輸出，我們就稱10%的第二諧波失真，諧波失真可用頻譜儀來測量，頻譜儀可以顯示各個不同諧波的變化值，所有添入的諧波電平之和稱為總諧波失真TOTAL HARMONIC DISTORTION或THD，這種訊號可用示波器顯示出典型的正弦波形。

不同的音響設備會產生不同類型的諧波失真，例如類比類錄音機輸出會添加奇數的諧波、擴大機輸出會添加偶數及奇數的諧波、真空管擴大機輸出會加入低階的諧波，晶體擴大機輸出會傾向於加入高階的諧波，不同階的諧波加入輸出也造成各種音響器材不同的音色特 ，總諧波失真如果包括第二階諧波，聲音會比較吵，某些前、後級擴大機過載時，就會產生這種型態的失真；第三階諧波失真將會使音色變得較悶，是我們不喜歡的聲音。

### *HASS EFFECT 哈斯效應*

哈斯效應討論同一個訊號以些微時間差距傳到兩隻耳朵所產生立體音場效果的定位現象。

如果一個短暫的聲音訊號，先傳到人的一隻耳朵後，延遲幾毫秒後再傳到另一隻耳朵，人耳的聽覺會判斷出聲音是從比較先聽到的那隻耳朵的方向發出來，如果聲音同時到達兩隻耳朵，我們會感覺聲音在正中央的位置，如果延遲時間加長，聲音從先發聲的方向移到另一個方向的距離也會加大，延遲時間大約在2535毫秒之間，如果延遲時間再大，我們就會感覺聽到兩個聲音，而不是一個聲音在頭的兩側移動。

哈斯效應也可以被解釋為：如果聲音從兩個地點傳送到聆聽者的雙耳

時，例如：成音系統舞台兩側的喇叭組合，聲音將被定位在先發聲的喇叭位置，另一側延遲喇叭的聲音即使比較大聲，也將聽不到（大聲10dB也聽不到），哈斯效應是一種感官抑制的例子，感官就是人體對某一種刺激的反應使得對另一個刺激發生反應抑制的情形，這種科學是心理物理學的一種。

### *HEADROOM 容許範圍（餘裕）*

在工作電平以上，卻不會被截波的可用容許空間。

### *HEAT SINK 散熱器*

散熱器是用來擴散半導體工作時產生的高溫，使其保持穩定的工作狀況，如果散熱器不夠力，還可使用內建風扇強迫驅散機體內的高溫，有的風扇還有不同的轉速，可依溫度高低而改變，所以會產生高溫的器材一定要放在通風良好的位置，否則節目進行到一半，我們的系統因為過熱導致保護裝置啟動而當掉就糟糕了！

### *HIGH-PASS FILTER 高通濾波器*

濾波器讓某一種頻率以上的聲音均勻的通過，該頻率以下的部分將被濾掉，通常以每八度音衰減18dB的方式過濾，高通濾波器在頻率響應上會有個截止頻率出現；所謂截止頻率請參考CUT OFF FREQUENCY的名詞解釋。

### *HUM 哼聲*

音響訊號內60Hz或120Hz的頻率被稱為哼聲，哼聲最常由60Hz的電源線感應而得，要消除它們很困難，哼聲會經由幾種不同的方法傳入音響訊號，例如：環繞全國的電源線傳送電能的結果使電源線像一個巨大的發射天線，將60Hz的電流用電磁感應傳到訊號線，使音響訊號線產生哼聲；為了要防止電磁感應，音響訊號線使用電場屏蔽訊號線，為了防止電磁感應，長距離的訊號線一定是平衡式，而非平衡式兩束導體傳送訊號的線一定是採用繞絞編織的方式（TWISTED-PAIR）。另一種會感應到哼聲的是電源供應器，電源變壓器會輻射出60Hz的磁場，讓近距離的錄音機錄音頭、放音頭或唱頭經由電磁感應哼聲，因為電源供應器輻射出來的磁場並不是全方位均勻分佈，所以有時候把電源供應器改變方向放置，可能可以把哼聲降低。電視廣播干擾也會讓音響器材感應哼聲，天線和電視擺放的位置要特別注意。

### *HYPER-CARDIOID 超高單指向性心形麥克風*

是單指向性心形麥克風的一種，但是對於兩側收音的靈敏度比較低，當麥克風的音源必須維持一段距離時，為了防止收到太多環境殘響，就可以使用超高單指向性心形麥克風，電視台及拍電影同步收音時，最常使用這種麥克風，因為必須看不到麥克風，麥克風都放在有一段距離的音源上方。

### *IMPEDANCE 阻抗*

電子電路包含直流電，電流量I=V/R這是有名的歐姆定律。電子電路包含交流電就比較複雜，交流電阻被稱為阻抗，其單位也是歐姆，在音響電路或器材有不同的阻抗，例如喇叭是低阻抗設備，大約4～8歐姆而已，阻抗小就表示經過的電流量大，喇叭承受的功率等於電壓乘以電流的值；電容式麥克風收音頭是高阻抗設備，超過百萬歐姆，所以電容式麥克風收音頭產生的電流就很微小。

低阻抗線路較不易像高阻抗線路受到電子干擾，例如：60Hz的哼聲，大部分的音響設備都是用訊號線連接的，廣播工業界大部分聲音的傳輸是使用阻抗600Ω的線，只有喇叭線例外，喇叭線的阻抗就很低。

我們常常聽人說音響連接出了問題是阻抗匹配不對的說法是早期使用變壓器輸出與輸入的觀念，事實上阻抗根本不會在電子式音響系統中相等，譬如說一台擴大機驅動阻抗8Ω的喇叭，其擴大機輸出阻抗比1Ω還小，如果是8Ω則將會有一半的功率是消耗在擴大機內部，太浪費了。然而在高頻的無線電以及視訊傳輸上，阻抗匹配就很重要，恰當的阻抗匹配將反射波降到最低，可以避免產生雙重影像或鬼影。

### *INVERSE SQUARE LAW 反平方定律*

點音源輻射至三度空間其音壓會隨距離拉遠而衰減，通常距離增加一倍，音壓衰減6dB。

### *ISO 中心頻率*

ISO（International Standard Organization）國際標準組織為圖形等化器建立的標準中心頻率，這些特定的頻率都被所有的製造廠商採用，ISO標準頻率的建立使得等化器有了統一規格，方便了使用者，因為任何同等型式的等化器都有相同的頻率範圍可調，即使您使用不熟悉品牌的產品也不怕不會操作。

### *ISOLATION TRANSFORMER 隔離變壓器*

隔離變壓器是一種變壓器可以將音響系統或器材的使用電源與其他設備使用的電源隔離，電源線的第三條是所謂的電源接地線，是要和電源分電盤的地線接在一起，很多器材連在一條電源線時，如果用電沒有適當的接地線處理，這個地線通常會有電流產生；因為電線本身有電阻，同一種建築物不同的電源輸出，它們的地線連接可能會有不同的電位，如果有電器設備接在不同地點的電源插座，很可能產生接地迴路，這時候問題就大了，例如混音機使用在舞台對面的插座供應電源，100公尺外舞台上的吉他擴大機使用另一組插座，吉他擴大機前級輸出亦有接線倒送回混音機，這時哼聲就很容易被感應。

隔離變壓器可以截斷電源線之間的火線與中性線，維持地線的接地特性，消除接地線上產生的電流以防止哼聲的感應。

### *LIMITER 限幅器*

一種特別的壓縮器，不論輸入電平有多大都可以防止輸出訊號超過某預設的電平，限幅器最常用在流行歌人聲錄音的特效，經過限幅的人聲演唱者失控時也可以將錄音電平保持同一電平。限幅器有時用在音響系統的擴大機之前或無線電發射機之前，以免不可預料的高電平訊號造成過載及嚴重的失真。

### *LINE AMPLIFIER 高電平放大器*

高電平放大器原係為特殊的擴大機用來擴大電話訊號，以便經由電話線傳到很遠的地方，現在通稱有高電平輸出，其輸出阻抗為600Ω的擴大機為高電平放大器。

### *LINE LEVEL SIGNAL 高電平訊號*

工作電平在-20到+28dBu之間的訊

號，通常來自低阻抗的訊號源。

### *LOW-PASS FILTER 低通濾波器*

濾波器讓某一種頻率以下的聲音均勻通過，該頻率以上的部分將會被濾掉。

### *MASKING 遮蔽效應*

遮蔽效應是一種因為聽到一個聲音致使我們無法聽見另一個聲音的現象，通常我們只聽的到大音量的聲音，小音量或微弱音量的聲音雖然伴隨的大音量音源一起來，可是我們聽不到。

如果大小差不多，頻率很接近，通常我們只注意頻率較高的信號，這也是另一種遮蔽效應。

### *MICROPHONE PREAMPLIFIER 麥克風前級擴大機*

麥克風產生的訊號電平非常低，要將麥克風訊號第一次放大的擴大機必須小心的設計，最重要的要求是低噪音電平，前級擴大機通常會在前級輸入端裝有輸入變壓器或者差動放大器可使訊號電壓增益而不會有顯著的雜訊，它必須有良好的屏蔽設計以防止感應雜訊。

### *MIDI*

THE MUSICAL INSTRUMENT DIGITAL INTERFACE的縮寫，是使用各種電子音樂魔音琴標準通訊的介面，數種樂器可以一起接在MIDI介面上，我們可以使用其中一台的鍵盤控制另一台魔音琴或音源機發出聲音，這是MIDI最原始的目的，有MIDI功能的樂器具有MIDI輸入與輸出的接頭，標準容許同一時間可以操控16台不同的MIDI器材（實際上這麼多台並非同時控制，但是控制速度很快，聽起來好像同時控制）電腦可以用來控制MIDI器材，MIDI也可以當作介面來連接電腦與電子音樂樂器，也可將音樂及歌曲的順序以數位模式儲存。

### *MIDI INTERFACE MIDI 介面*

將MIDI樂器產生的數位碼轉換為電腦認識的資料，電腦就可以用來控制具有MIDI功能的樂器。

### *MID-RANGE 中頻範圍*

大致上來說200Hz～2000Hz被稱作中頻範圍，大部分的音樂訊號頻率都在這個範圍內，也是最容易被音響器材表現的頻率範圍。

### *MIX-DOWN 混音*

一種將事先錄好在多軌錄音帶混合成立體母帶的工作。

### *MONITOR 鑑聽喇叭/監視器*

在音響工業裡MONITOR是指喇叭，在控制室或錄音室給操作者或舞台上給表演者用的喇叭叫鑑聽喇叭，錄音室和舞台用的鑑聽喇叭稍有不同，錄音室的錄音師要確認錄音的結果是正確的，必須要有一對再生絕對精準的鑑聽喇叭，這種喇叭會忠實的將錄好的音源不加任何渲染的表現出來，舞台用的鑑聽喇叭標準沒那麼的高，只要頻率響應夠平坦，音量夠大，擴散角度夠廣，就可以了。

在視訊工業或電腦界MONITOR指的是監視器。

### *MONO 單聲道*

音響系統中不管連接幾隻喇叭，如果只有一個聲道的音樂我們稱之為單聲道，它和立體聲道不同之處，立體聲道必須要有兩個以上的獨立聲道，有的時候我們也稱呼混音機的麥克風聲道為MONO聲道。

### *M-S STEREO M-S 立體錄音技術*

如果您想做M-S立體錄音，通常要兩隻麥克風，一隻單指向性麥克風指著音源的中央，收M（MIDDLE）訊號，另一隻8字型雙指向麥克風指著音源側面，收S（SIDE）訊號，為了要將M以及S的訊號解碼為立體訊號，一般需要3個聲道的麥克風輸入來工作；第一個聲道收M，第二個聲道收+S，第三個聲道收-S；M/S是MID-SIDE的簡寫，也就是中心-側面的簡稱，利用一隻單指向性麥克風指著音源中央及另一隻8字型雙指向性麥克風指著音源側面，8字型雙指向性麥克風拾取音源左側正相的訊號及右側反相的訊號，當兩個訊號和單指向性麥克風拾取的訊號加在一起的時候，左側訊號會相加（因為均為正相訊號），右側訊號會相減（因為反相的訊號），利用兩隻單指向性麥克風一起用（但一隻中心偏右45°，另一隻中心偏左45°）得到的效果類似，都可以產生立體音場效果，不過，利用M/S立體錄音比較容易控制立體音場的寬廣度。

***MUTING 靜音***

混音器各個聲道如果不使用時可以按下此鍵就把該聲道的輸入切斷。家用Fm諧調器內的一種電路可以在搜尋電台時將訊號輸出關掉，以防止噪音擾人，有時候噪音的電平甚至比Fm電台節目還大聲，家用電視機上也常見。現代的音響器材也會有靜音鍵，但是處理的方式不同，例如：擴大機、混音機、大哥大等靜音鍵啟動後，大約是將訊號電平衰減20dB。

*NAB*美國國家廣播協會

NATIONAL ASSOCIATION OF BROADCASTERS

***NC CURVE 噪音標準曲線***

NC是NOISE CRITERION噪音標準的縮寫，有關室內教堂及劇院的環境或背景噪音的事務，因為人耳對於低音量的低頻率聽覺較不靈敏，相對的教堂、劇院或錄音室裡可以允許較多量的低頻噪音，噪音標準曲線的發展就是想建立一個噪音與室內環境的標準，這些曲線是在等效音量的條件下建立的，並且有具體的數據參考值。例如：

NC-15表示是一個非常安靜的環境，幾乎一般人都無法感覺有任何背景噪音。

NC-20可以聽到背景噪音。

NC-25被考慮為好的音樂聆聽環境最大限度（但是也有人認為NC-25還是太吵）。

決定室內環境的NC值，需要一個附有音程頻帶濾波器的音壓表測量背景噪音，測量時將測量電平值顯示在NC曲線模式內，如果測得噪音電平都在NC-20曲線之下，我們就稱這個環境符和NC-20的需求。

大多數教堂或劇院的噪音都是由空調設備產生的，低頻噪音是最難處理的，幸運的是人耳對低頻噪音感覺不靈敏，否則音響工程界的日子就難過了。

***NOTCH FILTER 梳形濾波器***

抑制一個很窄的頻帶，通常梳形濾波器都針對某一個頻率做抑制的效果，最大可達-60dB，它是為了移除某特定頻率，例如：60Hz哼聲，如果梳形濾波器Q值夠大，則它對於訊號的影響將很小。

### *NTSC*

THE NATIONAL TELEVISION SYSTEMS COMMITTEE美國國家電視系統學會制定訊號傳送標準，臺灣電視也採用相同的系統。

### *OCTAVE 八度音*

440Hz是我們音高為中音A的頻率，所謂比440Hz高一個八度音，表示要加倍為880Hz，低一個八度音就要除以2成為220Hz，因此利用乘法或除法我們可以得到某一個頻率的相關八度音，這些八度音對音樂有很大的影響。

### *OHM'S LAW 歐姆定律*

歐姆定律是電壓（V）、電流（I）和電阻（R）之間的數學關係，是由德國科學家George Simon Ohm所發明的，定律也以科學家歐姆Ohm為名，V=I×R。

### *ON AXIS 中心正軸*

在喇叭的正前方叫做中心正軸，或者在麥克風最高靈敏度的方向叫中心正軸。

### *OUTPUT IMPEDANCE 輸出阻抗*

功率擴大機的輸出負載大約為4～8歐姆，但這並不是它的輸出阻抗。

### *OVERDUBBING 疊錄*

多軌錄音中某些聲軌同步播放的情況下，去錄其它聲軌的操作模式。

### *OVERLOAD 過載*

過載會發生是因為音響設備的輸入訊號電平太大，使得音響設備失去線性範圍，引起失真或削峰失真可以持續發生，也有可能出現短暫的時間。

### *PAD 衰減*

衰減是ATTENUATOR的簡稱，為了防止訊號過載的簡單電路，可以衰減10或20dB。

### *PAL*
### *(PHASE ALTERNATING LINE)*

PAL系統是德國德律風根公司發展出來的彩色電視傳輸標準，大多使用在歐洲國家、澳洲、大陸及香港，但是法國使用SECAM系統，各系統都不能相容。

***PANPOT（PAN） 音場控制***

為〝PANOROMA〞的縮寫，在立體音場中控制送至左、右輸出的電平比例。

***PARABOLIC MICRO-PHONE***
***拋物球面反射式麥克風***

拋物球面反射式麥克風是一個麥克風系統，包含麥克風及一個形狀像拋物面的反射表面，對於高頻率收音很具方向 。

***PARALLEL 並聯***

電子線路元件以並聯相接，表示電流經過連接點時會平分給並聯的數個元件，這與串聯不同，串聯相接則每個元件經過的電流都相同。

並聯相接每個元件的電壓都是一樣的，但電流則依本身阻抗而不同，因此愈多元件並聯在一起，合起來的阻抗會降低，我們使用一台擴大機時無法並聯很多的喇叭，因為擴大機沒辦法供應足夠的電流驅動喇叭，一支喇叭阻抗如果是8Ω，一台擴大機每聲道各並聯兩支阻抗就變成4Ω，並聯三支阻抗就會變成8/3Ω，並聯四支阻抗就變成2Ω，如果您的擴大機規格沒有註明2Ω能輸出多大功率，最好多買一些擴大機喔！

***PARAMETRIC EQUALIZER***
***參數式等化器***

有一種具有可調Q值及可調頻率的等化器，叫做參數式等化器，由於Q值可以調整，我們可以改變等化器對鄰近中心頻率的鄰居頻率受影響的程度，又可以準確地選到我們想調整的頻率，對一個內行的使用者而言，參數式等化器是工作上最佳的利器。（唯一的缺點是無法像1/3八度音圖形等化器一樣，可以同時控制30段中心頻率）

***PASSIVE 被動式***

被動式音響器材被稱做被動是表示它沒有放大線路以及訊號經過它會產生電平的損失，很多音響器材都是被動式，例如：分音器、喇叭。

### *PA SYSTEM*
### *(PUBLIC ADDRESS SYSTEM)*
### *公共廣播系統*

PA是一個播音系統，多數人都把它講成劇院或室外表演的播音系統。

### *PFL 監聽*
### *(PRE-FADER LISTEN)*

一種可在不影響主輸出的情況下，個別監聽各聲道聲音的功能。

### *PHANTOM POWER 幻象電源*

電容式麥克風因為本身有極高的阻抗，需要一個前級擴大機來正常工作，前級擴大機大都做在麥克風裡面，需要外加的電源才能工作，稱為幻象電源，幻象電源由混音機供應，也有獨立的幻象電源供應器，都利用麥克風訊號線將轉換的聲音訊號送給混音機麥克風輸入聲道；因為聲音訊號處理器是交流電而幻象電源是直流電，它們可以利用變壓器加以隔離，因此幻象電源的電壓不會損壞音響訊號。

幻象電源使用48伏特的電壓，也有12～48伏特可切換的機種，混音機有幻象電源的總開關，高級一點的混音機除了總開關之外，每個麥克風聲道會有獨立的開關。早期的鋁帶式麥克風絕不能使用幻象電源，使用平衡式接線的話，即使使用非電容式麥克風，如果幻象電源開了也沒有關係，注意開幻象電源之前請先插好麥克風。

### *PHASE 相位*

如果利用示波器看正弦波訊號，水平軸單位是時間，波的形狀就和數學的正弦一樣，幾何學的直角三角形，直角相鄰角度的對邊和直角對邊的筆直等於Sine，正弦曲線就是這些比值和角度的關係，而角度的值我們稱為相位。

正弦訊號裡圖示的時間取代角度為水平軸X軸，正弦一圈要走360°，然後回到X軸原點，相位時間測量值，360°等於訊號出現一個週期。

### *PHASE SHIFT 相位偏移*

相位偏移是音響器材的一種特性，當訊號經過音響器材而產生的相位改變叫做相位偏移。

訊號經過電子器材時一定會產生或多或少的時間延遲，如果每個頻率的延遲時間是常數，那麼音響器材輸入訊號與輸出之間的相位偏移將是一種線性化頻率的改變，這種系統稱之為線性相位，但是幾乎很少器材是真的線動相位，非線動相位的改變就是相位偏移。

以波型來看，相位偏移將會產生波形的失真（雖然頻率響應曲線很平坦），學者懷疑人耳是否能聽到這種波形的失真呢？如果失真程度大的話當然是聽得出來，尤其是數位音響在處理較高頻率訊號時會產生很多相位的偏移，尚有待學者努力研究。

### *PINK NOISE 粉紅噪音*

粉紅噪音是隨機噪音的一種，其每一個八度音程具有同樣的功率（例如：100～200Hz、200～400Hz、400～800Hz等功率都一樣）。

### *POLARITY 極性*

連接喇叭的兩條線把它接反後，喇叭圓椎紙盆的動作也會相反，原來往前推的動作變成向後縮，這種現象我們叫做反相，也等於180°的相位偏移。平衡式接線的正負端如果接反，也是反相的一種。

### *POLAR RESPONSE CURVE 極座標響應曲線*

極座標響應曲線亦稱為極性型式POLAR PATTERN，是用圓形來顯示音響器材訊號靈敏度與器材涵蓋角度位置的關係，例如喇叭的極座標響應可以說明喇叭發射到不同方向的相對訊號強度，因為所有的音響器材不可能在某寬頻帶享有相同的極座標響應曲線，因此極座標響應曲線應該要測量多種頻率才有意義。麥克風的極座標曲線更重要，它要讓使用者知道應該將麥克風指向什麼方向，才能得到最佳的頻率響應，一般的極座標曲線是數個不同直徑的同心圓，每一個圓圈靈敏度大約相差6dB。

### *PPM 峰值反應型電錶*

峰值反應型電錶是為了要記載任何訊號的峰值電平，不論其時間多短暫（例如：小鼓）都能正確地顯示出來。在現場成音工作上，這個功能是很重要的，因為短時間的削峰失真也可能會帶給喇叭系統的高音驅動器承受不了的壓力，提供峰值反應型式的電錶，無非是希望您更有能力控制全局。

***PROXIMITY EFFECTS 近接效應***

音源愈靠近麥克風震膜，低頻響應愈大，叫做近接效應。

***PSYCHOACOUSTICS 心理聲學***

以心理學邏輯來探討建築聲學的現象，心理聲學家研究的領域包括耳朵對聲音定位的能力，音響訊號相位偏移的現象，耳朵靈敏度對於各種失真的種類及失真數量之關係等等，是一門很新的學問。

***PZM 平面式麥克風***

***PRESURE ZONE MICROPHONE***

平面式麥克風是一種迷你電容式麥克風裝在一片反射板或天花板、牆壁上；麥克風的震膜位置貼近反射板或天花板、牆壁的表面，使得直接音及反射音可以同時間同相位有效率的轉換為電子訊號，在很多錄音及ＰＡ的場合，音響控制者有時候別無選擇，一定要將麥克風放在靠近堅硬的反射面，舞台地板上或將麥克風放在鋼琴上面板開口處，這情形麥克風會收到兩種音源：一個是直接從音源過來的直接音，另一個是被堅硬的反射面、舞台地板或鋼琴上面板反射，且稍有延遲又相反的反射音，這兩個聲音的組合使某些頻率因反相而消失，能量轉換後頻率響應產生了一些峰值或峰谷，影響了錄音音色品質以及產生不自然的音響。

PRA418,PRA428

如果我們將這個兩聲音相加（其中一個聲音稍微加一點DELAY）模擬真實的情況，會發覺這個組合音聽起來和任何一個音源不像，因為相位的相反使某些頻率被抵消了，失去了原來的音色。

平面式麥克風就是設計用來必須貼近表面錄音又不會導致音色喧染的麥克風，它的震膜非常靠近反射板並和反射板平行，因此直接音和反射音可以同時間同相位收音。

***Q***

〝Q〞值是等化曲線的另一個基本特性 ，也同時跟曲柄型和峰值/峰谷型等化曲線有關，Q值可以解釋為等化器決定中心頻率左右相鄰頻率同時被影響的範圍大小，因為實際運用上，等化發生的效應不會只針對中心頻率而已，從測量及實驗結果畫出來等化曲線，以數學的理論得知曲線的改變與斜率有關，斜率可以表示曲線是陡還是較平坦，其曲線就有很大的差異，等化曲線而言這種因素就叫做Q值，大多數中低價位的等化器混音機，前級擴大機上等化器的Q值都是設計為固定不變的，只有專業的機種有改變Q值的功能，Q值大則曲線較陡，Q值小則曲線較平坦。

Q值曲線圖

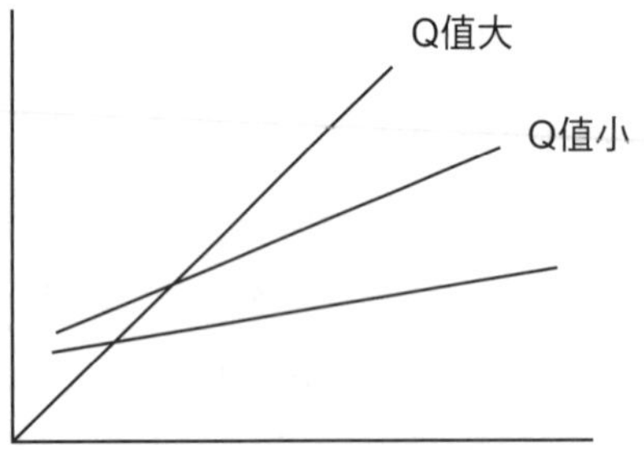


### *RCA PLUG OR JACK RCA 接頭*

HIFI音響使用最普遍的接頭，是美國RCA公司多年前為了傳統唱盤訊號輸出所設計的接頭，因為體積小及價格低，廣為HIFI製造廠使用，中低價位的混音機也附有一或兩組用來錄音或放音使用。

### *REAL-TIME ANALYZER 即時分析儀RTA*

即時分析儀是頻譜分析儀的一種特殊型式，係由一群帶通濾波器所組成，每一組帶通濾波器都有一個固定頻帶寬度比例，例如：八度音或1/3八度音，所有濾波器輸入都和輸入訊號連接在一起，每一組濾波器輸出都經過一個偵測器可由顯示幕觀察，顯示幕是利用訊號振幅和頻率變化為座標的圖形，每一組頻帶寬度的振幅由dB表示，顯示幕是動態的，即時分析儀就是表示顯示幕的內容是隨著頻率分析同步的反應而改變，經由顯示幕可以了解輸入訊號位於音響頻率的位置，可作為混音、編曲的參考。

### *REFERENCE LEVEL 參考電平*

音響器材的參考電平就是運作時的標準電平，以錄音機來說參考電平就是產生最大的信噪比的電平，我們必須知道音響器材工作時的電平及不致失真的最大電平，為了監控訊號電平要使用電表，電表會有參考電平的訊號，通常在0VU處，這個參考電平是NAB於1954年為錄音機訂定的標準，其定義為以頻率

700Hz產生1%第三階諧波失真的電平就是參考電平，錄音機依照此標準錄製，在播放出來時，其訊號輸出會產生一個特別的輸出電壓，該電壓在電錶指示0VU時產生0.775伏特RMS（電表應直接在600歐姆的負載），通常0VU實際表示為+4dBm。

### *REVERBERANT FIELD 殘響區*

在一個有殘響的室內，當我們較接近音源可以聽到直接音時，稱該範圍為直接音區，如果遠離音源，很多經室內反射的反射音已經大於直接音音量時，該範圍稱為殘響區。

### *REVERBERATION 殘響*

音源停止發音後，室內仍然存在的聲音叫殘響，很多人誤會為迴音ECHO，殘響時間的定義是讓聲音音量衰退為千分之一所需的時間稱為殘響時間，換句話說是音壓電平減低60dB的時間。

所有室內房間都有殘響，只是殘響時間不同，室內音響環境就不同。聆聽者聽到的聲音是音源直接音和房子殘響的組合，殘響的組成很複雜，反射的聲音從房間的各種方向而來，而直接音是能讓我們確認聲音來源的方位，當我們遠離音源時直接音變弱而殘響相對地變強，在某一點，當直接音與殘響音量相等時，我們稱此距離為臨界距離。殘響時間相對於建築物讓我們聽到什麼聲音沒有意義，需要了解殘響時間，殘響的電平、建築物大小等因素，才能判斷、音響系統的設計，一個殘響時間6秒的大教堂對於在教堂裡面講話的兩個人來說，聽不到什麼殘響，但是殘響時間6秒的小空間只要兩個人講話就會聽不清楚，大空間反射回來的殘響比小房間的殘響在時間上比較慢，音量也比較小，因此大的空間可以容忍較長的殘響時間，大多數的商業音樂錄音或家庭電影院環繞音響處理器都會加入人工殘響，讓聽者模擬在不同的環境聽音樂，其實錄音室裡殘響很少，幾乎沒有；母帶製作過程是加入了電子人工殘響來模擬真實的環境，電子人工殘響是絕對和實際殘響不同的，但消費者已習慣了！

### *RIAA 美國唱片工業協會 (RECORDING INDUSTRY ASSOCIATION OF AMERICA)*

該協會制定了很多傳統唱盤的重播標準。

### *RMS均方根 (ROOT MEAN SQUARE)*

一段時間的信號大小變化的能量平均值計算方法。

### *ROLL OFF 滑落*

當頻率變高或變低時使得輸出衰減就叫滑落；有時候被衰減的頻率部分也稱為滑落。

### *RT60 室內殘響時間*

室內音源停止發生後，室內音壓衰減60dB的時間，就是殘響時間。

### *RUMBLE 唱盤噪音*

傳統唱盤放音樂時，希望操作愈平順愈好，雜音愈低愈好，但是不管如何仔細設計，仍然避免不了因為不規則墊片，不同心軸承與滑輪和不能慣性運動的皮帶等因素產生的噪音（大部分是低頻），就稱為唱盤噪音；直接驅動式的唱盤沒有皮帶，但是馬達震動和不常態的速度仍然不能避免唱盤噪音的減少。

### *SABIN 塞賓*

塞賓是聲音被吸收的單位，等於一平方英呎完全吸音的量，因為沒有所謂的完全吸音物質，所以各種吸音物質的量就用完全吸音量的百分比來表示，吸音係數為0.5，則是出表示其吸音能力為完全吸音能力的50％。吸音係數常用來計算室內殘響時間，不同的頻率使用吸音的材質不同，塞賓之名是取用哈佛大學物理教授華勒斯塞賓先生之姓Wallace Clement Sabine，因為是他最早於1900年初期首先發表有關建築聲學的文章，他定義了殘響時間，並研究測量與預測的方法，他是第一個應用科學原則去設計交響樂演奏廳的大師，全世界公認他設計的波士頓交響樂演奏廳是最佳的交響樂演奏廳。

### *SAMPLING 取樣*

在數位音響系統，音響訊號一定要送進類比數位轉換器將類比訊號轉換成一系列的數字，以方便爾後系統的處理；取樣的第一步：訊號的瞬間振幅是由非常些微的時間差來決定，取樣的工作必須非常的準確以防止將失真加入被數位化的訊號裡。取樣率是每秒取樣的數目，則一定要平均及完全被控制。

取樣率的選擇，以前因為錄音技術的問題，專業採取48KHz，消費者產品如CD採取44.1KHz，現在消費用DVD取樣頻率也是48KHz。

### *SECAM*

是法國制定的彩色電視傳送標準，除了法國，還使用在匈牙利、阿爾及利亞及前蘇聯等國家。

### *SERIES 串聯*

串聯相接則每個元件經過的電流都相同。

### *SENSITIVITY 靈敏度*

音響器材得以產生額定輸出的最小輸入訊號就稱為該設備的靈敏度，靈敏度愈高，即表示輸入的訊號可以愈小，靈敏度通常相對應特別的輸出，例如：擴大機的靈敏度是產生額定輸出功率的輸入電壓，Fm諧調器的靈敏度是產生Fm規定信噪比輸出訊號的最小輸入訊號。有時候靈敏度也會被拿來作相對的比較，麥克風就可能會說成靈敏度很高。

### *SHELVING 曲柄型響應*

一種影響截止頻率（Break Frequency）以上或是以下的等化響應，也就是高通或低通的響應。曲柄型等化器最常用在家用HIFI音響的高音、低音音色調整鈕或中低價位的混音機，所採用的頻率，在低頻可能在50～100Hz之間，高頻在5000～10000Hz之間，曲柄型名稱的由來是因為用曲柄型等化器時，其等化曲線因應使用情形改變的樣子很像Shelf，Shelf的意思有書架、崖路、暗礁等在專業音響用語則解釋為曲柄型，其改變等化曲線的情形是由指定頻率之前，從0dB增益或衰減電平直到指定頻率之後不再改變，而指定頻率以上或以下頻率的增益或衰減都保持在相同的電平。

### *SHIELD, SHIELDING 屏蔽*

屏蔽就好像一件外衣，用來使內部免於磁場、電場或兩者的干擾，某些音響線路元件，例如：變壓器及錄音磁頭，對磁場的感應特別的靈敏，磁場強度的變化將感應訊號線產生電流，家居生活中最容易被找到的磁場就是60Hz的電源線，它們是所有音響系統60Hz哼聲的禍首，某些零件，例如電源變壓器，如果用薄鐵片或其他可被高磁力滲透的金屬包著它們，就可以有效的減低干擾程度，這是屏蔽的一種。
音響線路元件也很容易被電場及磁場干擾，良導體可以當電場屏蔽，例如音響器材連接的訊號線，這些線都是銅線，並不能減少磁場的干擾，要減少磁場的干擾必須用鐵，可是鐵的金屬特性不適合做訊號導線，因此我們得用平衡式接線及差式輸入放大器的電路設計來減低磁場的干擾。

***SIGNAL-TO-NOISE RATIO***
***訊噪比***

線路中某一參考點的訊號功率和噪音功率存在的比例叫訊噪比，單位為dB，此處之噪音功率係指沒有訊號存在的時候，機器本身的噪音功率，如果錄音機訊噪比為50dB，則表示錄音機輸出訊號電平比噪音訊號電平高50dB。

***SMPTE 電影及電視工程師協會 (SOCIETY OF MOTION PICTURE AND TELEVISION EGINEERS)***

***SMPTE TIME CODE***
***數位同步時間辨識碼***

數位同步時間辨識碼用來同步處理錄音機、電視、電影或攝影機等設備，將數位同步時間辨識碼錄在多軌錄音機其中一軌，其他音樂節目錄在其他軌，如此電影配樂可以錄在一台或一台以上的錄音機，也能在之後編輯，而且都能同步地將音樂與電影畫面結合一起。

***SNAKE 多蕊麥克風訊號線 (MULTICABLE OR MIKESNAKE)多蕊麥克風訊號線的專有名詞***

因為這些線看來很像一條蛇。

*SOUND-LEVEL METER 音壓表*

測量音壓的儀器附有壓力麥克風、放大器RMS偵測器、對數放大器及電表等，使用電池方便攜帶，至少包含一種加權濾波器使得測量結果較接近人耳實際的靈敏度。

*SOUND PRESSURE 音壓*

*SOUND PRESSURE LEVEL 音壓電平*

利用空氣傳輸的聲波引起空氣中某方向的氣壓改變，這種氣壓的改變值代表聲波的強度，也被我們稱為音壓，利用壓力麥克風測量，以dB為單位，參考壓力為20毫帕斯卡時（PASCAL壓強單位）稱之為音壓電平，音壓電平之參考電平為0dB，0dB是人耳聽到1KHz的最低音量。

*SPILL*

來自其他音源的音響干擾。

*TALKBACK 對話*

音控員經由輔助或群組輸出對演出者說話或送聲音至錄音座。

*THX*

電影院特殊音響系統的註冊商標電影院特殊音響系統的註冊商標，該系統由路卡斯電影公司的湯姆豪門Tom Holman設計，其名稱節取其英文名稱字首而得Tom Holman eXeperimental。

要得到THX戲院認證，戲院內的音響系統設計安裝、戲院建築聲學、放映機、鏡頭、使用裝潢材質、隔音標準等都必須符合THX制定的嚴格規範，並經專人調校。

*TRANSIENT 突波*

突波是一種沒有週期性，不會重複的聲波或電子訊號，音樂有很多突波，例如：打擊樂器、激動的人聲或麥克風掉在地上、忽然對著麥克風吹哨子等，它們的聲波震幅都比正常音量的震幅大，較容易失真。

*Tri-Amp 參擴大機喇叭系統*

Tri-Amp參擴大機喇叭系統：電子分成音三音路喇叭音箱內裝有高音單體、中音單體及低音單體，分別用三台功率擴大機驅動，並可以個別調整音量。

*TRIM 電平控制*

為了校正目的，使訊號電平在某一限定或事先設定下的範圍調整。

### *TUBE 真空管*

VACUUM TUBE的簡稱，英國人則稱為VALVE，是晶體的被取代者，它比晶體的體積大，溫度高，效率較低，某些設備仍然需要真空管，例如：X光設備及高功率無線電或電視發射機。

訊號放大較線性是真空管的優點，真空管的音響器材較晶體更加有音樂性，大概是真空管器材會產生較多偶次諧波失真，而晶體器材產生較多奇次諧波失真的關係，兩者失真的狀況亦不相同，真空管發生失真是漸進式，失真發生時會感覺音色開始變大聲或變尖銳，不像晶體音響器材是失真一發生就馬上反應削峰，並產生一堆高階諧波失真。

### *2T RETURN 監聽輸入迴路*

通常用來輸入來自錄音座或CD輸出的輸入迴路；它是輸入聲道的一部份。通常它的輸出會經由一旋鈕送至立體的MIX輸出。

### *UNITY GAIN 單一增益*

使用多台音響器材但總訊號不會增益也不會衰減，就是單一增益的器材，多數的訊號處理器都是單一增益，因此它們能插入音響系統的各點工作而不會增減系統的總增益。

### *VCA（VOLTAGE-CONTROLLED AMPLIFIER）電壓控制放大器*

利用外部電壓來控制放大器增益的擴大機叫VCA電壓控制放大器，最常使用在壓縮器、限幅器與類比魔音琴。

### *VOICE COIL 音圈*

喇叭紙盆是由線圈驅動，線圈繞成圓柱形接在紙盆中心處，線圈被稱為音圈，音圈身處於一個永久性磁鐵產生的強壯磁場內，音圈上面的電流在磁場中流動而依照法拉第定律產生力，產生的力量從音圈到音盆，使音盆往內或往外移動而發出聲音。

### *VU（VOLUME UNIT）音量單位*

VU就是音量表上訊號電平的測量值，單位為dB，當電壓為0.775伏特RMS在600歐姆負載的情形下設為0VU。

### *WHITE NOISE 白噪音*

白噪音聽起來像調頻電台之間的嘶聲，是隨機噪音的一種，其每一個頻率功率都相同。

### *WOOFER 低音喇叭單體*

低音喇叭單體都很大，直徑大約12英吋、15英吋或18英吋，美國EV公司曾經生產過40英吋的低音喇叭單體，都是用在多音路喇叭系統中，如果它們能發出30或40Hz的低頻，就稱之為超低音。

### *XLR*

一種世界統一規格的麥克風接頭，亦稱為CANNON接頭。

### *X-OVER分音器的縮寫*

### *Y-CORD*

Y-CORD可以將訊號一分為二，並將兩個相同訊號送往不同的地點，但是Y-CORD不能將兩個聲道的數位訊號連接一起。

Professional Audio Essentials

# 附錄 I
# 現代錄音入門

## *基礎錄音*

不管卡式錄音座、數位多軌錄音座、硬碟錄音座或任何其他錄音設備，它們的錄音程序大致上是一樣的，其目的就是為了要把很多聲音錄下，匯總成為立體母帶，為了達成這個目的，我們要進行多軌錄音及多軌混音兩種工作。

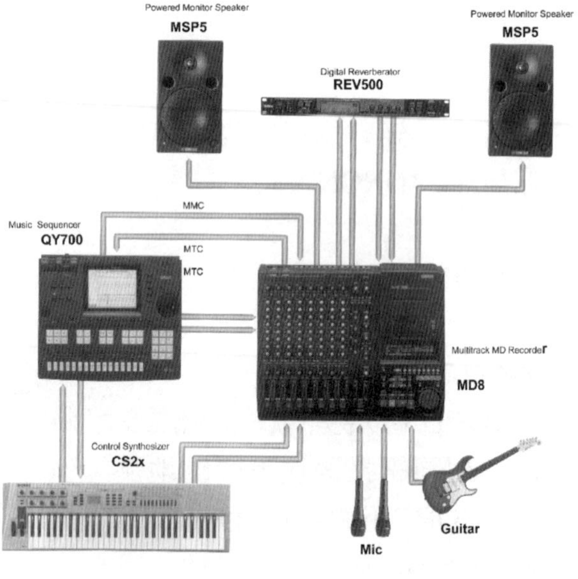


## *多軌錄音*

專業錄音室混音器要求有複雜的訊號路徑插接系統和獨立監聽線路。群組系統可以輕易地搭配四或八軌錄音工作，混音器功能可分為兩個部份：錄音時混音器一定要能接受範圍寬廣的輸入訊號，適當地混音並送到正確的錄音座音軌，它也一定要有提供監聽混音的功能，這樣音樂家在疊錄Overdubbing新的部份時，能夠聽到先前錄音的內容，甚至給音樂家監聽的混音平衡，可能和混音器主要輸出的平衡有差異，例如：在疊錄Overdubbing人聲時，歌者可能要求人聲和節奏吉他聲音大一點。等錄音完成之後，混音器用來平衡錄音座各個聲軌的訊號完成最後的立體混音，最後混音時效果器可能加在個別的音源，或許某些聲軌的EQ要做調整。

小的立體混音器，並不是設計從事複雜的多軌錄音，但是他們可以同時做錄音以及監聽錄音帶訊號的工作，八軌錄音的擺設方法，利用四個群組把訊號音源送往錄音座，可以同時錄四個不同的錄音帶聲軌，前八個混音機聲道被當做錄音帶倒送使用。大多數家用的多軌錄音工作室使用者，常常每次都利用一或二軌來進行音樂創作，這樣可使用的聲道業已足夠。錄音座的輸出送往混音機前八聲道並將訊號指派到主要左右混音輸出，因為訊號路徑系統已經可以把同一個聲道的訊號同時送給混音和群組輸出，所以經由錄音機的回授就不可能產生了。

連接的效果器，可以把訊號送往主混音機輸出，因此他們的效果可以在多軌錄音時聽得到，卻不會真的錄進多軌錄音機裡，這個功能可以使得在最後進行混音時，每個音軌都可以選擇不同的效果器或不同的效果設定。當要將錄好的多軌帶作最後立體聲合成時，我們只要在錄到立體錄音座之前調校平衡音場位置和效果電平大小即可。

以上介紹的訊號指派方法很像錄音室裡專業的工作，好的混音機是在改換錄音和混音工作時，不必重新安排接線，再者，因為監聽混音在錄音時已被調好，所以大部份的最後立體混音工作在這之前都已經完成。因為有簡單而乾淨的訊號線路設計，利用它來做多軌錄音，可以比很多大型錄音室混音器的水準還高。再者，立體輸入聲道非常適合連接立體MIDI樂器（通常MIDI訊號都會和多軌錄音同步）。

## *多軌混音*

錄製各種人聲，樂器或特效在各自獨立的聲軌中，錄音機必需具有疊錄的功能，才能在不洗掉先前內容之下一邊聽到先前錄音的內容，一邊再錄一軌新的音樂訊號，這個動作可以一直重覆，直到多軌錄音機的音軌完全客滿為止。

舉例來說：我們有一台48軌的混音機及一台48軌的多軌錄音機，先將CLICK節奏錄至第48軌以為所有音軌錄製歌曲速度的依據，然後邀請鼓手、吉他手、貝斯手及鋼琴手四個人跟著CLICK一起錄，這四人我們稱為節奏組，然後先請鋼琴手配音加入魔音琴，鋼琴手必須聽到剛才錄製節奏組的內容，以便同步加入新的內容，之後可以再疊錄弦樂、主奏吉他、合音、打擊樂器、管樂特殊效果、人聲等，當所有錄音都完成之後，就要進行多軌混音的工作。

將多軌錄音的各音軌訊號錄到一組立體聲軌的錄音設備程序（母帶錄音）叫多軌混音。

多軌錄音機的多軌輸出將接到混音機的高電平輸入聲道，每個聲道都可單獨處理送進來的訊號，例如：個別加入不同的效果器或聲音處理器給人聲或樂器，調整每個聲道的音量使得單獨聲道中的人聲或樂器聲不會特別大聲或特別小聲，這些調整的動作都有可能會在錄音途中改變，因此當我們完成所有設定的工作，熟悉了編曲的內容，知道了製作人的要求之後，然後將全部聲軌錄進一台立體聲道的錄音機內，類比類的混音機在混音錄母帶過程中需要用人工的方式來改變各聲道的平衡，數位混音機會幫助我們工作，它會自動記憶每一次錄音師改變的內容，並且在下次播放出來。

## *併軌*

有的時候要錄下的音源太多，但是錄音聲軌不足，我們可以把某些已錄好的聲軌混音後合併錄到另一軌或另一立體聲軌，這種合併聲軌的做法是多軌錄音的一種程序，它和錄現場樂器或人聲不同之處，只是將預錄的內容合併錄到錄音機的另一個聲軌，什麼時候會用這種程序呢？有幾個時機：

1. 節省聲軌
2. 將預錄的聲軌作為音效處理再錄一軌，然後將兩聲軌再並軌，因為併軌後的聲道效果已錄好，效果器可以交給別的聲軌使用，就不必買很多台效果器。
3. EQ的情形同 2.

### 虛擬音軌

併軌可以節省聲軌，可是必須把某些預錄聲軌洗掉，併軌之後的全部內容也不能再做個別修正，而且併軌也會將錄音的品質降低，如今數位錄音技術的發展，有另一個功能強大的虛擬聲軌，虛擬聲軌沒有限制，不會將預錄聲軌洗掉，所有預錄聲軌隨時都可以叫出來，試聽之後再決定要使用哪一道，詳細內容請參考（附錄二）硬碟錄音。

### 聲軌管理

多軌錄音中，所有的樂器人聲都錄在不同聲軌，各有自己的EQ設定、效果選擇、立體音場的配置及音量大小，我們必須事先規劃並在工作中錄音，以利於多軌錄音的進行，有時候某些樂器或特殊效果只錄在整首曲子的某一段，聲軌內還有很多錄音的部分可以錄其他類似的內容，這樣的安排也得要確實紀錄下來，有了完整的紀錄，可以讓混音師在工作之前對錄音內容有整體的認識，才不會在混音過程中因混亂而浪費很多時間，畢竟錄音室一小時的租金也不便宜。

### 剪輯

傳統錄音剪輯可是很難的工作，工程師必須在盤式錄音座附的剪輯刀剪掉不要的磁帶，再將分開的磁帶接起來，當然如果下刀錯誤，那麼錄音就得全部重來，是個壓力很大的工作。

數位錄音尤其硬碟錄音就完全沒有這種壓力，我們可以將錄好的數位訊號任意搬家，而且最棒的，原始錄音絲毫也不會改變。

### 多軌錄音混音秘訣

當我們進行多軌錄音混音時，較聰明的作法是將所有低音和主唱人聲Pan到中央，背景人聲和其他樂器設定到左或右聲道，效果器的立體輸出通常都設定在極右或極左聲道，這樣可以產生較寬的立體音像。

先平衡節奏組之後再加其他樂器進來，最後再加人聲，這樣才不致於將人聲音量混得太大聲淹蓋了其他聲音。加一點殘響可以幫助產生專業水準的人聲音響，混音程度好不好，最好的辦法就是打開房門在隔壁聽，沒有人知道為什麼，但這種辦法可以馬上聽出來到底人聲太大聲或太小聲。按下錄音座監聽鍵可以聽錄音帶重播的聲音。

EQ可以用來加強某些聲音的特色，例如吉他或低音鼓，但是自然的聲音，例如：人聲最好只加一點。

設定輸入增益的程序

1. 按下欲調整聲道的PFL鍵。
2. 調整輸入增益控制鈕，以沒有突波訊號人聲為例，右上方的LED音量指示表會顯示在大約〝0〞的地方，如果是小鼓聲，就得提高至大約+8，這個程序必須在每一個聲道重覆設定，才能進行其他工作。

如果增益設得太高則餘裕被減少，峰值失真的可能性相對增加，相反地，如果輸入增益太小，我們必須在混音機其他部份加以補償，最後的結果可能只是弄出一大堆不必要的嘶聲。

▲請注意：通過效果器的訊號大小也必須調整在最佳狀況，如果使用輔助輸出的控制鈕轉大約3/4，然後在效果器上調整輸入增益，使得訊號峰值大約在效果器本身電表0VU的地方，任何效果器接在插入點，一定也要利它們本身的輸入增益控制，把增益調至最佳狀況，如果效果器有輸出電平控制，也應該在最初設定時轉到3/4處。

處理器接在輸入聲道或主要輸出的插入點時，如果他們可以設定在+4dBu（不是-10dBV）工作就可以不需修改而直接發揮最好的效果．因為所有的插入點都在0dBu高電平中工作。

增益調整的精準應該是工程師的好習慣，也應該是一個例行公事，我們花一些時間及心思在混音機前仔細設定好，一定會能發揮音響器材百分之百的潛力。

Professional Audio Essentials

# 附錄Ⅱ 硬碟錄音

硬碟錄音有什麼了不起！硬碟錄音的功能就像電腦文書處理軟體一樣的強大，硬碟錄音是數位錄音的一種，我們得先了解數位錄音再來詳細研究硬碟錄音。

什麼是數位錄音？

如果說數位錄音是最新科技，那麼傳統錄音叫什麼？我們稱為類比錄音；類比錄音雖然使用多年，但是它一直有很多沒辦法解決的問題，例如：

1. 錄音帶本身的嘶聲無法消除，尤其複製後更嚴重。
2. 錄音帶本身抖動率值太高。
3. 保存不易，時間久了錄音帶會損壞，平時又要注意溼度、溫度、防震等問題。
4. 維修不易，需要經常性的清理與調整。
5. 尋曲太慢，如果要剪輯歌曲中的某一點，一定要從頭找起，找到為止。

數位錄音有何不同呢？它就像CD一樣將音樂更換為數字，轉換為數位訊號以後有以下好處：

1. 沒有嘶聲、抖動率，沒有任何的雜音。
2. 複製不會降低音質。
3. 可加入很多訊號處理程序卻不傷害聲音品質。
4. 可任意快速尋曲。

數位錄音有以下幾種型式：

## 一. 數位磁帶錄音機（例如：ADAT或DA-88）

數位磁帶錄音機是將類比訊號轉換為數位訊號後錄在磁帶上，磁帶雖然很便宜，但是它也有類比錄音帶的缺點，例如：

(1) 尋曲太慢。
(2) 同一軌重複錄音會將原始的訊號洗掉。
(3) 沒有UNDO復原這種功能。
(4) 無法利用一台機器將曲子的某部份複製到同曲的另一點。
(5) 一台幾乎無法編輯。
(6) 無虛擬聲道，表示聲道固定無法擴充。
(7) 必須要另外買外接的混音機、效果器。

## 二. MD錄音

是將類比訊號轉換為數位訊號或是數位訊號錄在一段數據型式的MD型式，MD片也很便宜，但是

(1) 大多數只能錄4～8聲道。
(2) 同一軌重複錄音會將原始訊號洗掉。
(3) 使用類比式混音機，所以再併軌時會有音質降低之虞。
(4) 無內建數位效果。
(5) 對聲道聲音的複製或編輯幾乎不太可能。
(6) 無法和其他MD錄音機一起用以增加錄音聲道。

## 三. 硬碟錄音

是將數位訊號錄在電腦硬碟內，這種方式有很多優點，其方便的功能普遍地廣為音樂人士接受。

有兩種硬碟錄音的型式：一種是以電腦為工作站的錄音座，另一種是獨立的硬碟錄音機，如以下說明：

(1) 電腦工作站的硬碟錄音，需要運轉速度快的CPU，也需較高階的電腦知識，高級的音效卡（知名品牌有Digidesign、M-Audio、Roland、Ediroll、MAYA、E-MU、ECHO、TerraTec、MOTU、RME、EGO-SYS等），或利用USB或FIREWIRE線連接至電腦的外接介面，高容量的硬碟與RAM，還得買錄音軟體，知名的軟體有Cubase、Nuendo、Sonar、Reason、Logic Audio、Samplitude、Vegas Audio/Video、Sound

Forge、Wavelab、Cool Edit、Pro Tools等，，當然花費也多一些。

（2）獨立的硬碟錄音是專為硬碟錄音設計的，內建有混音機及數位效果比較省錢，很容易學習使用，較穩定可帶著走，可以和其他硬碟錄音座同步工作，以增加錄音的聲道。

硬碟錄音最大的不同是它允許我們重新組織已錄製的音樂內容，可以更改錯誤，甚至可以嘗試不同的版本以親身體驗來幫助我們做取捨的判斷，它最好用的功能有：

（1）隨機編輯。

（2）虛擬聲道。

（3）音質絕不降低。

（4）數位混音。

（5）數位效果。

（6）可選用AMPTE、MIDI及其他同步設備。

我們可以利用CDR來BACK-UP我們錄製好的成品，同時也能夠減輕硬碟容量的負擔，以便從事很多錄音工作。

其實硬碟可以BACK-UP的不只是音樂訊號而已，它還可以記下您混音機上的設定環境、效果器的設定、虛擬聲道、編輯情形，甚至所有您現在已不想要的編輯內容，這些資料對我們都很有幫助，一旦我們想將編曲再修改一下的時候，只要將儲存的資料叫出來，會省很多時間和工作。

## *革命性的剪輯模式 UNDO還原功能*

使用類比磁帶錄音時，我們想把某一部分的音樂洗掉，那個某部份就沒有了，我們如果忽然反悔想要補回來，那麼必須重新錄音，再來一次；但是硬碟錄音完全兩回事，在硬碟錄音裡錄好的東西就存在硬碟裡，如果不想要某一部分音樂，把它刪掉了，硬碟並不會真的把那個某一部份永遠洗掉，只是沒把那某一部分音樂放出來給我們聽，一旦我們覺得還是原來的比較好，只要用UNDO還原指令，大多數硬碟驅動器可以還原任何刪除、複製或移的指令，因為刪除、複製或移動小節都不會改變原始錄音的資料，如果您不喜歡，就命令它UNDO就可以還原。

## 複製 COPY

複製是硬碟錄音最好用的功能，就像文書處理一樣，我們能把音樂的某一段複製到歌曲的任何一部分，例如：如果一首歌有72小節，其中63小節，鼓的打法都一樣，我們就可以用複製功能將錄好的一小節快速複製到其他62小節；或者以前唱片公司為偶像造型卻不太會唱歌的歌手錄配唱，是製作人與錄音師的惡夢，現在只要能磨出一句可以用的，那麼在歌曲其他位置相同的句子都可交給硬碟錄音的複製功能去處理，幫老闆省了一堆錄音配唱的租金，當然這種歌手現場演唱時，一定有很多合音天使，其中至少有一個是聲音裝得很像歌手幫他唱完全場的合音槍手。

## 隨機編輯

我們想要編輯硬碟錄音儲存的音樂資料時，可以馬上跳到任何指定的小節、節拍或者時間位置(類比類磁帶必須要從頭開始找到為止)，因此當我們在配音時(OVERDUBBING)就不必再等倒帶了，可以馬上跳到第二段和第一段作比較，省了許多時間。

## 虛擬聲道

作錄音工作時，常常會多錄幾道樂器SOLO或其他人聲、特效，等將來混音時作取捨，或者作不同版本的結果讓製作人或老闆來決定，這樣的作法需要很多聲道，我們永遠嫌類比混音聲道不夠用，在硬碟錄音沒有這個問題，虛擬聲道的設計讓錄音軌道無限制，我們可以將五種或十種以上不同感覺的吉它SOLO錄在第一軌及它的虛擬聲道，被下指令的吉他SOLO會被放聲音出來，其他未被放音出來的吉他SOLO聲道叫虛擬聲道，想錄多少種都隨便您！

## 數位效果

有些硬碟錄音座內建數位效果器，這些效果器可以讓我們在不離開數位模式的狀況下處理錄好的音響，同時也毫不影響聲音的原始品質。

內建數位效果器的好處：

1. 所有動作都在數位模式下工作，維持最高的音響品質。
2. 每一聲道都可以設定不同的效果型式及效果音量大小。
3. 可以先上車再決定要下車還是要補票，什麼意思？加入某些數位效果之後，要還原還是保留效果都可以在任何時間做決定，而不影響原始錄音資料。

4. 保留原始錄音資料作日後編輯之用。
5. 自動FADER可於混音時，即時記憶的人工調整設定值自動的變化過來。
6. 不必接線。

## 數位混音機

1. 所有工作都在數位混音模式裡進行，在BOUNCING或混音時不會損失音響品質。
2. 數位混音機有自動推桿FADER，記憶場景等超強功能讓混音機有更強大的控制 能。
3. 內建數位式混音機讓硬碟錄音系統機動性更強。
4. 可以馬上比較不同的混音設定。
5. 重播錄音作品時，會將數位混音機回覆所有當初的設定資料。
6. 將混音工作變得簡單。
7. 混音工作自動化。

## 時間壓縮

硬碟錄音儲存的資料是數字，我們可以變一些魔術，例如：將音樂片段時間變短而不改音準PITCH，或者修改音準不改變時間點或時間長度，這個功能對作廣告歌曲或作電視打歌版很有用。

綜合以上說明我們可以歸納出下列硬碟錄音的強大功能：

1. 利用虛擬聲道在同一聲道裡錄製及編輯很多不同的獨奏。
2. 留下人聲和音的聲道以防事後重新混音。
3. 內建數位效果器。
4. 錄音及編輯時不必擔心損傷原始錄音資料。
5. 一首歌可以嘗試很多不同編曲。
6. 自動FADER。
7. 可將全首曲子的混音方式、效果等以數位模式記憶下來。
8. 可以直接作CD母帶。
9. 隨機選曲不必等。
10. 可以和MIDI、錄影帶及其他錄音座同步工作。
11. 可以同步訊號和多台機器連接一同工作。

## 記憶卡數位錄音

攜帶式手握數位錄音機，使用快閃記憶卡錄音，無馬達省電重量輕，使用XY立體錄音技術音質一流，操作簡便，是市場主流。

## *StudioLive 16的功能*

StudioLive 16.4.2是PreSonus進入數位混音台領域的處女作。這是一台16聲道的數位混音台，所有的16聲道都帶XMAX麥克風前級放大電路，內建22進18出的Firewire音訊介面，4段式EQ、壓縮、限幅和通道閘門等多種DSP效果，6組輔助輸出與4組群組輸出，大型LED音量表，talkback對講系統。

StudioLive 16.4.2將Firewire音訊介面與數位混音台完美結合在一起，使電腦錄音重播和混音工作融合在一起完成。

StudioLive 16.4.2

StudioLive 16.4.2

StudioLive 16.4.2主要特性：

◎ 16輸入聲道，6輔助輸出，4群組輸出

◎ 16輸入聲道全部帶XMAX麥克風前級放大電路

◎ 高解析度類比/數位轉換，動態範圍118dB

◎ 32bit內部處理精度

◎ 可上機櫃

◎ 2組31段式EQ、22組壓縮、22組限幅、22組高通濾波器和22組通道閘門，2組立體殘響與延遲等多種DSP效果

◎ 可儲存/調整預置參數

◎ 主輸出亦附有效果器，也包括殘響、延遲等

◎ 大型觸摸按鍵

◎ 快速反應LED音量表

◎ Talkback對講系統

◎ 100mm推桿

◎ 附贈自行開發StudioLive多軌錄音軟體

◎ 相容Mac及Windows平台

◎ 直接錄音介面支援Logic、Nuendo、Cubase、Sonar、Digital Performer等等

◎ 22聲道同步錄音，18聲道同步放音

StudioLive 16.4.2背面

Professional Audio Essentials

# 附錄 III
# 數位混音機

數位混音機是PA專業音響的革命，其優異的性能及高品質的音響，是類比混音機無法比擬的，數位混音機和類比混音機到底有何不同？我們以最暢銷的YAMAHA數位混音器O1V96V2舉例如下：

YAMAHA O1V96V2

YAMAHA O1V96V2

◎ 多達16個類比輸入-12個麥克風前級擴大器-以及8個透過內建ADAT介面輸入的數位聲道。 前12軌類比輸入可以接受麥克風訊號或是平衡/非平衡的高電平輸入信號，其他4個聲道可以接受平衡式/非平衡式的個別高電平輸入或是配對成兩組高電平輸入。可以處理類比與數位的混音。如果需要更多聲道，還有Mini-YGDAI擴充卡可以插入O1V96來增加各種額外的ADAT，AES/EBU或類比輸出入介面格式。

◎ O1V96具有立體主輸出，8個獨

立混音Bus輸出，2個Solo迴路，8個Aux輔助輸出迴路等-總共20個迴路，滿足各種混音的需求。

◎ 內建業界標準的ADAT光纖數位介面，ADAT光纖介面在現今的數位音頻領域廣被使用，透過簡單的光纖連接，可以得到8個輸入與8個輸出迴路，來處理數位信號而無任何損耗。還可以透過O1V96預設的擴充槽來擴充額外的輸出入聲道。

◎ O1V96內建優異而容易使用的數位配線系統，所有的輸入、輸出、效果器、與聲道安插等的訊號，均可以配置到混音座上任意的輸入與輸出聲道。任何的效果器可以指派到Aux的迴路上來進行Send式的操作，或是直接安插到指定的任意輸入聲道上。 直接輸出的功能也可以將任何輸入聲道的訊號，直接送到任意的數位或是類比的輸出上。8個Aux迴路可以指派到系統上的任意位置。而且常用的配線方式可以儲存在O1V96內以便日後隨時取用。

◎ 混音座的設定可以透過O1V96的場景記憶來呼叫使用，總共有99組記憶可供使用；場景記憶除了可使用面版操作外，還可以透過MIDI的Program Change訊息操控，具有簡便的自動控制功能。

◎ 最重要的是：01V96的設計能與主流的數位錄音系統進行整合，讓我們可以擁有完整的音樂製作與混音的環境。可以與Digidesign的Pro Tools或Steinberg的Nuendo進行連結軟體的混音與參數處理的控制，錄放/聲道指定控制與編輯功能的使用，可直接使用O1V96的控制介面。同時還有〝General DAW〞模式還可以與其他硬碟錄音系統進行整合。

◎ 所有輸入聲道均具有獨立的動態處理壓縮控制與雜訊抑制器。4段參數式EQ的所有頻寬均為20Hz到20 kHz全頻可調，可調頻寬範圍0.1 to 10，±18dB增益的數位等化器，聲道延遲效果最大可以達到452 milliseconds（96kHz模式下）。即使是立體輸出、8個bus輸出、8個Aux迴路也都具有獨立的壓縮控制與EQ調整功能。

◎ 如果需要更多的輸入，O1V96提供了〝平行連結〞功能，可以連結兩台O1V96，達到 80軌輸入的大型混音系統。

◎ 具6.1、5.1與3-1環場相位模式，可在無損其他功能與效能的情形下，進行環場的編輯。

◎ 附贈Studio Manager軟體可以跨Macintosh與Windows雙平台使用。Studio Manager可以用連線或離線的方式操控所有的參數，透過圖形化的介面，很容易就可將參數對照到混音座的各項功能上，還可用來管理混音資料。

O1V96體積小，價位合理，可以很輕易地置入小型錄音室的空間內，卻提供等同於大型混音座的音質與功能。

Professional Audio Essentials

# 附錄Ⅳ 故障排除

## TROUBLE SHOOTING

理論上，在出租前仔細認真地檢查與測試將在音樂盛會中擔負重任的PA器材，可以讓您高枕無憂地躺在混音機前看戲。但實際上，那些擴大機、效果器、混音機等的電子機件，都得辛苦地隨時侍候一旁噓寒問暖，整個工作下來，常常是如履薄冰般地冒了一身冷汗。翻開現代成音史，我們發覺如今的音響設備比起以前的那些古董是要堅固耐用多了；但是在這行幹久了，總會有機會碰到機件故障的狀況，大難臨頭之際，是否能逢凶化吉，這就要看造化了。

造化其實就是面臨問題的反應力，以及解決問題的速度。身為系統工程師，此時您的能力就要受到重大的考驗了。如果有那位聰明的仁兄，開發了一套方法或理論，能夠在眾目睽睽，身繫演唱會成敗的壓力下，快速而有效地將故障排除，那我想他早該寫一本書，然後退休在家賺取版權費發財了。經驗是無法用其他東西取代的，惟有充份的瞭解、熟悉所有設備的構造及操作特性，才能夠有效瞄準故障的關鍵，立即做出〝從哪兒下手〞的正確選擇。

對訊號路徑以及系統輸出、入接線的全盤掌握，是排除故障的基本修養。最為工程師們所津津樂道的，

竟然是器材故障的話題，我好幾次跟其他同業聊起了與這些故障機器抗爭的〝戰史〞，他們甚至還互相比較，看誰出事的狀況最為慘烈，有趣吧！

在此，我想撇開一些成功的案例不談，僅就有關大家遭遇的一些器材故障挫折經驗，提出來供各位做為參考。另外，亦要推銷一種〝積極性排除故障〞的觀念，就是試著期待發生故障，並模擬如何解決它，事後再加上分析，甚至相信自己根本就是一個排除萬難的馬蓋先。其實上，不論是機器或是操作人員本身，事先的測試準備和週密的彩排是很重要的，而且永遠不嫌多。這是個簡單的道理，似乎每個人都承認有其必要性，但就是沒有人願意認真確實執行，怪哉？

經常在一些專業雜誌中讀到有關現場節目電力系統的問題，原因很簡單：電力是一切工作之母，沒有正常的供電，一切免談！好些年前，在NORFOLK的一場演唱會裡，工程師遇到了畢生來最大的災難。提供音響的工程公司使用了一組三相、兩百安培電流量的配電系統，該系統接在舞台後廳的電源上，但中性線始終沒有接牢；節目進行到一半悲劇發生了！中性線鬆脫，所有的音響系統宣告停擺，工作人員花了15分鐘才找到問題的癥結，觀眾已非常不耐煩，頻頻騷動，場面頗為緊張。這些混亂的狀況其實只要事前仔細的檢查是可以避免的，聰明人可以從別人的錯誤中學到教訓，所以負責電源供應的人員，一定要將交流電電源線接頭處打個結，以防它不意鬆脫。

現在的工程師對於交流電壓的測試顯得很馬虎，要知道，在排除故障的程序中，牽涉到對所有影響你機件正常運作之變數的掌握，盡可能熟悉各種演唱場地（體育場/館、大會堂、俱樂部…等）交流電系統之詳細資料及特性。工作之前，請用電壓計測量所有電源插座的正、負極電壓，確定器材接地良好及電源接線的相位一致。除非完成上述測試，否則不輕易將電源接通。我就看過好幾次這樣的意外事件，使我更加相信養成事前檢查習慣的必要性。曾經有趟旅行演出，掌管配電系統的工作人員，每天都很仔細檢查每一線路及裝置；不過後來製作單位因為預算的關係交給另一家音響工程公司，讓他們繼續完成最後一週的演出；後來我才知道製作單位付出很大的代價，才學到了檢查電路的重要。那天工作人員不留意將中性線（NEUTRAL）接在電源的火線（HOT）端，接電了之後，機器馬上就燒壞。雖然說〝時間就是金錢〞啊，但事先檢查花的時間，與燒壞機器的代價比起來，那可是要便宜太多了！電源接地不良，反相位的錯誤常會產生莫明的干擾或哼聲雜訊，導致音響品質的惡化，特別是用於數位介面器材的導線。

有一次在美國路易斯安那的音樂節裡，一台YAMAHA CP-80電鋼琴產生很糟糕的雜訊，好幾個樂團使用過，情形一直很糟。工作人員一發現這狀況就開始檢查交流電源，音響組人員說他們的電源接地絕對沒有問題，其實也的確是，然而，就是沒有人想到要去檢查那一條供電給電鋼琴的電源延長線，當工作人員把那條地線已經斷的延長線換過之後，

所有的雜訊立即消失了，其實這倒沒啥神奇之處，只是花了些時間，仔細地檢查罷了。

我常隨樂團應邀前往學校的室內體育館內表演，因為學校用的系統很〝迷你〞，使用幾個牆角20安培的電源插座就足夠應付的，有一次，其中有一組插座的火線與中性線接反，不知情的使用這插座供應舞台右側之器材，然後開始納悶，為何右側的喇叭雜訊總是特別大，接下來就是一陣花時間的摸索。

交流電有時還會牽涉到發電機的問題。戶外演唱沒有足夠的電力來支應所有的音響及燈光系統，有時候決定讓音響吃建築物本身的電，而燈光系統就用一台租來的發電機，停在舞台後面來供電。演唱進行的時候，燈光發生了奇異的狀況，好像鬧鬼，即使將燈光控制盤的推桿關掉，燈還是亮的，演出時間為了檢查故障原因而延後，工作人員發現原來中性線上有25伏的電壓。根據規定，中性線在拉到建築物之前應先完成接地，使中性線與地線的電壓差為零，我們發現發電機的中性線與車廂外緣結合，但卻因四個橡膠輪胎徹底

地將車廂與地面隔離，使其無法完成真正的接地；這時候，發電機的技術人員一定不在，為了讓節目能準時開始，建議將發電機供輸來的中性線，想辦法接線到浴室裡的水管，讓深入地下的水管有如地棒般達到接地的目的。這件事讓我們學到的教訓是:使用發電機之前，要確定是否已完成良好接地，並且要在發電機技術人員離開前就該做好。

一套雙聲道的PA系統，似乎是標準配備，我想這是為顧及聲音投射涵蓋面及聲道平衡的考量；但是，大多數人都沒有設想到主要系統可能需要〝保護裝置〞，比如說當限制器、圖形等化器、分音器…等，萬一陣前倒戈時，您該怎麼辦？在底特律一場演唱會中，使用一套雙聲道三音路的系統，節目進行到一半分音器突然故障，所有的中、高音全沒有了，只剩下低音部份，PA工程師驚惶得臉色蒼白如紙，竟然一句話也不說的就〝蹺頭〞了，留下了孤單的老闆和一堆故障機器，這時候，幾乎所有的觀眾都回過頭，用奇怪的眼光看著老闆，在毫無支援的情形下，老闆決定發揮馬蓋先的精神，徒手與噩運搏鬥。老闆先將一條原本由分音器送往低音擴大機的訊號線，轉接到混音機的左聲道輸出，這樣可使聲音訊號避開分音器，直接送低音喇叭做全音域的播出，並且迅速地利用EQ將歌者的聲音調至可聽到的程度。至於中、高音路方面，則由一個平衡式丫型訊號接頭將送往中、高音喇叭的訊號線連結後，經由等化器接在混音機右聲道輸出，同時，我用等化器將低頻部份衰減，並強調800Hz以上之部份，將合併後的中、高音路利用PANPOT來調整左、右聲道的平衡；當下唯有一直禱告，希望已拿掉足夠的低頻，以免將號角給炸掉，結果……帥啊！演唱會有驚無險地圓滿結束。現在想起來覺得好笑，可是當時可真不是鬧著玩的，在那傢伙〝蹺頭〞的情形下，老闆一心只想把演唱會保住；後來，主辦單位和樂團對老闆感謝再三。當然，那位搞了大飛機的主控工程師後來再也沒有聽說在這行露過臉。

話說在美國中部一家很大的PA公司AERIAL其克服分音器故障的成功案例中，多次得感謝雙聲道系統的大力幫助，AERIAL公司主系統的擴大機組，是雙聲道配備，如果要應付一個單聲道的節目，那只要利用混音機中的訊號合併成MONO 輸出，並使用一半的擴大機組。無論如何，一定將圖形等化器、限幅器、分音器…等左右聲道之控鈕部份都調成一致，不論使用任一聲道工作，萬一發生什麼差錯，另一備用聲道即可馬上接替工作。

舉個例子，現場使用一套雙聲道系統的左聲道部份來做單聲道的成音工作，正當開演前調音測試進行到一半的時候，分音器的左聲道出了問題，立刻當機立斷將擴大機組上三部份機組的左聲道接線全拔出，插到右聲道去，以便使用分音器正常的右聲道部份繼續工作，而全部恢復過程也不過只花了15秒鐘。這次事件讓公司決定重新買了一台新的分音器，並且維持了原來雙聲道系統的安排。

喇叭及驅動器的故障排除最好是在出租前就把它給解決掉。記不得有多少次在現場，待PA工程師萬事俱備後，坐上控制檯準備〝秀〞一下的時候，卻發覺喇叭連屁也不放一個，甚至從兩邊音箱出來的聲音嚴重地不一樣，這時候做什麼補救都太遲了！爵士音樂會裡，每逢貝士手彈奏某個音符時，演奏廳右側的低音喇叭就會發出極大嗡聲。另外，在一場靈魂藍調音樂會上使用一組全新折疊式號角的超低音喇叭，在演出中，發現兩邊的喇叭在低頻部份有些微的差異；當天是單聲道系統，照理說兩邊的喇叭不應有這樣的現象，所以決定待器材回到公司後，給予它徹底的診斷。

測試圓椎式喇叭，較常用的方法，是輸入喇叭適量的10Hz訊號來觀察它的反應，因為10Hz已超出任何喇叭平常工作能量的極限，你將可以藉此聽出音箱本身任何不正常的狀況，例如音圈震動時的摩擦聲，圓椎紙盆及其周邊的怪異聲響，防塵蓋網的鬆脫…等。通常在如此嚴格的測試下，八個喇叭中有六個會是不及格的，也不知道這些喇叭在這種狀況下還被使用了多久？也許別的操作者已注意到這現象，只是沒有仔細地把病因給查出來；像這種超低音喇叭，除了那些非常有經驗的操作者，它所能承受的工作頻率有時低到讓人無法用聽覺去判斷音響的品質。如果所有外租回來的喇叭都能作這樣的測試，相信你下回與它〝共事〞的時候，就不必再提心吊膽，耽心它是否會出狀況了！

另外，建議音箱各部份，每年都要做一次頻率掃描測試，用頻譜中各頻率給予輪番測試各組件部份，如此可概略了解因圓椎紙盒的疲乏，或鬆動的喇叭單體框架及音箱其他問題所引起喇叭的共振失真，可別小看這些小麻煩，它往往會徹底破壞你揚聲系統的完美表現。還有，喇叭及驅動器每年最好做一次相位的檢查。

現在的擴大機都備有隨機的冷卻風扇來達到機體散熱的效果；大部份的風扇都有防塵網，要時常去清理這些濾網；否則防塵網過髒堵塞，使得散熱不良將導致擴大機燒壞。

另一個使擴大機停擺的原因就是電路的負載過荷，搖滾樂團抱怨他們在一間PUB表演的可怕經驗，他們說交流電壓不正常，我們演奏時電壓大約只有105伏特

通常每晚至少跳電一次以上，我們的成音設備真的太遜了，結果發現他們將兩台CROWN DC-300A及兩台CROWN PSA-2擴大機同時接在一組僅20安培的電源回路上，怪不得產生壓降，現在這種高功率的擴大機是需要一個既穩定又足夠的電壓才能正常工作的。不過，幸好他們用的是CROWN DC-300A，這台元老級的擴大機，曾幾何時，是PA系統中的標準配備，現在雖被新一代的機種所取代，但它在105伏的電壓下，仍可以將聲音推動得結實、清晰，實屬難能可貴的了！

新一代的擴大機可不能這麼將就了！你要它跑多快，就得給它吃多少草！否則它馬上罷工抗議。像CREST800這種擴大機，單用一組20安培電容量的電源也不夠它消耗； 如果在現場電壓不穩的情形下，那只有儘量找出所有電源插座，分散電源供應，並且留心每個回路的負載切勿超過飽和，唯有如此，才能夠確保擴大機輸出保持最小的失真。

大家公認最可怕的夢魘莫過於節目進行中混音機故障，通常附近是不會擺著一台40軌混音機備用，這時候，唯有儘快換一個備用的電源供應器，試試看能不能起死回生？如果無效，那就自己看著辦吧！其實事情倒也不致悲觀到這地步；主控工程師STEVE FISHER，有一個救命絕招；他曾經在加州負責一場AL JARREAU演唱會的監聽混音工程師，演唱會中途主系統的混音機突然故障，電源供應器換了也沒有用，主控工程師LARS BROGGARD馬上利用INTER-COM告訴FISHER，當時FISHER正在進行監聽混音，他當機立斷迅速拉了一條MULTICABLE將他監聽混音機的輸出訊號送往BROGGARD處，並進入後級放大，會場的成音又瞬間復活起來，他們就用這種克難方式撐完後半場的演出。也許這並不是什麼高深技巧，不過卻是一個在緊迫壓力下迅速思考，解決困境的成功典範。檢查系統所用之線材是另一件在器材出租前就該做好的事，因為每一根線材均有其使用年限，老舊的接線很容易出問題，所以在出租前沒有仔細的檢查，無異是自找麻煩了。現在有很多公司聘請專門檢查線材的人，這是一項很正確的投資。線材中尤以麥克風訊號線需特別檢查，一條外層隔離線斷掉的訊號線仍然可給動圈式麥克風使用，但如果接上電容式麥克風或是那些需要PHANTOM POWER的數位介面時就不靈光了，所以，檢查麥克風訊號線是否正常時，最好是用電容式麥克風，這樣就萬無一失了。

你可曾看過哪家公司時常檢查麥克風的訊號線？一場持續數天的音樂節裡，每天第一個節目開演前的試音階段都有人不厭其煩的檢查麥克風訊號線。如果一天內有不止一場的節目演出，這事先的檢查是較聰明的。當使用數位介面的樂器有雜訊時，可能問題不在交流電，也許是訊號線裡的隔離線斷了，請注意當你測試時，應將所有和主控混音機連接的其他訊號線一併檢查，這能讓您線材故障的機率減到最低。

相信在工作時，掌握自己不偏差的態度與掌握機器的正常運作是一樣地重要；自我中心、專斷獨行的個性，常常會與工作伙伴及表演者之間產生溝通上的鴻溝，使不諒解的事頻頻發生，原本是短短數小時的一場節目，不愉快的氣氛卻讓大家覺得度日如年。我的看法是，不論你在專業素養及工作能力上有多大的表現，沒有人會接受你惡劣傲慢的態度；靈活的交際手腕及自重、自愛才是我們工作人員應該要有的修養。

我很幸運能夠和很多臺灣的成音出租公司一起共事，大家都相處得很愉快，而且都以專業水準完成交付的任務，成功的部份原因是事先計劃，確實執行，每一位工作人員都有特定分派的任務；例如一人專責舞台麥克風及SNAKE的接線，一人負責監聽系統，另一人就負責主系統部份。每天工作開始之前，工作人員會聚在一起討論工作的優先順序，雖然只是一個普通的舞台，但周密與慎重的態度，就好像是為了一個超級樂團的演出需求所準備的。當然，不論是何種規模的樂團都可以適用於一般的裝台設計，因為在混音機上，鼓的聲道始終不會變，而歌者麥克風的聲道永遠是按照舞台上由左至右固定排列著。另外，要指定一個人負責和樂團協調並取得有關資料，包括樂器擺設位置，監聽喇叭分送的數量、位置及用途，還有就是得概略地了解表演內容、程序，以適當完成監聽混音及聲軌安排；儘量尊重並配合表演者慣用的器材所必須做的彈性。當然，有時也應讓表演者能認同專業上的建議。取得相互間的信任、協調一致是最終的目的。我向來很堅持在表演前，徹底的進行接線的測試、檢查。亞特蘭大的美國民主黨慈善祈福演唱會，在當晚的壓軸節目之前，數個團體輪番上陣表演，包括歌手AL GREEN在內，竟然沒有一人事先做試音，現場的成音效果真是糟得一塌糊塗；輪到AL GREEN表演時，他的歌聲幾乎聽不見，他的主控工程師一臉沮喪地在混音機上瞎摸，怎麼也找不到AL GREEN的麥克風是哪一支，當時至少有十個以上的音軌給搞混了；AL GREEN表演結束後，主辦單位就要求把節目給暫停下來，趕緊將所有的接線重新整理過，結果當晚的壓軸節目上場表演時，不論歌聲、樂聲都能清晰地呈現出來，並可良好定位、混音後送出去。所以，別偷懶，確實做好線路的檢查，免得臨場出大糗。

現在大家普遍利用監聽系統來作為主控檯與舞台的對講工具，INTERCOM本來是挺好的，可是常常因為舞台上的工作人員過於忙碌而忽略了主控的呼叫，我們通常在聽混音機上分配一軌專門給主控檯做為對講之用，而這軌永遠都會是〝ON〞，由主控工程師自行負責對講麥克風的開關。通常，當第一個樂團表演完後，舞台上立即進行換場的工作，歌者的麥克風是最先被重新設定好，這可讓監聽工程師有機會迅速從事下一步的調校工作；至於主控工程師則可利用耳機經由麥克風聽到舞台上的動靜，再利用對講方式與舞台上的人員溝通；這樣，整個換場及重新安排混音的工作就可以在很短的時間內完成。當然，以上的動作都是在主控混音機的副組群（SUB-GROUPS）關閉的情形下進行著，觀眾只聽到中場音樂的播放而已。

還記得先前提到的分音器故障經驗嗎？其所以能如此迅速的掌握狀況是因為在工程人員的腦海中始終儲存著一些如何應變的畫面，遇到不同的狀況知道該用什麼樣的接線接什麼地方。不但要求接線的精準，甚至還儘可能要求線路的整齊，一目了然。如果沒有這樣的危機意識及準備工作，到頭來就得讓所有的人陪你坐在混音機前沙盤推演〝如果X或Y線壞了那該怎麼辦？〞哦…天呀！

我曾觀察一位工程人員隨時都背著一個背包，裡面有工具、耳機、電壓計、各式各樣的特殊接頭…等，他說身為現場成音工程人員永遠都不知道，在演唱會最後一分鐘又會發生什麼樣的狀況，這是他的工作哲學，我很贊同。

Professional Audio Essentials

# 附錄V

# 麥克風：物理與情感之間

## The Microphone：Between Physics and Emotion

**The Microphone：Between Physics and Emotion**

**麥克風：物理與情感之間作者 Jorg Wuttke, Schoeps GmbH, Karlsruhe 翻譯 陳榮貴**

使用麥克風要了解一些物理知識，然而音樂牽涉到感覺、情感，錄音牽涉到高深的技術，錄音工程師一定要能巧妙地將它們結合在一起，任何工程師以技術為基礎做出不合理的決定，很容易就是自己信仰的受害者。

### *麥克風及感覺*

麥克風技術在錄音工業界數十年以來，在基本設計方面來說並沒有重大的改變，某些舊式麥克風現今尚在使用，並且還有很高的口碑。

相反地，錄音機、LP唱盤及其他類似器材的設計卻日新月異，產品淘汰率很快，我們可以瞭解為什麼舊麥克風會帶來那麼強的懷舊情節，〝薑是老的辣〞是最常見的標語，但它們可能會被這感覺導入迷途。

事實上，並不是每一個舊式的真空管麥克風都是好麥克風（新設計的也未必都好），錄音工程師有責任將物理和音樂感情連接起來，這很不簡單，因為在某方面物理學和音樂本身是互相矛盾的，物理學要求的是不誇張的、真實的，然而沒有情感的音樂是沒有想像空間，結果是：沒有足夠基礎得以利用純物理來評斷聲音錄音結果的好壞。

錄音工程師可以被新科技或喜愛音樂的動機吸引，這些動機都有個人主觀的因素，充分了解物理與音樂兩個領域可以被結合是很重要的，換句話說，我們如果不假思考就將主觀意識結合，很可能誤入歧途。

## *感覺的迷失*

我們最熟悉的混合科技與情感的例子，就是把愛高傳真音響視為宗教崇拜的發燒友，他們會為自己的音響添加各種盲目崇拜的週邊產品，任何真實的工程知識只會令他們生氣，雖然那些才是真正該探討的方向，小心盤算的音響升級計劃抵不過他們崇尚時髦趨勢的採購慾望。
盲從及迷信取代了知識與理性，某些音響雜誌的偏頗文章更應該對直接鼓勵這些音響迷的態度而負責。
幾年前一家知名的德國HIFI音響雜誌發表了一篇有關使用發燒交流電源排插座產品的報告，產品外型是圓的，多個插座被安排成一個圓圈，測試者得到驚人的效果，他指出使用這種電源排插座供應電源的音響系統，其聲音會變得更〝圓〞滿！當然，這麼神奇效果的電源排插座就不會在乎奇貴無比的價格了，我建議買這種產品的音響迷也應該買一本書，書名叫〝國王的新衣〞。

很多有名的音響評論專家常經過一番大費周章，仔細的聆聽並分辨一些無法聽到的音響（雖然並未真正聽的到）。我們不需要讀高等心理學就可以理解這些事情的發展，試想，如果某專家並未感覺出測試報告中所說的差異（姑且不論此差異是否存在）在眾人面前或其他測試者之前多麼困窘！而且，那些花大筆錢的發燒友，在某方面來說，可能不是那麼容易處理好事實真相。
尋找真相很難，憑著簡單的聆聽想要分辨出微細的音響品質更難，聆聽不是最好的方法，但是它是唯一可以確認出A或B音響差異的較好方式。我曾也是主觀意識的受害者，有次為一群音響迷介紹一個最新改進版本的前級擴大機，大家聽了讚不絕口，都被新的聲音感動的振奮不已，但是等到散場之後所有人離開時，我才恐怖的發現，剛才展示全程所用的電路都是BYPASS旁通的，沒有人真的聽到什麼新線路的差異，喇叭發出來的美妙聲音，A/B測試根本沒有區別，為什麼有這種結果？那是因為大家心理期待以及自以為聽到電路差別，如果真有差異也僅僅是幾條短的訊號線，它們的材質甚至還不是無氧化銅的！只有少數人才能完全的注意到自己的偏見及固執，沒有人可以知道如果沒有偏見與期待會有什麼不同的結果，因此專家也不會比平常人高明到哪裡去！專家對他們自己的期待與態度也沒有免疫能力，例如：即使是某些音響專家也會認為真空管擴大機就保證比晶體擴大機更具有溫暖的音色，當然這句話並沒有任何明確的條件基礎，驟然下此結論並不合乎邏輯，好像認定電子學歷史裡，沒有做出音響很爛的真空管擴大機似的，但是我們曾經聽過某位專家說：真空管擴大機音色溫暖的程度還和真空管擴大機本身工作溫度有關！這是一個將感覺與科技隨便結合最讓人迷失的例子。

我們建議從事音響及錄音工作有關的人，在處理技術性問題時，必須將感覺與物理各自獨立，才不致貽笑大方。

## *客觀與主觀*

科技是客觀的，在牛頓物理學的領域，事物可以真，也可以假，科學的發展已經學會輕鬆的處理某些問題，我們現在得到前所未有的科技進步，主要的原因，應該是我們工作的方法要合理（不像中古世紀的煉金術）。

我們的通路也容許大家從先知建立的知識庫裡，再延伸更廣，否則，將永遠要從零開始，就不可能有進展，社會進步和科學發展有密切關係，我們甚至可以問如果沒有科學發展，社會進步可能嗎？今日醫學偉大的進步和早期醫藥落後之比照即可得到答案。

換言之，主觀意識較強勢的事物，合理是沒什麼用的，例如藝術，要評價所謂〝美麗〞或〝好〞是依個人喜好而不同，幸運的是，世界上已經存在某些被普遍接受的價值觀念，允許我們可以了解哪一種狀況是可被大多數人接受的，例如：我們不喜歡聽沒有高頻的音樂，或者諧波失真對音色的影響是好是壞，這個簡單的問題依然存在著很多不同意見，如果武斷的評論就顯得十分魯莽。

但是我們可以確定第二，甚至第三度諧波是好聽悅耳的，另一個以主觀方式判斷的特別優點是，我們的頭腦可以用很快的速度計算出大量的資料，比如：人和人初次見面就可以馬上感覺是否喜歡對方，這種好惡的立即主觀判斷是我們無法用數據測量的。

## *什麼是眞理？*

問題出現了：我們如何公正得到最確定的聲音品質？前人想將客觀資料轉變為主觀數據條件已有很多的嘗試，其結果似乎是一個不可能任務，但是聽眾如果想要知道〝比較好〞的結果，倒是有其他的方法可以採用。

Ⅰ、科學調查

測量永遠是工程師尋求真理最安全的方法，技術資料是客觀的，可以允許做實際的比較，以科學的方法評價測量資料，使複雜的環境條件簡化，就可以得到處理結果，結論可能會留下很多讓習慣實際經驗的讀者不滿意，某些例子展示的實際狀況也會和某些期待相矛盾，很多情況顯示理論的改進，可以在實際實驗中得到驗證。

Ⅱ、聽力試驗

永遠有必要知道自己的判斷是真實正確，如之前所言，真理是必須做直接比對，差異很小時，特別需要下這個功夫。

## 1、專業音響的科學思維

*A、麥克風線*

所有麥克風都需要麥克風線，我們必須簡短討論這個熱門主題，詳細的說明可能說來話長，導體工業技術已是發展成熟的科技，發燒麥克風線專家應該是一位好的數學家，因為他們為了商業的理由而忽視物理，讓客戶錯誤使用那些定義清楚的傳輸線及阻抗特性，眾口鑠金的這種例子到處都是。

所有麥克風線的電路，來源及負載阻抗和麥克風線本身的材質參數一樣重要，所以任何一種特別的優點並不能令我們認為他就是好線的保證。

麥克風線的各種參數，均勻電容distributed capacitance的要求占了十分重要的地位，它的影響力和麥克風輸出阻抗值成正比，輸出阻抗200Ω的麥克風，並不會產生任何嚴重的降低訊號品質（長100或200公尺以內），如果麥克風阻抗更低的話，還可以安排更長的麥克風線。

然而，電容式麥克風而言，不正確的幻象電源產生的問題比麥克風線還多，即使昂貴的專業器材對麥克風電源的控制也常掉以輕心，例如：供應電流可能不足，或供應電流可能錯誤，這些都會產生明顯的失真，並減低了它的最大SPL音壓。

*B、〝小型A/B〞立體錄音*

使用一組立體麥克風，以嘗試錯誤的方法尋求最佳的錄音位置仍是目前最普遍的方法，麥克風組合和交響樂團的距離直接音和間接音的比例，兩支麥克風之間的距離由經驗和品味來決定，但是總有人想要找到兩支麥克風之間的最佳距離，一直在試了又試，其實是不必要的，到底兩支麥克風的距離要多大？才能在放音中使立體音像飽滿，而不致產生一種〝中空〞的效果？如果有這種學問，就有理由得到錄音技術進步的希望，這種完美追求的複雜太難，並不是我們只用實驗就可以解決。

立體音響定位的方法有兩個：音樂的音量可以在某一聲道比另一聲道大聲，或者它可以較快的到達距離音樂較近的麥克風，任何一種差別夠強的話就可以明顯的得到立體音像。

立體音像的極端位置是極左或極右，在這種位置我們要放的演唱會舞台上極左或極右的音源（音像地位超出喇叭的範圍可以利用訊號反相來達成，但是這樣會嚴重的打擾正常的音像，因此這種反相的手法只用來使某些電視或手提收音機立體音像更寬廣）。

假設兩支麥克風是同一型式，可能是全指向或其他指向性，當兩支麥克風的相對距離很小的時候（小於1公尺），空間麥克風錄音講究的是音源到達的時間差，因為大多數的音源都以大約相同的電平同時到達兩支麥克風，簡單來說，這種錄音方法最重要的特性是（在歐洲以〝SMALL A/B〞著稱）。

（a）如果一個訊號被兩個聲道以相同的音量拾取，經由喇叭播放，從極左或是極右的喇叭聽到的聲音一定會有至少1.0～1.6毫秒的到達時間差。

這個標準依著名的空間麥克風錄音定位理論，很不幸，並不很精確，我們將會用1.2毫秒的時間差做參考來繼續討論。

因為音速每1.2毫秒移動約40公分，讓喇叭圓滿的再生交響樂立體音像，40公分大概是交響樂極左或極右音源距離兩支麥克風的最小數據，較小的到達時間差能使音源座落在立體音像之內，然而兩支麥克風如只距離40公分就得擺置在極左或極右音源的連線上（和第一排音樂家同高同齊，如【圖1】），如果，麥克風距離交響樂團遠一點，兩支麥克風的距離必須要增大，才能使極左或是極右的音源到達時間維持最小必要差距，如【表1】。

【圖1】
交響樂
小型A/B立體錄音在不同距離錄交響樂

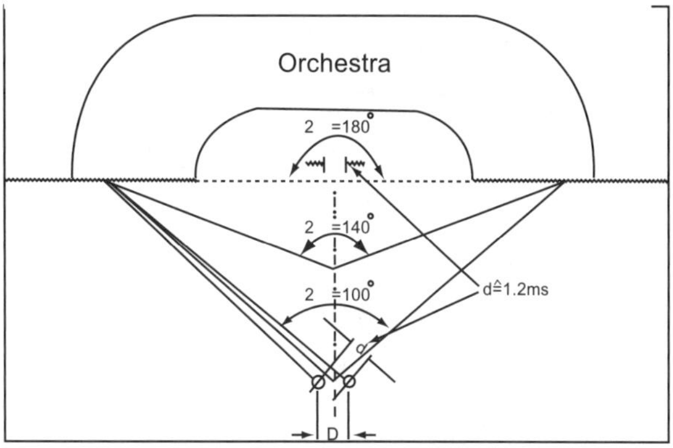


【表1】
兩支麥克風相距D、會有不同的角度

| 2 | 60° | 80° | 100° | 120° | 140° | 160° | 180° |
|---|---|---|---|---|---|---|---|
| D: | 81.1cm | 64cm | 53.3cm | 46.9cm | 42.7cm | 41.1cm | 40cm |

（b）聲音到達的時間取決於聲音傳送的長度，對某些頻率來說兩支麥克風的間距相當於波長的一半，這些頻率使兩支麥克風會產生相反相位的訊號，一半波長奇數倍的頻率和兩支麥克風的間距相同的話也有同樣情形，如果相位相反就無法產生

立體音像（如果一支喇叭的接線相反），只聽到一種奇怪空間的感覺。幸運的是，波長一半的偶數倍頻率是相同的，就可以產生某種程度的定位，但是相反的元素卻明顯的和同相位元素一樣大，這樣就產生一種人工的（假的）空間感。在純粹的空間麥克風錄音技術裡面，交替聲道的相位在全頻譜裡一直會以正相及反相交替改變，如果某一支喇叭是反相，立體音像會變，但是相反的，立體錄音卻無法僅利用聆聽來判定哪一個反相是正確的，在這個例子裡，〝SMALL A/B〞錄音方法的證明比嘗試錯誤的方法有顯著的優點。

### *C、選擇麥克風*

對建築聲學的基本了解，有助於使用空間麥克風立體錄音技術，對於麥克風的基本了解，則是有助於如何選擇正確的麥克風，例如：低頻率收音最好的麥克風是電容式壓力型麥克風，或特殊環境中使用壓力梯度式麥克風配合近接效應也可以成功運用。

麥克風有很多種，但是不能應付每一種特別需求，相反的，愈好的麥克風愈像其他好麥克風的音色，麥克風的多款型式是為了解決各種不同的用途，例如電容式麥克風中的壓力型麥克風是全指向性的，是很多錄音場合的理想工具，如果你不能和音源靠得很近，或回授問題很嚴重的話，就無法使用，這時候就得用全指向麥克風。

如果，使用了立體錄音就需要指向 性麥克風，（M/S立體錄音在〝M〞聲道可以使用全指向性）麥克風位置的擺設一定要找到所謂的〝SWEET SPOT〞甜點，天籟之孔。了解麥克風原理的人更有能力處理複雜的錄音工作，以食譜的概念教人使用麥克風，可以讓學習者簡單的學會麥克風技術，但是在錄音現場面對一直在變的實況，卻沒什麼幫助，錄音工作很困難，做為一個錄音工程師，確實需要專業的修養。

### *D、麥克風的球形罩*

接下來的例子闡述利用科學分析與預測，麥克風球形罩保護震膜的效能，當然我們無法提出一個以偏概全的說明，指出他們使用的方法比較好，有一個標題〝工程師將附屬配件轉換為藝術〞，講到藝術，則事關個人品味。

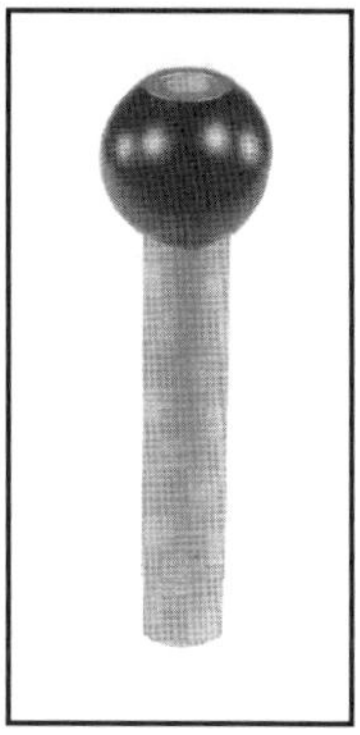

【圖2】
小震膜全指向性麥克風加球形罩

從技術立場來說，長久以來大家都知道球型體可以在音場內表現良好，而且1951年NEUMANN M50麥克風已經成功的利用這個優點。

一般物理分析會將球形與圓柱體直徑視為相等，要將一個球形體放在圓柱形麥克風上，顯然球形的直徑要大一點，因此可以在【圖4b】中看到一個50mm球形體在直徑20mm的圓柱形麥克風上，它的測試結果能和【圖4a】的麥克風測試結果比較。

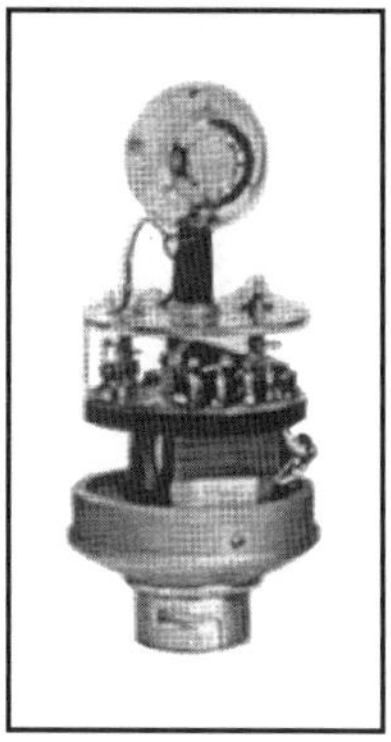

【圖3】
Neumann M50麥克風外殼拆下後的造型

【圖4a】

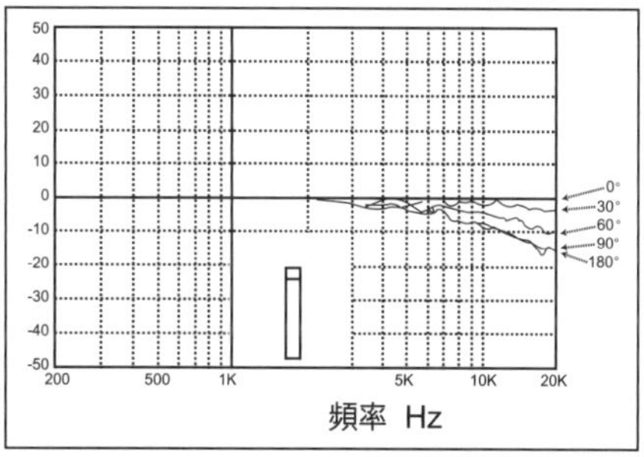


【圖4b】

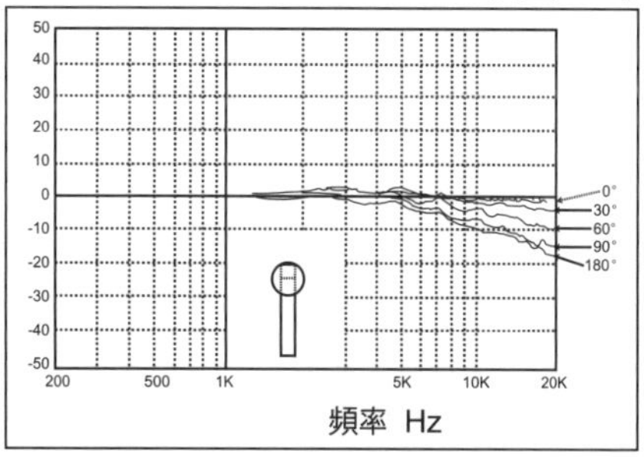


我們驚奇的發現裝了球形護罩之後，只對10kHz以上的頻率有一點影響，這表示球形罩在建築聲學上的表現非常良好，依實驗顯示結果直徑50mm球形護罩的表現和值20mm圓柱麥克風性能差不多，球形護罩在音響上的影響大多在

2kHz及8kHz稍有增益，以技術來說，這是個非常有趣的配備，但是，麥克風是否因為使用球形護罩而性能更好呢？答案是：依情況而定，類似修改音色的方法也可以利用等化器來做，然而最重要的是等化器無法改變極座標響應，至於球形護罩對極座標響應的影響，也比我們要預期的還要小。

*E、大震膜麥克風*

很多工程師趨向使用大震膜麥克風的態度是另一種感覺與期待的話題，特別場合挑選大震膜麥克風的理由，大多只是想使用一個大的、映像強的麥克風而已，一般技術上大多數的爭議是大震膜麥克風可以將低頻率錄的更好，如果使用電容式壓力型麥克風，即使小麥克風也可以錄得完美低頻率響應的音色，但是一般可應用的大震膜麥克風都是壓力梯度型，如果近接效應不能作用，它的低頻響應會受到限制。

從物理的觀點來看，大震膜麥克風有優點，也有一些不值得使用的缺點，最大的缺點就是比起小震膜麥克風，其極座標圖（指向性）對於頻率高低有顯著影響，這樣會造成聲音的染色，當然有些結果可能受到歡迎，低頻無方向性的在極座標響應中拓寬，將產生一種聲音〝溫暖〞的印象。有很多把理論上的缺點轉變為實際使用優點的例子，新型的麥克風將很快地可以利用這些參數故意地製造特殊用途。

*F 〝SHOTGUN〞麥克風*

干涉長管式麥克風筆直的外形，所激起我們的期待，可能在現實生活中不存在，因為沒有一個麥克風可以只接收從中心軸傳來的音源，麥克風的方向性是將其他方向（偏軸）音源壓抑後而得，在無響室裡，遠處的音源都能被全指向性或者是指向性麥克風拾取，指向性麥克風存在的理由，是因為環境中的反射音從各種角度被分割成相同的分量出來，我們稱為〝擴散〞聲音能量；這種能量如果超過了直接音時，即使用最佳的指向性麥克風也不可能做到音源重現，因此音源距離增大，指向性麥克風的指向性就愈小，因為擴散聲音的元素增加。
這種說法經常造成驚愕以及不信任，但是別忘了我們是人，不是麥克風，我們有兩支耳朵及一個頭腦，即使在聲音擴散很強的地方也能分辨出立體音響的訊號，可以找出聲波發射的位置。
在此有另一個狀況，需要利用比較測試來幫助我們將迷信轉換為知識，【圖5】顯示將SHOTGUN和另一支8字型麥克風一起做M/S立體錄音工作，如果採用超心形指向性麥克風，麥克風應朝前方，為了比較能夠完全公正，我們允許將超心型指向性麥克風放在SHOTGUN麥克風之前，真這樣擺的話，麥克風會干擾拍電影或錄影的工作，但是即使如此優惠SHOTGUN，在距離音源2m以上，效率就大幅下降而不具任何意義。

【圖5】

為了測試指向性效應的實際差異，音源位置必須精準的座落在兩支麥克風中心軸上，兩支麥克風訊號電平一定要完全匹配，然後我們可以同時旋轉兩支麥克風，使得音源可從45°、90°或更大角度送過來，接著聆聽兩個訊號，他們壓抑不想要的聲音的能力高低就可以一清二楚，當人們利用這方法來比較SHOTGUN和小型高品質超心形指向性麥克風，實際結果是很驚人的，因為長管干涉式麥克風的外形印象超出了實際的方向性特點。
事實上〝SHOTGUN〞麥克風只有在高頻率約5KHz以上的指向性較超心形指向性麥克風為強。

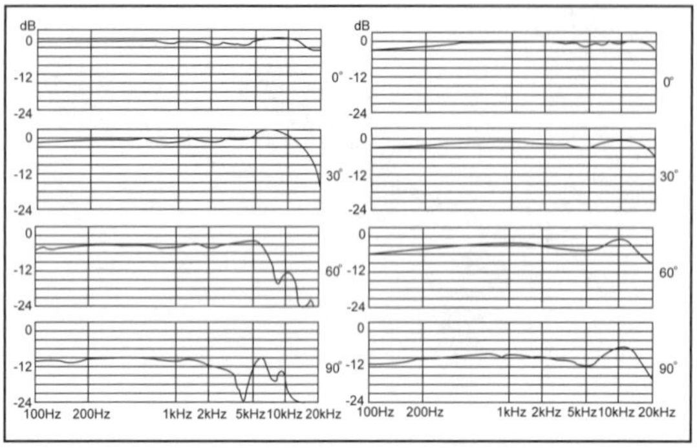


▲圖6
顯示SHOTGUN和迷你心形超指向性麥克風在靈敏度及頻率響應方面的差異。

## 2、聆聽測試

不論何時比較聲音品質，聆聽測試一定會有最後的結果，微小的差異是無法用任何方法去確認的，人類的感覺不是絕對的，如果任何人只聽一種聲音而不知道比較測試，那個人將會變成自己經驗的受害者，最悲哀的是那些陷入這種陷阱的人幾乎都不會清醒，他們的行為就建立在偏見的基礎上。

但事實上，執行一個不正確的聆聽測試很困難，能分辨以下兩種要求是很有用的。

（1）音色是否不同？如果不同，哪裡不同？

（2）哪一個聲音比較好？（回答問題前，需要很長的聆聽過程）。

能回答第1個問題的人，不見得能回答第2個問題，我們的感覺是相對的，例如：一件物體的溫度是冷是熱，和我們環境的溫度有關係，但是如果一定要說聲音A比聲音B好，沒有其他的方法會比直接、立即的比較更能夠證明，然後我們才了解差異是否存在，如果存在差異？差異多大？哪一種差異？測試過程中任何形式的打斷，都可能會導致錯誤的判斷。

A/B測試的型式最重要的是兩個訊號電平都必須相同，0.5dB的差異，依音量大小來說可能聽不出來，最小也需要0.5～1.0dB才聽得出來（某些作者認為至少2dB）但是我們換個角度來解釋：通常音量比較高的訊號可能會被判定為音色較好，為了不失公允與減少錯誤的機率，A/B聆聽測試的兩個音量一定要完全相同。

讓這兩個訊號電平調整一樣最好的方法，就是在兩者之間利用不同的電路去尋找他們的零點，這麼做的先決條件是兩個音源是絕對同相的訊號。

【圖7】中的A表示真空管電容式麥克風的擴大器，B表示晶體電容式麥克風的擴大器，電壓分配器之後的電容提供兩支麥克風震膜完全相等的電容量，任何音樂訊號都可經過他們來傳送，因此麥克風擴大器就會像實際錄音一樣的工作，除了所有的麥克風擺設的不確定因素都已排除，及不同麥克風震膜的影響也就不會存在，使得測試變成了單純比較麥克風擴大器，經過數次測試實驗，發現只有在高音量時，真空管擴大器反而因為它的噪音較大而馬上被聽出來，但在普通音量時，非常驚訝的發現，非常困難聽得出有什麼不同！如果我們聽比較複雜的音樂內容，就變得不可能知道是否使用真空管擴大機了！

▼圖8

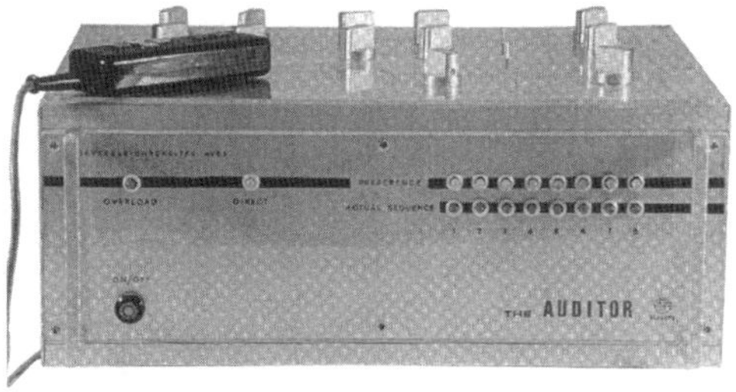


▼圖7

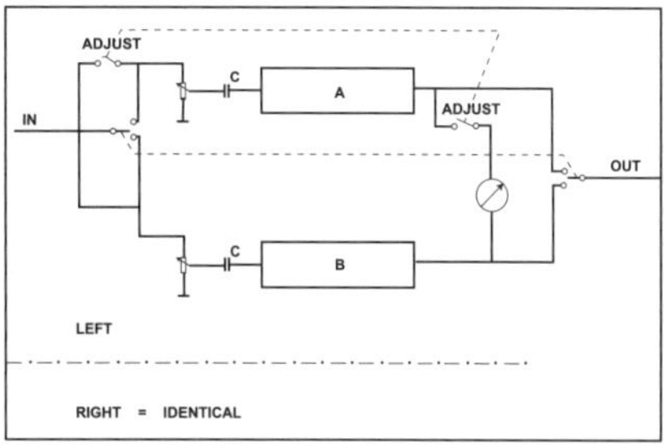


## 結論

錄音是一種藝術，顯然的我們喜歡表現個人特點，也許別人以為那只是工程師的一個工作而已，但是沒有紀律就不會有藝術，藝術家知道自己作品及技巧的極限，了解自己有創作藝術與生俱來優美的天賦，因此，我們身為錄音工程師一定要小心處理這些事物，他們包括藝術的設計、執行及最後藝術的用途。

不管我們的幻想空間如何不受到限制，為了追求我們的目的，而去炫耀電子建築聲學的基本定律會顯得太魯莽。否則選擇忽視這些原則的人，他們將貢獻出混亂，只會領導我們走入歧途，而忘了目標：保存精緻、不易懂的聲音，帶給我們樂於存在的意義。

Professional Audio Essentials

# 附錄VI

# 恆壓式喇叭系統簡介

## *恆壓式喇叭系統的定理*

使用一台擴大機同時驅動很多低功率喇叭的最好辦法就是恆壓式喇叭系統，本系統施工容易，只要利用兩條線將各喇叭並聯即可。

恆壓式喇叭系統依其最大RMS電壓25，70，100，140，200伏特而分類，〝恆壓〞可能引起誤解，因為喇叭線上的電壓和音響訊號電平並無關係，事實上，在恆壓式喇叭系統中，沒有隨時保持常數不變的東西，恆壓式喇叭系統喇叭線上的電壓確實也是音響訊號，也會隨著音響本身調節。如果我們用電表去量恆壓式喇叭系統，不太可能實際量到70伏特（除非音響達到峰值），如果音響靜音，就只量到0伏特。

恆壓式喇叭系統擴大機可以在該系

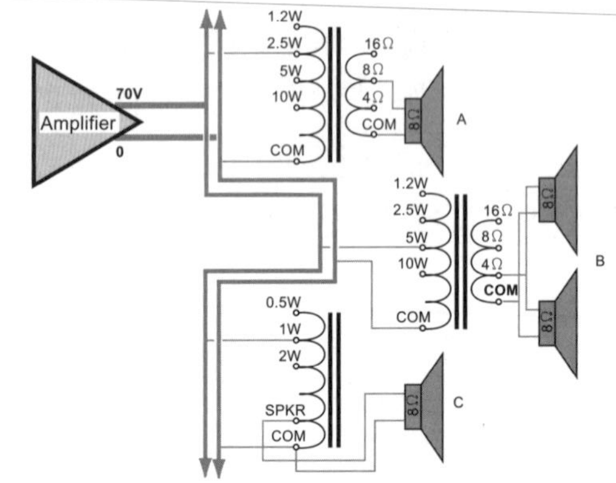


70伏特恆壓喇叭系統

統電壓輸出最大功率，例如，70伏特擴大機可以在70伏特產生最大功率，不管擴大機最大功率是50瓦，

150瓦還是700瓦，各該擴大機額定功率的多寡，就在於擴大機能輸出的電流有多大了，依歐姆定律E（電壓）＝I（電流）×R（電阻），如果額定功率70瓦的擴大機設計在70伏特輸出1安培電流的話，那麼350瓦的擴大機將會在70伏特輸出5安培，我們拿它和一般低阻抗擴大機來比較，低阻抗擴大機的額定功率是直接和擴大機供應8Ω，4Ω或2Ω喇叭的最大電壓有關係，因此負載相同時，高功率擴大機輸出的電壓當然比低功率擴大機輸出的電壓高，例如擴大機額定功率100W / 8Ω可以輸出28.3伏特，因為

E（電壓）＝I（電流）×R（電阻）

P（功率）＝I（電流）×E（電壓）

I（電流）＝P（功率）/ E（電壓）

R（電阻）＝E（電壓）/ I（電流）

＝E（電壓）/ P（功率）/ E（電壓）

＝$E^2$ / P（功率）

$E^2$＝R（電阻）×P（功率）

E（電壓）＝$\sqrt{\text{R（電阻）×P（功率）}}$

＝$\sqrt{8\times100}$＝28.3伏特

擴大機額定功率200W/8Ω，可以輸出40伏特

E（電壓）＝$\sqrt{8\times200}$＝$\sqrt{1600}$＝40伏特

這就是恆壓式觀念產生的契機，它可以將系統簡化，並將各該組成分子的某一變數變成常數，但是我們不能將一般的8Ω喇叭直接接上70伏特恆壓擴大機上，因為依上列公式

70＝$\sqrt{\text{8×P（功率）}}$ P（功率）＝70×70/ 8＝4900 / 8＝612W

每支喇叭將消耗612W，如果接20支就需要12,240W，可能嗎？那麼我們要如何設計以及控制恆壓式喇叭系統中每支喇叭所需功率呢？

答案是：利用變壓器，每一個喇叭都得裝上變壓器，變壓器將恆壓輸出喇叭線上的電壓轉換成較低值去實際驅動喇叭，變壓器上的標籤可以讓我們選擇當恆壓達到最大值70伏特時，喇叭將收到的功率電平。

一般低阻抗擴大機每聲道驅動1支或並聯2支，3支喇叭都可行，而且每一支喇叭都得到相同的功率，如果想接更多的喇叭或為某些喇叭提供不同的功率時，就得利用並聯串聯的喇叭接法，還要演算一大堆複雜的數學算式，更糟的是，只要一支喇叭故障、移除或增加，就會改變其他喇叭功率分配的狀態，恆壓式喇叭系統可以免除這些計算以及考量的煩惱，它會要我們忘記什麼阻

抗，即使擴大機升級時，也不必要重新計算喇叭功率的分配。

*為什麼是70伏特？*

為什麼是70伏特，如果您不喜歡，70.7伏特可以嗎？其實70.7伏特才是恆壓式喇叭系統實際的數據，出現70.7有兩個理由，第一、從以上算式可以發現我們常常使用平方的算式，70.7的平方就是5000，比較容易記（請注意，當時可沒有計算機這玩意兒！）第二、依美國國家電子法（NEC）規定，100伏特訊號電路被規劃為第一類，必須有更高規格的接線要求，將電壓設在70.7伏特，可以用第二類規定，而且又可享3dB的安全空間，來處理負載變化及音響峰值等不定因素。

異於70伏特的恆壓系統在其他國家也很普遍，歐洲都是用100伏特（不用70伏特），美國也使用25伏特在一般公立學校做公共廣播。

140及200伏特可輸送高伏特/電流比的音響功率可以將電線電阻帶來的耗損降至最小。

## *設計恆壓式喇叭系統*

***設計恆壓式喇叭系統有三個步驟：***

1. 決定喇叭涵蓋區域及安裝地點
2. 決定每支喇叭的功率電平
3. 選擇正確的擴大機

*喇叭涵蓋區域及安裝地點*

在恆壓式喇叭系統安裝喇叭，其目的就是既有效又經濟，換句話說就是用最少的喇叭讓所有涵蓋區域都能聽得清楚。

在封閉空間內喇叭會產生兩個音響區域，主要的是直接音區域---聲音直接從喇叭投射過來，第一及第二反射音也可以考慮為直接音的一部份。（如果它們的延遲夠短，而且可以加強美化直接音的話）

第二個是間接音區域，我們可以稱它們為後直接音，間接音區域的殘響聲音會在房間內蹦來蹦去，在地板、牆壁、桌子、天花板間反射，一直到被空氣、家俱、人或房間自己給吸收掉，間接音區域是由各種不同的聲音被反射至不同方向而造成，每個聲波到達聆聽者的時間都不一樣，會把聲音糊成一團，將減低聲音的清晰度。

因此想提高聲音的清晰度，就該將直接音與間接音比率增至最大，依反平方定律，直接音會因為距離喇叭愈遠愈小聲，間接音當然也適用反平方定律，但是它們又多又亂，因此，間接音在室內的密度通常不會有顯著的變化，右圖顯示一支喇叭在大空間內，其直接音與間接音的關係，靠近喇叭，直接音比間接音大聲又清楚，但隨著距離拉遠，直接音量及清晰度將降低，到了臨界距離Dc時，直接音的音量和間接音的音量相等，超過臨界距離，間接音就比直接音大聲了，我們可能聽得到聲音，但是不清楚。

並不是所有的殘響都是有害的，不管是自然發生或電子控制的殘響音量是可以加強美化演講或音樂內容的，然而在公共廣播或背景音樂中加入殘響是很少見的。

房子內的殘響愈小，間接音密度愈小，臨界距離也愈大，相反的，房子殘響變大，將減少臨界距離，並減低清晰聲音涵蓋的區域，同時也加大了間接音區域，其結果可能使直接音區域和間接音區域比率仍舊保持一樣，卻讓麥克風回授的機率變大，反而適得其反。

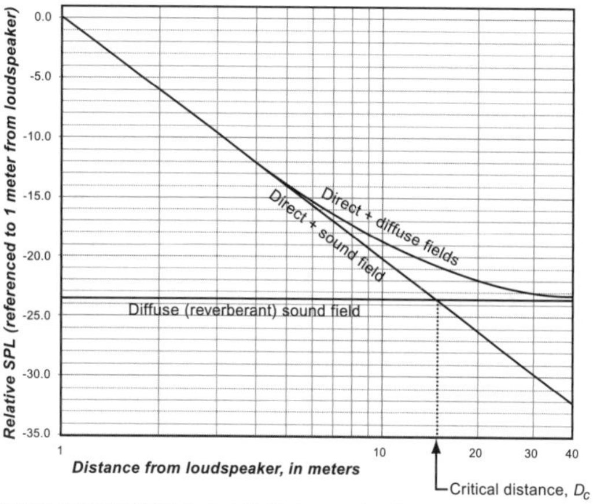


*Intensity of direct and diffuse sound fields in an enclosed space*

在先天不良的室內解決音響清晰的辦法包括：

1. 利用音響聲學的理論及建築學的方法處理反射音表面。
2. 控制喇叭涵蓋角度，使得喇叭涵蓋區域盡量對著觀眾，而不是對著牆壁、天花板等反射面。
3. 使用多台低功率喇叭靠近觀眾，而不是使用大功率喇叭去轟炸很多人，這個辦法甚至可以減小總音響的功率，減少聲音的能量，讓間接音區域的密度減少。
4. 最後一招就是使用恆壓式喇叭系統，恆壓式喇叭系統也可以解決建築物死角的音響改善。

例如：下圖二樓下方座位就可以使用恆壓式喇叭系統來解決。

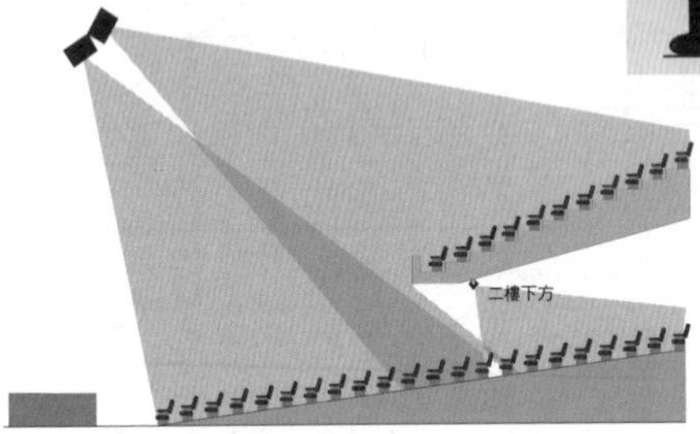


最常使用恆壓式喇叭系統的場所有辦公室、零售店、商業大樓等，大多使用嵌頂式喇叭，基本原則是喇叭間距不超過天花板高度的兩倍，如果喇叭有90°的擴散角度，是非常適合播放背景音樂，但是，呼叫系統或公共廣播希望聲音能涵蓋更多不同位置的要求（坐或站的）就必須另行設計，比較好的方法是喇叭間距不超過人耳至天花板距離的兩倍，這樣喇叭會增多，聲音會更清晰，房間走道、電梯間等人站著的區域喇叭間距較小，室內辦公桌，會議室等人坐著的區域喇叭間距較大，因為耳朵距離天花板較遠。例如：公司餐廳想增添音響系統，天花板高3m，人耳離地板平均1.2m，天花板距離人耳1.8m。

因此喇叭間距不要超過3.6m，如果要求更均勻分布的音場，可以將比例減小為1.5倍，依本例，其喇叭間距將為2.7m。

某些工廠供應擴散角度大於90°的嵌頂喇叭，能允許更大的喇叭間距，換句話說，更經濟，更少的喇叭，更低的成本，更有競爭性（當然功率擴大機要大一點）。

## *決定功率電平*

決定喇叭安裝位置及數量之後，我們要計算每一支喇叭需要的功率，一般來說，背景音樂音量至少要比環境噪音高10dB以上，好的呼叫系統，則需要15dB以上，比環境噪音高25dB可以得到絕佳的清晰度，設計喇叭系統之前，我們必須測出環境噪音，將音壓表設定在慢速反應，A加權位置，並在噪音最大的時間選幾個聆聽位置測量一下，接下來，量聆聽者耳朵至天花板的距離D，利用D及喇叭靈敏度的規格（ndB@1watt，1m；表示輸入1W在距離喇叭1m聽到的音壓）來決定喇叭需要從恆壓式喇叭系統中得到多大的功率。

利用dB＝20×logD的公式或反平方定律，將距離轉換為衰減dB數值，我們要把此數值加上音壓設計值，然後和喇叭靈敏度相減，才能決定到底喇叭需要多少瓦。

喇叭的距離

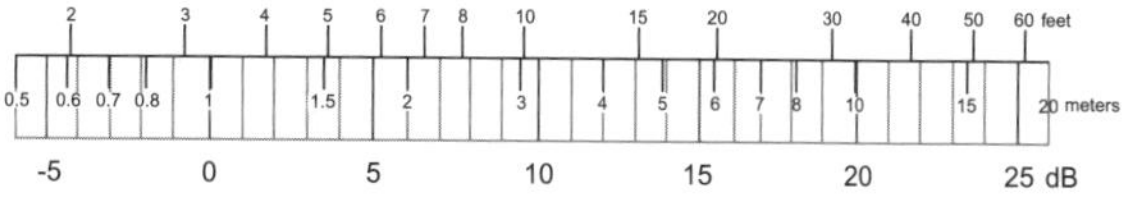


距離減少而增加的音壓，靈敏度依1米1瓦為單位

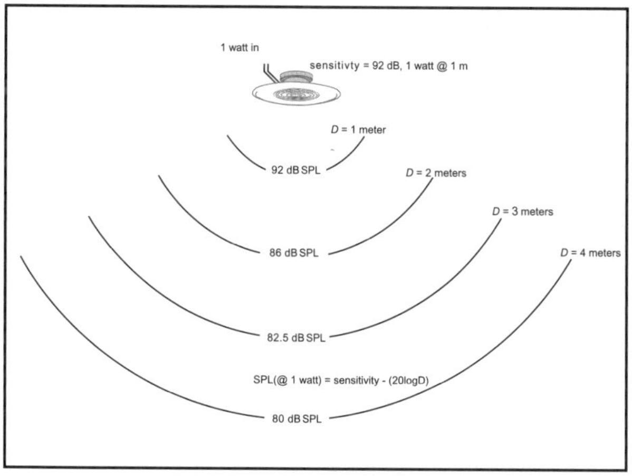


**靈敏度92dB，1瓦@1米，距離2米時可得音壓92-6= 86dB(依反平方定律；距離加倍，音壓減少6dB），距離4米時可得音壓86-6= 80dB**

如果使用dBW單位(0dBW＝1瓦)計算功率，可以變成簡單的加減計算式，因為喇叭靈敏度規格已經使用1瓦為參考。

因此它們可以使用下列公式：

功率（dBW）＝（規劃的音壓）
＋（距離衰減的音壓）
－（喇叭靈敏度）

將dBW轉換為瓦，利用下圖或方程式計算：

dBW/10

功率（瓦）＝10

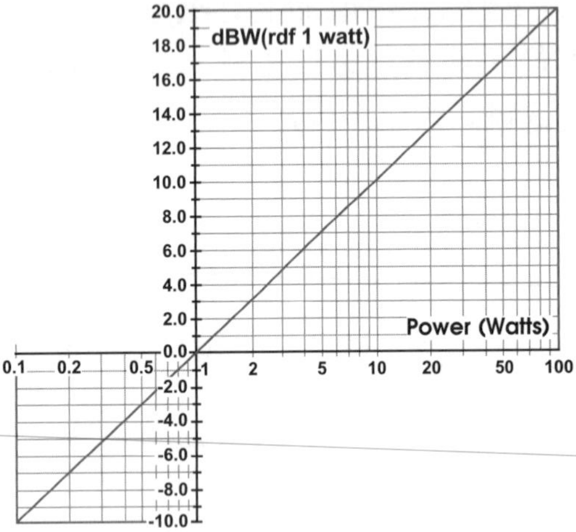


範例：

喇叭靈敏度為94dB@1W，1m。

辦公室環境噪音為67dB（在辦公人員坐姿的耳朵位置處測得）。

天花板距離辦公人員耳朵（坐姿）1.8m。

客戶希望聽到最清晰的音響，所以我們規劃的音壓就是67+25＝92dB（高於環境噪音25dB）

1.8m的音壓衰減為5.2dB，因此喇叭需要的功率電平為92+5.2＝97.2dB的音壓，喇叭需要的功率電平為97.2dB-94＝3.2dBW，依左表可切換為2.1瓦，喇叭的變壓器標籤列有0.5，1，2，4及8瓦，我們接在2瓦上，幾乎完全匹配。

*計算總需求功率*

決定了每支喇叭變壓器標籤上的功率值之後，將它們全部加起來，其和為計算總需求功率的起點，如果有16支喇叭是2瓦，7支喇叭是1瓦，8支喇叭是10瓦，那麼喇叭要的其功率是16×2+7×1+8×10＝119瓦。

變壓器有一個現象叫插入損失，高品質喇叭變壓器一般會有插入損失1dB，表示輸入1.25瓦給變壓器只能讓變壓器輸出1瓦給喇叭，中等品質

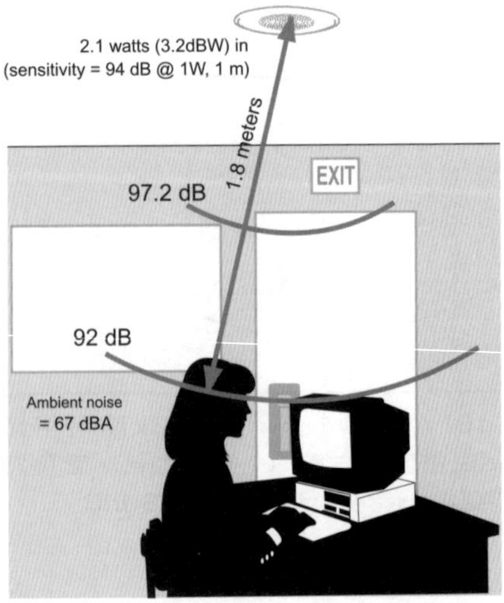

變壓器插入損失約2dB，表示輸入1.6瓦給變壓器只能讓變壓器輸出1瓦給喇叭。

低品質變壓器有更高的插入損失，將使全系統的音響品質嚴重降低，為了補償插入損失，我們必須增加總需求功率的百分比。1 dB插入損失的變壓器增加約25%，以本例119×1.25＝149瓦，2dB插入損失的變壓器，增加約58%，以本例119 × 1.58＝188瓦，因此中等變壓器需要輸入188瓦，才能供應給需要119瓦的喇叭系統，變壓器總功率瓦數加上插入損失之補償才是恆壓式喇叭系統真正的總功率。

## *功率擴大機的匹配*

擴大機的額定功率應等於或大於恆壓式喇叭系統的總需求功率，以70伏特系統為例，通常我們建議選擇額定功率為總需求功率1.25倍的擴大機，增加25%的功率可以應付動態響應，也可保留將來系統變化的運用。

## *在同一系統中使用不同電壓的變壓器*

電壓不同的變壓器也可以連接在恆壓式喇叭系統中，但是原則上系統變壓器的電壓不得大於另外一個變壓器，例如：70伏特的變壓器能裝在25伏特的系統內，卻不可接在100或140伏特的系統，70伏特的變壓器接在25伏特的系統內，會有功率的降低現象，依下表可查出70伏特的變壓器接在25伏特的系統內，其喇叭音量會降低9dB，系統中某些地區音量的變化，除了使用音量開關之

變壓器電壓值

| 系統電壓 | 50 | 70 | 100 | 140 | 200 |
|---|---|---|---|---|---|
| 25 | -6dB | -9dB | -12dB | -15dB | -18dB |
| 50 | | -3dB | -6dB | -9dB | -12dB |
| 70 | | | -3dB | -6dB | -9dB |
| 100 | | | | -3dB | -6dB |
| 140 | | | | | -3dB |

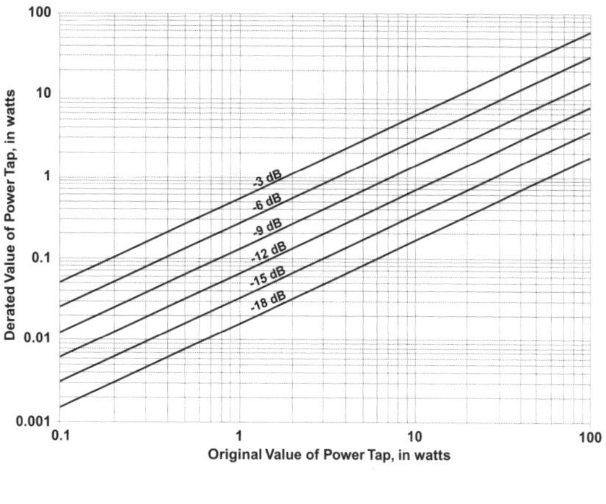

外，也可使用大於系統電壓的變壓器處理。

## 安裝範例

### 喇叭變壓器飽和狀態

喇叭變壓器很小，品質各異，因此十分容易在低頻會產生心線飽和狀態，因為變壓器鐵心受到音響訊號波形達到超過鐵心能處理的極限，使得其感應磁場產生飽和，飽和導致音響失真，也可能損壞驅動系統的擴大機，如果飽和的變壓器使它們的磁場瓦解，並感應出大電壓從喇叭線擴散出來，大電壓將經出喇叭線送回擴大機，使它受損。

除了使用較大、較貴的高品質變壓器之外，另一個有效的防止飽和的辦法是在不影響聲音的條件下，事先將作怪的頻率濾掉，使它不能發作，某些擴大機可以選擇濾掉33、50或75Hz以下的低頻，如果系統中沒有其他高通濾波器的設置，建議最好採用有高通濾波的恆壓輸出擴大機，然而如果喇叭變壓器低頻響應未達75Hz以下時，一定要在擴大機前的訊號路徑中插入高通濾波，以保護擴大機及音響品質。

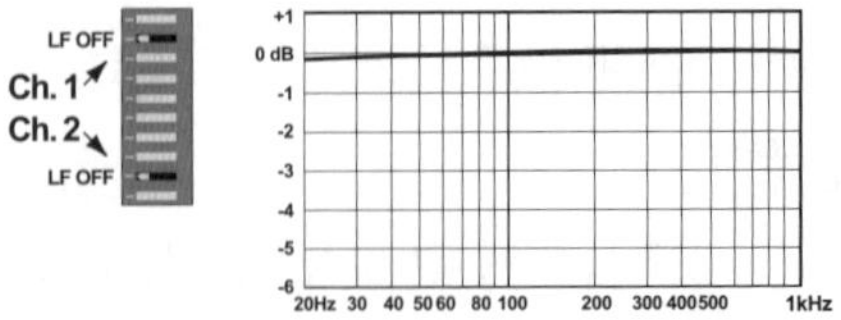


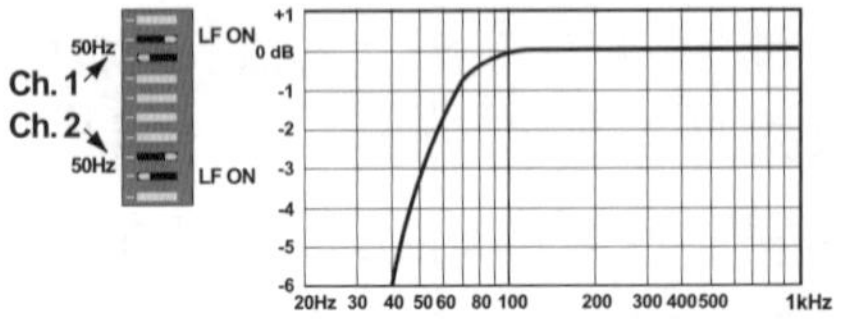


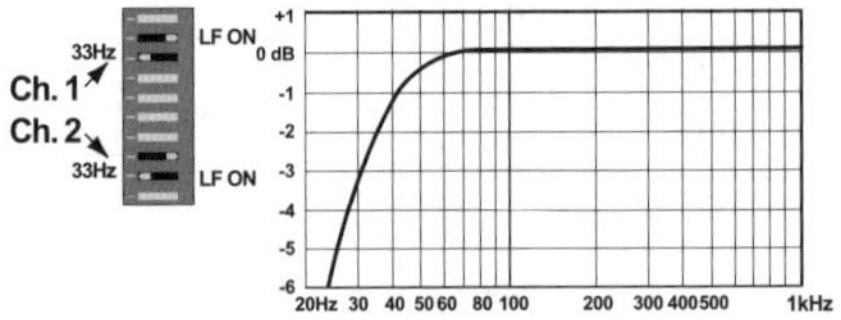


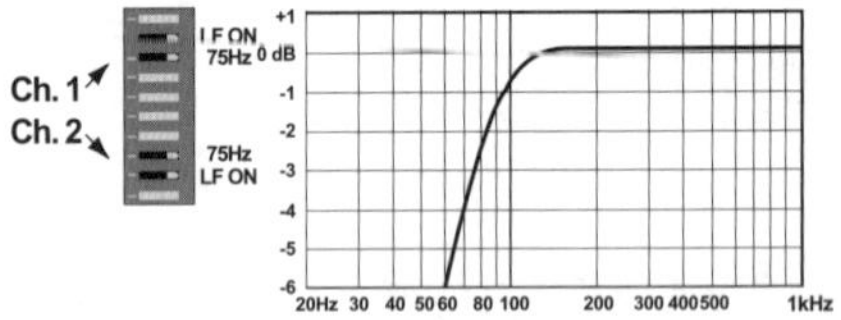


### 喇叭線的損失

線材的電阻和導體的面積呈反比，即使最高級的銅線對電流還是會有電阻，因此為了得到最小的功率損失，就要儘可能使用實際情況容許之下，規格最大的銅線，這對於直接連接低阻抗的喇叭是特別重要，0.5Ω的喇叭線電阻可能對100伏特的恆壓式喇叭系統起不了作用，但是當喇叭線電阻達到2Ω，其功率將損失36%，音量將降低1.9dB。

理論上擴大機利用0電阻的喇叭線驅動喇叭，將沒有功率會在喇叭線內損失掉，下表我們比較理論上與實際使用的喇叭線，並解釋一個新名詞---功率傳輸係數，其方程式為

功率傳輸係數＝【喇叭負載電阻 /（喇叭線電阻 + 喇叭負載電阻）】$^2$

比方說：一個電阻為8Ω的喇叭，使

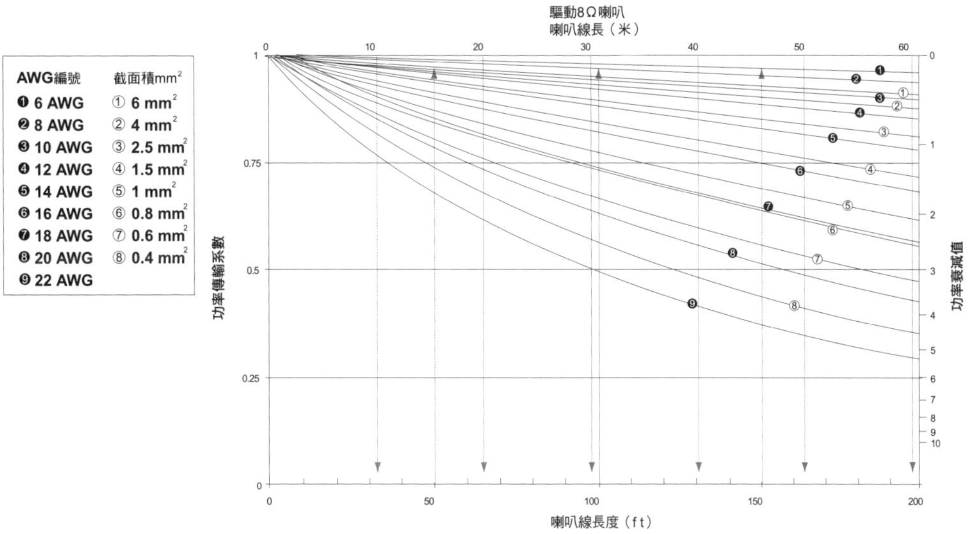


用0電阻的喇叭線其功率傳輸係數為（8/8+0）$^2$＝$1^2$＝1，就表示沒有功率的損失，如果使用電阻0.2Ω的喇叭線，其功率傳輸係數為（8/8+0.2）$^2$＝0.952功率將變得只有95.2%，其功率傳輸係數為95.2。

# 恆壓喇叭系統接線範例

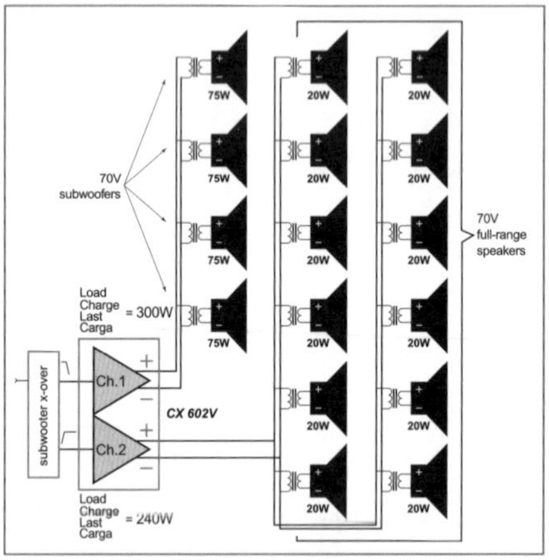

70V
subwoofers
75W
75W
75W
75W
20W
70V
full-range
speakers
Load
Charge
Last
Carga
= 300W
subwoofer x-over
Ch.1
Ch.2
CX 602V
Load
Charge
Last
Carga
= 240W


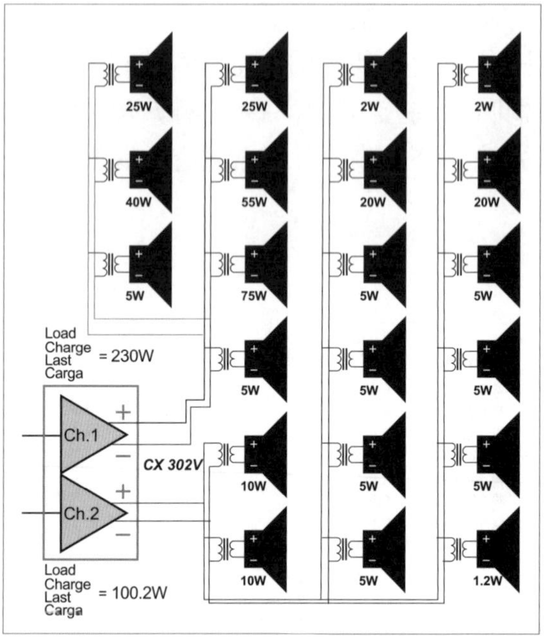

25W
40W
5W
25W
55W
75W
5W
10W
10W
2W
20W
5W
5W
5W
5W
2W
20W
5W
5W
5W
1.2W
Load
Charge
Last
Carga
= 230W
Ch.1
Ch.2
CX 302V
Load
Charge
Last
Carga
= 100.2W


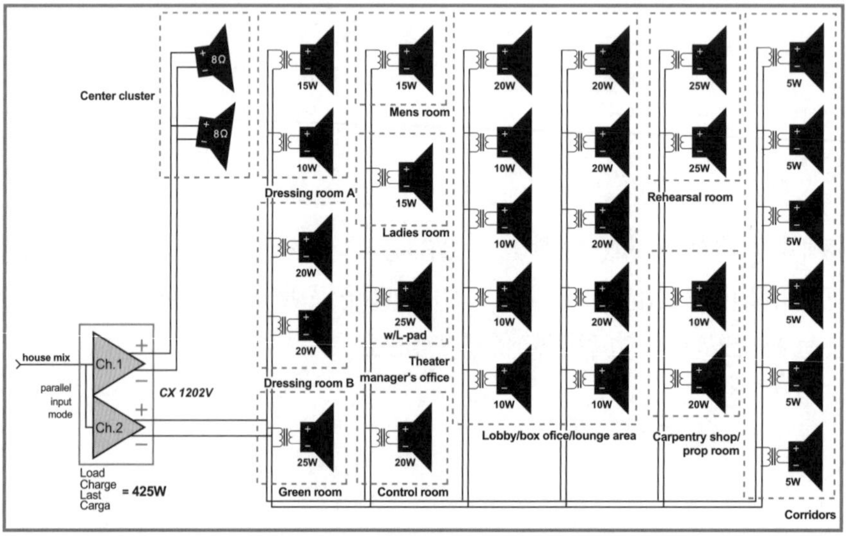

Center cluster
8Ω
8Ω
15W
10W
Dressing room A
20W
20W
Dressing room B
25W
Green room
15W
Mens room
15W
Ladies room
25W
w/L-pad
Theater
manager's office
20W
Control room
20W
10W
10W
10W
10W
20W
20W
20W
20W
10W
Lobby/box office/lounge area
25W
25W
Rehearsal room
10W
20W
Carpentry shop/
prop room
5W
Corridors
house mix
parallel
input
mode
Ch.1
Ch.2
CX 1202V
Load
Charge
Last
Carga
= 425W

Professional Audio Essentials

# 附錄VII

# DJ 混音機

DJ混音機和一般混音機不同，是DJ專用，某些功能與一般混音機的功能，名稱相同，功能不同；也有獨門的控制開關，那是DJ老爺獨享的功能。

DJ混音機的主要功能就是要把很多的音樂來源，例如：LP唱盤、CD唱盤、雙CD唱盤、MD唱盤、雙MD唱盤、取樣機，MP3等做一個重新組合，重新混音，持續的時間很長，也可以不停；混音的版本，憑著個人的創意，永遠都不一樣，DJ混音機有什麼獨門的控制開關及DJ老爺獨享的功能，請詳下文：

SOUNDCRAFT D-MIX 1000

## *獨門的控制開關*

1. 交叉推桿

交叉推桿是DJ混音機的特殊推桿，是橫的推桿，它把某兩個聲道分為聲道A及B，並控制聲道A及B音量之和的相對輸出音量，推桿移向極左邊，只有聲道A才能輸出訊號，聽到聲音，當推桿向右移動的時候，B聲道音量增加，A聲道音量減小，推桿在中心點時，A和B兩聲道音量相等，推桿移向極右邊，只有聲道B才能在輸出訊號，聽到聲音。

交叉推桿還可以啟動CD唱盤自動放音，從左往右推或從右往左推就可以控制CD唱盤放音或者是停止。（必須搭配推桿啟動自動放音的CD唱盤機種）

2. 交叉推桿A、B聲道設定開關

交叉推桿A、B聲道設定開關可將各聲道指定為A或B聲道，未被選為A或B的聲道訊號不會通過交叉推桿，不被交叉推桿控制。

3. 音源輸入選擇開關

選擇PHONO（LP唱盤）或高電平輸入（CD唱盤，MD唱盤，取樣機，MP3）的音源。

4. 耳機模式鍵

耳機監聽的方式分為立體模式及MONO模式：

在立體模式，立體節目及監聽訊息將送至耳機雙耳，音量表左、右主要輸出顯示立體音量。

在MONO模式，耳機電路會將MONO CUE監聽送往左耳，目前播放節目的MONO訊號會送往右耳，目前播放節目MONO訊號的音量在右音量表顯示，MONO CUE 聽音量在左音量表顯示。

5. 耳機左右平衡控制

耳機左右平衡控制有兩個目的：

在立體模式，用來改變CUE監聽及目前播放節目的相對音量，混音後送往雙耳。

在MONO模式，可以改變左耳MONO CUE監聽及右耳目前播放MONO節目的音量大小。

6. CUE監聽鍵

按下任一或全部的CUE監聽鍵，可將被選擇聲道的音源送往耳機以及音量表，各該被選擇監聽音源，將另行發展為新的混音。

CUE SPLIT / CUE MIX

CUE SPLIT模式時，目前播放MONO的節目由耳機某邊播放，MONO CUE監聽由耳機另外一邊播放。

CUE MIX模式時，CUE 聽的混音送往雙耳。

NUMARK DM1001X

7. BPM 節拍

A、B聲道各有一個節拍顯示器，DJ可以將兩首歌的節拍調整一致後，用交叉推桿切換接歌。

Pioneer Club-DJ 6聲道DJ混音機 DJM-1000

Pioneer DJM-1000

其主要特色如下：

1）24bit/96kHz數位音頻取樣。

2）搭配CDJ系列數位接續端子。

3）高性能3式段HI、MID、LOW獨立EQ調整。

4）可對應各種外部機器接續，2組〝SEND/RETURN〞系統。

5）數位連結機能實現更加豐富多彩的Re-MIX/DJing。

6）依DJ之使用習慣，可進行17段之Fader推桿曲線調整設定。

7）可更換適合Long Mix的旋鈕式音量控制。

8）透過MIDI OUT接續端子，可利用Cross Fader連動控制外部MIDI設備。

9）方便DJ監聽之Booth Monitor具備可調整EQ功能。（±6dB）

10）DJM-1000能經過控制線連結Pioneer CDJ系列CD播放機執行Fader Start連動控制功能。

11）Talk Over功能於使用麥克風的時候，DJM-1000會自動降低舞曲音量，使人聲音量變大，讓大家聽的清楚。

12）各聲道均具備輸入電平偵測。可於開機或接續瞬間，自動偵測各音源之最高輸入電平。

13）可連接影像混音器。

14）附SEND/RETURN輸出入端子可外接兩台效果器，每一個SEND/RETURN都可以設定給任何一軌或是MASTER使用，其路徑有Pre-Fader推桿之前、Post-Fader推桿之後以及Auxiliary輔助輸出等三種模式可切換。

Professional Audio Essentials

# 附錄Ⅷ

# 相關圖表

▼圖A 不同傳播介質的音速

不同傳播介質的音速

| 傳播介質 | 公尺／秒 |
|---|---|
| 空氣21℃ | 344 |
| 水 | 1480 |
| 鹽水21℃<br>35%鹽分 | 1520 |
| 樹脂玻璃 | 1800 |
| 軟木 | 3350 |
| 樅木 | 3800 |
| 混凝土 | 3400 |
| 輕鋼 | 5050 |
| 鋁 | 5150 |
| 玻璃 | 5200 |
| 石膏板 | 6800 |

▼圖B 波長和頻率的關係

| 波長 | 頻率 |
|---|---|
| 1.72cm | → 20 kHz |
| 3.44cm | → 10 kHz |
| 4.91cm | → 7 kHz |
| 6.88cm | → 5 kHz |
| 11.47cm | → 3 kHz |
| 17.2cm | → 2 kHz |
| 49.14cm | → 700 Hz |
| 68.8cm | → 500 Hz |
| 114.67cm | → 300 Hz |
| 1.72m | → 200 Hz |
| 3.44m | → 100 Hz |
| 6.88m | → 50 Hz |
| 17.2m | → 20 Hz |

## 三個標準音壓表加權曲線

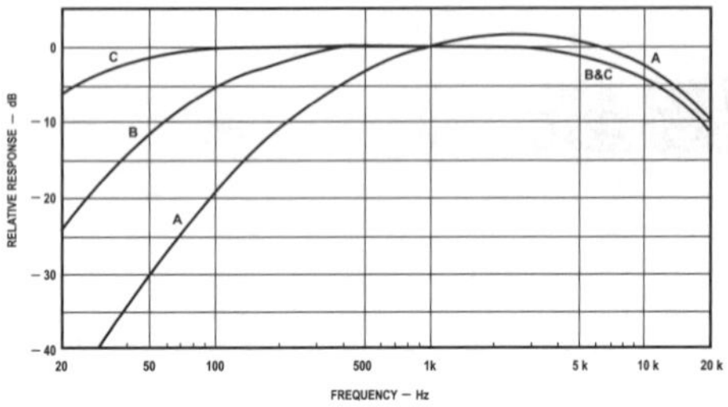


加權曲線應用

| 音壓範圍 dB | 建議使用加權方式 |
| --- | --- |
| 20~55 | A |
| 55~85 | B |
| 85~140 | C |

## 配對多種訊號線色碼

| 配對號碼 | | |
| --- | --- | --- |
| 1. 黑／紅 | 13. 紅／橘 | 25. 藍／橘 |
| 2. 黑／白 | 14. 綠／白 | 26. 棕／黃 |
| 3. 黑／綠 | 15. 綠／藍 | 27. 棕／橘 |
| 4. 黑／藍 | 16. 綠／黃 | 28. 橘／黃 |
| 5. 黑／黃 | 17. 綠／棕 | 29. 紫／橘 |
| 6. 黑／棕 | 18. 綠／橘 | 30. 紫／紅 |
| 7. 黑／橘 | 19. 白／藍 | 31. 紫／白 |
| 8. 紅／白 | 20. 白／黃 | 32. 紫／深綠 |
| 9. 紅／綠 | 21. 白／棕 | 33. 紫／淡藍 |
| 10. 紅／藍 | 22. 白／橘 | 34. 紫／黃 |
| 11. 紅／黃 | 23. 藍／黃 | 35. 紫／棕 |
| 12. 紅／棕 | 24. 藍／棕 | 36. 紫／黑 |
| | | 36. 灰／白 |

# 證　書

某些立體錄音的方法通常要求兩支麥克風的頻率響應要完全一模一樣，這就是SCHOEPS麥克風廠開出來的證明書。

SCHOEPS

Schalltechnik Dr.-Ing. Schoeps GmbH
D-76227 Karlsruhe (Durlach)
Spitalstrasse 20

Tel.: +49 (0)721 943 20-0
Fax: +49 (0)721 495 750
E-mail: mailbox@schoeps.de
Web site: www.schoeps.de

## Zertifikat

über die Paarung von Mikrofonen

## Certificate of Matching

Hiermit beurkunden wir,
dass die Kondensatormikrofone/Kapseln vom Typ
We hereby declare that the condenser microphones/capsules of type

MK4g

mit den Serien-Nummern
serial numbers

# 78035

# 78036

Auftrag Nr.
order no.

CM 2001-827

zur Paarung bezüglich ihres Frequenzgangs
und der Empfindlichkeit speziell selektiert wurden.
have been particularly selected for their matched characteristics of
frequency response and sensitivity.

Karlsruhe, 22.08.01

Professional Audio Essentials

# 附錄 IX

# 線材簡介

聲音品質可以因為使用高水準線材而提升，但是市場上並不是每一個供應商能夠提供實際測量的依據或真的讓客戶有聽覺的差別。職業樂手、音控員及錄音室工程公司都只會選購最高級產品，因為他們的耳朵及經驗是不會錯的，新材料與製造技術有顯著的進步，所提供高品質、高境界的音響設備，可保證經常持久的高品質。

線材依市場需求，有價位的不同，有使用場合的規定，都是決定價位的因素，大致規格如如下：

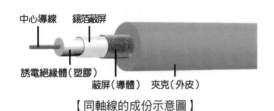

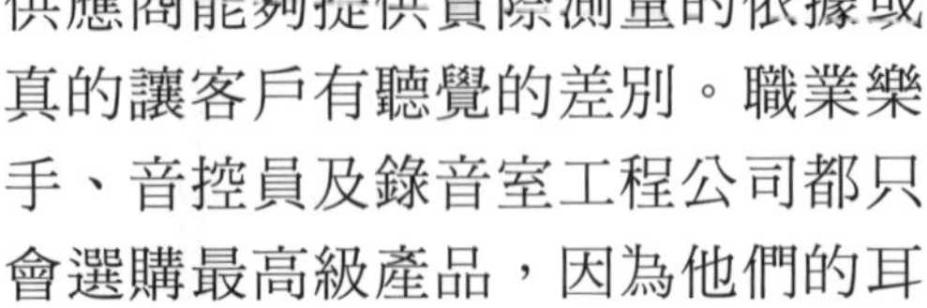


【同軸線的成份示意圖】

- 線的阻抗，其單位為Ω/m；通常愈低愈好，為了防止傳輸損失，喇叭線總長度阻抗最好小於15Ω/km（麥克風線以及數據線比較不重要）。
- 導線電容性，其單位為PF/m（pico.Farad/米）；通常愈低愈好，高電容的喇叭線，線拉愈長其高頻表現愈差。
- 衰減度，其單位為dB；通常愈低愈好，以每100m衰減多少dB來測量，對多蕊麥克風線傳輸特別重要，舞台及主場混音台之間的任何損失就會損害信噪比。
- 串音衰減，其單位為dB；通常愈高愈好，形容線材結構的鄰近線其線心抑制串音的能力。

■ 線材特性，其單位為Ω；線全長都應保持一定，這規格對於戶外高頻資料傳輸很重要。也就是說AES/EBU數位音響線，其要求阻抗標準為110Ω，視訊線阻抗標準為75Ω。

■ 每條線股數
通常愈細則導線柔軟度愈佳（當然愈貴）。

■ 線心絕緣物質，通常為PVC（Polyvenylchlorid）或PE（Polyethylen）聚乙烯，PE可以改善電容值，因此適合傳輸較高的頻率，無鹵素型式採用Polyolefin（聚烯烴）。

■ 外皮（夾克），普遍使用PVC，好處是價格合理；害處則是：溫度很低時容易碎掉。廣播電台很喜歡使用PUR（Polyurethan）聚氨酯，因為常出外景，因為它的柔軟度好，即使零下40℃也可以進行工作。

■ 防燃防侵蝕FRNC線（Flame Retardant Non Corrosive）其防燃、防侵蝕性符合嚴格的消防法規，而且它們不含鹵素，不致於在燃燒時放出有毒氣體，使受害者死於中毒，而非燒死。

■ 蔽屏的重要是為了線心不會被干擾，通常在一條、一對或整條導線的外圍。

1. 編織蔽屏線，可涵蓋85%，高張力。
2. 螺旋蔽屏線，可涵蓋95%，柔軟度奇佳。
3. 錫箔式蔽屏，可涵蓋100%，對抗干擾最佳，柔軟度不佳。
4. 誘電塑膠，再加一層蔽屏，使電容性持久，幾乎全部衰減麥克風會拾音到的干擾。
5. 整體蔽屏，在多蕊麥克風線與夾克之間，再加上一層蔽屏，可改進干擾及加強硬度，為多蕊音響線特有的蔽屏方式，但是只用這一種整體蔽屏，對各聲道之間的串音解決之道，則稍嫌不足。

所有蔽屏的方法都可在線材設計時，排列組合使用。

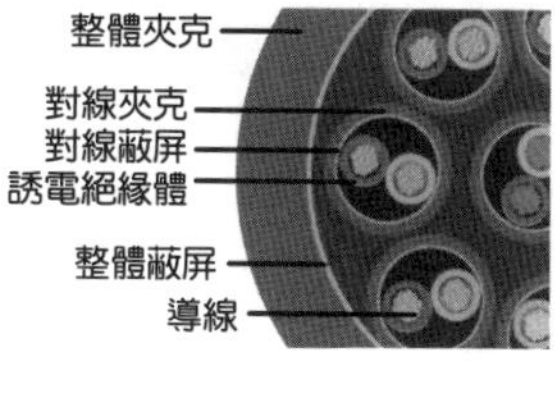

## *選擇範例*

體育節目的實況轉播或演唱會需要特別標準的麥克風線，小於100mv的麥克風電平必須傳到幾百公尺外的混音台去，這種外場用的線，截面積0.50$mm^2$的導體可確保低的傳輸損失，好的纏繞銅線使麥克風線具柔軟度，可以很容易捲入線筒，也能有效地防止干擾訊號。

選擇適當的喇叭線最重要的就是導體線心面積，現代低頻率範圍PA擴大機承受4000W/4Ω，最大可達180V/40安培，這些訊號必須經由喇叭線來傳送。

警告，請勿使用內含回收銅的喇叭線，常用的喇叭線像電源線一樣。其高含量氧使得喇叭線容易氧化，可能導致訊號傳輸損失，過熱引起火災，接駁時產生火花等。公共建築的喇叭安裝線要使用特殊的FRNC線，他們的塑膠成份具有不含鹵素及防燃的特性。

多軌錄音機、音響工作站、PATCHBAY、舞台盒及FOH等，每天都為錄音室設計施工，這些工程需要多蕊麥克風線，要選用錫鉑蔽屏，PE線心絕緣，再增加一層整體錫鉑蔽屏，使他更具有好的聲音品質及及低的干擾音量，符合高音響標準，允許個別地線設定，柔軟度強，很容易可以佈置完成，緊束的錫鉑蔽屏，數字碼辨識夾克，使得接頭接線順利又快。

戶外數位廣播需要極穩定的溫度及容易捲收，有機動性又符合AES/EBU規格的數位110Ω線，如果防火是另一個需求，數位多蕊線得依照IRT規格而設計製造，不含鹵素，

符合最嚴格的防火規定（VDE 0472 part 804 text B），使用FRNC材質並仍保持高度柔軟性，例如：三重蔽屏，整體蔽屏，每對線包蔽屏，每對線全長雙絞，數字碼夾克。

競爭性高的電腦市場常常只提供品質不好的數據傳輸線，使得線材科技及產品正確性受到質疑，對於錄音室要求高品質使用者，典型的工程範例是確保T-DIF格式正確的數據傳輸，數材外徑符合D字型接頭。

現代吉他拾音器有不一樣的繞線方式，由於線材的電容技術特性產生的低通濾波器，使高頻率會聽的很糊塗，所以傳統的對策，很不幸的沒什麼效果，因為如此，利用所謂的誘電塑膠來做第三重的蔽屏工作，利用特殊物質做蔽屏增加導線和蔽屏線的距離，達成意想不到的在最小的噪音環境裡傳送資料。

## 了解屏蔽電纜

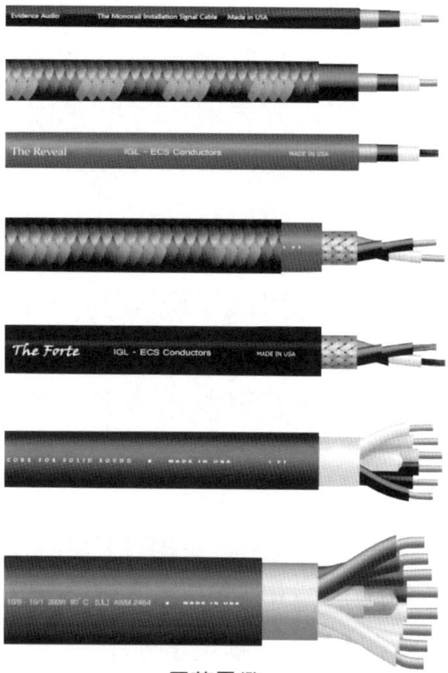


屏蔽電纜

我們的環境通常是電噪聲猖狂的環境。不論是經由輻射，或導體傳輸的電磁波干擾（EMI）電噪聲，都可能會嚴重干擾其他設備的正常工作。電纜的絕緣外皮保護電纜免於磨損，免受環境的潮濕影響，免於漏電。但絕緣體對杜絕電磁能量是無效的，並且不提供保護。需要屏蔽線以對抗電磁波干擾（EMI）的侵襲。

電纜可以成為電磁波干擾（EMI）傳輸的主要來源，既為訊號源，又為接收器。作為一個訊號源，他可以傳導噪聲到其他設備，或充當天線輻射出噪音。作為接收器，電纜可以吸收其他訊源輻射出來的電磁波干擾（EMI），屏蔽線可以防止這兩者的侵害。

請注意：馬達、壓縮機、感應加熱器、大型變壓器都可以呈現高水平的傳導式和輻射式的電磁波干擾（EMI）。將信號線放置在電源線旁邊，也會使電源線噪聲干擾到信號線上。

防止電纜中電磁波干擾（EMI）的主要辦法是使用屏蔽層，屏蔽層包圍著內部信號線或電源導體。屏蔽層可以通過兩種方式對電磁波干擾（EMI）起作用：

第一，它可以反射能量。

第二，它可以收集噪音，並將其傳播到接地端。

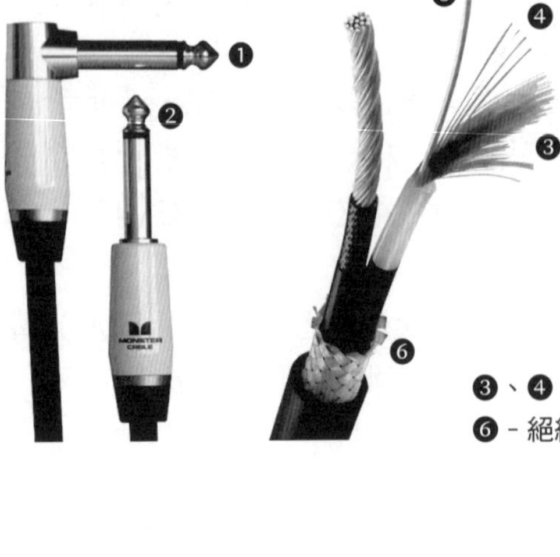

❸、❹、❺ - 導電線芯（導體）

❻ - 絕緣橡膠或橡膠合成套

無論哪種情況，電磁波干擾（EMI）都不會干擾到導體。在任何一種情況下，一些能量仍然會穿透過屏蔽層，但是其能量衰減非常大，不會造成干擾。電纜依不同程度的屏蔽層，提供不同程度的屏蔽效能，所需的屏蔽量取決於幾個因素，包括：電纜線使用的電氣環境、電纜線的成本、電纜線導體直徑，重量和使用靈活性等問題。非屏蔽電纜通常用於可受控制環境中的工業應用 – 在金屬櫃或導管內部，其受到環境電磁波干擾（EMI）的保護。金屬的外殼屏蔽了內部的電子元件。

有兩種類型的屏蔽通常用於電纜：箔和編織物。

1. 箔屏蔽用一層薄薄的鋁，通常附著在聚酯纖維上，以增加強度和堅固性，它提供了100%的導體周圍覆蓋，這是很好的。它很薄，卻難以生產，特別是與接頭連接時。通常情況下，我們不將整個屏蔽層接地，而是使用Drain Wire線（除了導線正負兩條線之外，還有一條比較細，和箔屏蔽層相接的線）跟金屬殼接地。

2. 編織物是裸銅線或鍍錫銅線的編織網，編織層提供了一個低電阻路徑接地，用壓接或焊接到接頭，但編織屏蔽不提供100%的覆蓋率，他們的屏蔽有小洞，根據編織的緊密程度，編織網通常提供70%至95%的覆蓋率。當電纜是靜止狀態，70%覆蓋率通常就足夠了。事實上，即使覆蓋率更高，也不會看到屏蔽效能的增加。由於銅具有比鋁更高的導電性，編織網具有更大的阻隔噪音的能力，所以銅編織網作為屏蔽層更有效率，但它增加了電纜的尺寸和成本。

3. 對於非常嘈雜的環境，經常使用多個屏蔽層，最常見的是同時使用箔和編織網，在多芯導體電纜中，各對導體有時用箔片屏蔽以提供成對之間的串擾保護，而整個電纜用箔，編織網或兩者做屏蔽層，電纜也有用兩層箔或編織網的。

   在實際中，屏蔽的目的是為了把它拾取的噪音送往接地。電纜屏蔽及其接線端必須提供一條低阻抗接地路徑。未接地的屏蔽層無法有效工作，屏蔽網路徑中的任何中斷都會提高阻抗，並降低屏蔽效能。

4. 屏蔽層實用指南如下：

A. 確保您的電纜具有足夠的屏蔽層以滿足應用的需求，在中等嘈雜的環境中，單獨使用箔片即可提供足夠的保護。在噪音較大的環境中，考慮編織網或箔與編織網組合搭配。

B. 使用適合該應用的電纜，使用上經常反覆彎曲的電纜，通常使用螺旋纏繞的屏蔽層，而不是編織層。（反覆彎曲的電纜避免僅使用箔片屏蔽，因為連續的彎曲會撕裂箔片。）

C. 確保電纜連接的設備已正確接地，盡可能使用大地，並檢查接地點與設備之間的連接，消除噪音取決於低阻抗接地路徑。

D. 大多數接頭設計允許屏蔽網可以360°連接，確保接頭的屏蔽效能等於電纜的屏蔽效能。例如，接頭材料有許多種，常見的有：金屬塗層塑料、鑄鋅或鋁製後殼等。避免過度指定和支付超過事實需要的規格，多了支出，或貪便宜使用低於標準卻屏蔽性能不佳的線，造成使用上的困擾。

E. 在訊號線一端接地，這消除了噪音誘發地線迴路的可能性。

屏蔽系統是要配套的，高質量的電纜被低質量的接頭擊敗。同樣，一個偉大的接頭不能做任何事情來改善一條爛電纜。

# 附錄X

# Intercom 對講機

## *一般概念*

Intercom 對講機是一個私人的通訊系統，可以讓表演現場不同的兩個或更多的工作人員群組互相溝通，好像打電話一樣方便，簡單的 Intercom 對講機系統經常被用做別墅或大廈的對講機，屋內的人可以和警衛、來訪者或自己人聯絡。

最基本的 Intercom 對講機線路包含兩個 Intercom 對講機互相連接，利用 Push & Talk（PTT）按著通話開關來操作，研究 Intercom 對講機之前，得先知道其專有名詞的定義。

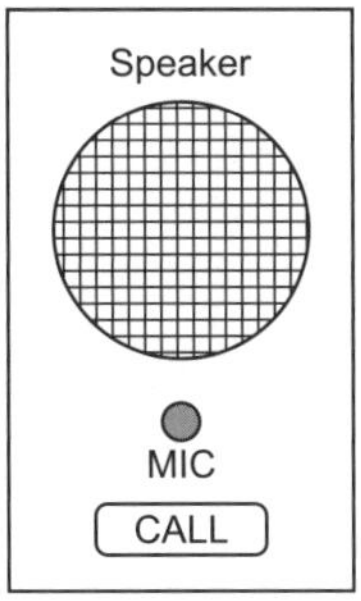


*Intercom 對講機系統相關專有名詞的定義：*

1. Point to Point（PP）點對點是直接的，單程的，兩個定點機台單獨的通訊或機台與介面設備之間的通訊，點對點是 Matrix Intercom 矩陣式對講系統最基本的溝通方式，受話的機台不必採取任何行動就能聽到，如果你想回答，那麼在接收端有一個對話鍵，一定要按下對方才能聽到。
2. Party Line（PL）有時又稱會議 Line，是一群兩個或兩個以上，可做雙向對談的腰包子機，以全功雙向模式，每一個機台一定要按指定聆聽聲道鍵，才能聽到的某指定聲道的聲音，也要按著指定對講聲道鍵，才能和指定聲道其他腰包子機通話；即使只用單向通訊路徑，Party-Line 也需要由兩個動作來建立溝通管道，也就是說發話者機台，按對講鍵說話，受話者機台按聆聽鍵才能聽到，Party Line 就是要為各掛人員開會協商、執行命令的工具。

3. IFB：IFB 代表 Interruptible Fold Back 可切斷回應功能，又稱為 IRF（Interruptible Return Feed），對講機使用者在聆聽某一方的通話時，可以被第三方傳來的對話打斷，這是廣播電視台的一種典型功能，例如：新聞記者在交通顛峰時間的車禍現場實況轉播，不僅要用耳機聆聽新聞主播問的問題，還要聽導播的命令，製作人的提醒，他們都可以提供最新消息或任何指示，IFB 功能在 Intercom 系統僅容許唯一的聲音訊號傳遞。
4. ISO ：Isolation 隔離功能允許使用者可以和另一個使用者做私下溝通，ISO 通常是用在 Party-Line 系統中兩個成員之間私下溝通的管道，以廣播來說：ISO 是常被視訊操控者用來私下和攝影師對話，而該攝影師是攝影機 Party-Line 的眾多成員之一，這稱做 Camera Isolate 隔離攝影機，最初是要將某一攝影師從會議中隔離，以進行私下協調；其操作方式為：想要私下溝通的成員只要按下某攝影機通話鍵，該攝影機就會從其攝影機 Party-Line 裡隔離出來和你單獨對話，當某攝影機通話按鍵釋放，則該攝影機又重回攝影機 Party-Line 懷抱。
5. Fixed Group：Fixed Group 是一群 Intercom 對講機台及通訊介面設備，使用者只要按下 Fixed Group 固定群組通話按鍵，就可以同時和所有 Fixed Group 成員講話，Fixed Group 通常是一對多的通話方式。
6. Tally：Tally 是一種送出的訊號，為了做出特定的顯示狀況，電話鈴聲可視為一種 Tally，對講機控制板上有很多聲道，它可以目視得知是那一機台有訊號送來，也可以顯示為衝突，而得知某些功能不能執行。

7. Full duplex：Full duplex 全功雙向對講機系統允許系統使用者可以雙向溝通，並且不需要做任何控制動作（例如：按通話鍵）。

*Intercom 對講機系統基本型式*

Intercom 對講機系統，依其定義可以歸納為不同型式的 Intercom 對講機及副控系統，大約可分類為四種基本型式：

（ 1 ）Party-Line 系統

（ 2 ）Matrix 矩陣系統

（ 3 ）無線系統

（ 4 ）附屬配件

簡敘如下：

**1）PARTY-LINE 系統**

有線的 Party-Line 系統簡單的說就是包括一群分散各地的人在一起講話，這好比自家的電話分機一樣，鈴聲響起，任何人在不同房間拿起話筒，就能聽到每一個人的聲音，我們可以同步在線上與人通話，電話分機的彼端都可以參加這個公共的對話。

這就是很簡單的 Party-Line（簡稱 PL）系統，利用兩條線 Two-Wire（簡稱 TW）就可以有雙方通話或三方以上的會議交談，示意圖如下：

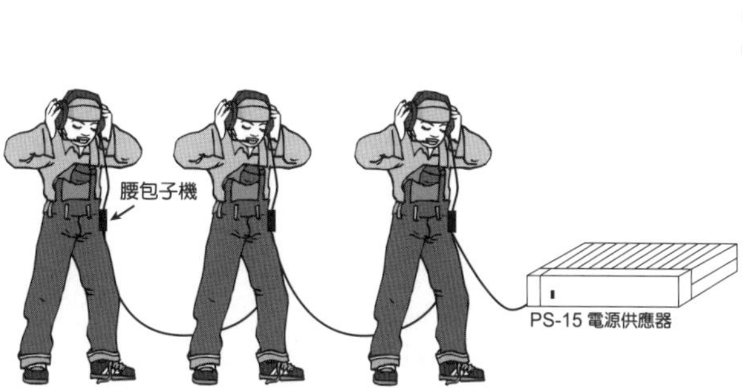


※ 註：TW並不表示系統內只有兩條線，實際上並不如此。

用在電視台及舞台表演製作場合的 Intercom 對講機牽涉很多人，大都利用一條麥克風線連接腰包子機，連成 Party-Line 的安排，使用者利用連接在腰包子機上的耳機麥克風和其他人對話，腰包子機由主機台或電源供應器延伸出來，主機台可以有兩聲道或單聲道甚至多聲道的設計，通訊目標可以設定為所有人，或者是某聲道的工作人員。

## ◇ 戲院的運用

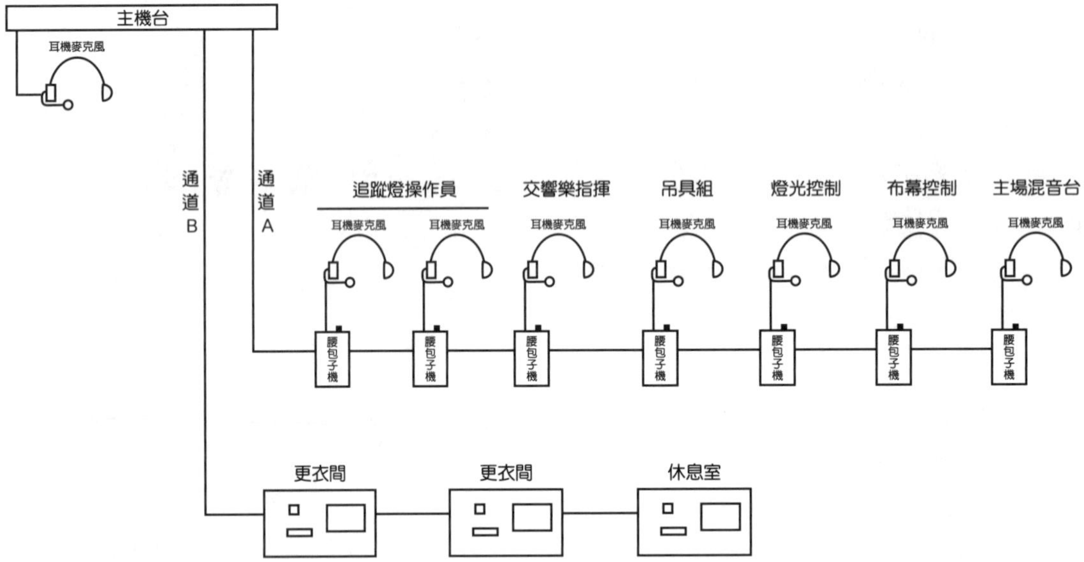


Channel A 追蹤燈操作員、交響樂指揮、吊具組、燈光控制、布幕控制、主場混音台。
Channel B 更衣間、更衣間、休息室。

例如：有社區劇院、學校、大學體育館、體育運動及賽車場都使用 Party-Line Intercom 對講機系統，小的TV 廣播設備及機動製作轉播車，特別是製作新節目，將會需要2 聲道或是4 聲道 Party-Line 對講系統，為攝影師、音響工程師、燈光工程師、外圍廣播人員、設備工程師及表演工作者之間建立溝通的橋樑。

使用在TV 以及舞台製作，通常是耳機 / 麥克風型式的對講機連接在 Party-Line 管理系統內，可以在單線系統中允許任何兩者間做雙向的通話。這種安排最常使用在現場表演或多媒體製作，例如：影像導演要和攝影師溝通，或舞台經理要和舞台工作人員通話或下命令給燈光操作者。

◇ 電視臺小型系統

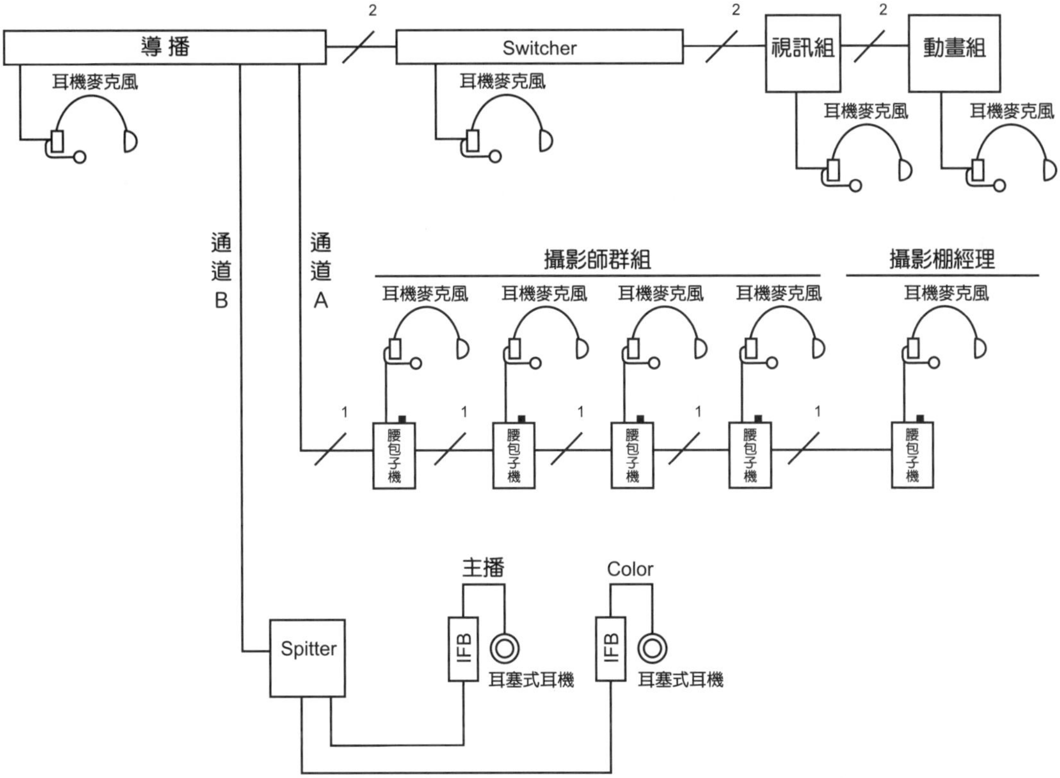


這種Intercom對講機使用麥克風線連接，其接頭為三接點XLR；Party-Line的人聲由其中一接點傳送，另一接點提供主機傳來的工作電壓，第三接點是共用的地線，有的人稱此系統為Talk Back系統。

Party-Line系統的歷史說來話長，最早由電視製作小組用來統籌協調所有的工作，各種工作包括：體育實況轉播、現場綜藝節目、錄影節目，工作團隊包括：攝影師、舞台指導、成音、燈光、導播、助理導播、助理製作以及其他人員。剛開始所有團隊分享一個對講機聲道，導播是龍頭，隨著對講機的發展，額外的聲道加入，每個團隊仍然聽得到導播的命令，然後又演變成可以切換至他們自己團隊的聲道，自行協調工作，不必每次麻煩導播。

1960～1970年代早期，對講機系統都是自製的，或是和電話參雜的使用，自製的對講機系統已足夠勝任工作，只是缺乏擴充的彈性，及連接其他系統的介面，電話系統比較有彈性，但是數量增加至10組以上時，其聲音的品質就不合格了。

1970年早期，Clear Com公司發表Party-Line給搖滾樂演唱會使用，因為大家對於表演的精確及技術要求愈來愈高，劇場舞台，甚至電視公司都開始採用，這個系統需要3條導線的麥克風線連接每一個機台，扣在皮帶上的Intercom對講子機問世，因此後台人員在彩排及演出時可以直接互相交談！剛開始，只是使用者每一個人腰間掛著一個小盒子，利用標準麥克風線連接起來，既方便又好用，從此這個觀念經由數家廠商研發製作出一系列的產品，並由專業人士廣為使用。

Party-Line系統的優點是容易佈置，操作簡單，使用共通的標準麥克風線，小型可攜帶，聲音清晰通訊可信賴，Party-Line Intercom對講機系統是表演團體的標準設備，1970年中期，另一個RTS公司為電視公司設計一個系統，可以在3條導線的麥克風線傳送兩個聲道（或者一個聲道只用兩條線），這個系統的擴充性及彈性更佳，可以在一個聲道接50個機台。Telex公司又發表平衡式的Party-Line系統，此系統特別適合在電子噪音很強的環境使用。

## ◇ 電視臺中型系統

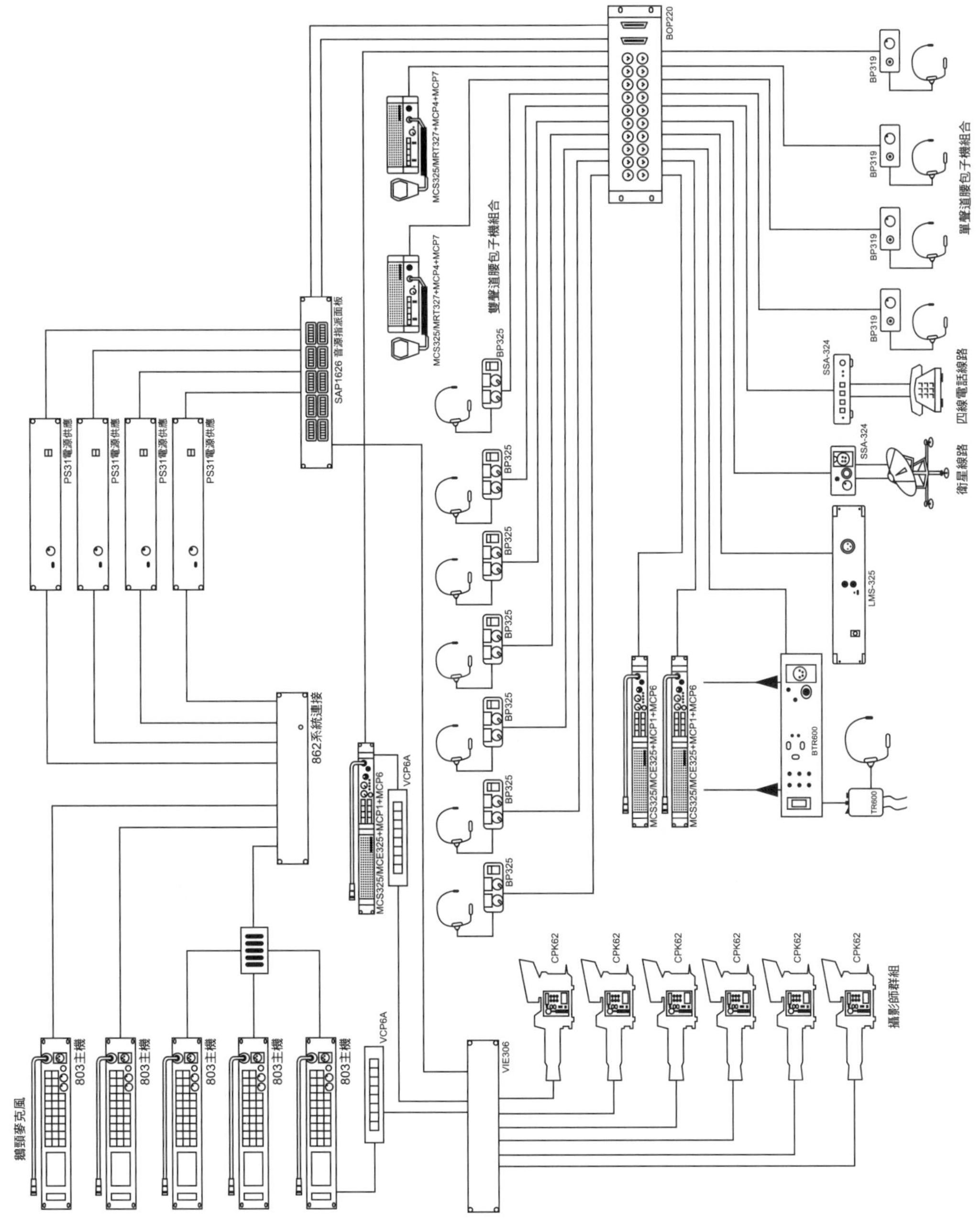
BOP220
BP319
單聲道腰包子機組合
SSA-324
四線電話線路
衛星線路
LMS-325
BTR600
TR600
MCS325/MCE325+MCP1+MCP6
CPK62
攝影師群組
VIE306
VCP6A
803主機
鵝頸麥克風
862系統連接
PS31電源供應
SAP1626 音源指派面板
MCS325/MRT327+MCP4+MCP7
雙聲道腰包子機組合
BP325

**2) MATRIX SYSTEM 矩陣式系統**

有線的矩陣式系統是一個數量很大的個體，有能力可以從A點到B點建立私人會話；以家庭電話系統來說明，比方說：在社區裡隔壁鄰居、有瓦斯行、有便當店等，都有電話線連接至電信局的交換機房，任何時間，我都可以打電話訂便當，然而我的隔壁鄰居正在打電話給瓦斯行，賣便當的不會聽到我的隔壁鄰居正打電話叫瓦斯。矩陣式系統也稱為Cross Point交叉點系統、Point to Point點對點系統。

簡單的矩陣式系統示意圖：

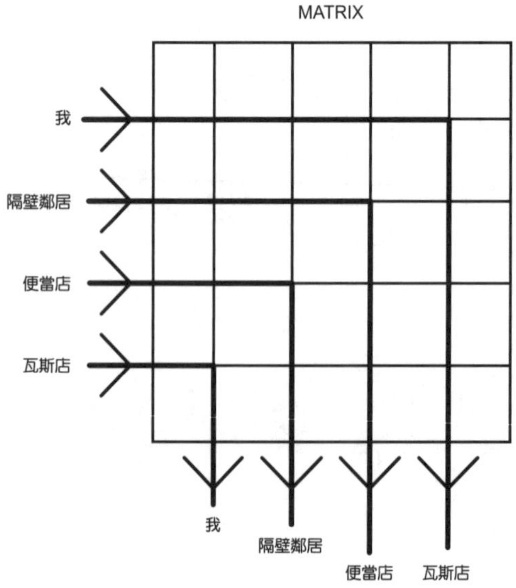


因為需要通訊的設施變得更多更複雜，點對點矩陣式對講機系統就會被考慮採用，數位矩陣式對講機系統是大多數電視廣播錄音室採用，特別是那些現場新聞報導的節目，大型機動製作交通工具，一定是用矩陣式對講機系統。矩陣式對講機系統提供給使用者更大的功能及彈性，因為它包含很多交叉點，使得任何對講機輸入都可以被指定到任何對講機輸出。

矩陣式對講機系統包含中央通訊結構，經由它，所有的通訊及資料才能被指派，多通路對講機台允許很多通訊與介面的聲道，送往其他系統，例如：電話、雙向無線電、Party-Line對講系統、音響及IFB/CUE系統、微波發射系統、ISDN連結及控制其他設備，這些系統可以全部程式化，因此任何型式的點對點，群組或Party-Line通訊方式都可以執行，任何一個或全部的介面都可以被每一個使用機台接受訊號。

中心通訊結構包含很多電路卡，從各個機台及介面傳來的訊號，都由它們來處理及指派，每一個機台及介面利用RJ-45接頭連接中央通訊結構，來傳導聲音訊號及控制資料，典型的結構可能為9組8個電路卡，一共72路，通常機台連接至中央通訊結構在類比傳輸使用獨立4對線，數位類比傳輸使用單對或同軸線，交叉點的定義是單向聲音路徑由線路之輸入至另一線路的輸出，在系統裡每一對線路都存在交叉點，並且都會依需求連接或不連接，在系統線路中提供通訊路徑。

除了以上所說的點對點通訊之外，矩陣式對講機提供Party-Line型式的會議、IFB、固定群組及ISO做私人通話，控制外部設備，包括：雙向無線電等；通常還有介面可以連接至雙線Party-Line對講機、4線電路及撥接電話線。

複雜的矩陣式系統示意圖：

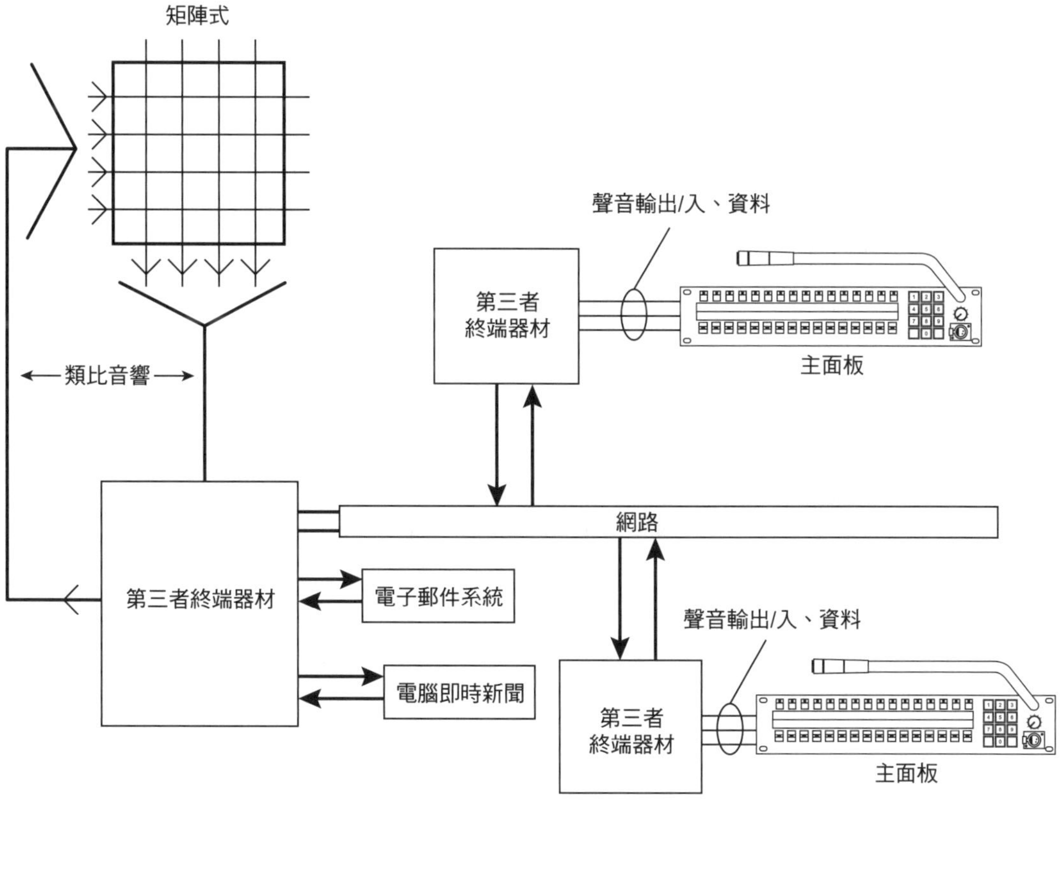

### 3）Wireless intercom Systems 無線對講機系統

腰包子機系統的使用者，受連接系統的麥克風線限制，不方便到處移動，唯一解決的辦法就是使用無線的科技。無線對講機系統包含一個全功雙向腰包子機，能夠轉換雙向溝通，以及一個基地台連接其他機台，並可接至鄰近有線對講機系統或其他聲音系統；在大多數使用場合裡，無線對講機系統是有線對講機系統的延伸，是讓那些需要安全人員及機動高的工作人員使用的。

為了讓每一使用者可以同時間一起講話，每一個腰包子機都一定得在一個特別的頻率工作，每一個無線腰包子機需要一組接收器以及發射器，加上聲音電路、一個麥克風前極及一個耳機放大機，這些配備當然比有線腰包子機複雜，也很難製造。無線對講機比對其他雙向無線電科技的好處是：無線對講機系統是全功雙向，因此使用者可以維持一段真正的會話，不必使用先按一個鍵再說的功能，同時，也能和有線對講機系統利用介面連線使用。

標準對講耳戴式耳機麥克風就是無線麥克風腰包子機的耳機麥克風，這些系統都在電視台VHF或UHF頻率中工作，決定使用無線對講機系統之前，先得決定在業主地區使用那一種頻率，那一種能用，第二件考慮的事是，現場還使用其他的無線設備嗎？例如：無線麥克風，雙向無線電，Walkie-Talkie等。

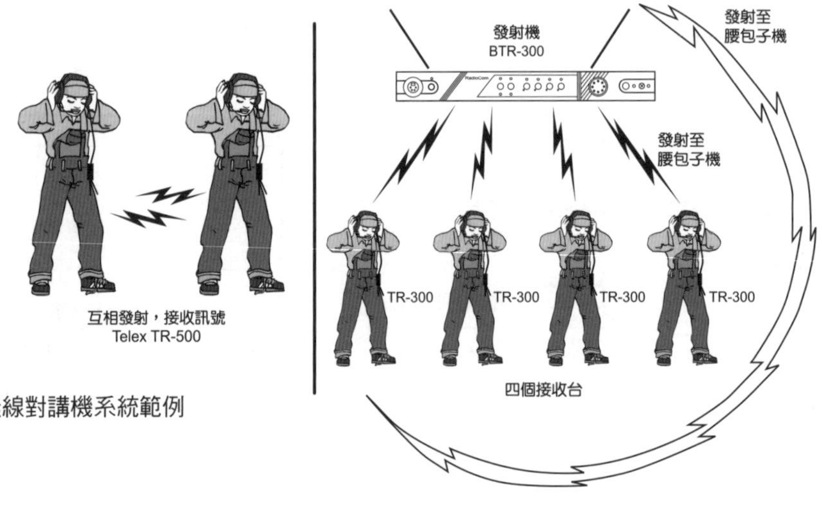


無線對講機系統範例

標準美國類比電視頻道（現已改用數位電視頻道）

| Chan | Start | Video | Chroma | Audio |
|---|---|---|---|---|
| 46 | 662 | 663.250 | 666.8295 | 667.750 |
| 47 | 668 | 669.250 | 672.8295 | 673.750 |
| 48 | 674 | 675.250 | 678.8295 | 679.750 |
| 49 | 680 | 681.250 | 684.8295 | 685.750 |
| 50 | 686 | 687.250 | 690.8295 | 691.750 |
| 51 | 692 | 693.250 | 696.8295 | 697.750 |
| 52 | 698 | 699.250 | 702.8295 | 703.750 |
| 53 | 704 | 705.250 | 708.8295 | 709.750 |
| 54 | 710 | 711.250 | 714.8295 | 715.750 |
| 55 | 716 | 717.250 | 720.8295 | 721.750 |
| 56 | 722 | 723.250 | 726.8295 | 727.750 |
| 57 | 728 | 729.250 | 732.8295 | 733.750 |
| 58 | 734 | 735.250 | 738.8295 | 739.750 |
| 59 | 740 | 741.250 | 744.8295 | 745.750 |
| 60 | 746 | 747.250 | 750.8295 | 751.750 |
| 61 | 752 | 753.250 | 756.8295 | 757.750 |
| 62 | 758 | 759.250 | 762.8295 | 763.750 |
| 63 | 764 | 765.250 | 768.8295 | 769.750 |
| 64 | 770 | 771.250 | 774.8295 | 775.750 |
| 65 | 776 | 777.250 | 780.8295 | 781.750 |
| 66 | 782 | 783.250 | 786.8295 | 787.750 |
| 67 | 788 | 789.250 | 792.8295 | 793.750 |
| 68 | 794 | 795.250 | 798.8295 | 799.750 |
| 69 | 800 | 801.250 | 804.8295 | 805.750 |

### 4）Accesssories 附屬品

附屬品很重要，每個品牌都有一份附屬品目錄，在事件現場可能有不同品牌的對講機一起使用，如果沒有他們的附屬品，他們只是一堆機器，並不能聯成一個系統，將TW雙線系統連接至Matrix矩陣式系統，需要一台轉換器將TW雙線系統裡被混合的發話者與受話者的訊號分離，再送給矩陣式系統，諸如此類的附屬品是不可缺少的。

### ◇TW雙線系統連接至Matrix矩陣式系統

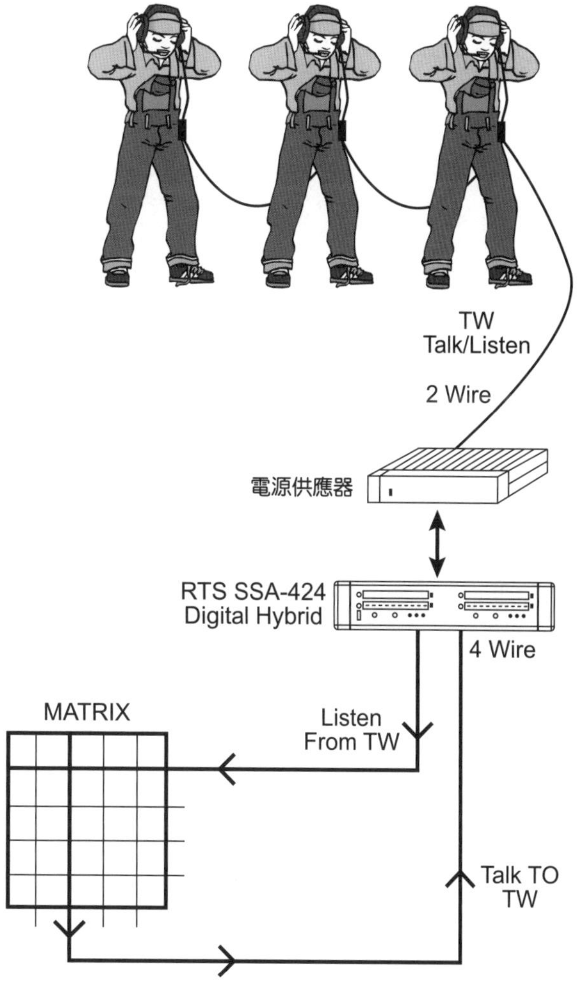

Intercom對講機系統至少有三種不同的Party-Line標準存在，沒有一家可以和其他廠商在訊號電平接點及呼叫訊號完全相容，最普遍的標準是由Clear-com、Telex、RTS等公司使用的系列。

Clear-com對講系統同時被Technical Projects Production Intercom，HM電子公司及數個英國及歐洲工廠所採用。

RTS對講系統使用在很多美國電視台和製作車上，NASA的控制室，奧林匹克運動會中連接了數不盡的廣播人，在芝加哥期貨交易所，在核子發電廠及世界各地、各種場合都有它的蹤跡。

### ◇ RTS TW INTERCOM RTS TW對講機

RTS TW對講系統是最簡易的雙線會議形式互聯系統，每一聲道可以連接最多50組的使用機台，本系統是全功雙向模式，每一使用者均可同步交談與聆聽，個別使用機台可以距離電源供應器大約1.6公里遠。

RTS TW對講系統，每聲道利用雙線傳輸，如要增加聲道數量，只要多加一條線即可，例如：三條線可用2聲道，4條線可用3聲道等；2聲道機台及電源供應器之間利用XLR-3型式接頭，3聲道機台用XLR-4型式接頭，TW對講系統為非平衡式連接，因此所有聲道都共享一個地線電路，會有地線阻抗引起的串音，此串音和地線阻抗與系統阻抗之比例成正比，訊號電平額定-5dBV（最大+3dBV）。

每一機台必須要有電源才能工作，不論是接受系統的電源（26～52伏特直流電）或是獨立的電源供應器(12～18伏特直流電 )，假如，系統電源以及通訊訊號共享一條傳輸導線，加大導線直徑可以彌補因長距離（可以1公里以上）傳輸而引起能量損失，普通導線使用AWG 22號，最大容許迴路阻抗是受電源供應器的電壓、迴路電流以及使用機台最小操作電壓而改變。

PHASE1型對講機由機台的接頭第2及第3腳供應電源，新一代的機台只對第2腳供電，很多新的TW電源供應器只在第二腳供電（可能會對老的PHASE 1設備造成問題）。

TW系統三接腳XLR接頭接點：

| | |
|---|---|
| 第一接腳 | 地線 |
| 第二接腳 | +VDC及A聲道聲音 |
| 第三接腳 | B聲道聲音 |

對講系統使用連接線的要求依照使用現場及電子環境而定，強電場的地方（無線電頻率、哼聲、數位電路）應使用有蔽屏的線，在電場更強的地方，可能要使用機台加蔽屏和平衡式線，大多數的兩聲道使用場合，能使用標準麥克風線或兩條雙絞線（比麥克風線便宜一點）。

TW對講系統地線電路不能直接接至地線或機台接地，每一使用機台利用0.1micro法拉電容器旁通，來建立一個無線電頻率接地。不接地有兩個好處，當意外發生而造成單點接地時，為配合偵錯維修，本身機殼可以被系統忍受，但是如果有兩組接地發生時，就可能造成噪音或過載而使系統當機；另一個不接地的好處是可以防止從其他設備接地電流產生的噪音串聯，如果RTS接地電路感應到這些電流，就可能在對講系統中聽到干擾的噪音。

### ◇ Clear-com對講系統

Clear-com雙線Party-Line Intercom對講機系統以Daisy-chain的方式，使用一對音響線來連接對講機台、腰包子機、對講主機台、音響；DC工作電源亦經由該對音響線從主機（或電源供應器）提供電源至各機檯。

Clear-com系統使用參接點，XLR接頭連接機檯，接點形容如下：

| | |
|---|---|
| 第一接腳 | 是接地點 |
| 第二接腳 | 傳送主機的電源（每台24～30V，100mA，通常為50mA） |
| 第三接腳 | 是傳送音響 |

音響對講機以非平衡式連接，其阻抗為200Ω，額定訊號電平為-13dBV，這和消費產品高電平規格類似（通常0.5-0.7v）；某些使用場所（0dBV最大）Party-Line DC當作是指示訊號( 0-4DVC =接收模式)，10～15VDC =輸送模式 / 呼叫訊號。本系統要有濾波良好的24～30VDC電壓來工作，通常由建築物室內固定安裝的主機供電，或是由攜帶系統前端的電源供應器供電。

Clear-com 腰包子機使用的頭戴式耳機麥克風是 4 接點。

XLR接頭接點說明如下：

| | |
|---|---|
| 第一接腳 | 麥克風接地 |
| 第二接腳 | 麥克風火線 |
| 第三接腳 | 耳機接地 |
| 第四接腳 | 耳機火線 |

請勿將耳機與麥克風的地線接在一起，為了確保正常的音量與表現，其 圈式耳機式麥克風規格應為：
麥克風阻抗：150~250Ω
輸出電平：-55dB
耳機阻抗：20~2000Ω
某些系統也接受標準碳粒式頭戴耳機麥克風，碳粒式麥克風阻抗為50Ω，耳機阻抗：600~1000Ω，使用1/4立體TRS接頭，接線法如下：TIP為麥克風火線，RING為耳機火線，SLEEVE為接地。
注意：為防止觸電，接地迴路及噪音的產生，絕對不可將第一接點直接接至主體機殼，也絕對不能將第一接點接到麥克風線接頭的外殼。

各廠牌接頭不同的接線

| Clear-Com | |
|---|---|
| 接點 | 功能 |
| 1 | 音響、電壓及蔽屏共用地線 |
| 2 | DC直流電額定30伏特 |
| 3 | 非平衡式音響 |
| **Audiocom** | |
| 接點 | 功能 |
| 1 | 音響、電壓及蔽屏共用地線 |
| 2 | 音響 + DC電壓 |
| 3 | 音響 + DC電壓 |
| **Audiocom** | |
| 接點 | 功能 |
| 1 | 音響、電壓及蔽屏共用地線 |
| 2 | A聲道音響 + DC電壓 |
| 3 | B聲道音響 |

### ◇ Intercom Systems Interface 對講系統介面

對講系統很少自我隔離，它們是用來通訊及協調的系統，一個製作團隊經常包含聲音與影像的系統，在國際大型事件中，製作單位的通訊工作一定得包含世界各國的人們與機關，因此設備一定得能匹配音響電平、阻抗及這麼多不同通訊的協議：電話、ISDN、雙向無線電、Walkie-Talkie、Paging呼叫系統、音響混音台、攝影機、對講機等。
同時，並不是所有的對講機品牌與

系統都可相容，但是在某些場合它們一定要能夠一起共同協調，至少有三種不同的 Party-Line 系統，所有系統都有各家的通訊協定，常常 Party-Line 及數位矩陣系統會和在一起使用，我們還需要更多的介面。

Professional Audio Essentials

# 附錄 XI

# SHOTGUN 干涉管麥克風

〝Shotgun Microphone〞也稱做為Interference Tube Mic干涉管麥克風。

1938年OLSON教授發明Shotgun Microphone的叫法，得之於麥克風外形及其指向的特性，麥克風最重要的特性就是靈敏度及指向性，假設有一個固定壓力的音源，音源與麥克風的距離變遠時，如果想得到不變的輸出電平時，就必須控制放大系統的增益使之變強，此時，伴之而來的就是信噪比變弱，噪音變大，噪音即指殘響與環境噪音。然而間接音有時會和直接音量相等，此時該音源就顯得不能被利用，音源與麥克風之間距離的限制可以利用增加麥克風靈敏度解決，減少殘響效果或噪音的拾取可以用縮小指向性克服收音的困難，干涉管麥克風就有這兩種特殊的特性。

通常干涉管裝在震膜上，而麥克風由四個部份組成（如下圖）：

1. 干涉管由一個前方收音口及數個側面收音口，由纖維或其他阻尼物質遮蔽。
2. 具有震膜的音頭。
3. 後方收音口。
4. 電子線路。

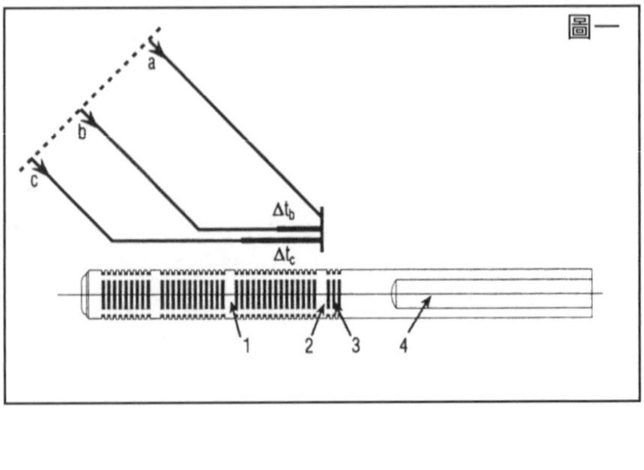

指向特性基於兩個不同的原則：

(a) 低頻率範圍，干涉管麥克風好像一台第一階（每八度衰減 6dB）指向性諧調器，在震膜之前的干涉管可視為一種利用管內的空氣音量以及側面的洞或干涉管的裂縫決定阻力的自然發聲的元件，後收音口設計成為一個低通濾波器，來作相位轉移的工作以達到指定的指向　。

(b) 高頻率範圍，干涉管的聲學特性決定指向性，兩個不同指向性的頻率傳輸差異係會由干涉管長度決定。

$$f_0 = \frac{C}{2L}$$

$f_0$：差異頻率

C：音速 m/sec

L：干涉管長度 m

如果干涉管暴露在一個平面的聲波當中，每一個側面收音口都是新聲波旅行的起始點，新聲波將會在干涉管內旅行至震膜及前收音口，除了前方音源，每一個特定的聲波都旅行不同的距離才到達震膜，當然到達時間也不同，上頁圖一顯示 a、b 聲波相對於 a 聲波的延遲時間，請注意延遲時間因事件發生的角度有關，震膜所受的總壓力可以把所有經過干涉管各長度產生的特定聲波相加而得，每一個聲波都具有相同的震幅，但是不同的相位轉移，因此頻率及相位的響應曲線就可以下列方程式敘述：

計算出來的曲線及指向性，如果不

$$\frac{P(\theta)}{P(\theta=0^\circ)} = \frac{\mathrm{Sin}\left[\frac{\pi L}{\lambda}(1-\cos\theta)\right]}{\frac{\pi L}{\lambda}(1-\cos\theta)}$$

$P(\theta)$：某些角度收音的麥克風輸出

$P(\theta=0^\circ)$：麥克風正軸輸出

$\lambda$：波長

L：干涉管長度

$\theta$：音源角度

考慮後收音口低頻指向性的問題，震膜最後承受的壓力呈現出拾音角度愈大延遲時間愈長。

使用干涉管麥克風有幾點注意，因為它們是利用抵消頻率來得到指向性，頻率響應及相位的表現不會像全指向麥克風那麼平順，同時基於低頻率較不具方向性，干涉管麥克風的頻率響應在 200HZ 就下降得很快，這樣可以幫助控制指向性。

使用長的干涉管麥克風時，請別誤會以為在拾音區（圓錐形）以外的聲音都不會被拾取，偏軸 180°的拾音當然會比正軸 0°在音量上有明顯的變化，在偏軸 90°至 180°之間的音源其音壓可能被抵消 20dB 以上，其抵消的數量當然得依音源距離麥克風距離多少及音量大小而定。

例如：如果一個從 6m 傳過來正軸的聲音，在同距離 90°至 180°偏軸的強度將衰減 20dB 以上，因此可防止音源從牆壁、天花板反射而送至前方收音口，換句話說，在 0.6m 偏軸的音源和在 6m 正軸相同音源，可拾取相同的音量，這是因為麥克風仍然抵消至少 20dB 的不需要聲音，但因為兩個音源不等的距離，偏軸音源音量比正軸音源音量大了 20dB。因此，由麥克風拾音產生相同音量。

麥克風拾音時，在會有隨意噪音及殘響的房間內問題很大，麥克風需擺在距離干擾音越遠越好的位置；狹窄指向性和高頻率抵消的作用是用來減低隨機噪音的能量及允許放大器將增益放大而不嚴重地減少信噪比 SNR。

使用 Shotgun 在舞台上及在觀眾群中收集某一個人講話是很困難，尤其音源距離麥克風 23 ～ 30m 時，所有觀眾還要靠有音響系統放大才聽得到，在這些環境下，只能在 9 ～ 15m 之內，在良好的平衡控制之下才不會產生回授。

Professional Audio Essentials

# 附錄符 XII
# 聲音是什麼

***震動***

聲音的產生是靠著物質的震動所造成的，震動四周的空氣分子會開始移動，就好像一個圓球體向四面八方發出振動的波，讓附近的空氣時而被壓迫，時而又放鬆開來，類似石頭垂直掉入水面，石頭掉下來的力量，和水面的反作用力產生漣漪的情形，這種波形就叫做縱向波形（Longitudinal），因為空氣分子移動的方向和波移動的方向相同，如果空氣分子移動的方向和波移動的方向不同的時候，這種波形教叫做橫向波形（Transverse），例如：吉它絃的振動方向和波形移動的方向呈現90°。

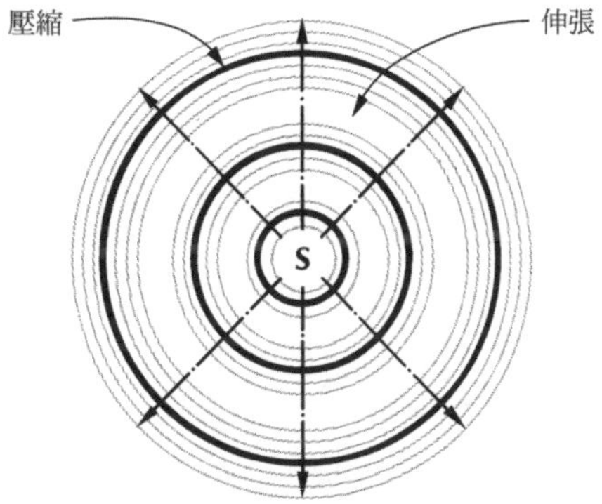


從音源產生的音波

***聲波特性***

物質的振動就有速度快慢，物質振動的速度就是它的頻率，其單位為赫茲Hertz or Hz或每秒週期CPS Cycles per second 1000Hz，也可以簡稱為〝1kHz〞，空氣分子被擠壓或鬆散量的多寡就是聲波的震幅，震幅和聲音的大小有關，很多聲波在空氣中行進，鄰近兩個波被擠壓或鬆散的最大值之間的距離，就是波的波長使用希臘文〝λ〞，代表波長的長短，取決於聲波行進速度的快慢，因為快速度的波峰距離會比慢速度的波峰距離長。

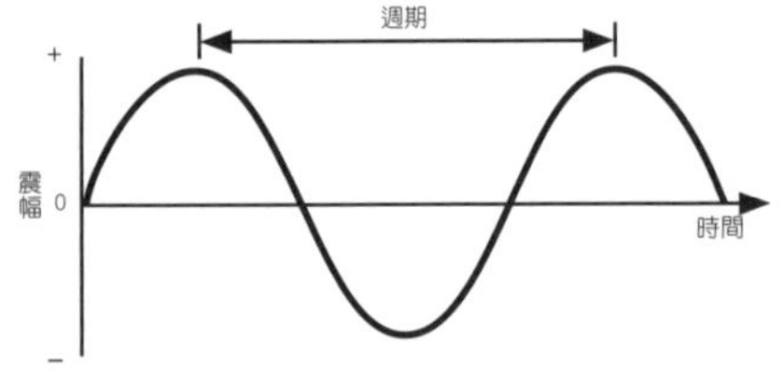


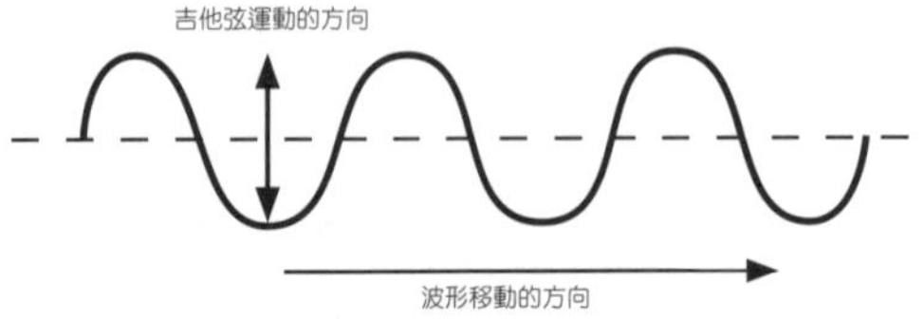


吉他弦震動的方向和波形移動的方向呈現90°

簡單的圖，就可以表現出波的特性

t＝波峰間隔時間

f＝1/t，所以波峰間隔時間越短頻率越高

人類聽覺可以感受到的頻率範圍大約在20Hz～20kHz之間

***聲波的行進***

空氣是由空氣分子組成的，它具有一種彈性的特質。（汽車輪胎打氣依充氣量的多少導致輪胎軟硬不同，因為胎壓不同，因為在輪胎內有限空間所含的空氣量不同）

***縱向聲波（Longitudinal）***

如果考慮空氣分子在原地的震動，會傳出聲波，聲波的傳輸速度和和周遭的密度與彈性系數有關，聲音在空氣中的速度大約每秒344公尺，聲音在較硬的物質傳輸其速度會更快，例如：木頭每秒3566公尺，鋼每秒5100公尺。

C=f λ　C為波的速度　λ = c/f

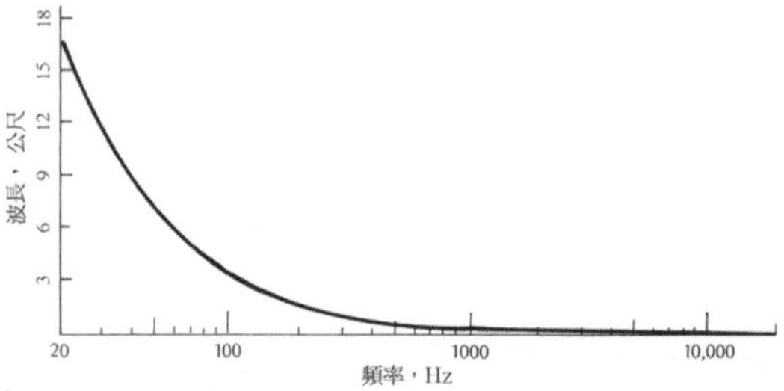


在正常室溫下：

50Hz的波長 λ = 344/50= c/f = 6.88公尺

20kHz的波長 λ = 344/20000 = c/f = 0.0172公尺

由此得知高頻率的聲波波長短，容易被阻礙物擋住，因此在聆聽音樂時，才有所謂方向性的考量。

### *簡單與複雜*

聲波也有簡單的波形以及複雜的波形，波既然是由震動造成，那麼，簡單聲波的震動也很簡單，複雜波形的震動也就很複雜，在生活中，我們聽到簡單波形的機會很少，因為大部分的音源震動很複雜，大部分人都聽到複雜的聲波，波形太複雜，就會造成噪音。

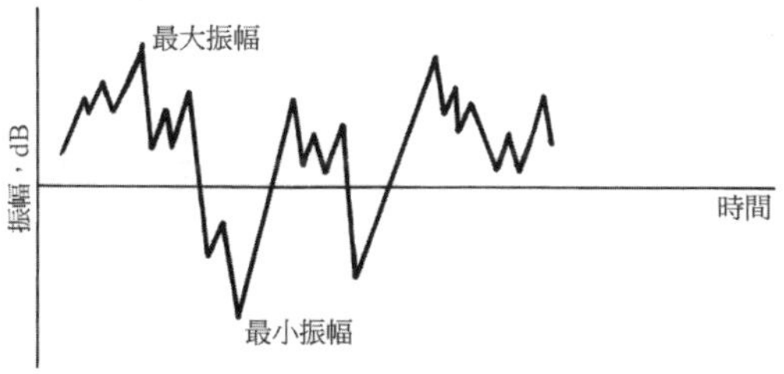


聲音重要的特性就是有固定音準，而且，它會做週期性的重覆，我們可以利用傅利葉分析法的數學，分析聲音的成份裡有一系列的諧波，以X軸為頻率的震幅，以Y軸為頻率的高低，能從波形圖的資訊找出其數據，並畫出諧波的震幅大小，這個圖叫做〝線條聲譜〞（Line Spectrum），他能展示出聲音成份裡各頻率的相對強度關係，當然，波形越複雜，線條聲譜也越複雜，每一個波形圖，都可以畫出一個相對的線條聲譜，這是兩種展示聲音特性的方法。

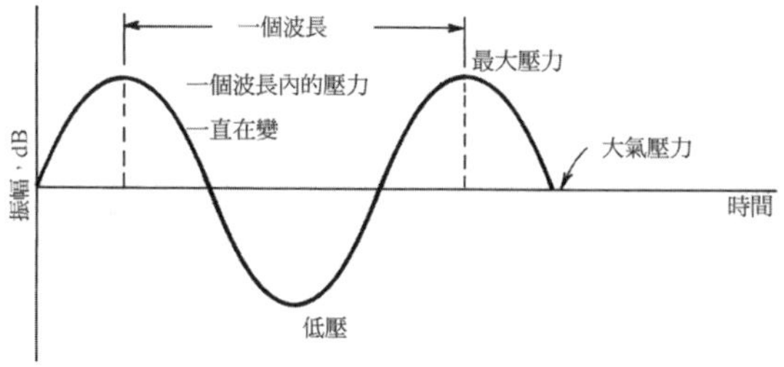


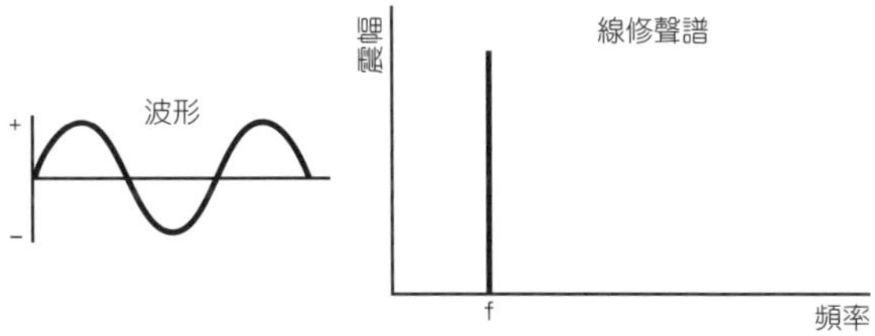


（a）單一波形只有一個頻率

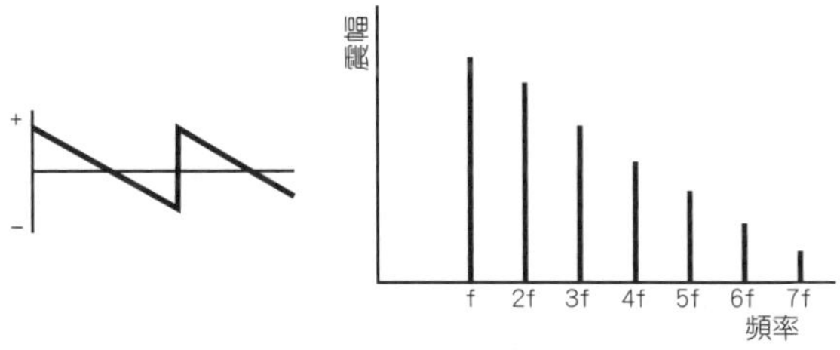


（b）鋸齒波形由基音與諧波音組成

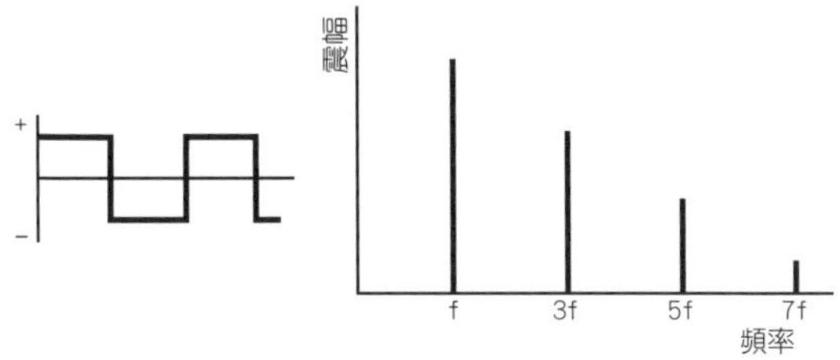


（c）方波形由基音與奇數諧波音組成線條聲譜是以頻率做變化，波形是以時間做變化

如上圖，單一波形的線條聲譜，是由一個頻率的正弦波組成，我們稱其為基音，方形波的組成，除了基音，還包括一些頻率高於基音的諧波音。

諧波音是基音的倍數，它可以1倍，2倍，3倍‧‧‧因此，基音為100Hz的聲音，可能包含200Hz，400Hz，600Hz的諧波音，為什麼？因為，大多數單一震動音源，是可以同時以諧波模式發生振動，以吉他為例：吉他震動模式有很多種，有基音模式、第二諧波模式、第三諧波模式。

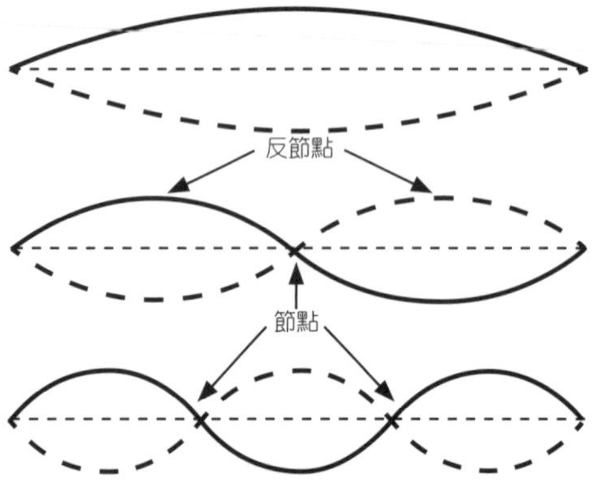


| 基音模式 | 1個峰值 | 無節點 | 基音 |
|---|---|---|---|
| 第二諧波模式 | 2個峰值 | 1個節點 | 第二諧波 |
| 第三諧波模式 | 3個峰值 | 2個節點 | 第三諧波 |

基音也稱為第一諧波，第二諧波也被稱為〝第一Over Tone泛音〞。

諧波音的震幅不一定比基音震幅小，某些諧波音震幅可能會聽不見，這完全是不同波形造成的現象，也有可能內含泛音，泛音的頻率不是基音頻率的整數倍，不能算是諧波音，歸為Over Tone還比較正確，他的震動形式比較複雜，就像鈴鐺或打擊樂器。

### *隨意噪音*

不會重覆的波形，不會存在可辨認的頻率，聽起來像雜音，它們的頻譜形式好像由一群沒有關係的頻率所組成的，比會重複的波形複雜，隨意噪音聽起來像嘶聲。

白噪音訊號的頻譜在一段時間內，其圖形是平的，白噪音在固定頻寬內含有相等的能量，另一種噪音：粉紅色噪音呈現每八度（倍頻）含有相同的能量，這都可以用在音響測量工作。

### *相位*

兩個相同的波我們稱它們為同相（相位相同），如果兩個同相位，相同震幅的聲波相加一起，就會有加分的效果，產生一個相同頻率，但兩倍震幅的聲波出來。

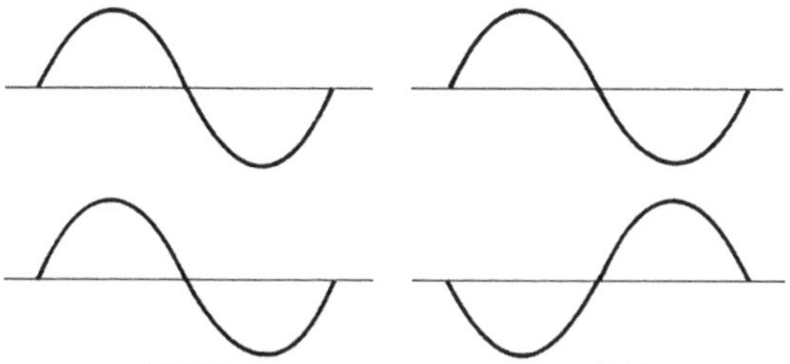


那麼反相的兩個波，當它們的波峰與對方波谷相加時，會產生互相抵銷的狀況，訊號就不見了！當然，這是兩個極端的例子，兩個相同頻率的波，也有可能部分同相，這樣會讓彼此產生部分相加，或部分相減的狀況。

相位不同的兩個訊號互相會有延遲的問題，如果兩個相同的訊號，同時由同一起點到達聆聽者位置，他們是同相的，如果其中一個訊號行走的距離比較遠，它一定會延遲，這兩個訊號的相位差，將依照延遲時間的多寡而定，聲音在空氣中的速度大約每毫秒30公分，兩個波的行徑距離相差100公分的話，其中一個訊號將延遲3.33毫秒，但兩個訊號的相位關係，將依頻率而不同，以頻率330Hz來說，3毫秒的延遲，大約等於其一個波長的長度（330Hz的波長為340/330=103公分），因此，延遲訊號和未延遲訊號剛好是同相，如果只有延遲1.5毫秒，那頻率330Hz的訊號就會反相，相位通常以度數表達，好像正弦波一樣，可比喻為旋轉圓形碟片時，外沿的某一點在旋轉中，其垂直位置和時間的關係。

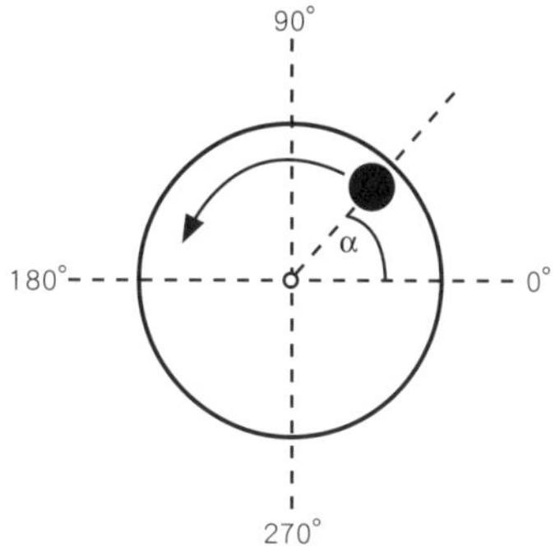


旋轉圓形碟片時，外沿的某一點在旋轉中，其垂直位置和時間的關係。它以一定的速度旋轉，使得該點的高度將規律的呈現高高低低。之所謂正弦波，是因為該點的高度和圓形碟片旋轉的角度成正比。

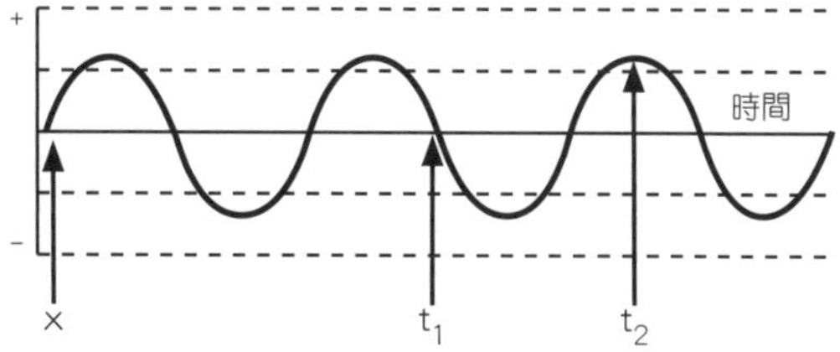

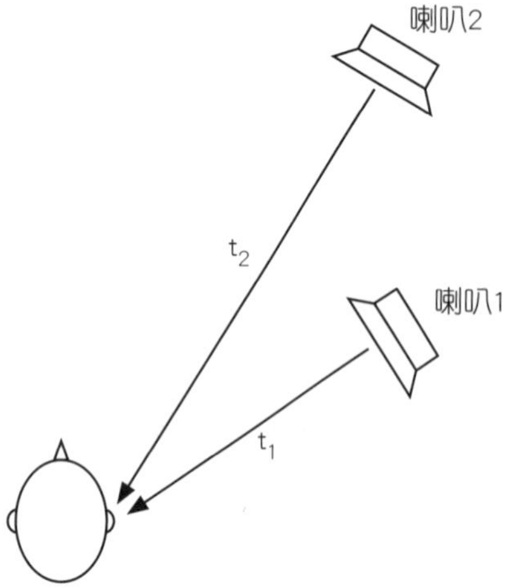


聲波從兩個喇叭同時發射出來，在t1及t2不同的時間到達聆聽者的右耳，時間差為 t2－t1。

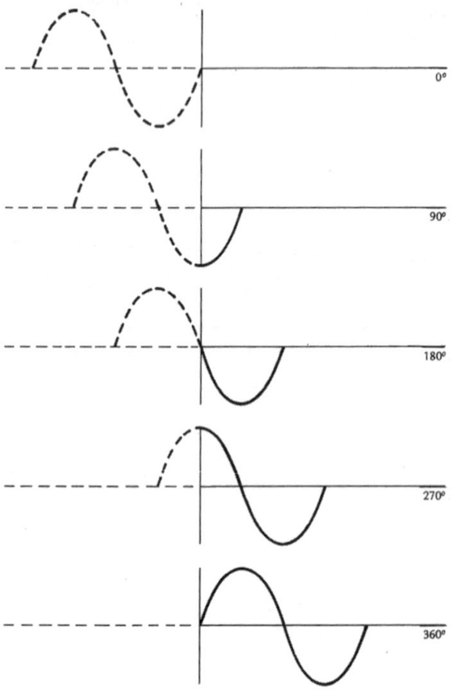


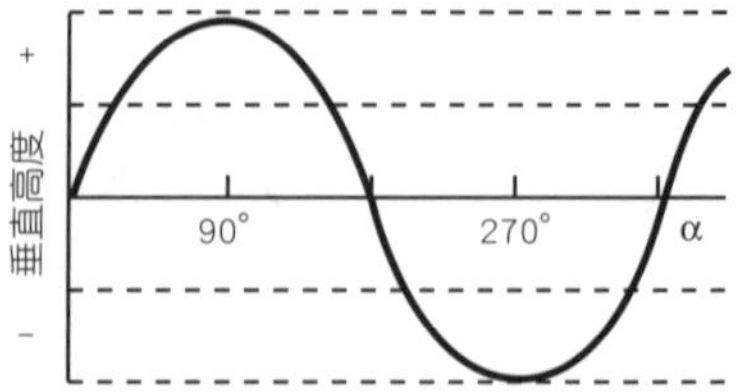


0°時在原點，90°時在最高點，每圈為360°，我們就可以說：相同頻率的兩個波，他們的相位超前或落後多少度（每一個波以0°為基準）

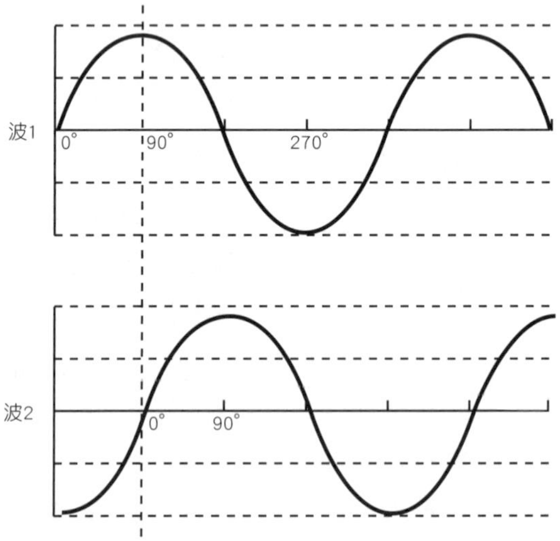


波1相對於波2，反相90°

## *以電子型式顯示聲音*

音源發出聲波，由左往右方的麥克風震膜運動，對震膜造成壓力，轉換成微弱電流。

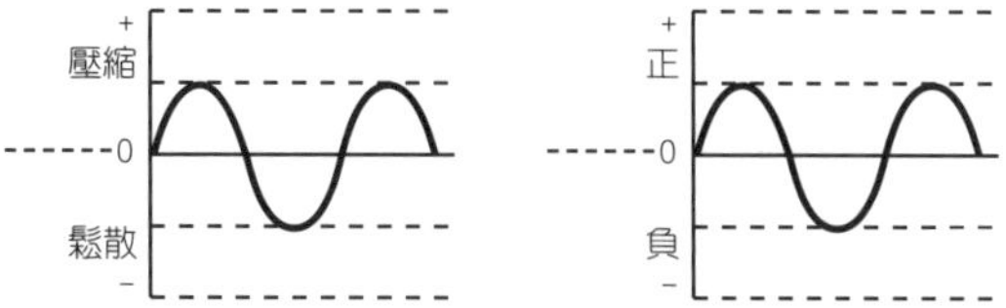


音源　近的空氣分子遭到擠壓。（空氣壓縮時其圖形垂直高度在0與＋之間，其產生的電壓為正，空氣鬆散時其圖形垂直高度在0與－之間，其產生的電壓為負）

為了把聲音訊號記錄下來運用，必須把聲音轉換為電子訊號的形式，麥克風可以把聲音轉換成電子訊號，聲音的震幅，相對於電子形式就是電壓，麥克風拾音收到一個正弦波，可以在麥克風輸出端測出一個像正弦波一樣改變的電壓值，我們可以看出空氣分子遭到擠壓會相對產生正電壓，空氣分子鬆散會相對產生負電壓。

另一種重要的電子現象就是：麥克風產生電子訊號後，在麥克風線流動的電流動作，和空氣分子的動作一樣，聲波利用空氣傳播，電流利用電子經由電線傳送的電壓往低的方向走。

電壓為正，電流會移動至一個方向，當電壓變為負，電流會移動至另一個方向，麥克風產生的電壓隨時有正負的變化（依聲波對空氣壓縮或鬆散而變化），從水槽打水，可以解釋這個理論，水槽內的水經由水管排出來，水槽的水壓就是電壓，流水量就是電流，水管的直徑就是電阻，水管越細水流阻力越大，唯一不同的是水流方向沒有改變。

歐姆定律：V＝IR

V＝電壓、I＝電流、R＝電阻

電壓固定，電阻大，則產生電流小，電壓固定，電阻小則產生電流大。

示波器可以顯示聲音，頻譜分析可以顯示各種聲音以及他們的震幅。

示波器顯示的是在固定速度下，以震幅為Y軸，時間為X軸，在不同時間所呈現的波形變化。

頻譜分析儀是以Real Time一種即時變化的顯示方法，X軸為頻率，Y軸為振幅，會隨時間的變化，一直不斷的改變顯示器上的圖形。

### *分貝*

是音響工程使用最多的單位名稱，分貝是一個相對的對數關係，和傳統大小比例觀念不一樣，我們可以借用他來表示兩個訊號震幅相對的關係，方便我們將音量最大值與最小值之間的範圍縮小，以利做一些數學計算，以聲音強度為例：人耳可以接受到的強度範圍從0.000000000001$Wm^{-2}$到100$Wm^{-2}$，如果以分貝表示則為0～

140分貝。

分貝不只用來描述兩個訊號的比例，或超過參考標準的範圍而已，還能用來表示電子設備的電壓增益，例如：麥克風前極放大將麥克風訊號增益60dB，其輸出電壓等於將輸入電壓乘以1000，因為：20log1000/1＝20log$10^3$/$10^0$＝20×3＝60dB

### *反平方定理*

音源就像一個圓形球體，以360度向3D空間將聲音幅射出去，好像3D空間的水漣漪，音源產生某種程度的功率，功率以Watt為單位，它驅使聲音以全方位的方式，逐漸分散到愈來愈大的3D空間裡，因此每平方公尺的球體表面積會愈來愈大，每平方公尺單位的功率會愈來愈小，音源功率因距離變大而變小，音源直接音的聲音強度每增加一倍的距離會減少6dB，這是反平方定理。

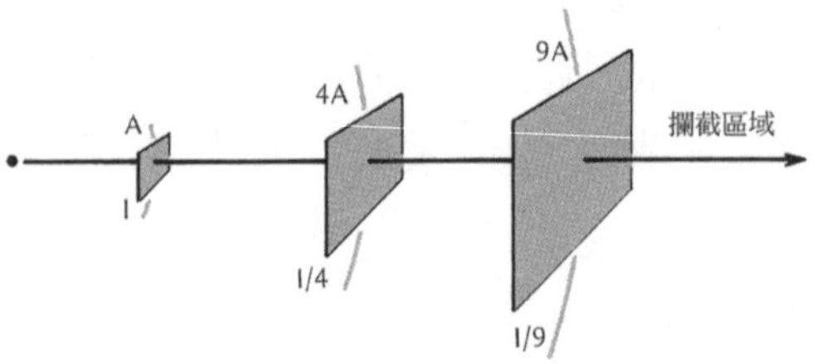


### *自由空間與殘響空間*

自由空間沒有反射音，現實生活上幾乎沒有這種地方，因為到處都有反射音，沒有殘響的空間，沒有反射音，我們稱這個空間為〝dead〞，死氣沈沈，例如：無響室，它是特別設計，所有表面都裝設吸音棉，反射音都被吸光了，是一種人工的自由空間。

一般的房間音源發生之後，會存在直接音與反射音（間接音），房間內離音源某些距離的地方，如果反射音的音量大於直接音時，我們稱這個空間區域為殘響區（Diffuse），

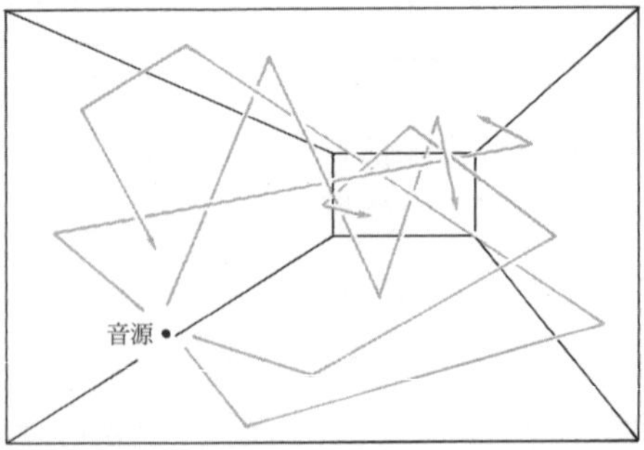


音源發聲一段時間之後，殘響的音量就會在房間四周被建立起來，反射音的能量在房間的任一角落都一樣，靠

近音源直接音就夠大聲，離開音源越來越遠，直接音音量就越來越小聲，反射音音量相對變大，在某一點，當直接音和反射音一樣大聲的距離，叫做臨界距離（Critical Distance）。

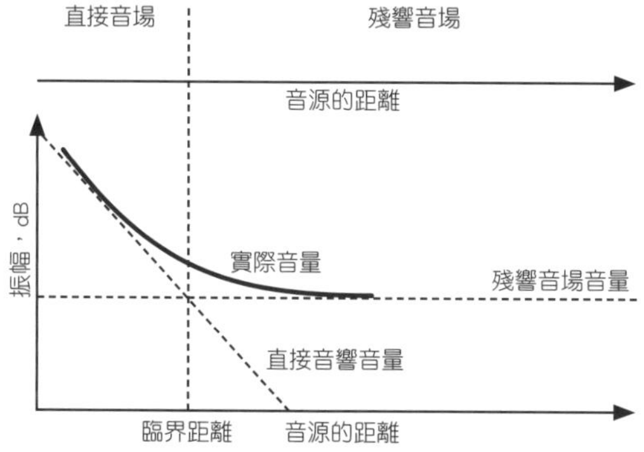


### *近場監聽喇叭（Near Field Monitor）*

顧名思義，近場監聽喇叭用在近距離聆聽直接音工作的環境，例如：錄音間裡的控制室，個人工作室的桌上，監聽直接音不受反射音的干擾，是為了讓錄音的工作者們得到真實，並且正確的錄音結果。

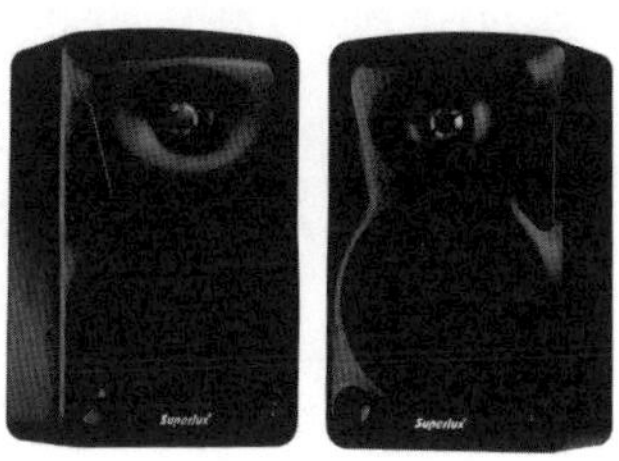

### *駐波是如何形成的*

駐波的形成有幾種方式，最簡單的方式，是一個低頻率聲波會在房間內平行的兩面牆之間產生共鳴，利用建設性交替干涉的方法（每一次反射會加到前一次的反射上）使得該頻率的震幅加大。這種形式的駐波叫做〝主軸模〞，並會發生在波長為兩倍反射面距離的頻率，因此房間內最低頻率的駐波，其波長等於該房子最大尺寸的兩倍。

主軸駐波可在長方形房間的每一個尺寸發生（長、寬、高），並可以利用下列方程式計算：

$$fo = \frac{v}{2d}$$

fo＝駐波的基本頻率
v＝聲音的速度，每秒344公尺
d＝房間尺寸（長、寬或高）

主軸模式產生的主軸駐波頻率，其泛音也會形成其他的駐波，例如：一個長寬高為6公尺×5公尺×2.4公尺的房間，其駐波如下：

| | 駐波（Hz） | | | |
|---|---|---|---|---|
| | 1st | 2nd | 3rd | 4th |
| $f(l)=\frac{v}{2(d)}=\frac{344}{2(6)}=$ | 28.6 | 57.2 | 85.8 | 114.4 |
| $f(w)=\frac{v}{2(d)}=\frac{344}{2(5)}=$ | 34.4 | 68.8 | 103.2 | 137.6 |
| $f(h)=\frac{v}{2(d)}=\frac{344}{2(2.4)}=$ | 71.7 | 143.4 | 215.1 | 286.8 |

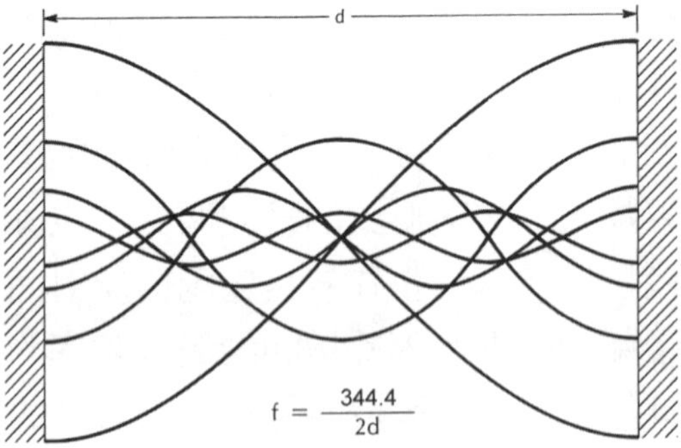


以上算式明顯的告訴我們，由於房間尺寸，駐波都發生在低音頻率，房間內各尺寸的搭配也很重要，如果有兩個距離相等或接近，那麼駐波造成的傷害會更大（都在同一個頻率附近作怪），這必須在規劃房間的前期作業就要避免。

駐波的作用，將會使房間的聲音在這特定的頻率上變大聲或加強，使得房間的聲音特性變得極端不平衡或被渲染。其他形式著名的駐波有正切式駐波（Tangential）和斜角式駐波（Obligue）等模式，數以百計，都有複雜的數學計算程式，這些其他形式的駐波都因為會被其它東西擋住而消失！因此，它們對於錄音室的影響不大，也不必仔細研究。

主軸式駐波

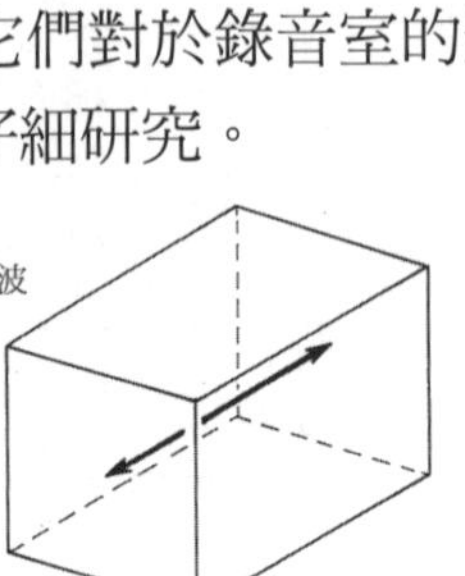

正切式駐波

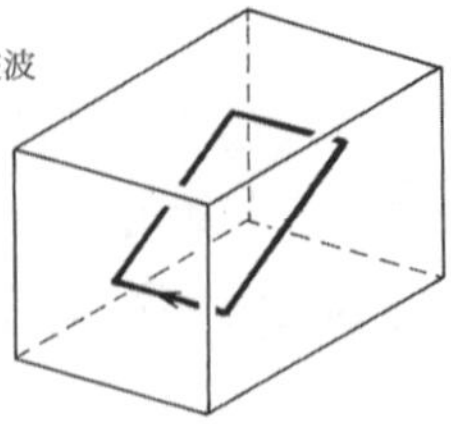

斜角式駐波

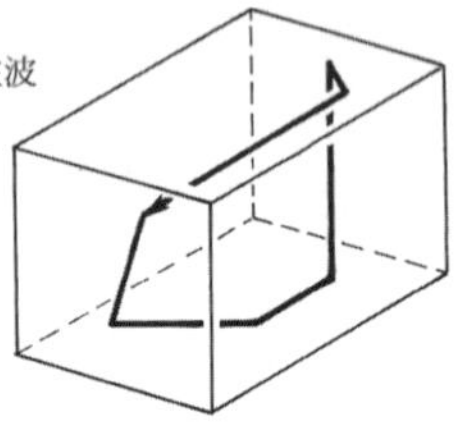

室內房間一定有尺寸，長、寬、高、甚至奇異的形狀，其實，房間就好像一個大共鳴箱，某些頻率會很大聲，某些頻率會很比較小聲，有現場表演經驗的老師，常常在不同場地演出，有時彈到某一個音會特別大聲，讓整個音樂變得很唐突，記得，林老師在康樂對當兵的時候，有一次去外島勞軍，林老師彈電Bass，大隊長屢次命令他小聲一點，林老師冤枉的說：報告大隊長，不是我，是房間在共震。大隊長火大的說：我不管你是共震，還是地震，你就是給我小聲一點！是的，這並不是林老師的錯，而是駐波在作怪，房間有六個面，天花板、地板、牆面，一般來說，都互相平行，每個面與面之間有距離，當音樂裡某一個音的頻率，其波長的二分之一或

是倍數等於某兩面牆的距離時（長、寬、高、甚至對角線長），該頻率就會產生一種連續不斷，而且型式相同的反射動作，

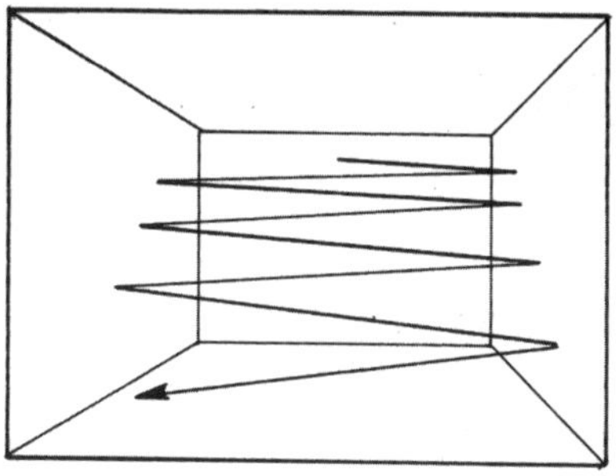

營造出一個突出的音量（同相），或凹下的頻率（反相），在房間四處走動，就能體會音樂內容劇變的現象，通常在牆邊聲音變大的頻率，會在反射面中間位置，或固定間隔某處的音量會變小，因為牆面是駐波音量最大的地方，反射面中間位置，或固定間隔某處是駐波音量最小的地方，會產生問題的頻率約200Hz以下。

既然室內低音頻率駐波的問題不能避免，要如何解決！

1. 房間規劃要避免平行、正方形或者是相同尺寸，可以考慮黃金律1：1.6：2.6。
2. 加入吸音材料做Acoustic的處理。
3. 房間不要太小。

Professional Audio Essentials

# 附錄 XIII
# 聽覺感官

聽音樂、做音樂，以音樂為工作的人需要花點時間研究耳朵的構造，了解聲音訊號是如何和人腦溝通的，下圖為耳朵的構造圖：

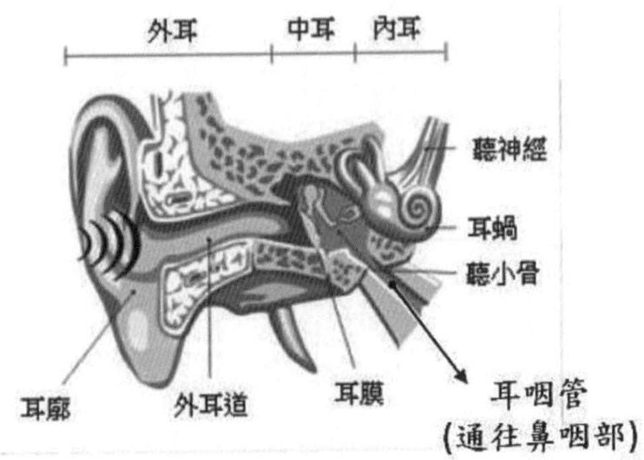


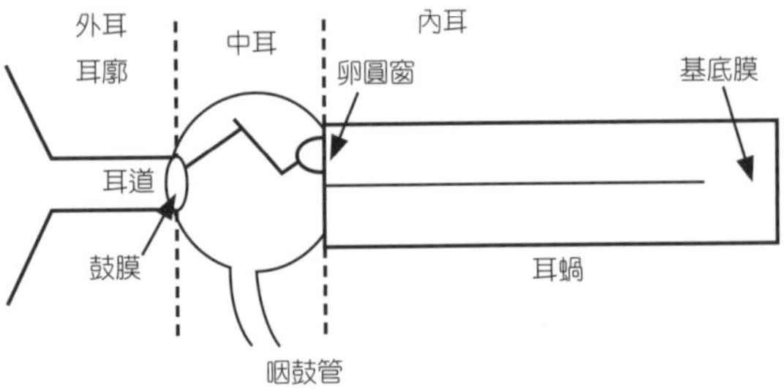


耳的構造可分為三大部份：外耳、中耳、內耳。外耳由耳廓及外耳道所組成；中耳由鼓膜、三聽小骨、卵圓窗及耳咽管等組成；內耳由半規管、前庭、耳蝸組成。充滿淋巴液的骨螺旋裝置叫做〝耳蝸〞（Cochlea），中心有一個具有彈性的基底膜Basilar，外耳道的空氣因為聲波的運動，造成耳鼓的震動，這些震動經由中耳的軟骨傳到內耳，基底膜本身的造形寬窄不一，軟硬不同，因此，聲波經過它的時候，會產生不同的壓力，讓基底膜作出不同的動作。

### *頻率的感覺*
### *(Frequency Perception)*

基底膜（Basilar）的動作和聲波頻率有關，靠近卵圓窗（Oral Window）

可以讓基底膜整體動作，以產生最大的震幅；有趣的是，每個八度音（倍頻），在基底膜感應的位置，和對數頻率表的關係非常一致

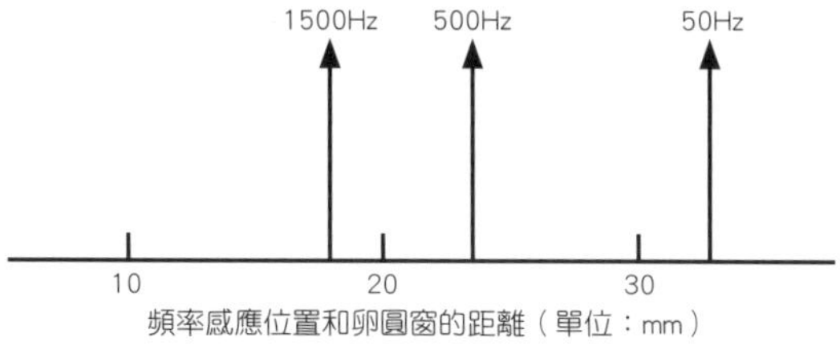


頻率增高時基底膜最大震幅的位置會向卵圓窗靠近

頻率的訊息可以有兩種方式傳送給大腦：低的頻率使內耳的毛細胞受到基底膜震動的刺激，讓他們產生小的電子脈衝，由聽覺神經纖維傳至大腦，這些脈衝被發現和聲音波形同步，所以訊號週期可以被人腦偵測出來，其實，並不是所有神經纖維都可以被觸發出電子訊號（只有低的頻率），實驗得到證明，聲音越大，神經纖維被觸發的情形越正常越好，當然，也有些神經纖維只感應低音量的刺激；讓神經纖維不會觸發的頻率上限，大約是4kHz，高於4kHz的頻率，人腦就必須要依賴基底膜最大感應的位置來決定訊號的音準，顯然，在中音頻率範圍內有一相重疊的地帶（200Hz以上），這個中音頻率範圍同時有位置的訊號，與電子脈衝的訊號，一起提供給人腦去測量頻率，有趣的是4kHz以上的頻率，人腦比較不容易辨識出到底是什麼頻率。

### *絕對頻帶*

### *(Critical Bandwidth)*

基底膜的行為有點像一台簡易的頻譜分析儀，可以對接收到的聲音，做一個以中頻頻寬1/5八度及1/3八度的分析，這個分析稱為絕對頻帶，就是可以通過每一個濾波器的頻率範圍。
絕對頻帶的觀念對於了解聽覺是很重要的，因為他可以幫助我們解釋，為何某些訊號會因為其他訊號的出現而被掩蓋；Fletcher教授認為，只有在同一個絕對頻帶內的頻率才會有掩蓋的功能；對於複雜的訊號，例如：噪音或演講，訊號的總響度，是得依據訊號涵蓋了幾個絕對頻帶而定的，利用一個事實來證明：一個恆定功率的訊號，他的響度都不會改變，只有在增加絕對頻帶的範圍之下，其訊號功率才會增加。

### *響度的感覺*

響度的大小和訊號的SPL最大音壓沒有直接關係，人類的耳朵對於聲音內的各種頻率，其接收靈敏度是不一樣

的，所以有一個圖形，可以表現人耳對聲音各頻率收聽的靈敏度差異，叫做等效響度曲線。（部分原因是外耳對於中頻帶範圍共鳴產生一個峰值）響度的單位是〝Phon〞，如果以聲音響度剛好聽得到的聲音為例，則稱響度為0 Phon，產生痛苦的聲音響度大約是140 Phon，所以人耳聽音的動態範圍大約是140 Phon，以音壓的觀念聽到的最小聲和最大聲的比例約為一千萬比一，測量音壓時，我們常用〝A加權曲線〞，因為在低音量時，A加權曲線比較類似Phons的表現，也就是近於人耳聽覺的狀況。如下是一般聲音響度的概念：（與音源距離相同之下測量）

| | |
|---|---|
| 錄音室背景噪音 | 20 Phon |
| 低音量會話 | 50 Phon |
| 忙碌的辦公室 | 70 Phon |
| 大聲演講 | 90 Phon |
| 交響樂團演奏 | 120 Phon |

聲音響度的大小，其實依其聲音本質而變化很大，頻帶比較寬的聲音，聽起來比頻帶比較窄的聲音大聲，因為涵蓋了比較多的絕對頻寬，兩個同樣音量的訊號，一個失真，一個正常，失真的聲音聽起來會比正常的聲音大聲，重要的是這個現象告訴我們：某A頻率和另一個頻率非常接近的B頻率一起呈現時，A頻率的觸發音量會被提高，換句話說：聲音是可以被掩蓋的；人耳是一個完美的聲音轉換器，因為他的非線性現象，可以感覺到失真、高音量低頻率聲音裡的泛音與交替變調失真。

### *等效響度曲線的實際意義*

### *(Practical Implication of Equal-Loundness Contours)*

人耳非線性的頻率響應現象，造成音響工程的一些問題，例如：監聽錄音內容時，各頻率的聽覺平衡，是靠著重播系統各頻率的音量大小而定，因此，在控制室裡用某一種音量混音出來的作品，在別的地方重播感覺就會不一樣，事實上，如果錄音的內容在遠小於從事混音工作音量的狀況下重播，人耳就會感覺到低頻與高頻音量不夠，相反的，如果錄音內容在遠大於從事混音工作音量的狀況下重播，人耳會感覺到低頻與高頻音量過大，轟隆的低頻使高頻不清楚。

HIFI音響擴大機都會有一個Loudness開關，可以在低音量聆聽時，放大低頻與高頻的音量，但是高音量聆聽時就不必用。所以，聽 Rock & Roll 搖滾樂及重金屬音樂就要大音量，才有FU，因為，他們的頻率響應平衡都是在大音量之下製作出來的！即使用中音量聆聽，都會感到低頻不足。

某些型態的噪音會比較大聲，Hiss 嘶聲通常比較容易吸引我們的注意，因為其中含有中頻段能量，而讓它特別的突出；Rumble & Hum 抖動率比較不容易注意到，因為人耳對低音頻率感應不夠靈敏，人耳對於1kHz～5 kHz的頻率範圍靈敏度較高。

### *等效響度曲線*

Fletcher & Munson發表一系列的曲線來顯示，對耳朵接受不同頻率靈敏度的差異，因為人耳對於各種高頻率的感受度都不一樣，如果想要聽到每一個頻率都有相同的音量，必須要對各種頻率做各別的調整，等效響度曲線就是告訴我們，每個頻率對於人耳接受靈敏度的差異。

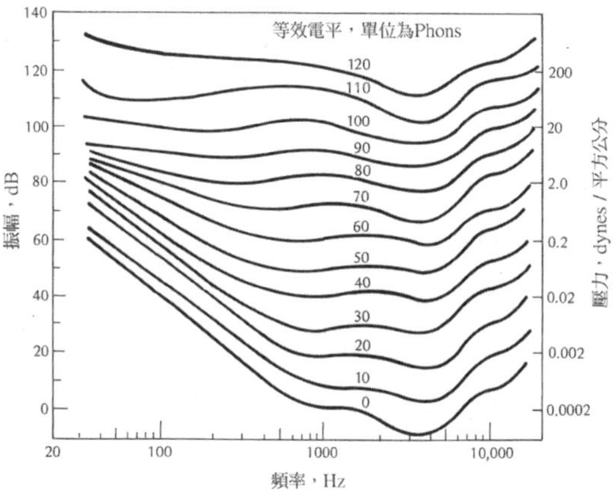


### *遮蔽現象*

*(Masking)*

很多人都有遮蔽現象的經驗，例如：在吵雜的環境，我們必須大聲講話壓過環境噪音，才能讓對方聽的清楚，環境的噪音有效的增加我們想清楚聽到互相會談的音量，被壓過的頻率稱為遮蔽頻率，以單一頻率的音色做實驗可證明，能壓過遮蔽頻率音量的頻率，必須和遮蔽頻率一樣，或者比該音色更高的頻率，才能大聲的有效，比遮蔽頻率低的頻率，就算音量提高還是聽不清楚，效率不好。

遮蔽現象被廣泛應用在音響工程中，雜音消除系統是最多的例子，假設，某頻率範圍內含有高音量的音樂內容及低音量的噪音，低音量噪音就會被高音量音樂內容蓋過，讓我們感覺好像沒有噪音。

### *立體空間定位感*

*(Sound Source Localization)*

立體空間感在立體音響重播，是很重要，立體空間感好，講究的是方向性與現場感；聲音方向性的機構底層，包含兩個重要的工作機智，每一個都和聲音訊號的本質，以及環境衝突的造成有關，包括：雙耳偵測接收訊號的時間差或相位差、雙耳接收訊號的音量差、或空間感差異，我們都是利用兩隻耳朵聽聲音的；所有音源的定位、現場感、環繞效果，都是因為兩隻耳朵接收不同訊號而產生的現象。

### *時間延遲*

*(Time Delay)*

音源如果落在偏離人頭中心線(0°)的部份，音源訊號到達雙耳的時間就會不一樣，人腦就會解讀音源座落在先聽到聲音耳朵的那個方向，雙耳能分辨出來的時間差大約為0.65ms，這叫做雙耳延遲（Binaural Delay）。用這個方法是無法偵測出音源的前、後位置以及高度。

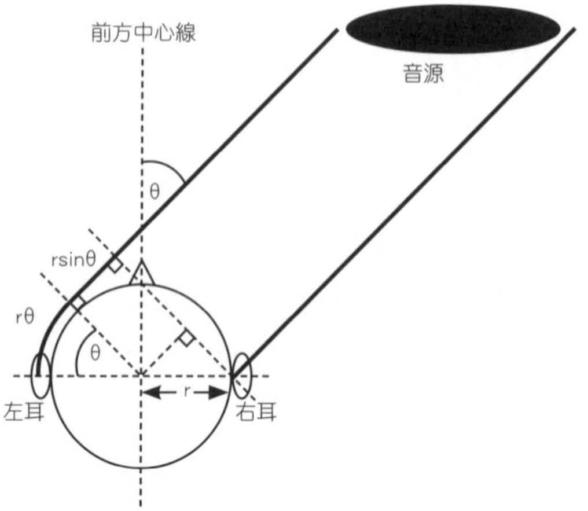


雙耳聽覺時間差ITD取決於音源相對於人頭中心線的角度，因為這個角度會影響聲音旅行更長的距離到達耳朵。以本圖為例：

$$\frac{r(\theta + \sin\theta)}{c}$$

r 為半徑，c 為聲音的速度

以正弦波的觀點來說，時間差可以用相位差表示，人耳的雙耳相位差對於低音頻率較為敏感，人耳對於1 kHz以上的頻率，其雙耳相位差的靈敏度就降低；因為雙耳的距離是不變，相位差的大小由音源頻率與音源位置來決定，頻率 700Hz 左右，其1/2波長大約等於兩耳之間的距離，對於700 Hz 來說，就很難讓我們分辨出那一隻耳朵的聲音遲到，那一隻耳朵的聲音提早到達；反射音多的房間裡，相位差也會讓人搞不清楚，因為駐波及其他反射音會讓我們聽到已被修改。

### 聽覺和視覺的互動

*(Interaction Between Hearing And Seeing)*

某些形成空間感的因素是互動的，可能會被其他人體感官強烈影響，特別是視覺，人腦學習的經驗可以帶領我們期待特定的提示，來對應特定的音場條件，如果兩個訊息是互相矛盾混亂就造成；例如：電視裡跑車是從左開往右，喇叭聲音卻是從右開往左。

在視線可及的環境裡，我們較偏重仰賴視覺來決定音場定位，大多數人聆聽立體音源時（無影像），都以為音場是座落在他後方，事實上，戴耳機聽立體音源就很難建立前方的音場，這是因為我們習慣在看不見的時候，就利用聽覺來辨識發聲的位置，反過來說，聽到聲音卻看不見的狀況，會使人腦誤判音源在我們後面。

如果有數個暗示音源座落位置的提示存在於同一環境中，卻互相衝突，為避免混亂，人的聽覺處理的方式會評估所有收到的訊息，來決定最可能的音源座落位置。聽覺感知被比喻為大膽假設與小心測試的過程，它的情節是由可以使用的訊息，和相繼而來的反射音測試經驗組成的，有反射音的環境中直接音（最先到達聆聽者的聲波）對於決定音源座落位置的影響最大，然後才是隨之而來的反射音；移動的音源能夠提供的訊息就比靜態音源來的多，讓人腦獲得較多的訊息，測量到更多的改變，也許就能解決一般不確定因素。

### 距離與景深感

*(Distance and Depth Perception)*

能辨識音源距離及音場景深的能力，對於聲音音質的欣賞是很重要的，距離是聆聽者和某一音源的關係，音場景深可以解釋為舞台前沿與舞台後整體的庭院空間，即使單一音源，也有音場景深的感受。

這麼多的因素貢獻出距離感，能看出來那一個是在反射區工作，那一個是在〝Dead〞的環境工作（沒有反射音）；距離聆聽者的音源有近有遠，距離聆聽者遠的音源有如下的狀況：

1. 聲音比較小（聲音旅行距離較長）
2. 高頻率比較少（空氣吸音影響）
3. 殘響比較大（在反射音環境）
4. 直接音和地板的第一反射音的時間差較小
5. 地板反射音較小

有反射音的環境裡，很多資訊可以提供給我們的大腦，直接音和反射音之比例和音源距離有直接關係，殘響時間和早期反射時告訴大腦很多空間尺寸和音源距離反射表面的情報。

### *HRTF 頭部相關傳輸函數 (Head-Related Transfer Function)*

人頭的尺寸，對高音頻率是一個很大的障礙物（低頻率則否），耳廓的特異形狀讓改變聲音頻譜的反射音及共鳴聲，更會有感應，聲音傳輸的過程中，人耳結構對聲波的折射、繞射、反射現象，都會對聲音的接收造成一定的影響；在聲學上我們用HRTF頭部相關傳輸函數，來描述這種影響。

HRTF是〝Head-Related Transfer Function〞（頭部相關傳輸函數）的簡寫，它可以包含每一個音源座落的位置、發聲的角度、發聲的高度、前後相對距離、相對方位等資料，人腦可以依據HRTF影響的經驗做判斷。

一般來說：在後面的聲音，雙耳會感受到高頻響應被衰減（對比聲音在前面的高頻響應表現），這是因為人耳耳廓長的稍微向前傾的關係，音源偏向某一邊，雙耳之間的高頻響應差異加大，這是因為人頭的遮蔽效應；高頻率的波長短，如果小於頭的尺寸，就會被擋住；耳朵被頭擋住，聽到的高頻響應會被衰減，和另一隻沒有被頭擋住的耳朵聽到的高頻響應不同。

HRTF效應是疊加在音源自然頻譜上的，因此很難理解人腦是如何利用單聲道頻譜的特性來決定發聲位置，因為那些聲音已加入了HRTF效應；會移動的單聲道音源，就比較容易被人腦偵測出來，因為移動音源可以讓人腦偵測出頻譜特性的改變；偏軸音源使雙耳的HRTF產生差異，再加上雙耳收音的延遲時間，足以幫助人腦去認定音源位置。

耳機播放音樂的效果和喇叭播放音樂的效果不同，音場是最大的差異，戴耳機聽音樂所感受的音場遠不如喇叭播放系統，喇叭播放音樂要擴散到空氣當中，會加上室內各反射面帶來的反射音，必須要經過人耳的耳廓、外耳、內耳…才能被人腦接受到，然而使用耳機聽音樂，音樂是被耳機裡的喇叭單元直接送進雙耳的，環境反射音的影響沒有了，人耳造型的影響沒有了，HRTF不存在，在這種情況下人腦就無法準確的判斷聲音的方位和距離，用耳機聽音樂會覺得音場不自然，樂器定位不實在就是這個道理；音場大部份被壓縮在兩耳間，這就是〝頭中效應〞（In Head Effect）。

Professional Audio Essentials

# 附錄XIV 聲音品質

*1. 聲音的品質是什麼？*
*2. 聲音的品質有什麼影響？*
*3. 如何測量聲音的品質*
*4. 相關的國際標準*

### *什麼是聲音的品質 (Sound Quality)*

討論聲音的品質，可以從物理的角度，或專業技術的角度，以及聽覺感知的角度來討論：

1. 物理的角度：要用測量的儀器，傳輸的管道，及傳輸的訊號。
2. 聽覺感知的角度：討論聆聽者聽到什麼聲音，聽到後如何解讀、如何判斷。

在現實世界有的聲音品質可以被聽到，可是測量不到，有的聲音的品質可以測量的出來，可是聽不到；聽覺感知研究的模式，是希望找到更好測量音響訊號的方法，使測量結果可以預測聽覺感受到的聲音品質；聲音品質與聲音特色是不同的，聲音品質是一種價值的判斷，認為某個聲音比另一個聲音更優秀；聲音特色純粹是個人描述的抽象意義。廣義的探討聲音品質就要定出條件，例如：特別的課題、期望、設計目的，拿來和參考值做對比，因此，參考值定義的內容對於聲音品質的評鑑，就很重要。

所以，談論聲音品質的時候，就得更小心的理解，大家要在同一個概念之下探討（訊號的品質、聲音屬性的描述、抽象語言的認知），才不會雞同鴨講，製造混亂。

### *主觀意識與客觀意識的聲音品質*

*(Objective & Subjective Quality)*

聲音品質可以定義為：主觀意識聲音品質與客觀意識聲音品質，客觀意識的聲音品質是可以測量的聲音品質，主觀意識的聲音品質大都是聽覺感官的聲音品質。然而，所謂客觀，就是不受任何的傲慢，偏見及個人因素的影響。主觀：就是自己喜歡、傾向個人的感覺。

### *聲音品質的屬性*

*(Sound Quality Attributes)*

聲音品質的感受是一個多面的觀念，經常被形容為〝多元空間〞，換句話說，判斷聲音品質，是經由各種聽音空間，及影響判斷的屬性造成的，一般來說，可以分為空間屬性與音色屬性；空間屬性講的是：聲音的三度空間關係，包含：音源位置、寬度、及距離；音色屬性講的是：聲音（的顏色）本身的特質；非線性的失真及噪音對聲音品質的影響，有時候也放在音色屬性裡來討論。

### *聲音品質與高傳真*

*(Quality & Fidelity)*

高傳真音響的觀念，對於定義錄音與播放工作的準則是很重要的基礎，高傳真音響的定義可依忠誠度、描述正確性、報告事實與細節而有不同的種類，說明如下：

1. 真實的聲音本質與正確的細節：錄音工程講究的是要延伸至可以精準的捕捉聲音、儲存聲音、與播放聲音。
2. 播放音樂與現場原聲音樂會的相似度：重播品質和原創音樂會品質的忠誠度，也就是說在同一房間內，用藍光機或CD播放機放出來的音樂，和現場表演的品質一樣好。但是，我們要承認，如果聆聽者自己不知道音樂會的原貌，而去評斷高傳真是有困難的。
3. 記憶與想像的理想參考：音樂與人聲所謂的高傳真理想值，是現場表演的回憶，某些音源的高傳真理想值是從聆聽者自己想像延伸出來，因此高傳真可以定義為：是一種記憶與完美想像的關係。

### *自然的聲音品質*

*(Quality And Naturalness)*

大家形容聲音品質最常用的形容詞：就是自然，音響專家講的高調認同的語言，也許是音響入門者去合理化自己自然聆聽條件的記憶經驗，自然的聲音與個人自我喜好、偏好，是有很大的關聯；然而，在現實環境中，都會遇到很多建築物產生讓聲音品質互相衝突的因素，例如：駐波、殘響、迴音、共震、諧音等等，無論重播音樂與現場原聲音樂，這些衝突因素可能已造成聲音不自然的結果，對於聆聽者而言，都是負面的。

### *個人愛好與聲音品質*
### *(Quality And Liking)*

討論聲音品質最常犯的錯誤：把個人喜愛和正確性混為一談，個人無法自動假設，其個人最欣賞的音樂要多小的失真或多平坦的頻率響應曲線，有些音樂喜好者，特別喜歡某一型態失真感覺的音色，那些失真可能是類比錄音系統，黑膠唱片，真空管音響的特質—喜歡失真的錄音音色沒有所謂的對錯，但是個人喜好不應該和高傳真混為一談，學習聽音樂和對音樂型態的熟悉，是決定個人對聲音品質要求很重要的因素；實驗可得到證明：同一段音樂製作成窄頻寬與全頻寬的兩個版本，由兩班學生各自讓他們聽一段窄頻寬版本與全頻寬版本的音樂內容，先聽窄頻寬音樂版本的學生再聽全頻寬的音樂版本時，會覺得更好聽，聽過全頻寬音樂版本的學生再聽窄頻寬的音樂版本時，會覺得聲音品質變差了。

音響工程師對於高傳真都有傳統的觀念：假設重播音樂的設備是完美的，那麼音響系統重播出來的內容，就必須和藝術家原創的意圖與自然真實的聲音儘可能的一致；重播音樂工作的標準參考，已經深入的種在音響工程師的心裡，如果個人喜好和事實正確性相衝，基本上，這種個人喜好就是錯的，因此帶來爭論，其實也沒有空間可以討論，但是我們以另一個觀察角度，舉時尚商品、偶像代言商品、潮牌家族為例，他們為滿足某些追求流行的消費者偏愛，配上亮麗包裝、精確的行銷策略，竟然就此啟發了市場，設計出嶄新的個人喜好消費者產品，大放異彩，也許現實世界沒有真正的衝突。HIFI市場，也愈來愈注重專業技術層面以及享樂層面之間的關係，喇叭廠既要顧到品質一貫表現的測量值，也要照顧客人喜好的轉變，新品市場接受度調查，不僅要邀請有經驗人士，也要聽聽未訓練過聆聽者的意見；音響設備高傳真技術與消費者享樂的經驗，在聲音品質要求上是有關係的。

### ***聲音品質評鑑的方法***

*(Method Of Sound Quality Evaluation)*

（1）聆聽測試(Listening Tests)：聆聽測試是聲音品質評鑑最常使用的正式方法，利用適當的測試結構，用科學的態度進行聆聽測試，有經驗的聆聽者，可以提供可靠及可重覆的音響品質聆聽訊息，為了進行可信賴的聆聽測試，必須要了解，利用人來評鑑敏感的訊息，是不容易的。

人的判斷，總有一定程度的不確定與多元性，所以大多數的實驗者比較喜歡找有經驗的人，找受過訓練的人，其目的就是想將不確定與多元性的因素減至最低，換句話說，體認人與人多元性的差異就很重要，多元性並不永遠被認為會影響統計的結果，但是它告訴我們：人解讀自己聽到的聲音品質，是真的有差異的。

（2）盲目測試(Blind Tests)：實驗告訴我們有趣的事實：測試音響的時候，如果聆聽者事先知道音響的品牌或型號，確實會影響他們的判斷，他們的反應，會很強烈的受到自己對期待品牌表現的偏見所左右，即使有經驗的聆聽者也不例外，有趣的是，聆聽者明明有能力判斷音質的好壞，卻仍然被自己的品牌期待與視覺引導，顯然聆聽者的意見比較會傾向自己所見到的東西，希望人只憑聲音來判斷音質的可信度，是不夠的；因為這個現象，有人就發展出運用盲目測試的方法來評鑑，也就是說：聆聽者不能知道音源的來歷，甚至把喇叭放在布幕後，使聆聽者看不到發聲的物體，這是為了確保評鑑結果是站在只有聽覺的基礎上(不是憑著自己先入為主的偏見、期待或其他資訊，這些資料都有可能影響評鑑的結果)，還有更嚴格的Double Blind雙重盲目測試的方法，被測試者根本不知道測試音源發聲的時間與順序，被測試者根本無法作弊，或受到無心的干擾。

（3）聆聽測試的種類（Types Of Listening Test）：正式的聆聽測試方法，依研究目的的不同，可分為好幾種，在此介紹最常被選用的方法，首先，要完整的定義：

1. 要評鑑什麼？
2. 是否為整體的音響品質
3. 或特定的會影響音響品質的元素
4. 品質測試最重要的參考標準是什麼
5. 建築聲學的環境
6. 參考標準

7. 解碼方式或訊號處理設備

沒有任何的比較資料，要讓人判斷出聲音品質的差異，是很難的，所以，提供一、兩項已有公論定見的規格，將有幫助於改善音響測試的進行；大多數測試實驗都會要求聆聽者給一個類似品質屬性等級的評議，可能是0—10的數字或文字，來界定聲音等級的好壞、普通、或優良。

10.完美
9.太好了
8.
7.好
6.
5.還可以
4.
3.不好
2.爛
1.
0.無法想像

***界定等級代表的意義***

文字也許能形容某一些品質屬性的等級，音量大小，或是有特別意義的音樂等屬性（例如：亮一點、聲音朦朦的…）。可是這些貼標籤的評鑑會引起辯論，因為，這種等級分類沒有世界通用的意義，所以，另有科學家發展出其他不直接打分數的方法，甚至用觀察被測試者接受刺激後，產生的行為語言來評議；評鑑的方法：通常向被測試者發出一些刺激元素（通常多於一個互相比較，較有信賴性），把刺激元素播放的次序顛倒，也有助於比較測試的可信度，某些測試實驗連參考來源都隱藏起來，為了讓做實驗者能判斷受測試者，是否能一貫的認出參考標準訊號，這個辦法，可以去除掉不可信賴的受測試者。

聆聽測試有兩個最重要的國際標準，兩者都運用在訊號品質降低的評鑑：

1. ITU-R, BS.1116, Triple Stimulus With Hidden Reference

BS.1116同時提供被測試者三個刺激來源：A，B，C。A永遠是未經處理的原始訊號，其他B，C可以自由選定，可為A，或品質差的訊號，測試者必須指出：到底B或C那一個就是A，並且用1、2、3、4、5的等級來比較品質差的訊號和原始訊號的音響品質差異。一般用在品質差異的很少，聽不太出來的狀況。

2. ITU-R BS.1534 Multiple Stimulus With Hidden Reference & Anchors

BS.1534（MUSHRA）提供被測試

者多個刺激來源，讓被測試者可以自由切換各種刺激音源，並且評鑑每一個刺激音源的等級，其中一個刺激音源訊號代表特定品質等級，是實驗的參考訊號（Anchor），被測試者必須至少指出某一個刺激音源訊號是參考訊號（最高等級，以0－10的型式表達），評鑑等級從聽不到品質差的感覺至非常惱人（評鑑品質衰減），一般用在辨識品質等級差異的狀況。
還有一種叫〝ABX〞測試，是只用來決定評鑑兩個刺激訊號的差異，〝ABX〞測試的被測試者為一人或多人，同時提供被測試者兩個刺激來源，他們被要求決定：到底X是和A一樣，還是和B一樣；X是隨意由A或B選出來的，這個測試要重覆進行多次，如果A與B兩者無差異，統計顯示只有一半的測試是對的，如果A與B兩者確實有差異，正確測試的結果會大於一半，好玩吧！是否有興趣依照這方法，做個喇叭線〝ABX〞測試來考考您的金耳朵。

### *影響聲音品質的音響系統表現*

音響系統的規格、製造、成本、使用材料、電路設計、生產工藝、品管要求等，都會對聲音品質產生影響。頻率響應、諧波失真、交替調變失真、動態範圍、信噪比抖動率及取樣時間誤差。

### *頻率響應*
### *(Frequency Response)*

音響系統最常使用的規格就是：頻率響應，就是該器材可以處理的頻率範圍，處理的工作包括：拾音、錄音、傳輸及重播等，簡單的說：高品質的重播音響系統就是要涵蓋全部的音響頻率20Hz～20000Hz，雖然有人對此頻率範圍有意見，人類聽不到這麼廣的頻率範圍，但是，只考慮音響重播系統的頻率範圍還不夠，更應該注意不同頻率之間的相對音量，或是最低點和最高端頻率範圍的震幅，這些指標不談，頻率20Hz～20000Hz的規格也沒意義；傳輸音響訊號最完美的頻率響應曲線是平的Flat，也就是所有頻率都得到相等的對待，沒有一個頻率會衰減或被放大。如圖：

| 電子設備 | 頻率響應 |
|---|---|
| 電話 | 300Hz－3kHz |

| | |
|---|---|
| 高品質小喇叭 | 60Hz－20kHz<br>(±3dB) |
| 高品質大喇叭 | 35Hz－20kHz<br>(±3dB) |
| 高品質擴大機 | 6Hz－100kHz<br>(+0, -1dB) |
| 電容式麥克風 | 20Hz－20kHz<br>(± 3dB) |
| 耳機 | 20Hz－20kHz<br>(± 3dB) |
| DVD | 4Hz－44kHz<br>(± 3dB) |

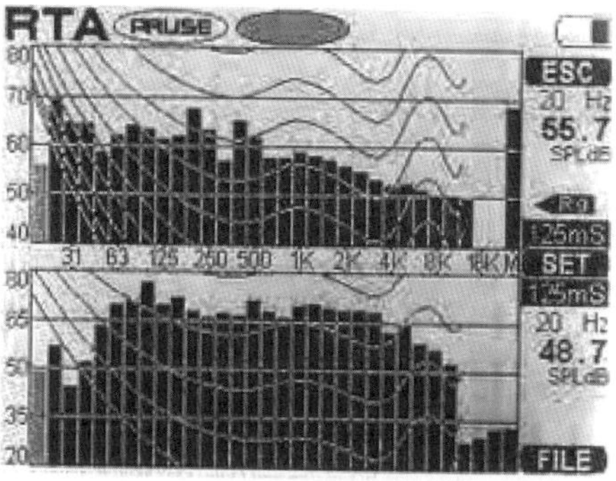


可看出某些頻率比較大聲，某些頻率比較小聲。

換能器，就是最會產生頻率響應錯誤的電子設備，某些低品質喇叭的頻率響應可能比平坦的頻率響應相差10 dB以上，然而，這種設備的表現還會受到建築聲學的影響，要討論它們的頻率響應，不得不考慮它們與環境因素的互動關係，喇叭擺設位置就會對音色產生變化；房間會對某些頻率產生共振，因此某些頻率的震幅造成波峰或波谷表現，聆聽者的位置不同某些頻率有可能被特別加強；喇叭只有在無響室才能測出自己的頻率響應曲線，因為無響室內的反射音，大部分都被吸光了，不會對喇叭產生明顯的差異效果。

高品質喇叭，其頻率響應要能涵蓋大部分音響設備的音響頻率範圍，誤差值大約±3dB，但是低頻的往下延伸會比高頻往高處伸展難的多，因為，更低頻率的產生需要更大的音箱容積及驅動器運動的空間，小喇叭的頻率響應，低頻表現只能達到大約50Hz或60Hz，喇叭偏軸的頻率響應也被發現對聲音品質有影響力，因為它也左右反射音的頻率內容，反射音也佔據音響重播內容很大的比例，當然，也是我們必須重視的規格。

### *諧波失真*

### *(Harmonic Distortion)*

音響系統還有一個最常用到的規格：就是諧波失真，這種失真就是所謂的非線性產品的結果，也就是說：音響系統的輸入與輸出訊號不是1：1的關係，諧波並非訊號本身原來的內容，所以訊號本身就被改變，只要是電子設備就會有少量的諧波失真，我們無法避免，只能儘量將它控制到最小的程度，諧波失真利用百分比來表示，是針對造成諧波失真訊號與原始訊號的百分比，例如：THD 0.01%@1 kHz；諧波失真分成很多的種類：有第二諧波失真，有第三諧波失真，有第四諧波失真，有總諧波失真THD（Total Harmonic Distortion），總諧波失真是所有諧波失真的總和啊！

| 設備 | 總諧波失真 % THD |
|---|---|
| 品質好的擴大機（ 功率輸出） | < 0.05%（20Hz~20kHz） |
| 喇叭 | < 1%（50W@200Hz） |
| 電容式麥克風 | <0.5%（1kHz@94dB SPL） |

### *交替調變失真*

***(Intermodulation(IM) Distortion)***

交替調變失真的產生：是因為兩個或多個訊號經由一台非線性設備再輸出的關係，因為，所有的音響設備都有非線性的特質，一定會有少量的交替調變失真現象，低交替調變失真就是音響設備品質高的指標，交替調變失真和諧波失真不一樣，它和製造失真的輸入訊號頻率沒有倍數的關係，所以，如果聽到交替調變失真，一定是不悅耳的；如果兩個正弦波聲音訊號經過一台非線性設備，該非線性設備的輸出將會出現此二訊號頻率的相加值與相減值。

例如：兩個聲音頻率：f1＝900Hz & f2 ＝1000Hz 可能產生

1000－900 ＝100Hz

或是1000＋900 ＝1900Hz 的交替調變失真。

### *動態範圍與信噪比*

***(Dynamic Range & S/N)***

信噪比S/N的定義就是：音響系統參考音量和噪底音量之差。（單位：分貝）動態範圍的定義，就是音響系統峰值音量和噪底（Noise Floor）音量之差，（單位：分貝）也就是音響系統可以處理的最大音量以及最小音量的範圍。

通常，噪底必須依據某標準曲線加權而得，該加權後之標準曲線是用來說明潛在噪音的頻譜，兩個訊號的比較必須比照相同的曲線才有意義，通常動態範圍可能大於信噪比，週期性的噪音會比背景噪音明顯。

### *抖動率及取樣時間誤差*

*(Wow, Flutter & Jitter)*

抖動率（ Wow & Flutter ），是用來表示黑膠唱盤或是類比錄音機轉速的誤差，通常，它們會造成音響訊號頻率的變動，〝Wow〞是慢速誤差，〝Flutter〞是快速的誤差，抖動率差的音響設備比較不悅耳，因為音準不穩，音色較粗糙，甚至還有交替調變失真的產生；現代生活使用卡式錄音機已少了，很多人使用MP3、iPHONE、iPOD、iPAD及其他手機聽音樂，就讓抖動率的問題走進歷史，但是，現代數位設備也有現代數位的問題，就是系統時鐘速度誤差或取樣時間誤差 Jitter， Jitter是用來描述數位音響系統時鐘速度誤差或取樣時間誤差，Jitter太高也會產生類似抖動率不佳的後果，Jitter只會在A/D或D/A時影響音響效果，它會造成噪底音量增大，使數位訊號產生失真的內容，在A/D時，如果遭遇高Jitter的迫害，事後是無法將失真訊號去除。

### *數位訊號設備的聲音品質*

*(Sound Quality In Digital Signal Device)*

數位轉換時，會影響音響品質的因素有：量化解析度、動態範圍、取樣頻率、頻率響應等，現代數位音響系統的動態範圍非常廣，甚至超越了人類聽覺系統，因為高解析度的類比數位轉換A/D，24位元的儲存模式，強大的浮點訊號運算，也把失真與噪音降至最低，使得現代數位音響系統的品質非常的高，可以影響數位音響系統品質的因素，發生在類比數位轉換A/D與數位類比轉換D/A的轉換過程，事實上，類比訊號本身的品質在類比數位轉換之前就要注意，一個失敗的轉換訊號，事後是很難再做改善；在轉換階段要注意取樣頻率，時間紀錄速度的穩定性就重要，如果不穩定，音響訊號將包含變調的加工品，導致各種失真與噪音的增加，這是所謂的時間紀錄的波動，就是最大影響數位音響品質的禍首，高品質外接錄音卡的A/D、D/A轉換器，其Jitter值會比PC或筆電音效卡A/D，D/A轉換器的Jitter值低很多。

### *音響編碼的音響品質*

*(Sound Quality In Audio Codes)*

類比音響要做類比數位轉換時必須編碼，編碼是為了限制在網際網路的傳遞，或儲存在隨身設備的位元傳輸速度，手機與通訊用的編碼，會用較低位元速度的編碼方式，來傳遞訊號。

# 附錄XV

# 數位多軌聲訊傳輸系統 Digital Snake

***產品簡介***

1. 用一條Cat5e網路線，就可以做到40聲道24-bit/96kHz品質的數位聲訊傳輸。
2. 搬運、部署與拆卸成本、體積、重量、遠低於傳統的Multi Cable
3. 能避免環境電磁波的干擾。
4. 利用遠端控制台或電腦，操作者可輕鬆調整輸入音量（-65～+10 dBu）。
5. 遠端控制台還能儲存輸入前級的狀態，包括每個聲道的輸入音量及幻象電源（Phantom Power）使用狀態，可以隨時叫出使用，不必每次都要重做調整設定。
6. 備用措施的設計，如果再加裝一條備用Cat5e網路線，萬一主要線路出狀況，系統立刻會自動切換到備用線，多了一層保障！
7. 利用乙太網路集線器就可以做到訊號分配（Split），把聲音訊號配送到監聽混音台、錄音器材、或廣播設備等等。
8. 使用電腦（Mac或PC皆可）也可以安裝免費下載的控制軟體，做到多達160聲道的前級操控，連上Digital Snake系統後，即可從電腦進行系統設定、記憶、及監看各聲道的輸入狀況。
9. 傳輸距離最遠可達500米。

### *"Digital Snake"的基本標準配置*

麥克風送來的聲音訊號音量都不大，用類比Multi cable傳送麥克風的訊號時，往往不可避免地會受到導線材質的影響，例如：電阻、電流容量、電感等因素造成訊號減損。除此之外，類比導線很容易受到周圍的變壓器、電源線等環境電磁波的干擾，而產生一些如Hum聲之類的雜音。

運用Digital Snake系統，麥克風前級就可以被安置在舞台上，就近接受麥克風訊號並加以前級放大後，立刻轉換成數位訊號，透過乙太網路線傳送到混音台；如此一來，就可以避免掉大部份類比導線易發生的訊號衰減或干擾，確保聲音的品質。

### *Cat5e乙太網路線節省大量成本，安裝更輕鬆*

乙太網路線的優點就是成本低廉，攜帶搬運也非常輕便，讓整個PA系統的設置，比用傳統類比式Multi Cable來得輕鬆簡單。而且數位聲訊的傳輸可以避免環境電磁波的干擾，在佈線上就可以有更多的彈性規劃。只要用標準乙太網路的交換集線器，就可做訊號分配（Split）的工作，可以把來自於舞台的聲訊，同時配送到錄音設備、廣播車、或其他的監聽端。一條乙太網路線最大有效傳輸距離是100米，利用標準乙太網路的交換集線器，可以把聲訊傳輸距離再加長。如此一來，與使用類比（Multi Cable）比較起來，整個PA系統建置所要花的成本與時間都大大地節省許多！而且基於Cat5e網路線成本低廉且輕便的特色，要臨時追加輸出/入聲道數就很容易！

### *聲訊傳輸線及電源供應的備用設計，提供更有保障的聲訊傳輸系統*

Digital Snake系統在設計時，為考量系統的穩定使用，提供了安全使用以及備用的機制：連接網路線的插孔採用Neutrik頂級專業端子，保障導線不會輕易被拉拔掉；提供備用端子，可以再加裝一條備用網路線，萬一主要網路線發生意外而損壞中斷，系統會自動偵測到，並立刻轉換到備用網路線來運作；電源開關和所有接線，都設計有堅硬保護罩，以避免被意外碰觸而造成斷電或訊號中斷。

### *將聲音訊號的破壞程度壓抑到最小*

干擾源引起的Hum聲或是Buzz聲雜訊，是在使用類比（Multi Cable）時常常遇到的問題。安裝好整個Multi Cable前，很難找出哪些是潛在的干擾源，還要解決接下來發生的雜訊問題，又需要豐富的經驗並花費很多時間。就技術面而言，數位傳輸受到干擾源影響而產生雜訊的可能性會遠低於類比訊號的傳輸方式，而且串音現象也會被壓抑到最小，甚至不存在了，如此一來在佈線規劃上，幾乎就可以自由彈性而無所顧慮。

***延滯時間超低的數位傳輸***

數位傳輸系統中，聲音訊號的衰減都是很小的，然而，因為A/D，D/A轉換工作的時間需要，仍然有可能讓聽眾或是演出人員感覺到延滯時間過長的不快感。所以，即使是以24-bit/96 kHz品質傳送40個聲道的聲訊，低延滯時間的特性，是十分重要的。低的延滯特性，才能讓Digital Snake系統完美地應用在各種聲訊系統當中，尤其是耳內監聽（In-Ear Monitoring）的場合。

***每個輸入聲道皆搭載高品質的前級擴大器！***

類比的系統中，訊號音量低的麥克風訊號，要先經過長距離的類比麥克風導線傳輸之後，才能送到前級擴大器放大，因此很難避免訊號衰減和串音問題。但在Digital Snake系統中，舞台端主機本身就內建麥克風前級擴大器，而且可接受遠端控制調整，舞台上的麥克風可以就近先讓訊號放大之後，再傳輸到距離較遠的混音台；因為長距離的傳輸是透過數位網路線，避免了類比導線可能會發生的問題，這樣一來，就可以確保聲音品質是在最佳狀態。

***運用交換集線器，輕鬆拉長距離及分配訊號***

技術上一條Cat5e網路線最多負擔100米的傳輸距離，若再透過一台網路交換集線器（Switching Hub），就可以再加上100米的距離！最多可以使用四台網路交換集線器來做串接的動作，也就是最遠能拉到500米。網路交換集線器也可以做到分配訊號(Split）的功能，只要一條細長的網路線，就能夠負擔MIDI訊號、遠端控制資料、以及40聲道24-bit/96kHz數位聲音訊號，不論是哪一種PA應用的場合：小型室內演奏會、大型舞台或音樂廳、甚至到大樓內廣播系統都能將聲音分送到不同地點，使得施工容易而且花費低廉。

Professional Audio Essentials

# 附錄XVI Dante系統

### *Dante（Digital Audio Network Through Ethernet）概覽*

Dante（Digital Audio Network Through Ethernet）是連接音頻設備的現代數位標準，省時間，省錢，省事，是軟體、硬體和網路協議的組合，用乙太網網路提供無壓縮，多通道、低延遲的數位音頻。Dante於2006年由Audinate公司開發、構建並改進了先前CobraNet和EtherSound的乙太網音頻技術。主要用於專業商業應用，大多數情況下，用於大量音頻聲道必須傳輸較長距離或多個位置的應用中。數位音頻網路系統，通過一條乙太網電纜傳輸，接收多達512個雙向音頻

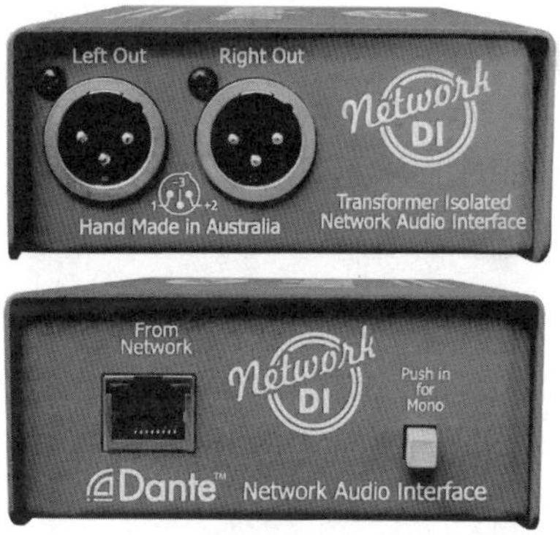


Network DI

聲道，或數位無線麥克風系統。這些解決方案允許使用者利用現有的Mac或PC，管理音頻設備訊號（例如無線麥克風系統或混音器）的輸入和輸出路徑。所有的輸入和輸出訊號都是以質輕、廉價的Cat–5e，Cat–6佈線運行的數位數據。安裝簡單、輕量且

經濟。Dante將整個系統上的媒體和控制混合到一個標準的IP網路上。

數位音頻比傳統的類比音頻分配提供了幾個優點。通過類比電纜傳輸的音頻可能會受到電磁干擾，高頻衰減，以及過長電纜運行時的壓降，而造成信號衰減的不利影響。由於採用數位復用技術，與類比音頻相比，數位音頻分配的佈線要求幾乎總是降低。Dante還比第一代乙太網音頻技術，具有更多的優勢，包括更高的聲道數量，更低的延遲時間和自動化配置。

Audinate依照工業標準打造出了具有接近零延遲和同步功能的無壓縮，多聲道數位媒體網路技術—Dante。Dante是目前最理想的音頻網路解決方案，也受到最多專業A/V廠商青睞的網路技術，有多家世界一流的廠商設計支援Dante，例如：Shure，Allen & Heath，Yamaha…等不同製造商的產品輕鬆混搭，輕而易舉。

Dante系統可以從一組簡單的控制台配對，擴展到一台電腦，可以在網路上操作數千個音頻聲道，因為Dante使用邏輯路徑佈線，不是點到點連接，只要所有的設備都在同一網路連線，只需點擊幾下滑鼠，音頻訊號就可以送至任何一台網內的設備，訊號的派送是經過軟體，不是點對點的連接線。

### *品質優良*

音頻訊號採用數位格式傳輸，不受其他電器設備的干擾、線與線之間的串擾，或長距離線纜的信號衰減等，不必擔心那些常見的類比傳輸問題。

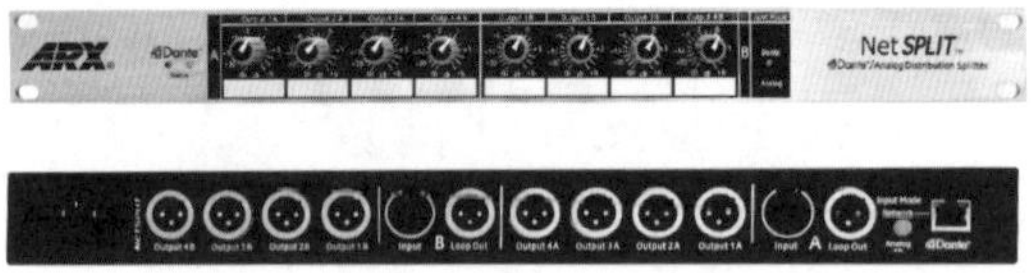


Netsplit

### *安裝容易，使用方便*

設置Dante網路非常容易，能夠迅速、輕鬆地配置完成，簡化系統整合過程，自動處理好複雜的技術問題。Dante Controller是管理網路設備強大的應用程式。Dante網路設置通常只需要將設備插入乙太網交換機，並將電腦連接到網路就完成了，所有Dante設備會被自動偵測到，並顯示在Dante Controller上，只需要幾秒鐘就搞定了。Dante Controller可以編輯設備名稱和聲道標簽、控制取樣率，設定設備延遲時間，診斷網路工作狀況，包括設備延遲監控、主動時鐘監測、數據錯誤報告和帶寬使用統計數據…等，網路配置好後，Dante Controller的電腦可從網路中移除，只有在需要更改，或者要進行系統監控時，再重新連接即可。信號路徑和其他系統設置都安全地存儲在Dante設備本身當中，只要設備重新通電，它們都會自動恢復。

### *單播或組播*

Dante音頻通道可按照需要配置為單播或組播，最佳有效使用帶寬。單播為單獨通道直接提供點到點的音頻流串；組播則是將一個音頻流同時發送給多個設備。

### *Windows和Mac OS X完全整合*

Dante Virtual Soundcard能將電腦變成多軌錄音和媒體回放的Dante音頻接口，只需使用電腦現成的乙太網接口即可，無需額外的硬體。數字音頻工作站、媒體播放器軟件、Skype、iTunes、Pandora、Spotify和其他應用程式都能通過 Dante Virtual Soundcard集成到個人的網路當中。

範例

Shure無線麥克風ULXD4Q接收機的八個音頻聲道可以通過兩種方式送到調音台：

1. 類比式：

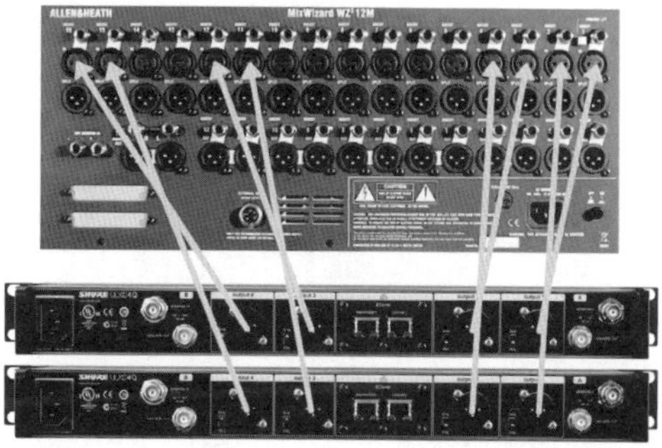

8條類比訊號線從ULXD4Q接收機輸出到8個混音台的輸入

2. 數位式：

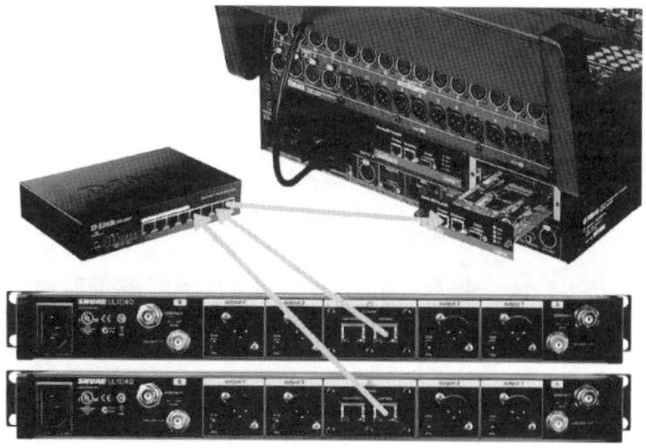

利用Dante接線只要一條Cat - 5e或Cat - 6網路線

Professional Audio Essentials

# 附錄 XVII

# 音場

***您的房間為何需要處理？***

有兩個理由：

1. 房間因素影響喇叭的聲音最大，未處理音場的房間某兩處低頻音量的差異就可能超過±10dB，某些低音頻率－稱為駐波－它的殘響時間很長，因此會在房間內營造：低音能量。

   堅硬的牆壁、地板、天花板產生的反射作用對聽音樂造成的影響是無法想像的，人腦想要分辨反射音與直接音，但是不可能，因為反射音的延遲時間很短，他會讓音響遲鈍，不能讓我們完全享受到美好的音響系統，使用數位模擬的音場修正系統，也許，可以化解聆聽室大部分突顯的低音頻率音量，但是不幸的是：它對

DEFUSOR WOOD

   駐波殘響過長的問題一籌莫展，為什麼？因為聲音從喇叭發出來之後，就一直存在於空間裡，直到自己消耗殆盡為止，把突出的頻率音量降低並沒有解決它停留在室內空間的時間問題。

2. 只要一踏進一個房間，我們就會受到建築物空間的影響，如果音場太忙－就像現代簡約風格裝潢

的咖啡廳，六面都是堅硬平面，如果沒有音場的處理，客人會覺得不舒服及有壓力，如果音場太乾，裝設很多布幕與厚的吸音材料，會有一種牆壁朝著自己過來的感覺，不管怎樣，室內結構造形一定會影響我們，室內空間對聽音樂來說－有好，有壞。

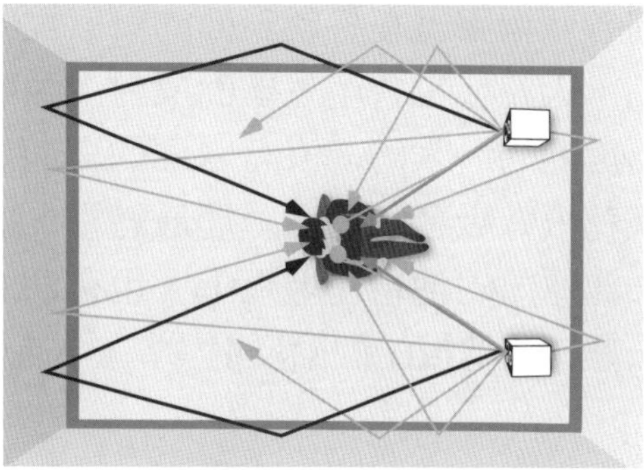

硬面反射音實例

***音場處理最難之處？***

「開始最困難」

如何開始？

每個房間都不一樣，需要做一些調查工作，如果不確定如何開始，在此介紹一些基本原則供各位參考。

**硬面反射音**

聲波遇上堅硬平面產生反射的現象，其原理和光波從鏡子反射是一樣的，箭頭代表從喇叭放出來的直接音，和打向聽者的硬面反射音。硬面反射音如何影響聲音？

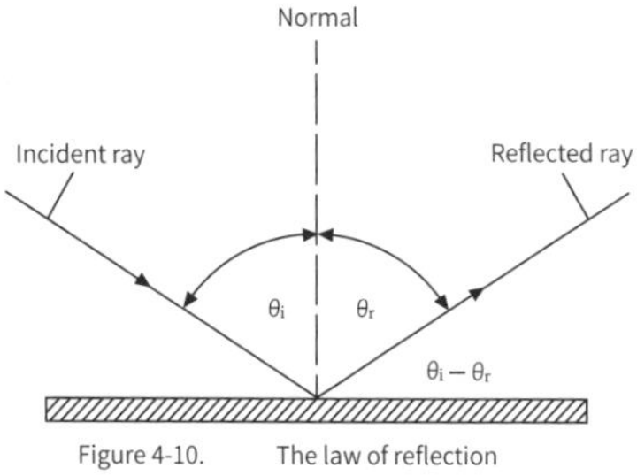


反射定律

**硬面反射音如何影響聲音？**

聲波在空氣中行走一公尺只需要3毫秒－這意味著，反射音到達聽音位置，在時間上會稍有延遲，反射現象影響頻率響應，影響立體音場音像景深及影響幻象中央定位，使整體音響較不具細節，定位不足，在硬面反射音很突出的房間聽音樂看電影，會讓我們疲勞。

**吸音材料處理硬面反射**

用一面鏡子，你可以輕鬆地找到硬面反射音的第一反射點，找朋友坐在聆聽位置，然後，把一面小鏡子平放在右側牆壁上移動（約高音單體的高度），直到你的朋友可以從鏡子裡看到揚聲器，那個點就是硬面反射音的第一反射點，做個標記，繼續在對面牆壁與前面牆壁重複施作，直到你找到各個揚聲器在各硬表面的第一反射點，天花板也會產生硬面反射，並成為房間的最大的，沒有處理的表面，天花板做吸音和擴散處理最適當，放一塊厚厚的地毯在地板上，也有助於減輕一些地板的硬面反射。

在每個標記位置貼上吸音面板，硬面反射將會被吸音面板所吸收，使用高粘度的雙面膠帶，或沒有頭的鐵釘固定，如果只使用膠帶，面板最終會掉下來，因為膠的黏度不夠，也可以嘗試不同的方式安裝，使用兩個沒有頭的長釘子，釘到牆上，然後把吸音面板推向釘子即可。正確的方法是使用中性矽膠，既安全，有效、又快速。

**利用擴散處理硬面反射**

除了吸收聲音能量，擴散板也可以打破聲波的行走路徑，將其擴展至不同的方向一就像花園草地上灑水器的灑水動作，擴散的聲音基本上，不干擾從揚聲器發出的直接音，擴散板和聆聽者之間至少距離一公尺以上，如果你的聆聽位置很靠近後牆，那麼，後牆最好裝設吸音板。

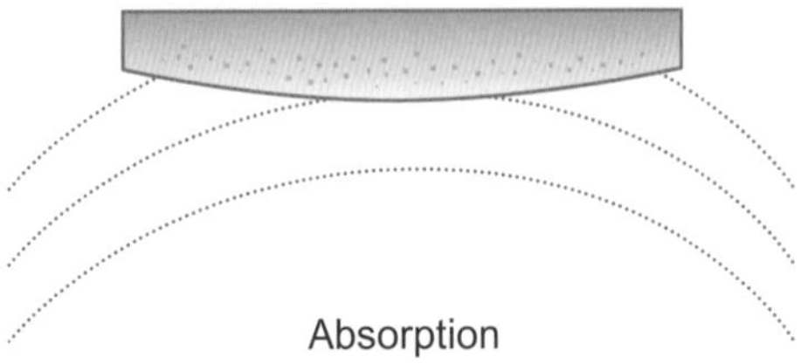

Absorption

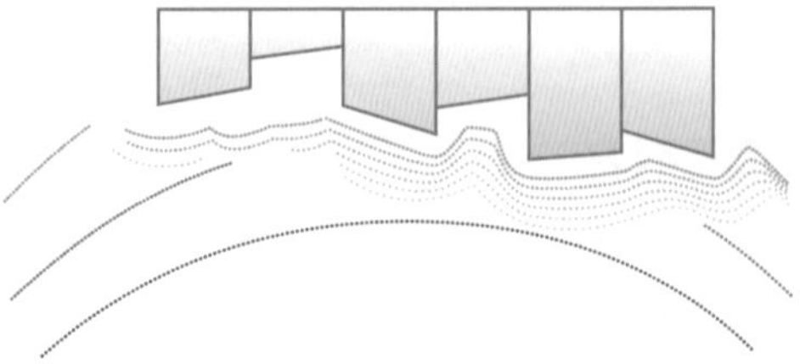

Diffusion

六角吸音面板

使用吸音泡棉

吸音板吸收牆壁與天花板的第一反射音

後牆裝設擴散板

天花板裝設擴散板

## 駐波

低頻駐波的波長範圍從1.7米（約為200Hz）到17米（約為20Hz），在一個具有平行壁面的室內空間，將產生一個狀況稱為駐波現象，根據房間的大小，某些低音頻率會“立”在牆壁，天花板和地板之間，低氣壓力在房間的中央，但高氣壓力在第一個八度音處，房間的另一個方向也有相同的現象，聽起來會如何呢？

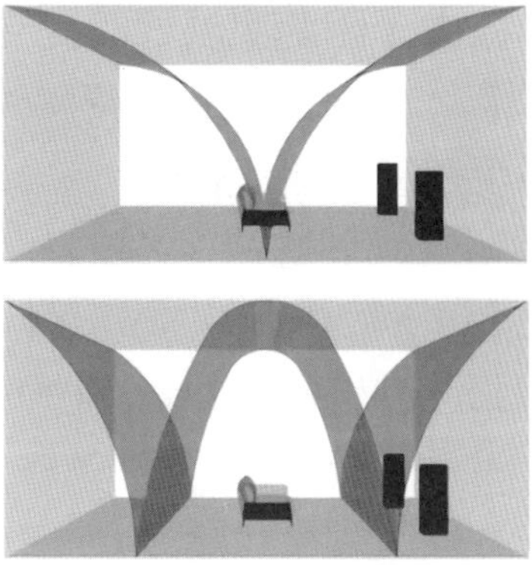

當你在未經處理的房間內來回走動的聽音樂，感覺就像走進，走出低音，某些低音頻率突然更為突出，然後在房間的另一個地方低音頻率突然減少，依圖顯示，最壞的聆聽位置是在駐波最會互動干擾的房子中間，坐在靠近後牆會產生一種自然的低音增強。

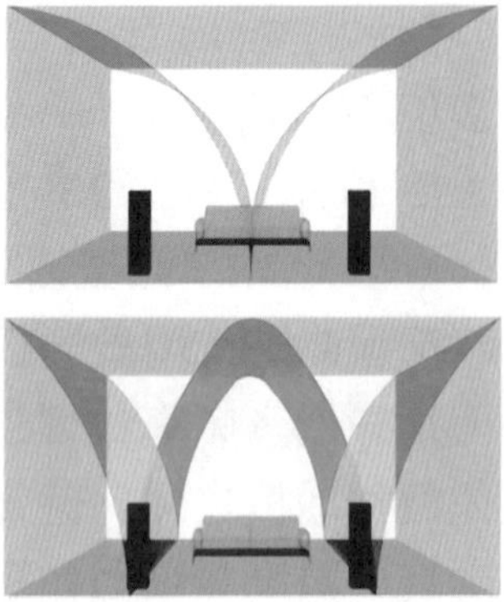

但是還有共鳴！

實際上，駐波是諧振頻率，其具有較小的摩擦力，因此使混響時間更長，這意味著，房間會幫助駐波發展，結果是不可控制的低音能量。

瀑布圖顯示兩個駐波，X軸顯示頻率範圍從20－400Hz之間，Y軸是音量，Z軸是時間（最長為1.5秒）。

在這間地下室有石牆，以32Hz為中心頻率的殘響時間比其他低頻長得多－產生超重低音音效。還有一個在55Hz的共鳴點其殘響比其他低音頻率長。

**駐波如何影響聲音再現？**

第一，它會產生不均勻的低頻響應，而且還隨喇叭位置與聆聽位置而改變。

第二，它們貢獻太多無法控制的低頻能量，使得中音與高音頻率範圍的動態及細節被遮蔽，我們想把音樂頻譜分成不同頻段，但是我們頭腦的解答是只有一個聲音（把所有頻率都攪拌一起），低音頻寬發生的瞬間狀態，會對我們聆聽中音頻率及高音頻率表現有很大影響。

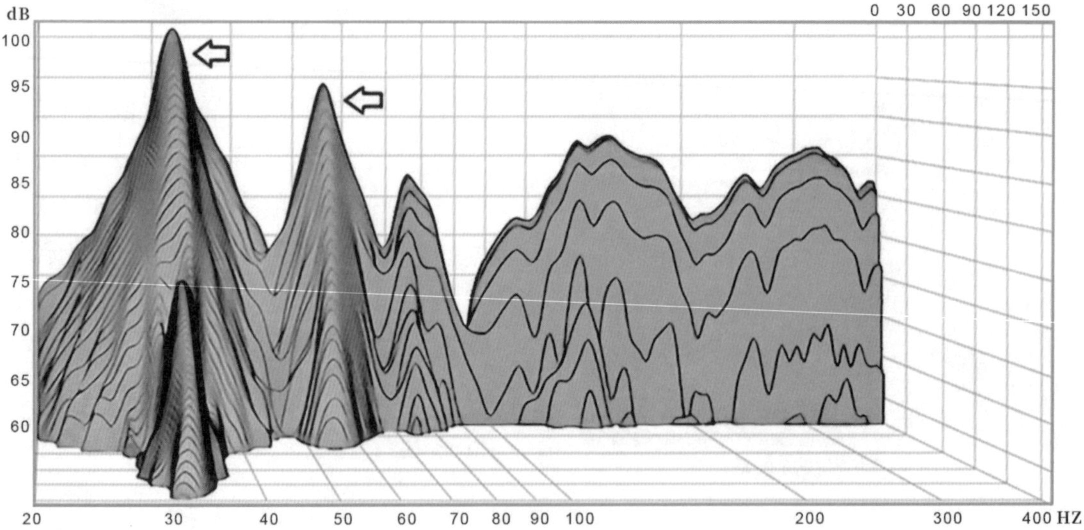


瀑布圖

### 如何控制駐波？

最小化駐波效應的最好方法是建造一個傾斜的，不平行的牆壁，就像控制室。然而，我們大多數人可能無法接受他的造型或浪費的空間，所以，第二個選擇是安裝低音陷阱。

### 低音陷阱裝在哪裡？

大多數最突出的低音頻率積聚在房間的各個角落，在幾個大的表面相會之處，例如：兩個牆壁與天花板交界處，或牆壁與天花板交界處，因此，這就是裝低音陷阱之處。

低音陷阱

### 處理房間音場的目的是什麼？

處理房間音場的目的是只聽到音響聲波的呈現，感覺不到有揚聲器的存在，只有高質量，全音域揚聲器，加上良好處理的聽音室才能貢獻給您這種感覺。您有這個經歷嗎？

### 應該投資多少預算進行音場處理？

這取決於您的房間面積，高度、設計品味，還有你想要的音響系統的等級而定，記住，良好處理的聽音室，絕對比音響系統更重要！

Professional Audio Essentials

# 附錄XVIII

## 線陣列喇叭
## LINE ARRAY

現在流行線陣列喇叭，為什麼？它們是如何演進的，適合所有的演播場景？
請問您參加的大型演唱會有體驗過完美的聲音？什麼時候覺得樂隊的聲音已經如實的傳遞給了觀眾呢？必須有標準才能達到滿意。

PA系統的功能是：
PA系統的功能是將聲音傳達給觀眾，並提供良好的效果。達到這個成果的標準有三：

1. 足夠的音量，依不同的音樂類型而異（顯然，重搖滾音樂需要比古典吉他手更響亮）。
2. 低失真，低噪聲和平坦的頻率響應。
3. 足夠的清晰度，依不同的音樂類型而異（講話需要接近100%的清晰度；戲劇音樂中的所有歌詞都必須易於理解；其他形式的音樂可能不需要完全清晰）。

達到足夠的音量，低失真，低噪聲，永遠不會是一個問題。自從20世紀70年代以來，PA系統已經完全成熟，所需要的就是對特定場地需要多少瓦特的認可，然而，即使做到低失真，低噪聲和平坦的頻率響應，並未解決PA所有的問題。

有兩種情況：一種是觀眾坐在那裡，另一種是可以自由移動的觀眾。站著的觀眾可以自由移動，在場地內可以選擇不同等級的待遇，喜歡大聲的人會靠近揚聲器，想在節目中聊天的人，會離喇叭遠一點。但是，完全坐下的觀眾，不能移動，他們只能接受一種音響的品質，這麼大的區域，如何讓他們的聽覺得到公平的待遇，使音響有足夠的水平，不會太安靜，或太大聲？

***覆蓋觀眾，而不是牆壁，天花板***

PA的最重要的規則是：將聲音引導到觀眾的區域，而不是其他地方。

所以，最重要的是將揚聲器以最直接的方式指向人們，同時，限制在牆壁和天花板上〝噴〞多少聲音的量。聽眾可以吸收大量的聲音，這意味著，它在禮堂周圍反彈的機率較少，造成混亂也少。但是，牆壁和天花板很有可能是會反射聲音回來的，聲音投射越多在這些方向，會誘導越來越多的反射音量。

大混響環境中的語音（演講、說明會、人聲辨識等）擴聲要求，在語音內容為重的情況之下，經典的清晰度解決方案是使用多個小型揚聲器，使其與觀眾接近，（當然是指向觀眾，不是指向牆壁，地板的反射面。）這樣做可以使語音信息清晰，但這種解決方案對於現場音樂表演是不能接受的，原因是：我們看舞台上的表演，也期望聲音來自舞台，如果聲音來自一個安裝在距離自己很近的小型揚聲器方向，那麼這個聲音會引起視覺和聽覺之間的衝突，我們不會享受這種表演，觀眾需要聲音盡可能地從舞台傳過來，因此，舞台兩側的揚聲器配置是最好的選擇。但是，仍有潛在的問題…。

第一個問題，與方向性有關。揚聲器自然具有特殊的擴散方向一低頻幾乎是全指向的，高頻像收緊聚焦的光束，是有方向性的。換句話說，直接坐在揚聲器前方的人都會經歷相當平坦的頻率響應，但是越往側邊移動的人，將會聽到越來越少的高頻，所以聲音會變得越來越暗。因此，傳統PA的揚聲器擺法，將使得它有多餘的低頻率和中低頻率能量噴射到牆壁和天花板，進而反射出混亂的殘響，只有部分觀眾的成員才能獲得良好的、平衡的頻率響應。

第二個問題，源於缺乏方向控制，甚至超出了觀眾的寬度，能量就會損失。聲音傳輸越多，能量的傳播越薄，因此距離越遠，損失音量越多。這是重要關鍵。音源變得越來越明顯的小聲，主要原因是因為它把能量傳播出去了。是的，被空氣吸收（一小部分），距離才是音量變小的殺手！遠離揚聲器的觀眾會體驗到一個遙遠的，安靜的聲音；而靠近揚聲器的觀眾，他們的頭可能已經炸開了！

我們用光做比方。拿一個燈泡火炬，本質上，它對各個方向幾乎平均地發光，照亮的距離不遠，但是，在後面放一個反光鏡和一個鏡頭，使它的能量集中在一個光束中，你會立即注意到光束延伸到遠處。所以，不僅可以看到自己腳前方的區域，還可以看到光束直接指向的區域。光的覆蓋角度較小，但現在可以看到較遠的地方。

如果揚聲器傳輸聲音能量也能如此，就有兩個好處：

1. 聲音集中在觀眾身上，遠離反射面。
2. 聲音在行進中保持其音量水平。

### *指向性理論*

如果您了解音源方向特性背後的理論，將能夠更了解PA揚聲器，並從中獲得最佳效果。有兩個極端的方向性，其中還有其他有趣的情況。

一個極端是：點音源，它是具有零尺寸大小的聲音來源。好的，沒有零尺寸這樣的東西，實際上，如果一個音源的尺寸比它發出聲音頻率的波長小，它就具有點音源的特點，小型揚聲器的低頻率輸出就是一個現實的例子。

點音源在各個方向均勻發射聲音。想像一下這個非常小的點音源瞬間跳動，空氣分子受到壓力，離開點音源表面向外360度輻射，以類似球體的形狀變得越來越大。點音源已經將一定的能量投入到該脈衝中，並且隨著時間進行，相同的能量必須覆蓋越來越大的面積（連續膨脹球體的表面積）。我們可以詳細地計算一下球體的表面積和能量密度分布的關係，直接切入就是反平方定律：在室外，對於點音源，每增加一倍的距離測量，聲壓降低6dB。

只有在室外，點音源的聲音才符合反平方律。任何不是全指向的聲源都不服從反平方定律。

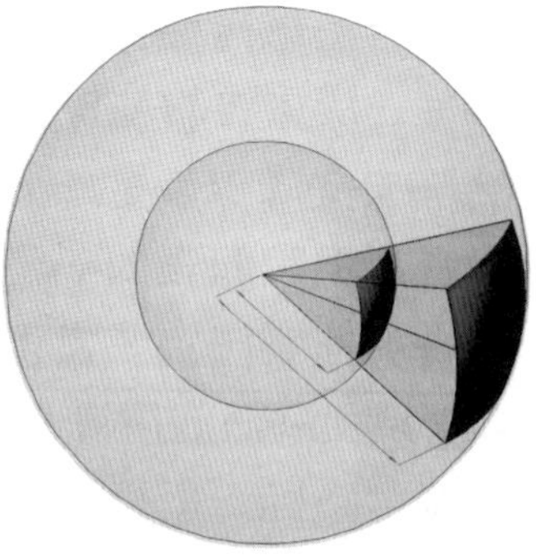

點音源 反平方定律

從此我們得到兩個有趣的事實，點音源聲音可以降低的最大速率是每增加一倍距離減少6dB。聲音衰減速度可以更慢嗎？音源音壓以每增加一倍距離衰減小於6dB？

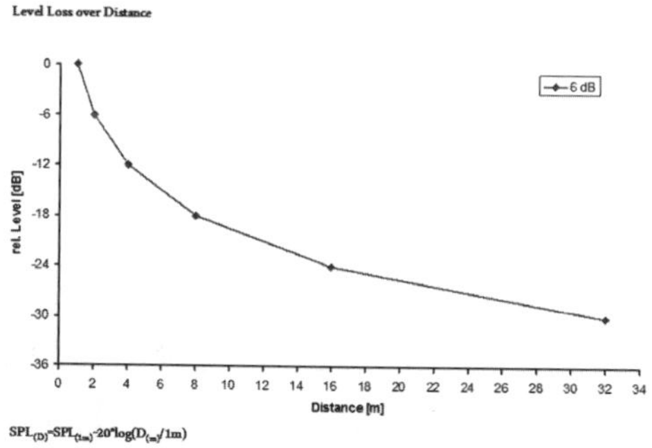


在室外，對於點音源，每增加一倍的距離測量，聲壓降低6dB

先考慮一個有趣、相反的極端：有可能嗎？一個聲源，其音壓不隨著距離的增加而衰減？令人驚訝的是，答案是肯定的。它還可以覆蓋驚人的距離，而幾乎沒有降低任何音壓。真的？兩個例子：一個老式傳統通話聲筒管和一個錫罐頭電話。我們稱這種聲源為定位音源（Lane Source）。在這兩種情況下，聲音的能量被限制在封閉的傳播媒體內，完全不能擴散出來。由於它不能傳播出去，就沒有失去能量。（實際上，失去了一點點。）當然，這不是將聲音傳遞給觀眾的實際方式。

下一種音源是本文的全部重點，是PA的救星。我們稱這種類型的音源〝線音源〞。要了解它，讓我們先回顧一下點音源。之前提過點音源（它是全指向的）尺寸需要比發出聲音的波長小，相反的是：當音源尺寸大於其發聲的波長時，它就變得更有方向性。而且越大，它的定向性越緊。所以一個尺寸非常大的音源將具有緊密的方向性。這就是我們想要的：可以聚焦和控制聲音能量去覆蓋觀眾的區域，不會把能量浪費在禮堂的其他地方。但是，想像自己是一個從舞台向觀眾投射的喇叭。你面前的觀眾從左到右，從上到下，從後排到前方，你只有狹窄的涵蓋角度。如果用一個大型揚聲器，準確地引導聲音聚焦在垂直方向，但是，不能覆蓋觀眾的全部寬度。反之亦然：如果覆蓋了整個寬度，那麼你最終也會覆蓋到天花板，我們知道這是一件壞事。

解決方案是設計一個在垂直方向上緊密聚焦的揚聲器，但在水平方向上廣泛傳播聲音。要做到這一點，揚聲器需要垂直尺寸大，水平尺寸小，有點像音柱形揚聲器，但是，音柱形揚聲器對於大場地來說，還不夠力，必須使用線陣列喇叭。它們都是線音源的例子。

### *音柱形揚聲器*

xC–系列24C新型音柱式揚聲器，使用6個4〞低音驅動單元及6個1.1″高音驅動單元來實現90度水平x20度垂直的涵蓋角度，嚴格控制垂直擴散角度用於固定安裝場所，專門解決惡劣的聲學擴聲應用，適合大型混響環境中的語音（演講，說明會，人聲辨識等）擴聲要求。

xC-系列音柱揚聲器可自行設定聲音的指向性，減少反射音產生

音柱形揚聲器與電吉他在搖滾音樂歷史中，佔有一樣重要的地位。20世紀60年代的搖滾樂隊似乎是一個自然發展的演唱者，喇叭放在演唱會舞台的兩邊。然後，他們決定要更大聲，需要具有多個驅動單元的喇叭，可是佔據太多的舞台空間，所以，他們選擇採用更高的喇叭。因此，20世紀60年代的典型酒吧舞台都擁有一對音柱式揚聲器，用於人聲，喇叭箱包含四個10英寸或12英寸驅動器單元，甚至上面再加一個高音號角。以現在的角度來看，似乎是蠻原始的，但事實上，他們的工作效果非常出色。揚聲器水平尺寸小，意味著觀眾的全部寬度可以被覆蓋；垂直尺寸大，確保聲音被〝投射″到房間的後面。然而，下一代在更高水平的Pub，樂隊的要求轉移到號角揚聲器（是將放大器功率轉換為聲音的最有效的方式）低音號角揚聲器，高音號角揚聲器系統聽起來非常好，但它們的方向性控制並不好，音柱形揚聲器就被遺忘了。然而，小的音柱形揚聲器在演講PA中表現非常成功，例如對於語音辨識至關重要的場所：教會。

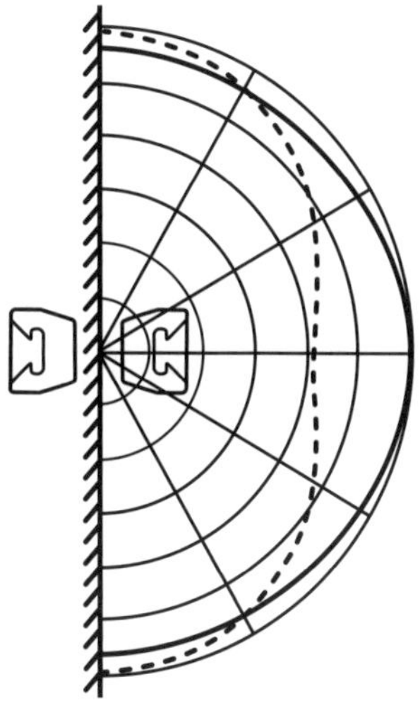

C-系列音柱揚聲器經過特殊的設計，可以將聲音以心型指向性擴散，減少安裝時喇叭背後造成的反射音

PA技術的下一個實際發展是中置喇叭，音樂劇場用很多。中置喇叭依賴於另一種定向技術，稱為恆定方向號角（Constant Directivity Horn）。是一個全音域多揚聲器組合，每個揚聲器在寬頻率範圍內具有一致的方向性設計。這些全音域揚聲器集成為一個球體的一部分，掛在高處覆蓋整個觀眾。一個全頻揚聲器發出聲音覆蓋特定區域的觀眾。

中置喇叭恆定方向號角的清晰度非常出色。它實現了將聲音直接引導到觀眾的標準，並且具有讓觀眾聆聽單個聲源的附加益處，因此不可能在禮堂中聽到來自其他揚聲器的延遲聲音，但是，有兩個問題：首先是必須先設計中置喇叭，然後設計圍繞中置喇叭的禮堂！第二個是，如果每個觀眾只被一個揚聲器發射聲音（除了例外的情況，例如：觀眾坐在兩個中置揚聲器交界之處），顯然音源的音量會有限制，揚聲器分佈的形式應該更加靈活。

## *線陣列*

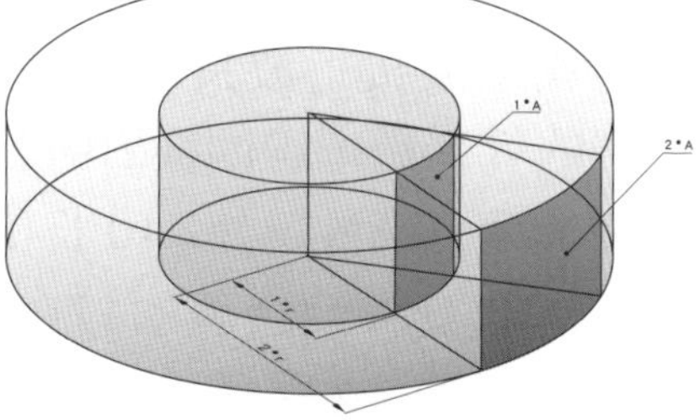

線音源

回到點音源，我們發現室外距離點音源每增加一倍，音壓就會下降6dB。而定位音源，音壓不會下降，但是使用上限制極大。那麼是否有一個中間地帶，聲壓級降低，比如說3dB？有的，它就是線音源，理論上線音源可以產生圓柱波，而不是點音源的球面波。真正的圓柱波將在水平維度上具有360度涵蓋，在垂直維度上具有零度涵蓋。
為了獲得有用的指向性，音源必須至少具有聲音輻射波長的尺寸大小。

音響音頻從20Hz到20kHz的頻寬，其波長範圍從17米到1.7公分。超低音揚聲器的典型工作範圍為35Hz至120Hz，相對應的波長為10m至3m。因此，一定尺寸的超低音揚聲器或超低音揚聲器陣列，其方向性取決於頻率。

要實現方向性，音源尺寸需要大於它所生產聲音的波長。為了實現聚焦或近零涵蓋，需要更嚴格的要求，它的尺寸需求要接近波長的四倍。音樂音響的低音頻率範圍從20Hz（波長＝聲音速度每秒鐘為340米/20＝17米）一直延伸到合理的170Hz為例（波長＝聲音速度每秒鐘為340米/170＝2米），170Hz需要8米高的線音源尺寸（2米X4），很高！但至少我們有一點科學概念的背景。

下一個問題是：如何製造8米高的揚聲器？目前的做法是將多個揚聲器堆疊在一起。不像20世紀60年代，只是堆疊具有相同驅動單元的10英寸或12英寸揚聲器，這樣的高頻響應比較差，現在每個喇叭是由高音和低音驅動單元組成的，可以覆蓋完整的音頻範圍（低至合理的低頻率），現代線陣列並不是由一個非常高的喇叭箱，而是由多個小型喇叭箱組成，多個喇叭箱的優點在於，可以組裝不同大小的線陣列，還可以操縱陣列的形狀，具有顯著的優勢。

由於線陣列喇叭並不是一個單獨的高且窄的喇叭音箱，是由數個獨立的喇叭箱組成，所以，幾個小喇叭箱聯合在一起，就是真正的線音源嗎？答案是肯定的，是線音源，但是，條件是：各個驅動單元的距離不得大於1/2波長，這對於較低頻率來說是容易的，但隨著波長縮短的高頻率就難了一些。比方說，頻率400Hz的波長在85cm左右，所以在400Hz的情況下，喇叭箱只能小於42.5cm的高度，這是可行的，但是400Hz甚至還不到音響頻帶的一半。

不過，至少我們知道要遵行的標準。陣列越長，在垂直方向上的定向越緊密，並且為了使各個喇叭箱能很好地連接到陣列中，它們的垂直距離必需要小。這兩個準則實現越好，陣列喇叭的音束控制越好。

點音源線音源 其水平與垂直涵蓋角度之比較

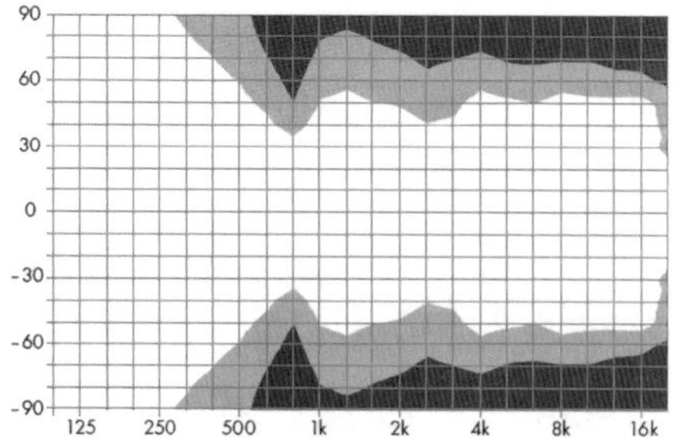


T10音箱的水平覆蓋特性，線性聲源

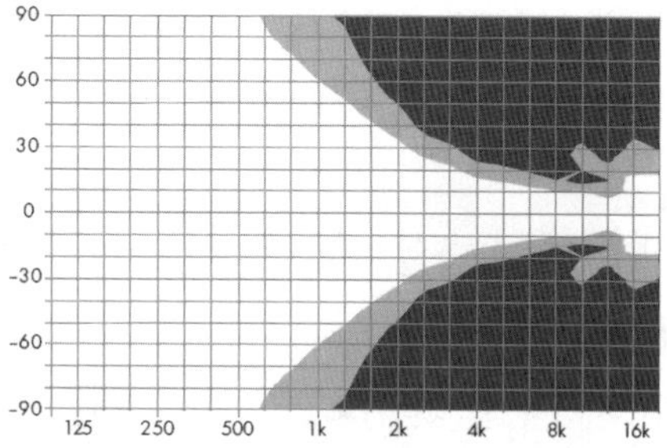


T10音箱的垂直覆蓋特性，線性聲源

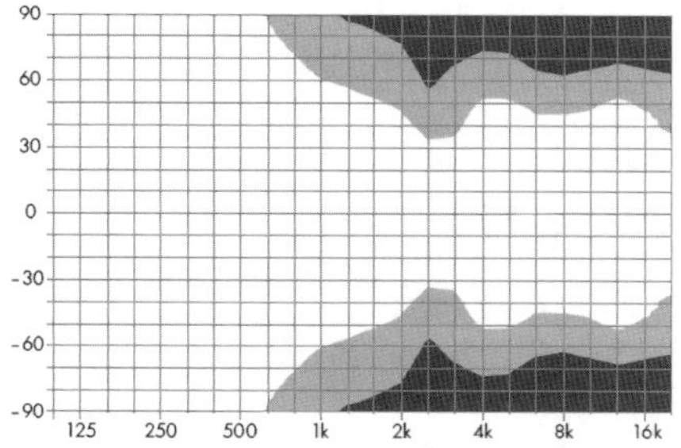


T10音箱的水平覆蓋特性，點聲源

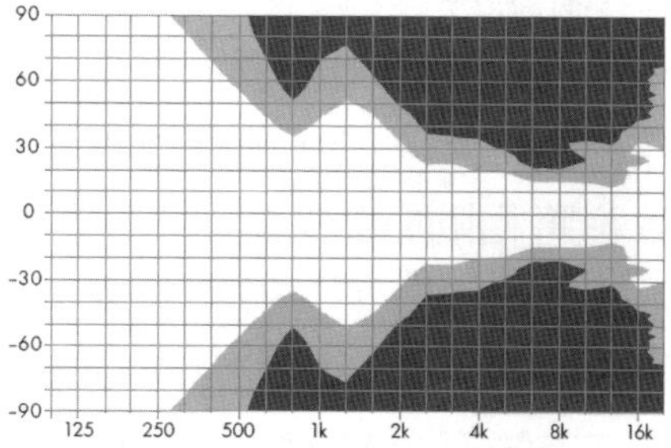


T10音箱的垂直覆蓋特性，點聲源

## *波導*

由於微波和聲波的波長相當，許多揚聲器技術都取經於微波技術。之前說過，將喇叭箱耦合成線音源，或至少近似線音源，個別音源距離不得超過1/2波長。換句話說，個別音源越靠近，頻譜頻寬保持越高的線音源響應。所以，每個獨立喇叭箱之垂直方向尺寸要盡可能短。原則是：喇叭箱的高度應不高於低頻驅動單元的直徑加上喇叭上下箱壁的厚度。然而，為了達到高的聲壓級，顯然低頻驅動單元又必須相當大。例如：使用15英寸（38厘米）的驅動單元時，38cm是在450Hz左右的一半波長，因此此陣列在450Hz以下，將接近達到線音源。然而450Hz以上，定向特性將開始偏離理想的圓柱波。

那麼450Hz以上會發生什麼狀況？在580Hz，信號從低頻驅動單元越過特殊設計的高頻驅動單元。為了使線陣列的整體概念變得可行，每個獨立的喇叭箱自己必須是線音源，或至少盡可能接近線音源。為此，高頻驅動單元需要非常複雜的設計，在垂直方向產生的聲波上根本不發散。

有幾種可能的方法可以辦到一有些實用，有些不實用。

一種可能性是使用絲帶高音驅動單元，基本上，用約15cm高而薄的絲帶膜片。在線陣列喇叭箱中，絲帶驅動器單元在高於4.5kHz附近，產生合理的線音源行為，但在該點以下，相鄰喇叭箱將相隔1/2波長以上，因此不能正確耦合。為了在較高頻率下實現良好的耦合，高頻驅動器至少應為喇叭箱高度的至少80%。在任何情況下，絲帶驅動器輸出比傳統的壓縮驅動單元低。具有壓縮驅動器配上號角的喇叭將是另一種可能的選擇，但是要讓號角產生適當的方向性型式，號角喇叭單元的高度佔典型喇叭箱尺寸80%的需求，將不切實際。

聲學透鏡通過在比空氣折射率更高的的透明介質－玻璃，減慢光線速度。聲波也可以同理做到，只要將合適的介質做成透鏡形狀，並將其置於驅動單元的前面。這種技術確實被Electro–Voice和McCauley所採用，他的透鏡是由泡棉製成，作為聲波必須通過的〝障礙物陣列〞，從而使其減慢。泡棉不必具有透鏡形狀，可以具有可變密度，這提供了〝音雕〞效果。泡棉確實有其限制，在高頻下，它吸收聲音的速度比減慢聲音快；在低頻時，它沒有效果。然而，它被一些當前的線陣列系統採用的事實，證明它是一種可行的解決方案。雖然現在有四種不同的技術在這個應用中受到廣泛的使用，最終的解決方案還沒有被發現。

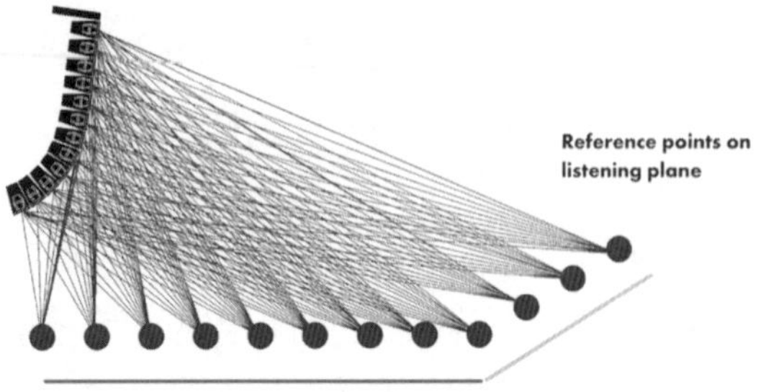

強度陰影和轉向陰影

線陣列的目的，這是為了向整個觀眾以幾乎相同的水平傳達聲音，從前排到後面，它將聲音垂直對焦，同時允許水平展開來實現。精心設計的線陣列喇叭可以相當成功地實現，但是，仍然存在前排觀眾比後方觀眾的獲得更高的聲壓級別，這當然與我們的要求相衝突。對此的解決方案：直接減少陣列下方喇叭對前排的輸出，這方法被稱為〝強度陰影〞。前排的觀眾比較靠近陣列的下部喇叭箱，因此，將下部喇叭箱聲壓級調低。然而，有一個問題：前排觀眾仍然會聽到從陣列的上部喇叭箱發出的聲音，他們會聽得很清楚，因為這些喇叭箱更大聲。但是，較高喇叭箱的聲音將比下喇叭箱延遲到達，這將產生干擾和不均勻分佈。這個問題有人用等化器和延遲來解決，但這會破壞線陣列的優雅概念。

當線陣列喇叭吊掛於舞台時，前排的觀眾幾乎位於陣列喇叭箱下方，而後排觀眾的位置與陣列頂部喇叭箱的位置相當。所以下面的陣列喇叭箱調成曲線，以便它直接指向前排觀眾。形成了一個〝J〞字形的線陣列組合。

這方法被稱為〝轉向陰影〞。簡單地通過將喇叭箱分開多一些，使產生的聲音覆蓋更寬的角度，因此，在聆聽位置上其接收強度將會降低。理想情況下，這需要更多轉向陰影的喇叭箱形成J字形的線陣列組合。

對於單個喇叭箱後排，其對聲音的抑制是非常小的，典型的18英寸超低音揚聲器，在70Hz時約只有3dB，較大的陣列增加了方向性。一疊三個超低音揚聲器提供約5dB的抑制，為了在水平和垂直平面上實現有用的方向性（例如：為了避免系統後面的低頻干擾），需要非常大（寬和高）的超低音揚聲器陣列。心形超低音音箱是一種既不需要非常大的陣列，又可以提高低頻率方向性的方法，其原理是在主音源後面一定距離處引入第二音源，消除主陣列輻射到後面的聲音能量。為了實現期望的聲音能量抵消，後方音源的相位和音量大小必須通過另外的信號處理和放大功能來校正。
分享線陣列揚聲器有關的基礎技術，世界頂級製造商們都在不斷研究新的發展，特別是關於陣列的聚焦和轉向，各家都有奇門絕招，線陣技術成為搖滾樂大型演出一級的主力軍。隨著技術精進及市場需求，已經有小尺寸專為較小場館設計的新型陣列揚聲器，心形指向超低音音箱！

### *超低音喇叭音源無指向擴散對音場影響之處理*

超低音喇叭音源無指向擴散，對於喇叭後方產生的低頻能量，顯然是另一個問題，他們對現場表演沒有幫助，只會造成問題，最好能把它砍掉！

d＆b已研製單一音箱的心型指向超低頻音箱Yi-SUB，內置兩隻長衝程釹磁鋼單元，一隻低頻反射式設計的18〝驅動單元朝前方輻射，一隻兩腔體帶通設計的12〞驅動單元朝後方輻射，使得揚聲器後方衰減約18dB，這種結構所形成的心型指向特性，可以避免音箱背面產生多餘的聲能，有效減少低頻區激發的混響聲場，使得舞臺區域有一個更加〝乾淨〞的監聽環境，讓演員更能清晰監聽自己的聲音，有助於發揮舞臺表演水準。並提供最準確的低頻再現能力。其頻響由140Hz向下延伸至39Hz，令低頻表現的更深沉、更圓渾豐滿及更溫暖，可以滿足音樂演出時，對低頻動態以及擴展低頻更深的下限要求。

全頻與低頻揚聲器相結合的工作模式使整個聲場形成更為細緻分頻擴聲及更好地適應新時代劇場多樣性功能應用的演出效果，達到更高效、更具衝擊力的低頻覆蓋，滿足音樂演出時對低頻的動態以及擴展低頻更深的下限要求。

Professional Audio Essentials

# 附錄XII

## 參考書籍


01、THE AUDIO DICTIONARY
GLENN D. WHITE

02、THE NEW STEREO SONGBOOK
RON STREICHER & F. ALTON EVEREST

03、THE MASTER HAND BOOK OF ACOUSTIC 3RD EDITION
F. ALTON EVEREST

04、HAND BOOK FOR SOUND ENGINEERS THE NEW AUDIO CYCLOPEDIA 2ND EDITION
GLEN M. BALLOU EDITOR

05、LIVE SOUND REINFORCEMENT
SCOTT HUNTER STARK

06、QSC POWER AMPLIFIER GUIDE
QSC

07、THE PA BIBLE EV

08、SOUND REINFORCEMENT HAND BOOK GARY DAVIS, RALPH JONES

09、SOUND CHECK
TONY MOSCAL

10、MICROPHONE TECHNIQUES
DAVID MILLS HUBER, PHILIP WILLIAMS

11、MULTITRACK RECORDING
DOMINIC MILANO

12、音響科技辭典 / 林吉志 李華宜

13、ACOUSTICS AND
PSYCHOACOUSTICS
HOWARD ANGUS

14、SOUND SYSTEM
ENGINEERING
DON DAVIS, CAROLYN DAVIS

15、ROLAND 專業術語辭典 /
**http://www.rolandtaiwan.com.tw**

16、專業音響X檔案

17、d & b

# 專業音響實務秘笈

## PROFESSIONAL AUDIO ESSENTIALS


編著　陳榮貴

發行人　潘尚文

美術編輯　張惠萍、林幸誼、范韶芸、呂欣純

攝影　陳至宇

發行　麥書國際文化事業有限公司

Vision Quest Publishing International Co., Ltd

地址　10647 台北市羅斯福路三段325號4F-2

4F.-2 No.325, Sec. 3, Roosevelt Rd.,

Da'an Dist., Taipei City 106, Taiwan（R.O.C.）

電話　886-2-23636166・886-2-23659859

傳真　886-2-23627353

郵政劃撥　17694713

戶名　麥書國際文化事業有限公司

本書如有缺頁破損，請寄回更換

**中華民國107年9月 六版**